系统分析师考前冲刺 100 题
（适配第 2 版考纲）

施 游　邹月平　朱小平　编著

薛大龙　主审

·北京·

内 容 提 要

通过系统分析师考试已成为诸多从事软件开发的技术人员获得职称晋升和能力水平认定的一个重要途径,然而系统分析师考试涉及的知识点繁多且有一定深度,通过该考试难度较大。

全书严格依据 2024 年最新的系统分析师考试大纲来组织题目,排除了不符合大纲要求的老旧知识点相关试题。本书通过思维导图描述整个系统分析师考试的知识体系,以典型题目带动知识点的复习并阐述解题的方法和技巧,可帮助考生梳理复习思路,增强考试信心。

本书的精髓在于"题",即归纳总结了系统分析师考试所涉及的重点题型,筛选出高频考题,并对这些考题进行了详细分析与归类。考生可通过对少而精的题目进行强化练习,达到事半功倍的复习效果。

本书可作为参加系统分析师考试的考生自学用书,也可作为软考培训班的教材和从事软件开发工作的相关专业人员的参考用书。

图书在版编目(CIP)数据

系统分析师考前冲刺 100 题:适配第 2 版考纲 / 施游,邹月平,朱小平编著. -- 北京:中国水利水电出版社,2025. 7. -- ISBN 978-7-5226-3599-6

Ⅰ. TP311.52-44

中国国家版本馆 CIP 数据核字第 2025JX0431 号

| 责任编辑:周春元 | 加工编辑:韩莹琳 | 封面设计:李 佳 |

书 名	系统分析师考前冲刺 100 题(适配第 2 版考纲) XITONG FENXISHI KAOQIAN CHONGCI 100 TI (SHIPEI DI 2 BAN KAOGANG)
作 者	施 游 邹月平 朱小平 编著 薛大龙 主审
出版发行	中国水利水电出版社 (北京市海淀区玉渊潭南路 1 号 D 座 100038) 网址:www.waterpub.com.cn E-mail:mchannel@263.net(答疑) 　　　 sales@mwr.gov.cn 电话:(010)68545888(营销中心)、82562819(组稿)
经 售	北京科水图书销售有限公司 电话:(010)68545874、63202643 全国各地新华书店和相关出版物销售网点
排 版	北京万水电子信息有限公司
印 刷	三河市德贤弘印务有限公司
规 格	184mm×240mm　16 开本　20 印张　523 千字
版 次	2025 年 7 月第 1 版　2025 年 7 月第 1 次印刷
印 数	0001—3000 册
定 价	58.00 元

凡购买我社图书,如有缺页、倒页、脱页的,本社营销中心负责调换

版权所有·侵权必究

编委会

湖南师范大学	陈知新
湖南师范大学	张智勇
湖南师范大学	唐国华
广州科技职业技术大学	艾教春
北京国软工程咨询有限公司	薛大龙
北京国软工程咨询有限公司	邹月平
北京翰林尚大教育科技有限公司	魏玉良
湖南人才市场有限公司	刘旸
广州济达信息科技有限公司	沈艳斌
北京新大陆时代科技有限公司	刘宇明
娄底职业技术学院	肖忠良
新疆生产建设兵团兴新职业技术学院	刘尧辉
湖南农业大学	朱小平
湖南师范大学	施游
湖南师范大学	刘博
长沙翼游数据科技有限公司	施大泉
湖南师范大学	王晓笛
湖南师范大学	李竹村

前　言

《系统分析师考前冲刺 100 题（适配第 2 版考纲）》（简称"系分 100 题"）一书属于"攻克要塞"两大系列教学辅导书中的 100 题系列。该系列的核心理念是通过关键题目来攻克知识点，力求让考生用较少的时间高效通过考试。编写本书的目的只有一个，就是总结出所有具有代表性、高价值的"好题"。

攻克要塞软考团队始终认为，大部分考生没有足够的时间去反复阅读教材，也没有足够的时间和精力耗费在旷日持久的复习上，因此"以题促学"必然是节约复习时间、提高复习效率的关键。围绕这个关键点，编写了本书。本书的特色如下：

（1）严格遵循最新的 2024 版考试大纲及教程，并根据其涉及的范围增删题目。

（2）按照近几年的考试趋势和考点偏好，筛选和组织题目。

（3）选择了经典的 700 多道考题，并标注了近 50 道更为重要的"★"号试题。

（4）考核频率较低、不具备代表性、没有规律和技巧可言的题目一律排除在选题之外。

（5）重点详细讲解系统分析与设计、面向对象方法、嵌入式系统分析与设计、数据库与大数据处理系统分析与设计、Web 应用系统分析与设计、项目管理、安全性设计等方向的案例题，力求达到举一反三的效果。

（6）本书重在知识的练习和巩固，而即将出版的《系统分析师 5 天修炼（适配第 2 版考纲）》一书则重在新考纲所涉及考点的提炼与阐述，两书结合一起学习效果更佳。

本书编写过程中参考了许多专业书籍和资料，编者在此对这些参考文献的作者表示感谢。感谢学员在教学过程中给予的反馈，感谢培训合作机构给予的支持，感谢中国水利水电出版社在此系列书上的尽心尽力。

我们自知本书并非完美，我们的研发团队也必然会持续完善本书。在阅读过程中，如果您有任何想法和意见，欢迎关注"攻克要塞"公众号，与我们交流。

编　者

2025 年 1 月于星城长沙

目　　录

前言

第1章　计算机科学基础 ……………… 1
知识点图谱与考点分析 …………… 1
1.1　数制及其转换 ………………… 1
1.2　计算机内数据的表示 ………… 1
1.3　编码基础 ……………………… 3

第2章　计算机硬件基础知识 ………… 5
知识点图谱与考点分析 …………… 5
2.1　计算机体系结构概述 ………… 6
2.2　存储系统 ……………………… 12
2.3　输入/输出技术 ………………… 17
2.4　总线结构 ……………………… 18
2.5　嵌入式系统 …………………… 21
2.6　可靠性与系统性能评测 ……… 23

第3章　操作系统知识 ………………… 27
知识点图谱与考点分析 …………… 27
3.1　操作系统概述 ………………… 28
3.2　处理机管理 …………………… 29
3.3　存储管理 ……………………… 38
3.4　文件管理 ……………………… 41
3.5　作业管理 ……………………… 43
3.6　设备管理 ……………………… 44

第4章　数据库知识 …………………… 47
知识点图谱与考点分析 …………… 47
4.1　数据库三级模式结构 ………… 48
4.2　数据模型 ……………………… 49
4.3　数据依赖与函数依赖及规范化理论 …… 50
4.4　关系代数 ……………………… 54
4.5　关系数据库标准语言 ………… 57
4.6　数据库的控制功能 …………… 59

4.7　数据仓库基础 ………………… 60
4.8　分布式数据库基础 …………… 62
4.9　数据库设计 …………………… 64
4.10　非关系数据库 ………………… 65
4.11　大数据处理 …………………… 66

第5章　计算机网络与信息安全 ……… 68
知识点图谱与考点分析 …………… 68
5.1　计算机网络概述 ……………… 69
5.2　网络体系结构 ………………… 72
5.3　物理层 ………………………… 73
5.4　数据链路层 …………………… 74
5.5　网络层 ………………………… 75
5.6　传输层 ………………………… 76
5.7　应用层 ………………………… 78
5.8　路由与交换 …………………… 80
5.9　信息安全 ……………………… 81

第6章　多媒体基础 …………………… 89
知识点图谱与考点分析 …………… 89
6.1　多媒体基础概念 ……………… 89
6.2　声音处理 ……………………… 90
6.3　图形和图像处理 ……………… 91

第7章　软件工程与系统开发基础 …… 93
知识点图谱与考点分析 …………… 93
7.1　软件工程概述 ………………… 94
7.2　软件生存周期与软件生存周期模型 …… 95
7.3　系统规划与需求工程 ………… 101
7.4　软件架构 ……………………… 104
7.5　系统设计 ……………………… 107
7.6　软件测试与系统维护 ………… 115

7.7 软件项目管理 ……………………… 119
7.8 软件开发新技术 …………………… 122

第 8 章 面向对象 ……………………………… 123
知识点图谱与考点分析 …………………… 123
8.1 面向对象基础 ……………………… 123
8.2 UML ………………………………… 125
8.3 设计模式 …………………………… 130

第 9 章 信息化基础 …………………………… 135
知识点图谱与考点分析 …………………… 135
9.1 信息与信息化规划 ………………… 135
9.2 企业信息系统与应用 ……………… 140

第 10 章 法律法规与标准化 ………………… 146
知识点图谱与考点分析 …………………… 146
10.1 著作权与计算机软件保护 ………… 146
10.2 专利与商标权 ……………………… 149

第 11 章 数学知识 …………………………… 152
知识点图谱与考点分析 …………………… 152
11.1 运筹学 ……………………………… 153
11.2 图论 ………………………………… 172
11.3 概率论 ……………………………… 179
11.4 逻辑推理与组合 …………………… 181
11.5 项目管理相关计算 ………………… 182

第 12 章 案例分析典型题 …………………… 186
12.1 系统分析与设计 …………………… 186
　　试题 1 ……………………………… 186
　　试题 2 ……………………………… 189
　　试题 3 ……………………………… 192
　　试题 4 ……………………………… 195
　　试题 5 ……………………………… 197
　　试题 6 ……………………………… 199
　　试题 7 ……………………………… 202
　　试题 8 ……………………………… 204
12.2 面向对象方法 ……………………… 205
　　试题 1 ……………………………… 205
　　试题 2 ……………………………… 209

　　试题 3 ……………………………… 212
　　试题 4 ……………………………… 215
12.3 数据库与大数据处理系统分析
　　　与设计 …………………………… 218
　　试题 1 ……………………………… 218
　　试题 2 ……………………………… 220
　　试题 3 ……………………………… 222
　　试题 4 ……………………………… 225
　　试题 5 ……………………………… 227
　　试题 6 ……………………………… 230
　　试题 7 ……………………………… 232
12.4 Web 应用系统分析与设计 ………… 234
　　试题 1 ……………………………… 234
　　试题 2 ……………………………… 237
　　试题 3 ……………………………… 240
　　试题 4 ……………………………… 244
　　试题 5 ……………………………… 246
　　试题 6 ……………………………… 248
　　试题 7 ……………………………… 251
　　试题 8 ……………………………… 253
　　试题 9 ……………………………… 255
12.5 项目管理 …………………………… 257
　　试题 1 ……………………………… 257
　　试题 2 ……………………………… 260
12.6 安全性设计 ………………………… 263
　　试题 ………………………………… 263
12.7 移动应用系统分析与设计 ………… 267
　　试题 ………………………………… 267

第 13 章 论文写作 …………………………… 271
13.1 论文考情分析 ……………………… 271
13.2 建议的论文写作步骤 ……………… 272
13.3 阅卷办法 …………………………… 272
　　13.3.1 评分要点 ………………… 273
　　13.3.2 不及格卷判定标准 ……… 273
13.4 框架写作法 ………………………… 274

13.5 范文 ··· 276
    13.5.1 论系统测试技术及应用 ············ 277
    13.5.2 论信息系统的安全与保密设计 ····· 279
第 14 章 模拟测试 ································ 282
  14.1 综合知识试卷 ······························ 282
  14.2 案例分析试卷 ······························ 292
    试题一 ·· 292
    试题二 ·· 293
    试题三 ·· 294
    试题四 ·· 295
  14.3 论文试卷 ···································· 296
    试题一 论系统敏捷的开发方法 ········ 296

    试题二 论软件设计方法及其应用 ········ 296
  14.4 综合知识试卷解析 ························ 297
  14.5 案例分析试卷解析 ························ 305
    试题一 ·· 305
    试题二 ·· 307
    试题三 ·· 308
    试题四 ·· 310
  14.6 论文试卷解析 ······························ 311
    试题一 ·· 311
    试题二 ·· 311
参考文献 ··· 312

第1章 计算机科学基础

知识点图谱与考点分析

　　计算机科学基础部分包含数制及其转换、计算机内数据的表示、编码基础等知识。在系统分析师考试中，这部分知识考查的分值为 0～1 分，属于零星考点。

　　本章考点知识结构图如图 1-0-1 所示。

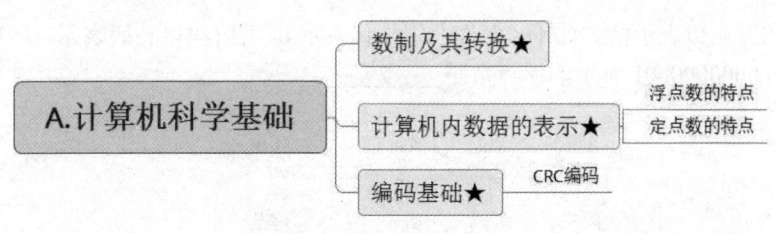

图 1-0-1　考点知识结构图

注：★代表知识点的重要性，★越多代表知识点越重要，后同。

1.1　数制及其转换

　　数制部分的考点有二进制、八进制、十进制和十六进制的表达方式及各种进制间的转换。该节知识比较简单，是学习其他知识的前提，一般不会直接出题考查。

1.2　计算机内数据的表示

　　计算机中的数据信息分为数值数据和非数值数据（也称符号数据）两大类。数值数据包括定点数、浮点数、无符号数等。非数值数据包含文本数据、图形和图像、音频、视频和动画等。该节知识主要考查浮点数的表示。在系统分析师考试中，这部分知识考查的分值为 0～1 分，属于零星考点。

【考核方式1】 浮点数的特点

● 浮点数在机器中的表示形式如下所示，若阶码的长度为 e，尾数的长度为 m，则以下关于浮点表示的叙述中，正确的是 ___(1)___ 。

| 阶符 | 阶码 | 数符 | 尾数 |

①e 的值影响浮点数的范围，e 越大，所表示的浮点数范围越大。
②e 的值影响浮点数的精度，e 越大，所表示的浮点数精度越高。
③m 的值影响浮点数的范围，m 越大，所表示的浮点数范围越大。
④m 的值影响浮点数的精度，m 越大，所表示的浮点数精度越高。
(1) A. ①③　　　　　B. ②③　　　　　C. ①④　　　　　D. ②④

■ 试题分析　浮点数的数学表示为：$n=2^e \times m$，其中 e 是阶码（指数），m 是尾数。
➢ 阶符：就是指数符号。
➢ 阶码：就是指数，**决定数值表示范围**，即阶码 e 越大，所表示的浮点数范围越大；形式为定点整数，**常用移码表示**。
➢ 数符：尾数符号。
➢ 尾数：纯小数，**决定数值的精度**，即尾数的位数 m 越大，精度越高；形式为定点纯小数，**常用补码、原码表示**。

■ 参考答案　C

● 某种机器的浮点数表示格式如下（允许非规格化表示）。若阶码以补码表示，尾数以原码表示，则 1 0001 0 0000000001 表示的浮点数是 ___(2)___ 。

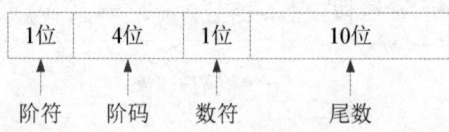

(2) A. $2^{-16} \times 2^{-10}$　　B. $2^{-15} \times 2^{-10}$　　C. $2^{-16} \times (1-2^{-10})$　　D. $2^{-15} \times (1-2^{-10})$

试题分析
根据题意可知，1 0001 0 0000000001 表示的浮点数如下：

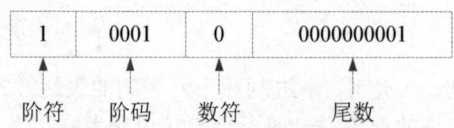

阶码以补码表示，阶码是 0001，阶符为 1，表示阶码为负数。根据补码转换原码规则再按位取反加 1，得到原码 1111，即十进制的 15。
非规格化表示的尾数为(原码)0000000001，数符为 0，则尾数为 2^{-10}。因此该浮点数是 $2^{-15} \times 2^{-10}$。

■ 参考答案　B

● 某浮点数格式如下：7 位阶码（包含一个符号位），9 位尾数（包含一个符号位）。若阶码用移码、尾数用规格化的补码表示，则浮点数所能表示的数的范围是 ___(3)___ 。
(3) A. $-2^{63} \sim (1-2^{-8}) \times 2^{63}$　　　　　　　　B. $-2^{64} \sim (1-2^{-7}) \times 2^{64}$

C. $-(1-2^{-8})\times 2^{63} \sim 2^{63}$　　　　　　D. $-(1-2^{-7})\times 2^{64} \sim (1-2^{-8})\times 2^{63}$

试题分析

当阶符占 1 位，阶码（移码表示）占 $R-1$ 位；数符占 1 位，尾数（补码表示）占 $M-1$ 位，则该浮点数表示的范围为：

$$[-1\times 2^{(2^{R-1}-1)}, (1-2^{-(M-1)})\times 2^{(2^{R-1}-1)}]$$

依据题意，7 位阶码，可得 $R=7$；9 位尾数可得 $M=9$，则该浮点数可表示的数的范围为 $-2^{63} \sim (1-2^{-8})\times 2^{63}$。

■ **参考答案**　A

【考核方式 2】 定点数的特点

● 机器字长为 n 位的二进制数可以用补码来表示 ___(1)___ 个不同的有符号定点小数。

（1）A. 2^n　　　　B. 2^{n-1}　　　　C. 2^n-1　　　　D. $2^{n-1}+1$

试题分析

n 位机器字长，各种码制表示的带符号数范围见表 1-2-1。此表比较重要。

表 1-2-1　n 位机器字长，各种码制表示的带一位符号位的数值范围

码制	定点整数	定点小数
原码	$-(2^{n-1}-1)\sim +(2^{n-1}-1)$	$-(1-2^{-(n-1)})\sim +(1-2^{-(n-1)})$
反码	$-(2^{n-1}-1)\sim +(2^{n-1}-1)$	$-(1-2^{-(n-1)})\sim +(1-2^{-(n-1)})$
补码	$-2^{n-1}\sim +(2^{n-1}-1)$	$-1\sim +(1-2^{-(n-1)})$
移码	$-2^{n-1}\sim +(2^{n-1}-1)$	$-1\sim +(1-2^{-(n-1)})$

补码表示定点小数，范围是 $-1 \sim (1-2^{-(n-1)})$，这个范围一共有 2^n 个数。

■ **参考答案**　A

● 采用 n 位补码（包含一个符号位）表示数据，可以直接表示数值___(2)___。

（2）A. 2^n　　　　B. -2^n　　　　C. 2^{n-1}　　　　D. -2^{n-1}

试题分析

采用 n 位补码（包含一个符号位）可表示的数据范围是 $-2^{n-1} \sim +(2^{n-1}-1)$，所以 -2^{n-1} 是可以表示的数值。

■ **参考答案**　D

1.3　编码基础

本部分主要知识点涉及海明码、循环冗余码和霍夫曼编码等。在系统分析师考试中，这部分知识考查的分值为 0~1 分，属于零星考点。

【考核方式】 CRC 编码

● 循环冗余校验码（Cyclic Redundancy Check，CRC）是数据通信领域中最常用的一种差错校验码，该校验方法中，使用多项式除法（模 2 除法）运算后的余数为校验字段。若数据信息为 n

位，则将其左移 k 位后，被长度为 $k+1$ 位的生成多项式相除，所得的 k 位余数即构成 k 个校验位，构成 $n+k$ 位编码。若数据信息为 1100，生成多项式为 X^3+X+1（即 1011），则 CRC 编码是 ___（1）___。

（1）A. 1100010　　　　B. 1011010　　　　C. 1100011　　　　D. 1011110

试题分析

循环冗余校验码的计算过程如下：

1）原始信息后"添 0"。生成多项式 X^3+X+1 的阶为 3，则在原始信息位后添加 3 个 0，即为 1100000。

2）模 2 除法运算（不进位加法运算）。1100000 与 1011 进行模 2 除法运算，得到余数为 010。将余数 010 添加到原始信息 1100 后，得到 CRC 的编码为 1100010。

■ **参考答案**　A

第 2 章
计算机硬件基础知识

知识点图谱与考点分析

计算机硬件基础知识部分包含计算机体系结构概述、存储系统、输入/输出技术、总线结构、嵌入式系统及可靠性与系统性能评测等知识。在系统分析师考试中，这部分知识考查的分值为 1~2 分，属于零星考点。

本章考点知识结构图如图 2-0-1 所示。

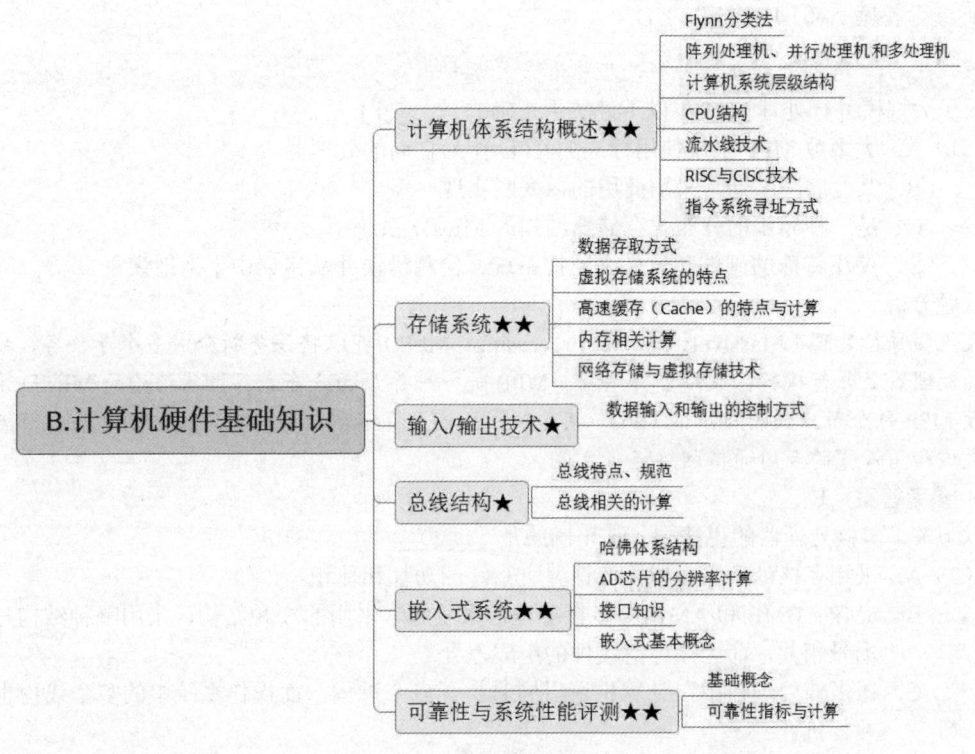

图 2-0-1 考点知识结构图

2.1 计算机体系结构概述

本部分主要知识点涉及计算机体系结构的分类法、阵列处理机、并行处理机和多处理机、指令系统中的 RISC 和 CISC 的特性比较、CPU 各组成结构的特点与功能、总线与流水线的相关计算等。

【考核方式 1】 Flynn 分类法

- Flynn 分类法根据计算机在执行程序的过程中____(1)____的不同组合分类，将计算机分为 4 类。当前主流的多核计算机属于____(2)____计算机。

  （1）A．指令流和数据流　　　　　　　B．数据流和控制流
  　　　C．指令流和控制流　　　　　　　D．数据流和总线带宽
  （2）A．SISD　　　B．SIMD　　　C．MISD　　　D．MIMD

  试题分析
  Flynn 分类法根据指令流和数据流的多少对计算机体系结构进行分类，具体分为单指令流单数据流（SISD）、单指令流多数据流（SIMD）、多指令流单数据流（MISD）、多指令流多数据流（MIMD）。

  MIMD 方式下，计算机可以同时执行多个指令流，可分别对不同数据流进行操作。多核计算机就属于 MIMD 计算机。

  ■ **参考答案**　（1）A　（2）D

【考核方式 2】 阵列处理机、并行处理机和多处理机

- 关于大规模并行处理 MPP，以下说法不正确的是____(1)____。

  （1）A．大多数 MPP 系统使用标准的 CPU 作为它们的处理器
  　　　B．其互联网络通常采用商用的以太网实现
  　　　C．是一种异步的分布式存储结构的 MIMD 系统
  　　　D．使用特殊的硬件和软件来监控系统、检测错误并从错误中平滑地恢复

  试题分析
  大规模并行处理（Massively Parallel Processing，MPP）可以将任务拆分成多个子任务，分别在不同的处理器上并行执行，最终合并结果。MPP 是一种异步的分布式存储结构的 MIMD 系统。大多数 MPP 每个节点使用标准的 CPU，拥有独立的磁盘存储系统和内存系统。MPP 每个节点是通过低延迟和高带宽的专用通信网络进行互联。

  ■ **参考答案**　B

- 以下关于多核处理器的说法中，不正确的是____(2)____。

  （2）A．采用多核处理器可以降低计算机系统的功耗和体积
  　　　B．SMP、BMP 和 AMP 是多核处理器系统通常采用的 3 种结构，采用哪种结构与应用场景相关，而无须考虑硬件的组成差异
  　　　C．在多核处理器中，计算机可以同时执行多个进程，而操作系统中的多个线程也可以并行执行
  　　　D．多核处理器是将两个或更多的独立处理器封装在一起，集成在一个电路中

试题分析

多核处理器是指在一枚处理器中集成两个或多个完整的计算引擎（内核）。日益精进的集成电路制造工艺技术大幅提高了集成电路的集成度，使得单芯片可以集成多个处理器。多核处理器通过并行运算提高处理器性能，在与单核处理器相同性能的前提下，多核处理器可以在更低的时钟频率和电压下工作，因此功耗更低。相比于单核处理器，多核处理器具有良好的扩展性。

多核处理器有 3 种结构，每种结构硬件都不相同，具体见表 2-1-1。

表 2-1-1　多核处理器

多核处理器结构	特点
非对称多处理 AMP	多个 CPU 内核可运行不同的操作系统，可以运行不同任务。该模式下，有一个主要内核，用于控制其他从内核
对称多处理 SMP	一个操作系统同等的管理各个内核，每个应用不绑定内核。属于目前使用较多的一种模式
混合多处理 BMP	一个操作系统同等地管理各个内核，每个应用只能在特定内核上执行

■ 参考答案　B

● 在多核与多处理技术融合的系统中，对调试问题提出许多新挑战。其主要原因是系统的复杂度在不断增加，需要通过优化硬件和软件来充分发挥系统的性能潜力。以下对调试难点问题的描述，不正确的是＿＿（3）＿＿。

（3）A．在多核、多电路板和多操作系统环境中对操作系统和应用代码进行调试
　　　B．调试单一芯片中的同构和异构情况调试方法，进而实现整个系统的协同调试
　　　C．有效利用 JTAG 与基于代理调试方法，确保不同调试工具之间的顺畅协同
　　　D．在多核环境中调试应用程序不需考虑同步机制

试题分析

多核调试技术中，调试必须考虑同步机制，如果不能保证同步，则可能出现二义性。对于开发者来说，最大的挑战就是如何低成本有效使用接口，同步多核以及多处理器的调试工作。

■ 参考答案　D

● 使用多处理机系统的主要目的是实现＿＿（4）＿＿代码的并行性。

（4）A．操作级和指令级　　　　　　　　B．指令级和作业级
　　　C．作业级和任务级　　　　　　　　D．任务级和指令级

试题分析

多处理机系统是一种计算机系统，它使用多个处理器协同工作，以完成所要求的任务。广义来说，使用多台计算机协同工作来完成所要求的任务的计算机系统都是多处理机系统。

使用多处理机系统的主要目的是把任务分解成足够多的可同时操作的进程，用于实现作业级和任务级代码的并行性。

■ 参考答案　C

【考核方式 3】　计算机系统层级结构

● 计算机系统是一个硬件和软件综合体，位于硬联逻辑层上面的微程序是用微指令编写的。以下

叙述中，正确的是___（1）___。

（1）A．微程序一般由硬件执行

　　　B．微程序一般是由操作系统来调度和执行

　　　C．微程序一般用高级语言构造的编译器翻译后执行

　　　D．微程序一般用高级语言构造的解释器件来解释执行

试题分析

计算机系统是一个硬件和软件的综合体，可以把它看作按功能划分的多级层次结构，具体如图 2-1-1 所示。

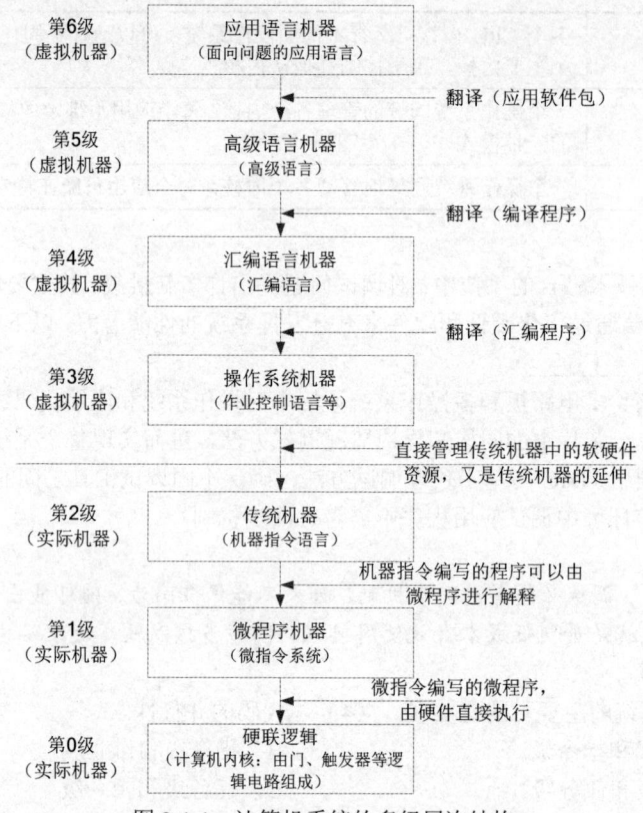

图 2-1-1 计算机系统的多级层次结构

微程序是实现指令系统中指令功能的程序，由硬件直接执行。

■ **参考答案** A

【考核方式 4】 CPU 结构

● 以下关于 CPU 和 GPU 的叙述中，错误的是___（1）___。

（1）A．CPU 适合于需要处理各种不同的数据类型、大量的分支跳转及中断等场合

　　　B．CPU 利用较高的主频、高速缓存（Cache）和分支预测等技术来执行指令

　　　C．GPU 采用 MISD（Multiple Instruction Single Data）并行计算架构

D．GPU 的特点是比 CPU 包含更多的计算单元和更简单的控制单元

试题分析

CPU 是中央处理器，属于通用处理器，可以处理各种不同的数据类型，同时还要进行逻辑判断，进而处理大量分支跳转和中断。CPU 的优点在于调度、管理、协调能力强，擅长统领全局等复杂操作。

GPU 可以用于图形渲染、数值分析以及数学计算与几何运算等。GPU 相当于一个接受 CPU 调度的，可进行大规模计算和不需要被打断的计算硬件。GPU 擅长对大数据进行简单重复操作。

GPU 是一种 SIMD 架构，MISD 属于理论模型，几乎没有实际应用。

■ **参考答案** C

● 执行 CPU 指令时，在一个指令周期的过程中，首先需从内存读取要执行的指令，此时先要将指令的地址即___(2)___的内容送到地址总线上。

（2）A．指令寄存器（IR）　　　　B．通用寄存器（GR）
　　　C．程序计数器（PC）　　　　D．状态寄存器（PSW）

试题分析

执行 CPU 指令时，需要从内存读取要执行的指令，就要知道指令在内存中的地址。PC（程序计数器）是一个特殊的寄存器，存放了下一条指令的地址。

指令寄存器（IR）通常用于存储从内存中读取的指令本身，而不是指令的地址。

通用寄存器（GR）通常用于传送和暂存数据，也可参与算术逻辑运算，并保存运算结果。

状态寄存器（PSW）通常用于存储 CPU 的状态信息，如中断标志、溢出标志等。

■ **参考答案** C

● 计算机系统组成中，___(3)___负责将程序指令从主存中取出送到 CPU 的执行单元进行执行。

（3）A．控制器　　　　B．高速缓存　　　　C．算术逻辑单元　　　　D．数据通路

试题分析

控制器和运算器是 CPU 的重要组成部分。控制器负责协调和统一计算机各部件的工作。控制器的重要功能之一就是控制指令的读取和执行，即从主存储器中取出指令，并送到 CPU 的执行单元进行执行。运算器负责算术运算和逻辑运算。

■ **参考答案** A

● 以下四个选项中，___(4)___不属于 CPU 的组成。

（4）A．程序计数器　　　　B．指令寄存器　　　　C．地址译码器　　　　D．地址寄存器

试题分析

CPU 主要由运算器和控制器两部分组成。

程序计数器是控制器的一部分，用于存储当前正在执行的指令的地址（或下一条将要执行的指令的地址），用于控制指令的顺序执行。

指令寄存器是控制器的一部分，用于存储从内存中取出的指令。

地址寄存器是 CPU 的一部分，用于存储数据或指令的内存地址。

地址译码器在内存或者 I/O 控制逻辑中，用于把输入的二进制数地址指向相应的物理空间。

■ **参考答案** C

【考核方式5】 流水线技术

● 流水线的吞吐率是指流水线在单位时间里所完成的任务数或输出的结果数。设某流水线有 5 段，有 1 段的时间为 2ns，另外 4 段的每段时间为 1 ns，利用此流水线完成 100 个任务的吞吐率约为＿＿（1）＿＿个/s。

(1) A. $500×10^6$　　　B. $490×10^6$　　　C. $250×10^6$　　　D. $167×10^6$

试题分析

设流水线由 N 段组成，每段所需时间分别为 Δt_i（$1 \leq i \leq N$），完成 M 个任务的实际时间为 $\sum_{i=1}^{n} \Delta t_i + (M-1)\Delta t_j$，其中，$\Delta t_j$ 为时间最长的那一段的执行时间。流水线中的"段"指的是将整个指令执行过程划分成的几个相互独立、并行运行的部分。

为帮助记忆，流水线公式简化如下：

流水线完成 N 个指令时间=第一条指令执行时间+(指令数–1)×各段执行时间中最大的执行时间。

此流水线完成 100 个任务的时间=(2+1+1+1+1)+2×(100–1)=204ns，则完成 100 个任务的吞吐率为$(100/204)×10^{-9} \approx 490×10^6$。

■ **参考答案**　（1）B

★ 流水线技术是通过并行硬件来提高系统性能的常用方法。对于一个 k 段流水线，假设其各段的执行时间均相等（设为 t），输入到流水线中的任务是连续的理想情况下，完成 n 个连续任务需要的总时间为＿＿（2）＿＿。若某流水线浮点加法运算器分为 5 段，所需要的时间分别是 6ns、7ns、8ns、9ns 和 6ns，则其最大加速比为＿＿（3）＿＿。

(2) A. nkt　　　B. $(k+n-1)×t$　　　C. $(n-k)×kt$　　　D. $(k+n+1)×t$

(3) A. 4　　　B. 5　　　C. 6　　　D. 7

试题分析　注：标★的题目，表示这类考题在历次考试中考查过多次。

对于一个 k 段流水线，假设其各段的执行时间均相等（设为 t），输入到流水线中的任务是连续的理想情况下，完成 n 个连续任务需要的总时间=第一项任务执行时间+(任务数–1)×t=$k×t$+（n–1）×t=（$k+n-1$）×t。

加速比=每个任务顺序执行时间/流水线周期=（6+7+8+9+6）/9=4。

■ **参考答案**　（2）B　　　（3）A

★ 执行指令时，将每一条指令部分分解为：取指、分析和执行 3 步，已知取指令时间 $t_{取指}=5\Delta t$、分析时间 $t_{分析}=2\Delta t$，执行时间 $t_{执行}=3\Delta t$，如果按照[执行]$_k$、[执行]$_{k+1}$、[执行]$_{k+2}$ 重叠的流水线方式执行指令，从头到尾执行完 500 条指令需＿＿（4）＿＿Δt。

(4) A. 2500　　　B. 2505　　　C. 2510　　　D. 2515

试题分析

流水线完成 M 个任务的实际时间为 $\sum_{i=1}^{n} \Delta t_i + (M-1)\Delta t_j$，其中，$\Delta t_j$ 为时间最长的那一段的执行时间。

帮助记忆:流水线完成 M 个指令时间=第一条指令执行时间+(指令数–1)×各段执行时间中最大的执行时间。

因此，完成 500 条指令时间=(5Δt+2Δt+3Δt)+(500–1)×5Δt= 2505Δt。

■ 参考答案　B

【考核方式6】　RISC 与 CISC 技术

● RISC 指令系统的特点包括___(1)___。
　①指令数量少　②寻址方式多　③指令格式种类少　④指令长度固定
　(1) A. ①②③　　　　B. ①②④　　　　C. ①③④　　　　D. ②③④

试题分析
CISC 和 RISC 两种方式各有特色，具体对比见表 2-1-2。

表 2-1-2　CISC 和 RISC 的特性比较

特性	CISC（复杂）	RISC（精简）
指令数目	多	少
指令长度	可变长指令	格式整齐，绝大部分使用等长指令
控制器复杂性	复杂，CISC 普遍采用微程序控制器	因为指令格式整齐，指令在执行时间和效率上相对一致，因此控制器可以设计得比较简单。RISC 采用组合逻辑控制器
寻址方式	较丰富的寻址方式提供用户编程的灵活性	使用尽可能少的寻址方式以简化实现逻辑，提高效率
编程的便利性	相对容易，因为其可用的指令多，编程方式灵活	实现与 CISC 相同功能的程序代码一般编程量更大，源程序更长

■ 参考答案　C

● RISC-V 是基于精简指令集计算原理建立的开放指令集架构，以下关于 RISC-V 的说法中，不正确的是___(2)___。
　(2) A. RISC-V 架构不仅短小精悍，而且其不同的部分还能以模块化的方式组织在一起，从而试图通过一套统一的架构满足各种不同的应用场景
　　　B. RISC-V 基础指令集中只有 40 多条指令
　　　C. RISC-V 可以免费使用，允许任何人设计、制造和销售 RISC-V 芯片和软件
　　　D. RISC-V 也是 X86 架构的一种，它和 ARM 架构之间存在很大区别

试题分析
RISC-V 是一个基于精简指令集原理的开源指令集架构。RISC-V 指令集可以自由地用于任何目的，允许任何人设计、制造和销售 RISC-V 芯片和软件。RISC-V 继承了 RISC 架构的精简、高效的特点，并加入了开源、模块化、可扩展等新的设计理念。
RISC-V 是基于 RISC 开源指令集架构，ARM 是基于 RISC 的商业指令集架构，而 X86 则是基于 CISC 的。

■ 参考答案　D

【考核方式7】　指令系统寻址方式

● 计算机指令系统采用多种寻址方式。立即寻址是指操作数包含在指令中，寄存器寻址是指操

作数在寄存器中，直接寻址是指操作数的地址在指令中。这3种寻址方式获取操作数的速度___(1)___。

(1) A. 立即寻址最快，寄存器寻址次之，直接寻址最慢
　　B. 寄存器寻址最快，立即寻址次之，直接寻址最慢
　　C. 直接寻址最快，寄存器寻址次之，立即寻址最慢
　　D. 寄存器寻址最快，直接寻址次之，立即寻址最慢

试题分析

寻址方式（编址方式）即指令按照哪种方式寻找或访问到所需的操作数。寻址方式对指令的地址字段进行解释，获得操作数的方法或者获得程序的转移地址。

立即寻址是指令中直接给出操作数，这种方式获取操作码（操作数）最快捷。

寄存器寻址的操作数存放在某一寄存器中，指令给出存放操作数的寄存器名。相较于直接寻址，在寄存器寻址方式中，指令在执行阶段不用访问主存，执行速度较快。

■ **参考答案** A

● 在机器指令的地址字段中，直接指出操作数本身的寻址方式称为___(2)___。

(2) A. 隐含寻址　　　　　　　　B. 寄存器寻址
　　C. 立即寻址　　　　　　　　D. 直接寻址

试题分析

指令中直接给出操作数的方式称为立即寻址。

■ **参考答案** C

● 寄存器间接寻址方式中，操作数被存放在___(3)___中。

(3) A. 主存单元　　　　　　　　B. 程序计数器
　　C. 通用寄存器　　　　　　　D. 外部存储单元

试题分析

寄存器间接寻址的操作数存放在主存单元中，间接地址存放在寄存器中。

■ **参考答案** A

2.2 存储系统

存储器就是存储数据的设备。主存储器由存储体、寻址系统（生成存储地址）、存储器数据寄存器（临时存储读写数据）、读写系统（控制数据存取）及控制线路（协调操作）等组成。存储器的主要功能是存储程序和数据，并能在计算机运行过程中高速、自动地完成程序或数据的存取。

本节常考的考点包括：存储器按照数据存取方式分类、主存储器构成与内存地址编址方式、高速缓存等。其中，主存储器构成与内存地址编址、高速缓存常考公式计算。

【考核方式1】 数据存取方式

● 计算机系统中，___(1)___方式是根据所访问的内容来决定要访问的存储单元，常用在___(2)___存储器中。

(1) A. 顺序存取　　　B. 直接存取　　　C. 随机存取　　　D. 相联存取

（2）A．DRAM　　　　B．Cache　　　　C．EEPROM　　　　D．CD-ROM

试题分析

存储器中数据常用的存取方式有顺序存取、直接存取、随机存取和相联存取等4种。具体特点参见表2-2-1。

表2-2-1　存储器中数据常用的存取方式

存取方式	访问特性	数据存储形式	代表介质
顺序存取	按特定线性顺序进行数据访问	数据以记录形式存储	磁带
直接存取	共享的读写装置可直接定位到目的数据块	数据分块，每块一个唯一标识	磁盘（如HDD）
随机存取	随时访问任意存储单元（通过唯一地址）	每个可寻址单元均有个唯一地址和独立的读写装置	主存储器（如DRAM）
相联存取（属于随机存取）	根据内容而非地址进行数据访问。读数据时，根据关键字比较存储器中的每个单元，选择符合条件的单元进行访问	通过内容而非地址定位数据	Cache

■ **参考答案**　（1）D　（2）B（注：实际Cache多为随机存取）

【**考核方式2**】　虚拟存储系统的特点

● 下列关于虚拟存储系统的叙述中，正确的是___(1)___。

（1）A．对应用程序员透明，对系统程序员不透明

　　　B．对应用程序员不透明，对系统程序员透明

　　　C．对应用程序员、系统程序员都不透明

　　　D．对应用程序员、系统程序员都透明

试题分析

存储系统由存放程序和数据的存储设备（Cache、内存、硬盘等）、控制部件（内存控制器、SATA控制器）、管理信息调度的硬件设备（地址转换）、算法（块、段、页替换算法）等组成。

计算机存储系统可以分为Cache存储系统和虚拟存储系统。

1）Cache存储系统由Cache和主存构成，Cache的内容是主存部分内容的副本，这种方式可以提高存储器访问速度。Cache存储系统对系统程序员、应用程序员都是透明的。这里的"透明"是指看不见，不公开的意思。

2）虚拟存储系统由主存和辅存构成，这种方式可以扩大存储容量。虚拟存储系统对应用程序员是透明的，编写的应用程序无须修改就可在系统上运行。但由于需要配置物理地址和实际地址的转换等，这种方式对系统程序员来说是不透明的。

■ **参考答案**　A

【**考核方式3**】　高速缓存（Cache）的特点与计算

● 在高速缓存（Cache）—主存储器构成的存储系统中，___(1)___。

（1）A．主存地址到Cache地址的变换由硬件完成，以提高速度

　　　B．主存地址到Cache地址的变换由软件完成，以提高灵活性

C．Cache 的命中率随其容量增大线性地提高
D．Cache 的内容在任意时刻与主存内容完全一致

试题分析

在高速缓存（Cache）和主存储器构成的存储系统中，主存地址到 Cache 地址的变换（通常称为地址映射或地址转换）是由硬件自动完成的。因为硬件的速度远高于软件，可显著提高系统的整体性能。

增加 Cache 的容量通常会提高命中率，但不是线性的，随着 Cache 容量的增大，命中率的提高会逐渐放缓。

Cache 的内容是主存内容的一个子集，但它并不总是在任意时刻与主存内容完全一致。

■ **参考答案** A

- Cache 的替换算法中，___(2)___ 算法计数器位数多，实现困难。

（2）A．FIFO　　　　B．LFU　　　　C．LRU　　　　D．RAND

试题分析

Cache 的替换算法是用于确定当 Cache 中没有空闲空间来存储新数据时，应该替换掉哪个已存储的数据块的策略。这些算法的主要目标是最大化 Cache 的命中率，即尽可能多地从 Cache 中读取数据而不是从主存储器中读取，从而提高系统的性能。

常用的 Cache 的替换算法有 4 种：

（1）先进先出（First In First Out，FIFO）算法。最早进入 Cache 的数据块最先被替换。这种方法容易实现，而且系统开销小。其缺点是可能会把一些需要经常使用的程序块（如循环程序）替换掉。

（2）最近最少使用（Least Recently Used，LRU）算法。最长时间没有被访问的数据块最先被替换。LRU 算法通常需要对每一数据块设置一个称为"年龄计数器"的硬件或软件计数器，记录其被使用的情况。

（3）最不经常使用（Least Frequently Used，LFU）算法。访问次数最少的数据块最先被替换。每个数据块都需要一个计数器来记录其被访问的次数。LRU 统计近期访问情况，LFU 统计累计访问次数，作为数据块淘汰的依据，所以 LFU 的复杂度以及计数器规模更大。

（4）随机替换（RAND）算法。随机选择一个 Cache 数据块进行替换，因此无须额外的计数器或记录访问状态，实现最为简单，但命中率较低。

■ **参考答案** B

- Cache 地址映射的块冲突概率，按照从高到低排列的是___(3)___。

（3）A．全相联映射→直接映射→组相联映射
　　　B．直接映射→组相联映射→全相联映射
　　　C．组相联映射→全相联映射→直接映射
　　　D．直接映射→全相联映射→组相联映射

试题分析

在直接映射中，主存中的每一块只能映射到 Cache 中的唯一指定块。在全相联映射中，主存中的任何一块都可以映射到 Cache 中的任何一块。在组相联映射中，Cache 被分为多个组，每个组包含多个块。主存中的组直接映射到 Cache 的某个组，然后，组内各块之间则是全相联映射。

因此，地址映射的块冲突概率，从高到低排列的是直接映射→组相联映射→全相联映射。Cache 地址映射种类与名称如图 2-2-1 所示。

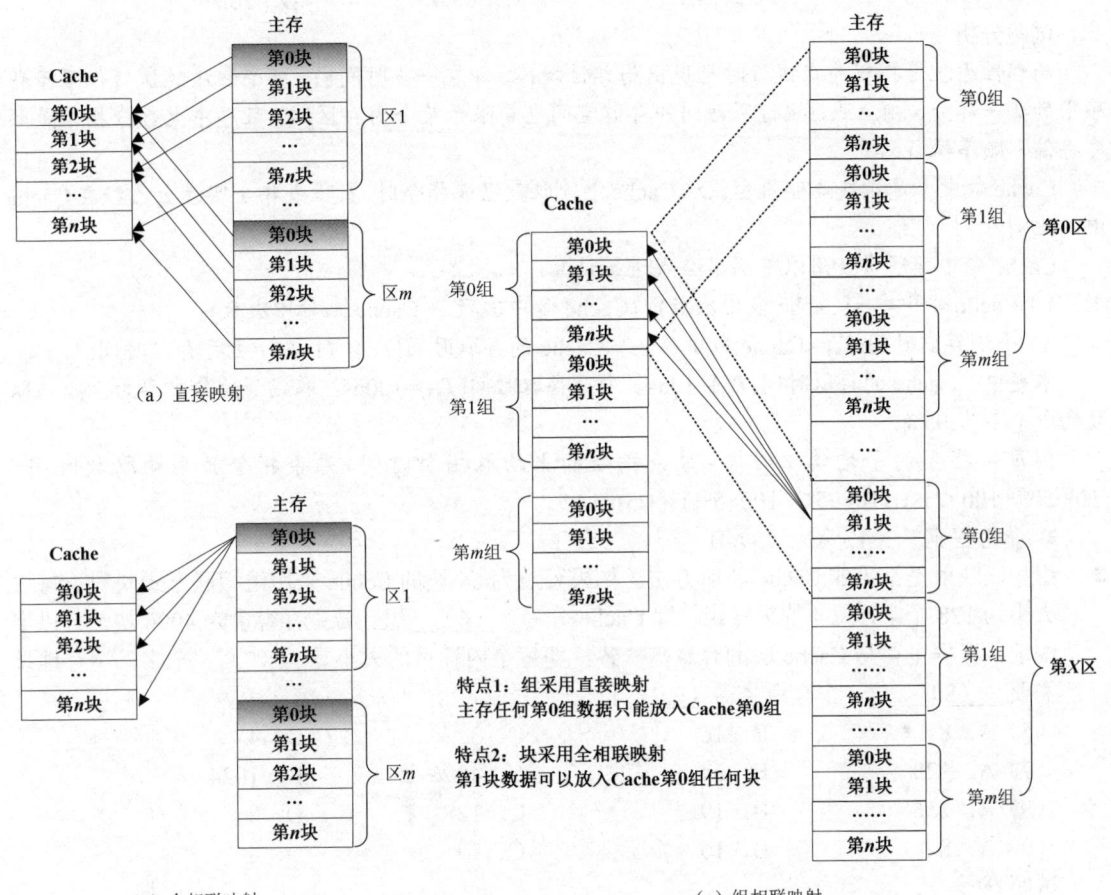

图 2-2-1　3 种 Cache 地址映射

1）直接映射：主存的块只能存放在 Cache 的相同块中。
2）全相联映射：主存任何一块数据可以调入 Cache 的任一块中。
3）组相联映射：各区中的某一块只能存入缓存的同组号的空间内，但组内各块地址之间则可以任意存放。

■ **参考答案**　B

● 使用 Cache 改善系统性能的依据是程序的局部性原理。程序中大部分指令是＿＿（4）＿＿的。设某计算机主存的读/写时间为 100ns，有一个指令和数据合一的 Cache，已知该 Cache 的读/写时间为 10ns，取指令的命中率为 98%，取数的命中率为 95%。在执行某类程序时，约有 1/5 指令需要额外存/取一个操作数。假设指令流水线在任何时候都不阻塞，则设置 Cache 后，每条指令的平均读取时间约为＿＿（5）＿＿ns。

(4) A. 顺序存储、顺序执行　　　　　　B. 随机存储、顺序执行
　　C. 顺序存储、随机执行　　　　　　D. 随机存储、随机执行
(5) A. 12.3　　　B. 14.7　　　C. 23.4　　　D. 26.3

试题分析

局部性原理是指程序在执行时呈现出局部性规律，即在一段时间内，整个程序的执行仅限于程序中的某一部分，相应地，执行所访问的存储空间也局限于某个内存区域。程序中大部分指令是顺序存储、顺序执行的。

Cache 命中率是指在处理器尝试从 Cache 中读取数据或指令时，数据或指令实际上已经在 Cache 中的比例。

Cache 命中率通常使用以下两类公式进行计算：

1）Cache 命中率 = (Cache 命中次数) / (Cache 命中次数 + Cache 未命中次数)

2）平均存取时间(T_a) = Cache 命中率(H) × Cache 的存取时间(T_{a1}) + (1–H) × 主存存取时间(T_{a2})

本题中，Cache 的存取时间(T_{a1}) = 10ns，主存存取时间(T_{a2}) = 100ns，取指令的命中率为 98%，取数的命中率为 95%。

则每条指令的平均读取时间 = 每条指令的平均取指令时间 + 每条指令的平均取数时间 = (10×98%+100×2%)+(10×95%+100×5%)×(1/5) = 14.7。

■ **参考答案**　　(4) A　　(5) B

● 组相联映射是常见的 Cache 映射方法。如果容量为 64 块的 Cache 采用组相联方式映射，每块大小为 128 个字，每 4 块为一组，即 Cache 分为___(6)___组。若主存容量为 4096 块，且以字编址。根据主存与 Cache 块的容量需一致，即每个内存页的大小是___(7)___个字，主存地址需___(8)___位，主存组号需___(9)___位。

(6) A. 8　　　B. 16　　　C. 32　　　D. 4
(7) A. 128　　B. 64　　　C. 4096　　D. 1024
(8) A. 256　　B. 19　　　C. 128　　　D. 8
(9) A. 8　　　B. 16　　　C. 19　　　D. 4

试题分析

CPU 访存时，得到的是主存地址，但实际要从 Cache 中读/写数据。因此，需要将主存地址和 Cache 地址对应起来，这种对应方式称为 Cache 地址映射。

容量为 64 块的 Cache 采用组相联方式映射，每块大小为 128 个字，每 4 块为一组，即 Cache 分为 64÷4=16 组。

组相联映射方式下，主存与 Cache 块的容量需一致，所以主存与 Cache 块大小均为 128 个字。已知主存容量为 4096=2^{12} 块，每块大小为 128=2^7 个字，则主存地址 = 12+7 = 19 位。

由于已求出 Cache 分为 16 组，主存的一个块可以映射到 Cache 的 16 组中的任意一组。主存的组号应有 16 种值，标识不同的组，因此，组号为 4 位。

■ **参考答案**　　(6) B　　(7) A　　(8) B　　(9) D

● 假设某计算机的存储系统由 Cache 和主存组成，某程序执行过程中访存 1000 次，其中访问 Cache 缺失（未命中）50 次，则 Cache 的命中率是___(10)___。

(10) A. 9.5%　　B. 5%　　C. 95%　　D. 50%

试题分析

Cache 命中率 = (Cache 命中次数) / (Cache 命中次数 + Cache 未命中次数)=950 /1000=95%。

■ **参考答案** C

【考核方式 4】 内存相关计算

- 内存按字节编址，地址范围从 A0000H 到 CFFFFH 的内存，共有___(1)___字节，若用存储容量为 64K×8bit 的存储器芯片构成该内存空间，至少需要___(2)___片。

  （1）A. 80K　　　　　B. 96K　　　　　C. 160K　　　　　D. 192K
  （2）A. 2　　　　　　B. 3　　　　　　C. 5　　　　　　　D. 8

试题分析

A0000H 到 CFFFFH 的内存容量为：CFFFFH–A0000H+1=30000H=3×16^4=3×2^{16}=3×2^6×2^{10}=192K；因为系统是字节编址，所以总容量为 192K×8bit 即 192K 字节。

已知使用规格为 64K×8bit 的存储器芯片，构成该内存空间则需要：(192K×8)/(64k×8)= 3 片。

■ **参考答案** （1）D （2）B

【考核方式 5】 网络存储与虚拟存储技术

- 存储虚拟化是将实际的物理存储实体与存储的逻辑表示实现分离。使用虚拟存储技术，应用服务器只与分配给它们的逻辑卷（虚卷）交互，而不用关心其数据是在哪个物理存储实体上。下面 4 个选项中，___(1)___不属于存储虚拟化的实现。

  （1）A. 基于存储设备的虚拟化　　　　　B. 基于存储网络的虚拟化
  　　　C. 基于操作系统的虚拟化　　　　　D. 基于主机的虚拟化

试题分析

存储虚拟化的实现方式可以分为基于主机级的虚拟化、基于存储设备级的虚拟化、基于网络级的虚拟化。

1）基于主机的虚拟化。该方法以驱动程序的形式嵌入到应用服务器的操作系统中，呈现给操作系统的是逻辑卷，通过逻辑卷把多机上的物理存储设备映射成为一个统一的逻辑虚拟存储空间，从而实现存储共享。

2）基于存储设备的虚拟化。该方法通过存储设备的控制器实现存储虚拟化。这种方式直接面向具体的物理设备，因此在性能方面能够达到最优状态。

3）基于存储网络的虚拟化。该方法通过加入 SAN（存储区域网络）的专用装置实现存储虚拟化，此方式具有较好的开放性。

■ **参考答案** C

2.3 输入/输出技术

输入/输出设备（I/O 设备）是指计算机系统中除了处理机和主存储器以及人之外的部分。输入/输出系统包括负责输入/输出的设备、接口、软件等。本节常考的考点有数据输入和输出的控制方式等。

【考核方式】 数据输入和输出的控制方式
● 计算机系统中有多种实现数据输入和输出的控制方式,其中占用 CPU 时间最多的是 ___(1)___ 。
　　(1) A. 程序查询方式　　　　　　　　B. 中断方式
　　　　C. DMA 方式　　　　　　　　　　D. 缓冲方式
试题分析
计算机的 I/O 系统常见的工作方式包含程序查询方式、中断方式、DMA 方式、通道方式、I/O 处理机等。

1) 程序查询方式。这种方式下,CPU 需要定期查询 I/O 系统的状态,以确定数据传输是否完成。这种方法简单,但会降低 CPU 的效率,因为需要不断执行查询操作。

2) 中断方式。这种方式下,CPU 无须定期查询输入/输出系统状态,可处理其他事务。当 I/O 系统完成任务后,发出中断通知 CPU,CPU 保存正在执行的程序现场,然后转入 I/O 中断服务程序完成数据交换;在处理完毕后,CPU 将自动返回原来的程序继续执行(恢复现场)。

3) DMA 方式。DMA 方式下,在内存与 I/O 外设间传送数据块的过程中,DMA 代替 CPU 作为主设备,传输过程不受 CPU 干预,CPU 只在传输过程启动和结束时,进行处理。

4) 通道方式。通道作为高级 I/O 控制器,能提升主机与 I/O 操作的并行程度,进一步减轻 CPU 的负担。不过,通道无法完全脱离 CPU,仍受到 CPU 的管理。

5) I/O 处理机。I/O 处理机能实现通道的所有功能,还可以进行码制转换、数据校正和校验、故障处理等。

■ **参考答案** A

● 采用 DMA 方式传送数据时,每传送一个数据都需要占用一个 ___(2)___ 。
　　(2) A. 指令周期　　　　　　　　　　B. 总线周期
　　　　C. 存储周期　　　　　　　　　　D. 机器周期
试题分析
DMA 自主控制 I/O 设备与系统主存之间的直接数据传输,不需要经过 CPU 的介入,大大地提高了数据的传输速度。一个 DMA 传送只需要执行一个 DMA 周期,即一个总线读写周期。

■ **参考答案** B

2.4 总线结构

总线是指计算机各种功能部件之间传送信息的公共通信干线。本节的知识主要有常用总线的分类、总线相关定义与计算、内部总线、外部总线、系统总线的定义等。

【考核方式 1】 总线特点、规范
● 以下关于总线的说法中,正确的是 ___(1)___ 。
　　(1) A. 串行总线适合近距离高速数据传输,但线间串扰会导致速率受限
　　　　B. 并行总线适合长距离数据传输,以提高通信时钟频率来实现高速数据传输
　　　　C. 单总线结构在一个总线上适应不同种类的设备,设计复杂导致性能降低
　　　　D. 半双工总线只能在一个方向上传输信息

试题分析

依据总线中数据线的多少，总线可以分为串行总线和并行总线。串行总线是一位一位传输数据，数据线只需要一条（如果支持双向传输则需要两条数据线）。并行总线可以实现同时传输多位数据。所以，并行总线相对而言数据传输速率更高。

由于各条数据线的传输特性不可能完全一致，当数据线较长时，数据各位到达接收端时的延迟可能不一致，从而造成错误，所以并行总线不宜过长，适合近距离连接；串行传输数据则不用过多考虑数据线传输特性，因此串行总线可以长距离有效传输数据。

单总线结构在一个总线上适应不同种类的设备，但设计复杂导致性能降低，为了提高性能则可以采用专用总线。

半双工总线可以分时在两个方向上传输数据，但同一时刻只能向一个方向传输数据。

■ **参考答案** C

● 某计算机系统采用集中式总线仲裁方式，各个主设备得到总线使用权的机会基本相等，则该系统采用的总线仲裁方式___（2）___。
①菊花链式查询方式　　②计数器定时查询（轮询）方式　　③独立请求方式
（2）A. 可能是③，不可能是①或② 　　B. 可能是②或③，不可能是①
　　C. 可能是②，不可能是①或③ 　　D. 可能是①、②或③

试题分析

总线仲裁是指在计算机系统中，当多个设备同时申请对共享总线的使用权时，通过一定的规则和机制确定哪个设备有权访问总线的过程。其主要目的是解决多设备同时访问总线时可能出现的冲突和竞争问题，保证设备能够有序地进行数据传输和通信。

按照总线仲裁电路的位置不同，仲裁方式分为集中式仲裁和分布式仲裁两类。

1）集中式仲裁。集中式仲裁方式是通过一个独立的中央仲裁器来管理总线访问请求。集中式仲裁主要有以下几种方式：

（a）菊花链式查询。菊花链式查询通过总线忙（Bus Busy，BS）、总线请求（Bus Request，BR）和总线允许（Bus Grant，BG）3根信号线，确定哪个设备能够访问总线并进行数据传输。这种方式下，离中央仲裁器最近的设备具有最高的优先级，各设备使用总线机会并不相等。

（b）计数器定时查询。计数器定时查询的工作基于计数器。当系统中的某个或多个设备需要使用总线资源时，它们会发出总线请求信号。总线控制器在接收到这些请求后，会根据计数器的值来决定哪个设备将获得总线使用权。

（c）独立请求方式。该方式下每个设备都有一条独立的总线请求信号线连接到中央仲裁器。当设备需要访问总线时，它可以直接向中央仲裁器发送请求信号。中央仲裁器根据选择的策略（如优先级、轮询等）来决定哪个设备的请求被接受，并授予该设备总线使用权。

2）分布式仲裁。分布式仲裁的特点是没有独立的中央仲裁器，每个设备都有自己的仲裁部件和仲裁逻辑，它们通过查询共享资源当前的状态以及系统中其他设备的状态来决定是否占有共享资源。

■ **参考答案** B

● IEEE-1394 总线采用菊花链的拓扑结构时，可最多支持 63 个节点。当 1394 总线支持 1023 条桥接总线时，最多可以采用菊花链的拓扑结构互连___（3）___个节点。
（3）A. 1023　　　　B. 1086　　　　C. 64449　　　　D. 645535

试题分析

IEEE-1394 串行总线具有快速传输速率、高度稳定性、支持多设备连接、支持实时传输、绝缘性能好等特点。

当 IEEE-1394 总线采用菊花链的拓扑结构时，可以连接 63 台 1394 设备。每台 1394 设备支持 1023 条桥接总线与其他节点进行连接，那么最多可以互连的节点数为 63×1023=64449 个。

■ **参考答案** C

【考核方式2】 总线相关的计算

● 总线规范会详细描述总线各方面的特性，其中＿＿(1)＿＿特性规定了总线的线数，以及总线的插头、插座的形状、尺寸和信号线的排列方式等要素。总线带宽定义为总线的最大数据传输速率，即每秒传输的字节数。假设某系统总线在一个总周期中并行传输 4b 信息，一个总线周期占用 2 个时钟周期，总线时钟频率为 10 MHz，则总线带宽为＿＿(2)＿＿Mb/s。

（1）A. 物理　　　　B. 电气　　　　C. 功能　　　　D. 时间
（2）A. 20　　　　 B. 40　　　　　C. 60　　　　　D. 80

试题分析

总线规范是为了保证总线正确传输数据，连接设备，而规定的一系列规则和标准。总线规范通常包括以下几个方面。

1）物理规范：物理规范主要涉及总线的物理特性，如连线类型、连线数量、接插件的形状、尺寸以及引脚排列等。这些规范确保了不同设备之间的物理连接是兼容和可靠的。

2）功能规范：功能规范定义了总线上每根信号线的功能。例如，地址总线用于传递地址信息，数据总线用于传递数据信息，控制总线则用于传递控制信号和时序信号。这些规范确保了设备能够按照预期的方式交换数据和控制信息。

3）电气规范：电气规范规定了每根信号线上信号的传递方向以及电平的有效范围。它涉及信号的电平、电压、电流等参数，以确保信号在传输过程中的稳定性和准确性。

4）时间规范：时间规范又称为逻辑规范，它规定了总线传输信号过程中每一根信号线什么时间内有效。这有助于设备在正确的时间窗口内接收和发送数据，避免信号冲突和时序混乱。

总线带宽是总线的最大数据传输速率，即每秒传输的字节数。总线宽度则是总线一次传输的二进制位的位数。本题的总线带宽=总线宽度×总线频率=(4/2)×10=20Mb/s。

■ **参考答案** （1）A （2）A

● 某同步总线的时钟频率为 100MHz，宽度为 32 位，地址/数据线复用，每传输一个地址或者数据占有一个时钟周期。若该总线支持 burst（猝发）传输方式，则一次"主存写"总线事务传输一个数组 int buf[4]所需要的时间至少是＿＿(3)＿＿ns。

（3）A. 20　　　　B. 40　　　　C. 50　　　　D. 80

试题分析

地址/数据线复用方式意味着这类总线既可以传输地址，也可以传输数据。但在一个时钟周期内，它只能传输一个地址或数据。

总线的数据传输类型分单周期方式和猝发方式。

1）单周期方式是指一个总线周期只传送一个数据。

2）猝发方式则是指取得总线控制权后进行多个数据的传输。这种情况下，由于地址/数据线复用，地址分配需要额外占用一个时钟周期。

数组 int buf[4]包含 4 个整数，整数是 32 位，所以数组共计 128 位数据。同步总线的宽度为 32 位，因此该总线传输该数组总共需要 4 个时钟周期。猝发方式得到数组首地址需要占用 1 个时钟周期。因此，总共需要 5 个时钟周期。

时钟频率为 100MHz 的情况下，每个时钟周期为 10ns，所以总时间是 5×10ns= 50ns。

■ 参考答案 C

- 总线宽度为 32bit，时钟频率为 200MHz，若总线上每 5 个时钟周期传送一个 32bit 的字，则该总线的带宽为___（4）___MB/s。

  （4）A．40　　　　　B．80　　　　　C．160　　　　　D．200

试题分析

总线频率=时钟频率/5=200MHz/5=40MHz。

总线带宽=总线宽度×总线频率=32bit×40MHz/8bit=160MB/s。

■ 参考答案 C

2.5 嵌入式系统

嵌入式系统是一种由硬件和软件组成的、能够独立进行运作的器件。它的软件内容主要包括软件运行环境及其操作系统，而硬件内容则涵盖信号处理器、存储器、通信模块内容。本节的知识点主要有嵌入式系统基本概念、接口知识、哈佛体系结构等。

【考核方式 1】 哈佛体系结构

- 雷达设计人员在设计数字信号处理单元时，其处理器普遍采用 DSP 芯片（比如 TI 公司的 TMS320C63xx），通常 DSP 芯片采用哈佛（Harvard）体系结构，以下关于哈佛体系结构特征的描述，不正确的是___（1）___。

  （1）A．程序和数据具有独立的存储空间，允许同时取指令和取操作数，并允许在程序空间或数据空间之间互传数据
  　　B．处理器内用多总线结构，保证了在一个机器周期内可以多次访问程序空间和数据空间
  　　C．哈佛体系结构强调的是多功能，适合多种不同的环境和任务，强调兼容性
  　　D．处理器内部采用多处理单元，可以在一个指令周期内同时进行运算

试题分析

哈佛体系结构是一种数字信号处理结构，与冯·诺依曼体系结构相比，哈佛体系结构特点在于程序和数据存储的分离。冯·诺依曼体系结构将程序本身当作数据来对待，程序和该程序处理的数据用同样的方法存储。而哈佛结构则通过分离程序和数据存储来提高执行速度和数据的吞吐率。

哈佛结构具有一条独立的地址总线和一条独立的数据总线。利用公用地址总线访问两个存储模块（程序存储模块和数据存储模块），而公用数据总线则被用来完成程序存储模块或数据存储模块与 CPU 之间的数据传输。双总线的哈佛体系结构具体结构如图 2-5-1 所示。这种结构使得哈佛体系结构具有较高的执行效率，保证了在一个机器周期内可以多次访问程序空间和数据空间。

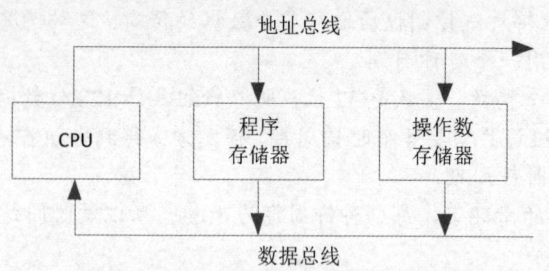

图 2-5-1 双总线的哈佛体系结构

哈佛体系结构主要是为了提高数据处理的吞吐量和速度,它不强调兼容性;相反,强调兼容性是冯·诺依曼体系结构的优势,且冯·诺依曼体系结构适合多种环境和任务,强调多功能。

■ **参考答案** C

【考核方式2】 AD 芯片的分辨率计算

- 某 16 位 AD 芯片中标注电压范围是–5～+5V,则该款 AD 芯片的分辨率是＿＿(1)＿＿。
  (1) A. 10V　　　　　B. 0.0763mV　　　　C. 0.1526mV　　　　D. 0.3052mV

试题分析

AD 芯片的分辨率是指其能够分辨的最小电压变化量。一个 N 位的 AD 芯片,分辨率=(最大电压–最小电压) / (2^N–1)。

而本题 AD 芯片的分辨率=[5–(–5)] / (2^{16}–1) ≈ 0.0001526V =0.1526mV。

■ **参考答案** C

【考核方式3】 接口知识

- 在嵌入式系统中,板上通信接口是指用于将各种集成电路与其他外围设备交互连接的电路或总线。常用的板上通信接口包括 I2C、SPI、UART 等。其中,I2C 总线通常被用于多主机场景。以下关于 I2C 总线的说法,不正确的是＿＿(1)＿＿。
  (1) A. I2C 总线是一种同步、双向、半双工的两线式串行接口总线
  　　B. I2C 总线由两条总线组成:串行时钟总线 SCL 和串行数据总线 SDA
  　　C. I2C 总线是一种同步、双向、全双工的 4 线式串行接口总线
  　　D. I2C 最初的设计目标是为微处理器/微控制器系统与电视机外围芯片之间的连接提供简单的方法

试题分析

SPI 总线是同步、双向、全双工的 4 线式串行接口总线。I2C 是半双工的,并且它只使用两条总线,即串行时钟总线 SCL 和串行数据总线 SDA。

■ **参考答案** C

- 在一个具有 72MHz 的 Cortex-M3/M4 系统下,使用中断模式来接收串口数据,其波特率为 115200。假设该系统的串行接口没有硬件 FIFO,波特率是 115200,数据格式采用"1 起始位+1 终止位+无校验位+8 数据位",则其最大允许屏蔽中断的时间约是＿＿(2)＿＿。
  (2) A. 11.5μs　　　　B. 87μs　　　　C. 23.4μs　　　　D. 17μs

试题分析

数据格式采用"1起始位+1终止位+无校验位+8数据位",则一个字节需要10个位来传输。由于波特率为115200,则传输1字节的时间= 10/115200 ≈ 87μs。

串行接口模式要求系统必须在接收到下一个字节的起始位之前,处理完当前字节的数据。具体到本题,系统要求中断服务程序能在87μs内完成接收数据的处理,并准备好接收下一个字节。因此,本系统中最大允许屏蔽中断的时间是87μs。

■ **参考答案** B

【考核方式4】 嵌入式基本概念

● 下列做法中不利于嵌入式应用软件移植的是___(1)___。

(1) A. 在软件设计上,采用层次化设计和模块化设计
　　 B. 在数据类型上,尽量直接使用C语言的数据类型
　　 C. 将不可移植的部分局域化,集中在某几个特定的文件之中
　　 D. 软件体系结构设计时,在操作系统和应用软件之间引入一个中间件层

试题分析

C语言的数据类型(如int、char等)在不同的平台和编译器上可能有不同的大小和表示方式,直接使用C语言的数据类型可能导致移植时出现问题。

■ **参考答案** B

● "从减少成本和缩短研发周期考虑,要求嵌入式操作系统能运行在不同的微处理器平台上。能针对硬件变化进行结构与功能上的配置。"是属于嵌入式操作系统___(2)___特点。

(2) A. 可定制　　　 B. 实时性　　　 C. 可靠性　　　 D. 易移植性

试题分析

嵌入式操作系统的特点如下。

1)微型化。嵌入式操作系统占用的资源和系统代码量少。
2)可定制。嵌入式操作系统能运行在不同的微处理器平台上,能针对硬件变化进行结构与功能上的配置。
3)实时性。在外部事件发生时,尽可能短的时间内做出响应和处理。
4)可靠性。在规定条件下和规定时间内完成规定功能的能力。
5)易移植性。嵌入式操作系统在不同的硬件平台和开发环境下进行方便、快捷的移植和部署的能力。

■ **参考答案** A

2.6 可靠性与系统性能评测

本部分知识点中,考查较多的知识点有系统评价与系统评估、性能评价指标、系统可靠性、可靠性指标、串并联系统的可靠性计算等。

【考核方式1】 基础概念

★ 信息系统的性能评价指标是客观评价信息系统性能的依据,其中,___(1)___是指系统在单位

时间内处理请求的数量。

（1）A．系统响应时间　　　B．吞吐量　　　C．资源利用率　　　D．并发用户数

试题分析

这类题目，系统分析师考试中出现多次。

1）系统响应时间是指系统收到请求到响应所花费的总体时间，反映了系统的快慢。

2）吞吐量是指系统在单位时间内能够处理的请求数量或事务数量。它直接反映了系统的处理能力。吞吐量实际上是系统响应时间的倒数。

3）资源利用率是指在给定的时间区间中，各种部件（包括硬、软件）被使用的时间与整个时间之比。

4）并发用户数是指同时与系统交互的用户数量，反映了系统的负载能力。

■ **参考答案** B

★ 计算机系统的性能一般包括两个大的方面。一个方面是它的___(2)___，也就是计算机系统能正常工作的时间，其指标可以是能够持续工作的时间长度，也可以是在一段时间内，能正常工作的时间所占的百分比；另一个方面是处理能力，这又可分为三类指标，第一类指标是吞吐率，第二类指标是响应时间，第三类指标是___(3)___，即在给定时间区间中，各种部件被使用的时间与整个时间之比。

（2）A．可用性　　　B．安全性　　　C．健壮性　　　D．可伸缩性

（3）A．可靠性　　　B．资源利用率　　　C．系统负载　　　D．吞吐率

试题分析

计算机系统的性能一般包括可靠性（可用性）和处理能力（效率）两个大的方面。

1）可靠性是指计算机系统能正常工作的时间。

2）处理能力可以细分为以下3类指标。

（a）吞吐率：系统在单位时间内能处理作业的个数。

（b）响应时间：系统收到请求到响应所花费的总体时间。

（c）资源利用率：在给定的时间区间中，各种部件（包括硬、软件）被使用的时间与整个时间之比。

■ **参考答案** （2）A　（3）B

★ 计算机系统性能评估中，___(4)___考虑了各类指令在程序中所占的比例。___(5)___考虑了诸如I/O结构、操作系统、编译程序的效率对系统性能的影响，可以较为准确地评估计算机系统的实际性能。

（4）A．时钟频率法　　　　　　　B．等效指令速度法
　　　C．综合理论性能法　　　　　D．基准程序法

（5）A．时钟频率法　　　　　　　B．等效指令速度法
　　　C．综合理论性能法　　　　　D．基准程序法

试题分析

这类题目，系统分析师考试中出现多次。

➢ 综合理论性能法：该方法是首先计算出处理部件每个计算单元（如定点加法单元、定点乘法单元、浮点加法单元、浮点乘法单元等）的有效计算率，再根据字长加以调整，得出该

24

计算单元的理论性能。累计所有组成该处理部件的计算单元的和，即为最终的计算机性能。

> 基准程序法：该方法使用标准化的实际程序（如核心程序或综合测试套件）在不同系统上运行，能反映 I/O 结构、操作系统和编译程序效率等软硬件因素，实现对实际性能的较准确评估。

计算机系统性能评估分为模型方法和测量方法两类。

1）模型方法：为计算机系统建立数学模型，获得模型性能指标后进行性能评估。

2）测量方法：利用测量设备或测量程序，测得目标系统的各种性能指标。经典的测量方法有如下几种。

（a）时钟频率法：时钟频率是指同步电路中时钟的基础频率，能在一定程度上反映机器速度。同一种机型计算机，时钟频率越高，计算机速度越快；不同体系结构计算机，相同频率下，速度可能会差别很大。

（b）指令执行速度法：通过计算每秒执行的指令数量来评估计算机性能的方法。

（c）等效指令速度法（吉普森混合法）：根据各类指令在程序中所占的比例来计算等效指令的执行时间，以更准确地反映计算机的实际运算速度。

（d）数据处理速率法：通过测量单位时间内处理数据的速度和效率来评估性能。该方法没有考虑 Cache、多功能部件的影响，只适合测量 CPU 和主存储器的速度，并不能全面反映计算机的性能。

（e）综合理论性能法：该方法是首先计算出处理部件每个计算单元（如定点加法单元、定点乘法单元、浮点加法单元、浮点乘法单元等）的有效计算率，再根据字长加以调整，得出该计算单元的理论性能。将累计所有组成该处理部件的计算单元的和，即为最终的计算机性能。

■ 参考答案 （4）B （5）D

【考核方式 2】可靠性指标与计算

★ 运用互联网技术，在系统性能评价中通常用平均无故障时间（MTBF）和平均故障修复时间（MTTR）分别表示计算机系统的可靠性和可用性，___(1)___ 表示系统具有高可靠性和高可用性。

（1）A．MTBF 小，MTTR 小　　　　B．MTBF 大，MTTR 小
　　　C．MTBF 大，MTTR 大　　　　D．MTBF 小，MTTR 大

试题分析

这类题目，系统分析师考试中出现多次。

平均无故障时间（MTBF），又称为平均故障间隔时间或平均无故障工作时间，是指系统在两相邻故障间隔时间段的平均值。MTBF 值越大系统越可靠。

平均故障修复时间（MTTR），是指系统从发生故障到恢复正常时间段的平均值。MTTR 值越小可用性越高。

此题可以通过平均故障间隔时间和平均故障修复时间字面意思来解题。

■ 参考答案　B

★ 某计算机系统的可靠性结构如图 2-6-1 所示，若所构成系统的每个部件的可靠度分别为 R_1、R_2、R_3 和 R_4，则该系统的可靠度为___(2)___。

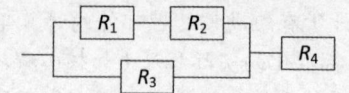

图 2-6-1 计算机系统的可靠性结构图

（2）A．$[1-(R_1+R_2)R_3]+R_4$　　　　　　B．$[1-(1-R_1R_2)(1-R_3)]R_4$
　　　C．$(1-R_1R_2)(1-R_3)R_4$　　　　　　D．$(1-R_1)(1-R_2)R_3(1-R_4)$

试题分析

这类题目，在系统分析师考试和软件设计师考试中出现多次。

串联系统可靠性公式为：$R=R_1\times R_2\times\cdots\times R_n$

并联系统可靠性公式为：$R=1-(1-R_1)\times(1-R_2)\times\cdots\times(1-R_n)$

本题的计算机系统的可靠性计算过程如图 2-6-2 所示。

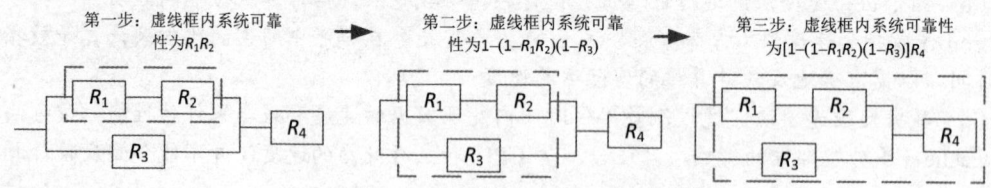

图 2-6-2 计算机系统的可靠性计算过程

■ **参考答案** B

★ 某系统由 3 个部件组成，每个部件的千小时可靠度都为 R，该系统的千小时可靠度为 $[1-(1-R)^2]R$，则该系统的构成方式是___（3）___。

（3）A．3 个部件串联　　　　　　　　　B．3 个部件并联
　　　C．前两个部件并联后与第三个部件串联　　　D．2 个部件串联

试题分析

分析题目的 4 个选项可得：

3 个部件串联的可靠度=R^3；3 个部件并联的可靠度=$1-(1-R)^3$；前两个部件并联后与第三个部件串联的可靠度=$[1-(1-R)^2]R$；2 个部件串联可靠度=R^2。

■ **参考答案** C

第3章 操作系统知识

知识点图谱与考点分析

本章的内容包含操作系统概述、处理机管理、存储管理、文件管理及作业管理等。本章知识在系统分析师考试中,考查的分值为3~5分,属于一般考点。

本章考点知识结构图如图3-0-1所示。

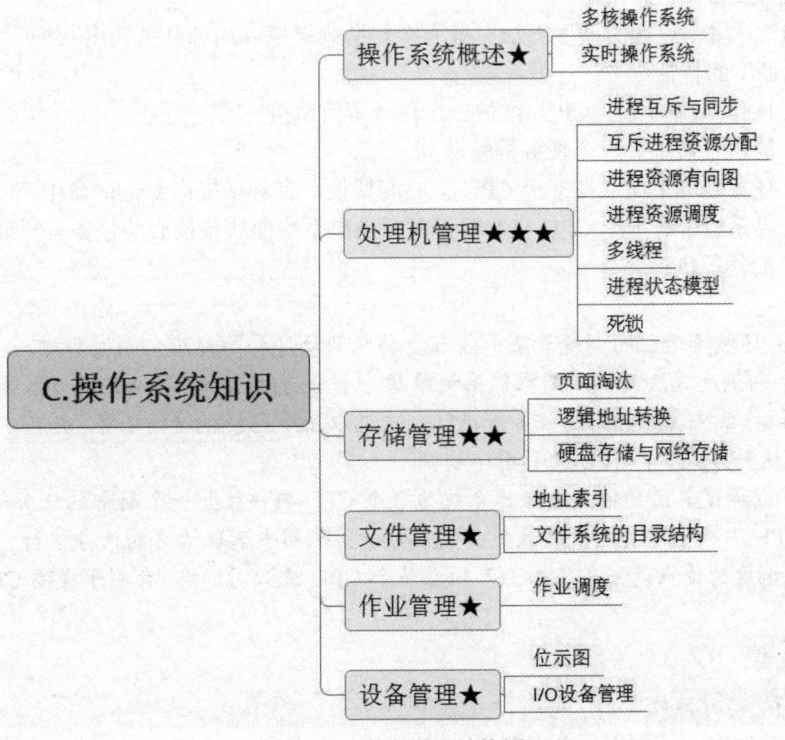

图 3-0-1　考点知识结构图

3.1 操作系统概述

本节知识点涉及操作系统定义、多核操作系统、实时操作系统等。

【考核方式1】 多核操作系统

- 多核操作系统的设计方法不同于单核操作系统，一般要突破___(1)___等方面的关键技术。
  （1）A. 总体设计、Cache 设计、核间通信、任务调度、中断处理、同步互斥
  　　 B. 核结构、Cache 设计、核间通信、可靠性设计、安全性设计、同步互斥
  　　 C. 核结构、Cache 设计、核间通信、任务调度、中断处理、存储器墙设计
  　　 D. 核结构、Cache 设计、核间通信、任务调度、中断处理、同步互斥

试题分析

多核处理器的设计应考虑的点包括核结构、Cache 设计（解决多核 Cache 一致性问题）、核间通信（解决多核处理器中各个核心之间的协作和交互）、任务调度、中断处理、同步互斥（多核环境下的共享资源同步互斥）等。

存储器墙设计是多核硬件结构设计中必须解决的空间隔离技术，但不属于操作系统设计范畴。总体设计属于系统架构设计，需要从软硬件等方面整体考虑，不属于多核操作系统设计的关键技术。可靠性设计、安全性设计属于单核、多核操作系统都应该考虑的技术。

■ 参考答案　D

- 多核 CPU 环境下进程的调度算法一般有全局队列调度和局部队列调度两种。___(2)___属于全局队列调度的特征。
  （2）A. 操作系统为每个 CPU 维护一个任务等待队列
  　　 B. 操作系统维护一个任务等待队列
  　　 C. 任务基本上无须在多个 CPU 核心间切换，有利于提高 Cache 命中率
  　　 D. 当系统中有一个 CPU 核心空闲时，操作系统便从该核心的任务等待队列中选取适当的任务执行

试题分析

多核 CPU 环境下进程的调度算法一般有全局队列调度和局部队列调度两种。

1）全局队列调度算法的特点是操作系统维护一个全局的任务等待队列。当系统中有一个 CPU 核心空闲时，操作系统会从全局的任务等待队列中选取一个已经就绪的任务，并在这个空闲的 CPU 核心上执行。这种方式下，CPU 的利用率较高。

2）局部队列调度算法的特点是操作系统为每个 CPU 内核维护一个局部的任务等待队列，当系统中有一个 CPU 内核空闲时，便从该核心的任务等待队列中选取恰当的任务执行。局部队列调度的优点是任务基本上无须在多个 CPU 核心间切换，有利于提高 CPU 核心局部缓存命中率。

■ 参考答案　B

【考核方式2】 实时操作系统

- 实时操作系统中，外部事件必须在___(1)___。

(1) A．一个时间片内处理　　　　　　B．一个周期时间内处理
　　　C．一个机器周期内处理　　　　　D．被控对象允许的时间内

试题分析

在实时系统中，外部事件的处理时间必须满足被控对象（如物理设备、传感器等）的具体时间要求。

分时操作系统中，时间片是分配给每个进程或线程执行的时间段。但在实时操作系统中，特别是硬实时系统中，并不总是使用时间片的概念。因此 A 选项并不准确。

并非所有外部事件都是周期性的，而且系统没有要求外部事件必须在某个固定周期内或者一个机器周期内被处理，所以 B、C 选项并不准确。

■ **参考答案**　D

3.2 处理机管理

本节知识点涉及进程状态、进程同步与互斥、进程调度、管程、死锁等。其中，PV 操作、进程资源图等知识常考。

【考核方式 1】　进程互斥与同步

★　进程 P1、P2、P3、P4 和 P5 的前驱图如图 3-2-1 所示。

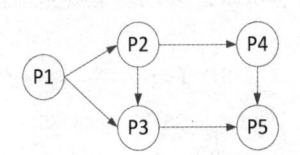

图 3-2-1　习题用图

若用 PV 操作控制这 5 个进程的同步与互斥的程序如下，那么程序中的空①和空②处应分别为＿＿（1）＿＿；空③和空④处应分别为＿＿（2）＿＿；空⑤和空⑥处应分别为＿＿（3）＿＿。

```
begin
   S1,S2,S3,S4,S5,S6:semaphore;           //定义信号量
   S1:=0;S2:=0;S3:=0;S4:=0;S5:=0;S6:=0;
Cobegin
   process P1     process P2    process P3    process P4    process P5
   Begin          Begin         Begin         Begin         Begin
      P1 执行;       ②            P(S2);        P(S4);         ⑥
      V(S1);         P2 执行;      ③             P4 执行;       P5 执行;
       ①            V(S3);        P3 执行;       ⑤            end;
      end;          V(S4);        ④             end;
                    end;          end;
   Coend
end.
```

(1) A．V(S1)和 P(S2)　　　　　　　B．P(S1)和 V(S2)
　　　C．V(S1)和 V(S2)　　　　　　　D．V(S2)和 P(S1)

（2）A．V(S3)和 V(S5)   B．P(S3)和 V(S5)
    C．V(S3)和 P(S5)   D．P(S3)和 P(S5)
（3）A．P(S6)和 P(S5)V(S6)   B．V(S5)和 V(S5)V(S6)
    C．V(S6)和 P(S5)P(S6)   D．P(S6)和 P(S5)P(S6)

试题分析

类似的题目和相关知识点，在系统分析师、软件设计师的考试中反复考到。

PV 操作中的 P，是荷兰语 Passeren 的缩写，意为"通过（pass）"；V 是荷兰语 vrijgeven 的缩写，意为"释放（give）"。

根据前驱图，进程 P1 执行完毕，需要利用 V(S1)、V(S2)唤醒进程 P2、P3，所以①填 V(S2)。

进程 P2 中，需要利用 P(S1) 判断前驱进程 P1 是否运行完毕。因此②填 P(S1)。进程 P2 执行完毕，需要利用 V(S3)、V(S4) 唤醒进程 P3、P4。

进程 P3 中，需要利用 P(S2)、P（S3）判断前驱进程 P1、P2 是否运行完毕，所以③填 P(S3)。进程 P3 执行完毕，需要利用 V(S5) 唤醒进程 P5，所以④填 V(S5)。

进程 P4 中，需要利用 P(S4) 判断前驱进程 P2 是否运行完毕。进程 P4 执行完毕，需要利用 V(S6) 唤醒进程 P5，所以⑤填 V(S6)。

进程 P5 中，需要利用 P(S5)、P(S6) 判断前驱进程 P3、P4 是否运行完毕，所以⑥填 P(S5)、P(S6)。

将前驱图标明信号量，如图 3-2-2 所示，可以更直观地帮助解题。

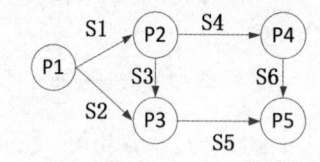

图 3-2-2 标明信号后的前驱图

■ **参考答案** （1）D （2）B （3）C

★ 前驱图是一个有向无环图，记为：→={（Pi, Pj), Pi 完成时间先于 Pj 开始时间}。假设系统中进程 P={P1，P2，P3，P4，P5，P6，P7，P8}，且进程的前驱图如图 3-2-3 所示。那么该前驱图可记为___（4）___，图中___（5）___。

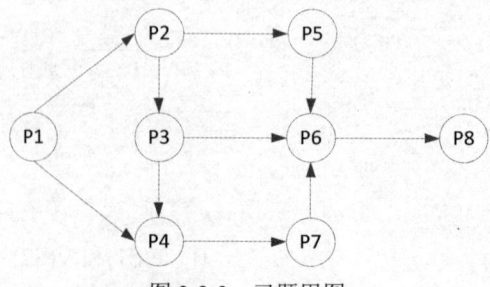

图 3-2-3 习题用图

(4) A. →={（P1，P2），（P1，P3），（P1，P4），（P2，P5），（P3，P2），（P3，P4），（P3，P6），（P4，P7），（P5，P8）}

　　B. →={（P1，P2），（P1，P4），（P2，P3），（P2，P5），（P3，P4），（P3，P6），（P4，P7），（P5，P6），（P6，P8），（P7，P6）}

　　C. →={（P1，P2），（P1，P4），（P2，P5），（P3，P2），（P3，P4），（P3，P6），（P4，P6），（P4，P7），（P6，P8），（P7，P8）}

　　D. →={（P1，P2），（P1，P3），（P2，P4），（P2，P5），（P3，P2），（P3，P4），（P3，P5），（P4，P7），（P6，P8），（P7，P8）}

(5) A. 存在着 10 个前驱关系，P1 为初始节点，P2P4 为终止节点

　　B. 存在着 2 个前驱关系，P6 为初始节点，P2P4 为终止节点

　　C. 存在着 9 个前驱关系，P6 为初始节点，P8 为终止节点

　　D. 存在着 10 个前驱关系，P1 为初始节点，P8 为终止节点

试题分析

同样的题目，在系统分析师考试中经常考到。

P1 是 P2 的前驱节点，前驱图中图形为 P1→P2，记为→={（P1，P2）}。因此，本题的整个前驱图记为→={（P1，P2），（P1，P4），（P2，P3），（P2，P5），（P3，P4），（P3，P6），（P4，P7），（P5，P6），（P6，P8），（P7，P6）}，前驱关系有 10 个，初始节点为 P1，终止节点为 P8。

■ **参考答案**　　(4) B　　(5) D

【考核方式 2】互斥进程资源分配

- 假设计算机系统中有三类互斥资源 R1、R2 和 R3，可用资源数分别为 9、5 和 3。若在 T0 时刻系统中有 P1、P2、P3、P4 和 P5 五个进程，这些进程对资源的最大需求量和已分配资源数见表 3-2-1。在 T0 时刻，系统剩余的可用资源数分别为____(1)____。如果进程按____(2)____序列执行，那么系统状态是安全的。

表 3-2-1　习题用表

进程	最大需求量			已分配资源数		
	R1	R2	R3	R1	R2	R3
P1	6	1	1	2	1	0
P2	3	2	0	2	1	0
P3	4	3	1	1	1	1
P4	3	3	2	1	1	1
P5	2	1	1	1	1	0

(1) A. 1、1 和 0　　B. 1、1 和 1　　C. 2、1 和 0　　D. 2、0 和 1

(2) A. P1→P2→P4→P5→P3　　B. P4→P2→P1→P5→P3

　　C. P5→P2→P4→P3→P1　　D. P5→P1→P4→P2→P3

试题分析

根据题目中每个进程的资源需求量、已分配资源数,可得到每个进程的尚需资源数,具体见表 3-2-2。

表 3-2-2 每个进程的资源需求量、已分配资源数、尚需资源数

进程	最大需求量 R1	R2	R3	已分配资源数 R1	R2	R3	尚需资源数 R1	R2	R3
P1	6	1	1	2	1	0	4	0	1
P2	3	2	0	2	1	0	1	1	0
P3	4	3	1	1	1	1	3	2	0
P4	3	3	2	1	1	1	2	2	1
P5	2	1	1	1	1	0	1	0	1
合计				7	5	2			

T0 时刻,系统剩余资源数=可用资源数–已分配资源数=(9、5、3)–(7、5、2)=(2、0、1)。

依据选项 A 的"P1→P2→P4→P5→P3"顺序运行时,首先运行 P1,尚需资源(4、0、1),但系统剩余资源(2、0、1)不够用,所以不安全。

依据选项 B 的"P4→P2→P1→P5→P3"顺序运行时,首先运行 P4,尚需资源(2、2、1),但系统剩余资源(2、0、1)不够用,所以不安全。

依据选项 D 的"P5→P1→P4→P2→P3"顺序运行时,运行过程见表 3-2-3。

表 3-2-3 运行过程资源详表

进程	可用资源数 R1	R2	R3	已分配资源数 R1	R2	R3	尚需资源数 R1	R2	R3	备注
P5	2	0	1	1	1	0	1	0	1	P5 可运行,完成后释放占用资源
P1	3	1	1	2	1	0	4	0	1	剩余资源不够用,所以不安全

依据选项 C 的"P5→P2→P4→P3→P1"顺序运行时,运行过程见表 3-2-4。

表 3-2-4 运行过程资源详表

进程	可用资源数 R1	R2	R3	已分配资源数 R1	R2	R3	尚需资源数 R1	R2	R3	备注
P5	2	0	1	1	1	0	1	0	1	P5 可运行,完成后释放占用资源

续表

进程	资源									备注
	可用资源数			已分配资源数			尚需资源数			
	R1	R2	R3	R1	R2	R3	R1	R2	R3	
P2	3	1	1	2	1	0	1	1	0	P2可运行,完成后释放占用资源
P4	5	2	1	1	1	1	2	2	1	P4可运行,完成后释放占用资源
P3	6	3	2	1	1	1	3	2	0	P3可运行,完成后释放占用资源
P1	7	4	3	2	1	0	4	0	1	P1可运行,因此运行成功,系统是安全的

■ **参考答案** （1）D （2）C

- 某系统中有 3 个并发进程竞争资源 R，每个进程都需要 4 个 R，那么至少有____(3)____个 R，才能保证系统不会发生死锁。

(3) A. 10　　　　　B. 11　　　　　C. 12　　　　　D. 13

试题分析

3 个并发进程，如果每个进程仅分配 3 个资源 R，则会发生死锁。但如果增加 1 个资源，则某进程就能运行完毕，进而释放更多资源，这样就不会发生死锁。

因此，至少需要 3×3+1=10 个 R。

■ **参考答案** A

【考核方式3】 进程资源有向图

★ 在进程资源有向图中，圆圈表示进程，方框表示资源，方框内的小圆圈表示资源数。当有向边（或称请求边）由进程指向资源时，表示申请一个资源；当有向边（或称分配边）由资源指向进程时，表示获得一个资源。假设系统中有三个进程 P1、P2 和 P3，两种资源 R1、R2，且 R1 的资源数等于 3，R2 的资源数等于 3。如果进程资源图如图 3-2-4（a）和图 3-2-4（b）所示，那么图 3-2-4（a）中____(1)____；图 3-2-4（b）中____(2)____。

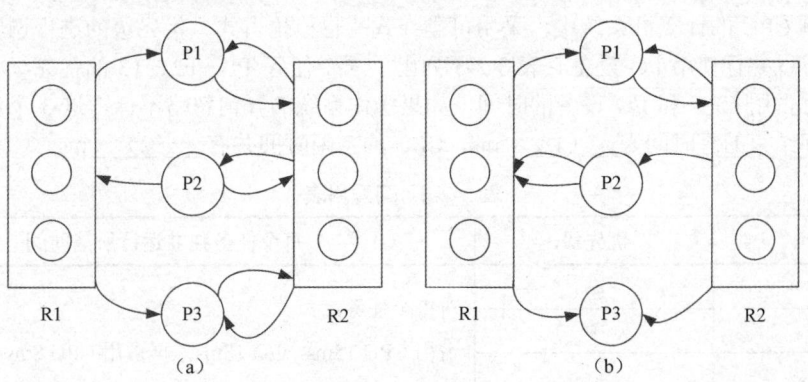

图 3-2-4 习题用图

（1）A．P1、P2、P3 都是阻塞节点，该图不可以化简，是死锁的
　　　B．P1、P2、P3 都是非阻塞节点，该图可以化简，是非死锁的
　　　C．P1、P2 是非阻塞节点，P3 是阻塞节点，该图不可以化简，是死锁的
　　　D．P2 是非阻塞节点，P1、P3 是阻塞节点，该图可以化简，是非死锁的
（2）A．P1、P2、P3 都是非阻塞节点，该图可以化简，是非死锁的
　　　B．P1、P2、P3 都是阻塞节点，该图不可以化简，是死锁的
　　　C．P3 是非阻塞节点，P1、P2 是阻塞节点，该图可以化简，是非死锁的
　　　D．P1、P2 是非阻塞节点，P3 是阻塞节点，该图不可以化简，是死锁的

试题分析

这类题目在系统分析师、软件设计师的考试中常考到。

1）R 表示资源，P 表示进程，方框内的小圆圈表示资源数。
2）R→P：表示分配一个资源 R 给进程 P；P→R：表示进程 P 申请一个资源 R。
3）阻塞节点：当 R 资源分配完毕后，此时还有进程 P 向 R 申请资源，则该进程 P 是阻塞节点。
4）非阻塞节点：当进程 P 向 R 申请资源时，此时 R 还有资源分配，则该进程 P 是非阻塞节点。
5）不可化简：图中所有节点都是阻塞节点。
6）可化简：将非阻塞节点周围的箭头删去，只保留阻塞节点的箭头。如果在新图中，原阻塞节点变为非阻塞节点，则可以化简。

根据图 3-2-4（a）可知，资源 R2 的数量为 3，且已分配了 3 个 R2 资源；同时进程 P1、P2、P3 还要各自申请 1 个 R2 资源。由于系统无法完成资源 R2 的申请，因此 P1、P2、P3 是阻塞节点。该图无法化简，是死锁的。

根据图 3-2-4（b）可知，进程 P3 有资源分配，没有资源请求，因此属于非阻塞节点。R2 资源已经分配了 3 个，但进程 P1 还要请求 1 个 R2 资源，无法满足其需求，因此属于阻塞节点。进程 P2 申请了 2 个 R1 资源，但是系统只剩 1 个 R1 资源可供申请，因此属于阻塞节点。

由于进程 P3 属于非阻塞节点，运行完毕后可以释放所占用的资源，可以保证进程 P1、P2 运行完毕，因此可以转为一个不包含环的图，因此图 3-2-4（b）是可化简的，非死锁的。

■ **参考答案** 　（1）A　（2）C

【考核方式 4】 进程资源调度

● 在一个单 CPU 的计算机系统中，采用可剥夺式（也称抢占式）优先级的进程调度方案，且所有任务可以并行使用 I/O 设备。表 3-2-5 列出了 3 个任务 T1、T2、T3 的优先级、每个任务独立运行时占用 CPU 和 I/O 设备的时间。如果操作系统的开销忽略不计，这 3 个任务从同时启动到全部结束的总时间为___(1)___ms，CPU 的空闲时间共有___(2)___ms。

表 3-2-5 习题用表

任务	优先级	每个任务独立运行所需时间
T1	高	对每个任务： 占用 CPU 15ms，I/O 18ms，再占用 CPU 8ms
T2	中	
T3	低	

（1）A. 41　　　　　　B. 71　　　　　　C. 87　　　　　　D. 123
（2）A. 15　　　　　　B. 18　　　　　　C. 24　　　　　　D. 54

试题分析

依据题意，由"在单 CPU 的计算机系统中，采用可剥夺式（也称抢占式）优先级的进程调度方案，且所有任务可以并行使用 I/O 设备"可知，系统 CPU 只能分配给优先级最高的任务，使用期间其他任务只能等待；而 I/O 设备可以分配各任务并行运行，任务间互不影响。

T1 优先级别最高，CPU 和 I/O 调度不受影响，可直接运行；T2 优先级别略低，CPU 的调度只能等待 T1 使用完毕后开始，而 I/O 调度不受影响；T3 优先级别最低，CPU 的调度只能等待 T1、T2 使用完毕后开始，而 I/O 调度不受影响。具体调度过程如图 3-2-5 所示。

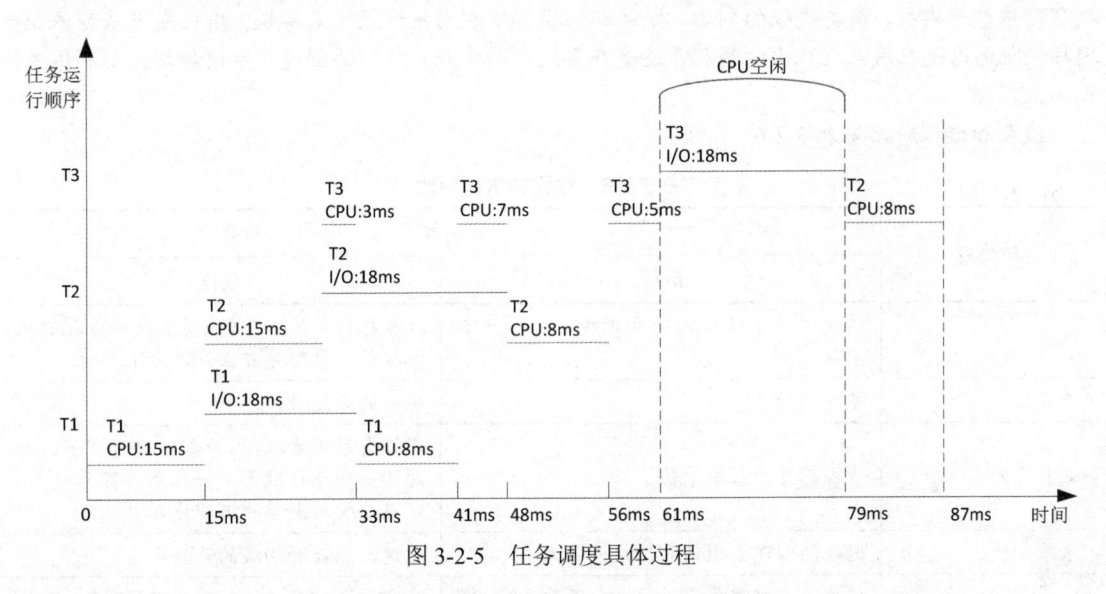

图 3-2-5　任务调度具体过程

由图 3-2-5 可知，这 3 个任务从同时启动到全部结束的总时间为 87ms，CPU 的空闲时间为 18ms。

■ **参考答案**　（1）C　（2）B

【考核方式 5】　多线程

★ 在支持多线程的操作系统中，假设进程 P 创建了若干个线程，那么＿＿（1）＿＿是不能被这些线程共享的。
　　（1）A. 该进程中打开的文件　　　　　B. 该进程的代码段
　　　　　C. 该进程中某线程的栈指针　　　D. 该进程的全局变量

试题分析

同一进程中的各个线程不能共享某线程的栈指针，这个结论常考。

进程是指在系统中正在运行的一个应用程序的实例，线程是进程之内的一个实体。一个进程至少包括一个线程，通常将该线程称为主线程。

在同一进程中的各个线程都可以共享该进程所拥有的资源，代码、文件、全局变量等；不能共享的是该进程中某线程的栈指针。

■ **参考答案** C

- 关于进程和线程的区别，以下描述错误的是___(2)___。

  (2) A. 进程可以并发执行，而线程不可以并发执行
      B. 进程间通信需要进程同步和互斥手段的辅助，线程间可以直接读写进程数据段
      C. 进程间的资源是隔离的，互不干扰；而线程共享进程的资源
      D. 创建和销毁进程的开销较大，创建和销毁线程的开销较小

试题分析

线程（Thread）是操作系统调度、处理器分配的最小单位。线程包含在进程中，是进程中的实际运作单位。通常一个进程至少包含一个线程。线程分为用户级线程和内核支持线程两类。用户级线程不依赖于内核，该类线程的创建、撤销和切换都不利用系统调用来实现；内核支持线程依赖于内核，即无论是在用户进程中的线程，还是在系统中的线程，它们的创建、撤销和切换都利用系统调用来实现。

线程和进程对比见表 3-2-6。

表 3-2-6 线程和进程对比

对比点	分类	
	进程	线程
调度	传统操作系统中的独立调度和分配基本单位	线程操作系统中，线程是调度和分配的基本单位，进程是独立资源分配单位
并发性	并发执行	更好的并发性
拥有资源	资源拥有的基本单位	不拥有系统资源，仅分配了必不可少的资源（如程序计数器、一组寄存器和栈），可以访问所隶属的进程资源
系统开销	进程的创建、撤销和切换开销大	创建、撤销和切换的开销小
通信	进程间通信需要通过同步和互斥手段，保证数据一致性	线程间通过直接读写进程数据段（如全局变量）通信

■ **参考答案** A

【考核方式6】 进程状态模型

★ 在单处理机系统中，采用先来先服务调度算法。系统中有 4 个进程 P1、P2、P3、P4（假设进程按此顺序到达），其中 P1 为运行状态，P2 为就绪状态，P3 和 P4 为等待状态，且 P3 等待打印机，P4 等待扫描仪。若 P1___(1)___，则 P1、P2、P3 和 P4 的状态应分别为___(2)___。

(1) A. 时间片到   B. 释放了扫描仪
    C. 释放了打印机   D. 已完成

(2) A. 等待、就绪、等待和等待   B. 运行、就绪、运行和等待
    C. 就绪、运行、等待和等待   D. 就绪、就绪、等待和运行

试题分析

进程五态模型具体如图 3-2-6 所示。

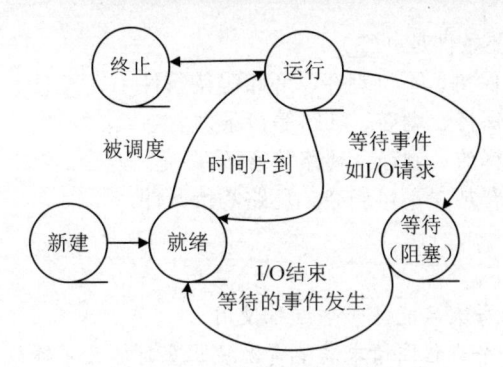

图 3-2-6 进程五态模型

依据五态模型，结合题意，空（1）为时间片到。由于时间片到，P1 状态由运行状态变为就绪状态；P2 比 P3 先来所以先服务，且为就绪状态，所以立刻转为运行状态。由于 P3 等待打印机，P4 等待扫描仪，没有释放设备的事件发生，所以仍然为等待（阻塞）状态。

■ **参考答案** （1）A （2）C

【考核方式 7】 死锁

- 并发的两个事务产生了死锁，则 __(1)__ 是解除数据死锁的一种方法。

  （1）A．撤销其中一个事务

  　　B．增加事务的优先级

  　　C．强制所有事务使用相同的锁定顺序

  　　D．所有事务必须在超时后立即重试

试题分析

解决死锁的策略见表 3-2-7。

表 3-2-7 解决死锁的策略

策略名	解释	对应解决方法
死锁预防	破坏导致死锁的 4 个必要条件之一就可以预防死锁，属于事前检查	（1）预先静态分配法：用户申请资源时，就申请所需的全部资源，这就破坏了保持和等待条件 （2）资源有序分配法：将资源分层排序，保证不形成环路；得到上一层资源后，才能够申请下一层资源
死锁避免	避免是指进程在每次申请资源时判断这些操作是否安全，属于事前检查	银行家算法：对进程发出的资源请求进行检测，如果发现分配资源后系统进入不安全状态，则不予分配；反之，则分配。此算法保障系统的安全性，但会增加系统开销
死锁检测	允许死锁，不限制资源分配	执行死锁检查程序，判断系统是否死锁，如果是，则执行死锁解除策略
死锁解除	与死锁检测结合使用	（1）资源剥夺：将资源强行分配给别的进程 （2）撤销进程：逐个撤销死锁进程，直到死锁解除

■ **参考答案** A

- 进程产生死锁的 4 个必要条件是 __(2)__ 。
  - （2）A．互斥、请求与保持、不可剥夺、环路等待条件
  - B．互斥、请求与保持、剥夺、环路等待条件
  - C．互斥、请求与释放、剥夺、环路等待条件
  - D．互斥、请求与释放、不可剥夺、环路等待条件

试题分析

死锁发生的必要条件如下。

1）互斥条件：一个资源每次只能被一个进程使用。

2）请求与保持条件：一个进程因请求其他资源被阻塞时，又不释放已获得的资源。

3）不可剥夺条件：有些系统资源是不可剥夺的，当某个进程已获得这种资源后，系统不能强行收回，只能等进程完成时自己释放。

4）环路等待条件：若干个进程形成资源申请环路，每个都占用对方要申请的下一个资源。

■ **参考答案** A

3.3 存储管理

本节知识点涉及页面淘汰、逻辑地址转换、硬盘存储与网络存储等。

【考核方式 1】 页面淘汰

★ 某系统采用请求页式存储管理方案。假设某进程有 6 个页面，系统给该进程分配了 4 个存储块，其页面变换表见表 3-3-1，表中的状态位等于 1 和 0 分别表示页面在内存或不在内存，系统使用 NUR 淘汰算法。当该进程访问的第 4 号页面不在内存时，应该淘汰表中页面号为__(1)__的页面。

表 3-3-1 习题用表

页面号	页帧号	状态位	访问位	修改位
0	—	0	0	0
1	5	1	1	1
2	6	1	1	1
3	8	1	0	1
4	—	0	0	0
5	12	1	1	0

（1）A．1　　　　B．2　　　　C．3　　　　D．5

试题分析

页面淘汰的题目，系统分析师考试中常考到。

当题目给出了状态位、访问位、修改位等信息时，多使用的是最近未用（Not Used Recently，NUR）淘汰算法，按照其规则每次都尽量选择最近最久未被写过（即访问位和修改位满足相应条件）的页面淘汰。

第 1 淘汰：访问位=0，修改位=0。这说明页面未被访问，也未修改，属于最先淘汰的情形。

第 2 淘汰：访问位=0，修改位=1。这说明页面未被访问，但有修改，属于次先淘汰的情形。

第 3 淘汰：访问位=1，修改位=0。这说明页面被访问，但未修改。

第 4 淘汰：访问位=1，修改位=1。这说明页面既被访问，又有修改，属于最后淘汰的情形。

本题中，页面号 1、2、3、5 的状态位是 1，说明页面在内存，应该淘汰这些页面中的一个。而 3 号页面访问位=1，修改位=0，比较 1、2、5 页面应该最先被淘汰。

■ 参考答案　C

● 假设系统中页面号的访问顺序是（0, 0, 1, 1, 3, 1, 2），内存可以存储 2 个页面，按照先进先出页面置换算法，共产生____(2)____次缺页中断。

（2）A．1　　　　　　B．2　　　　　　C．3　　　　　　D．4

试题分析

初始状态：内存为空，没有页面驻留。

1）页面 0 访问：内存中没有页面 0，产生缺页中断，将页面 0 加载到内存，此时内存状态为 {0}。缺页中断次数为 1 次。

2）页面 0 再次访问：内存中已经有页面 0，无须置换，没有产生缺页中断，此时内存状态仍为 {0}。

3）页面 1 访问：内存中没有页面 1，产生缺页中断，将页面 1 加载到内存，此时内存状态为 {0, 1}。缺页中断次数为 2 次。

4）页面 1 再次访问：内存中已经有页面 1，无须置换，没有产生缺页中断。此时内存状态仍为 {0, 1}。

5）页面 3 访问：内存中没有页面 3，产生缺页中断。根据先进先出页面置换算法，页面 0 是最早进入内存的，因此被置换出内存，页面 3 加载到内存，此时内存状态变为 {1, 3}。缺页中断次数为 3 次。

6）页面 1 再次访问：内存中已经有页面 1，无须置换，没有产生缺页中断。

7）页面 2 访问：内存中没有页面 2，产生缺页中断，根据先进先出页面置换算法此时内存状态变为 {3,2}。缺页中断次数为 4 次。

■ 参考答案　D

【考核方式 2】　逻辑地址转换

★ 假设计算机系统的页面大小为 4K，进程 P 的页面变换表见表 3-3-2。若 P 要访问的逻辑地址为十六进制 3C20H，那么该逻辑地址经过地址变换后，其物理地址应为____(1)____。

表 3-3-2　习题用表

页号	物理块号
0	2
1	3
2	4
3	6

（1）A．2048H　　　　B．3C20H　　　　C．5C20H　　　　D．6C20H

试题分析

这类逻辑页号和物理块号互转的题目，系统分析师和软件设计师考试中常考。

题目给出页面大小为 4K（$4K=2^{12}$），因此该系统逻辑地址低 12 位为页内地址，高位对应页号。所以在长度为 4 位的十六进制值为 3C20H 的逻辑地址中，十六进制的最高 1 位是逻辑页号，后 3 位是页内地址。

根据页面变换表，逻辑页号 3 对应的物理块号是 6，所以对应的物理地址为 6C20H。

- **参考答案** D

- 编译后的目标程序在内存中的地址称为___（2）___。
    - （2）A．逻辑地址　　　B．绝对地址　　　C．物理地址　　　D．实际地址

试题分析

源程序编译好后的目标程序最初是逻辑地址，在实际运行目标程序时，会将逻辑地址转换为物理地址。

- **参考答案** A

【考核方式3】 硬盘存储与网络存储

- 假如有 3 块 80T 的硬盘，采用 RAID5 的容量是___（1）___。
    - （1）A．40T　　　　　B．80T　　　　　C．160T　　　　　D．240T

试题分析

RAID5 具有独立的数据磁盘和分布校验块的磁盘阵列，无专门的校验盘，常用于 I/O 较频繁的事务处理上。

RAID5 的容量=(n–1)×最小的磁盘容量，依据题意，RAID5 的容量=(3–1)×80=160T。

- **参考答案** C

- 在磁盘冗余阵列（Redundant Array of Inexpensive Disks，RAID）机制中，RAID 应用的主要技术有分块技术、交叉技术和重聚技术。其中，___（2）___是无冗余和无校验的数据分块；___（3）___由磁盘对组成，每一个工作盘都有其对应的镜像盘，上面保存着与工作盘完全相同的数据拷贝，具有最高的安全性，但磁盘空间利用率只有 50%；___（4）___具有独立的数据硬盘与两个独立的分布式奇偶校验方案。
    - （2）A．RAID 0　　　B．RAID 1　　　C．RAID 2　　　D．RAID 3
    - （3）A．RAID 4　　　B．RAID 1　　　C．RAID 3　　　D．RAID 2
    - （4）A．RAID 6　　　B．RAID 5　　　C．RAID 4　　　D．RAID 3

试题分析

常见的 RAID 类型有 RAID 0、RAID 1、RAID 3、RAID 5、RAID 6、RAID 7、RAID 10、RAID 50 等。

RAID 0 是无冗余和无校验的数据分块，它通过将数据分散存储在多个磁盘上提高数据传输速度，但不提供数据冗余或错误恢复能力。RAID 1 每一个工作盘都有对应的镜像盘，上面保存着与工作盘完全相同的数据拷贝，这种方式提供了最高的数据安全性，但磁盘空间利用率只有 50%。

RAID 6 具有独立的数据硬盘与两个独立的分布式奇偶校验方案，可以容忍两块硬盘故障而不会导致数据丢失。

■ **参考答案** （2）A （3）B （4）A

● 以下 4 个选项中，___(5)___ 采用了无独立校验盘的奇偶校验技术，且适合高速存储。
   （5）A．RAID 0　　　B．RAID 2　　　C．RAID 3　　　D．RAID 5

试题分析

常见的各种 RAID 的特点如下：

1）RAID 0 是无冗余、无校验的数据分块，具有最高的 I/O 性能和最高的磁盘空间利用率，但系统的故障率高，属于非冗余系统。
2）RAID 2 采用了海明码纠错技术，需增加校验盘来提供单纠错和双纠错功能。
3）RAID 3 采用了奇偶校验技术，把奇偶校验码存放在一个独立的校验盘上。
4）RAID 5 采用了奇偶校验技术，但没有独立的校验盘，校验信息分布在组内所有盘上。
5）RAID 6 采用了数据冗余和双重奇偶校验技术。
6）RAID 10，又称为 RAID 0+1，RAID 10 先做 RAID1，再做 RAID0。

■ **参考答案** D

3.4 文件管理

本节知识点涉及地址索引、文件系统的目录结构等。

【考核方式 1】 地址索引

★ 设文件索引节点中有 8 个地址项，每个地址项大小为 4 字节，其中 5 个地址项为直接地址索引，2 个地址项是一级间接地址索引，1 个地址项是二级间接地址索引，磁盘索引块和磁盘数据块大小均为 1KB 字节。若要访问文件的逻辑块号分别为 5 和 518，则系统分别采用___(1)___。

（1）A．直接地址索引和一级间接地址索引
　　　B．直接地址索引和二级间接地址索引
　　　C．一级间接地址索引和二级间接地址索引
　　　D．一级间接地址索引和一级间接地址索引

试题分析

地址索引的题目，系统分析师考试中考查过多次。

依据题意，每个地址项大小为 4 字节，磁盘索引块为 1KB 字节，则每个索引块可存放物理块地址个数=磁盘索引块大小/每个地址项大小=1KB/4=256。

文件索引节点中有 8 个地址项，5 个地址项为直接地址索引，2 个地址项是一级间接地址索引，1 个地址项是二级间接地址索引。则有：

1）直接地址索引指向文件的逻辑块号为：0～4。
2）一级间接地址索引指向文件的逻辑块号为：5～256×2+4，即 5～516。
3）二级间接地址索引指向文件的逻辑块号为：517～256×256+516，即 517～66052。

图 3-4-1 所示为文件的地址映射示例。

■ **参考答案** C

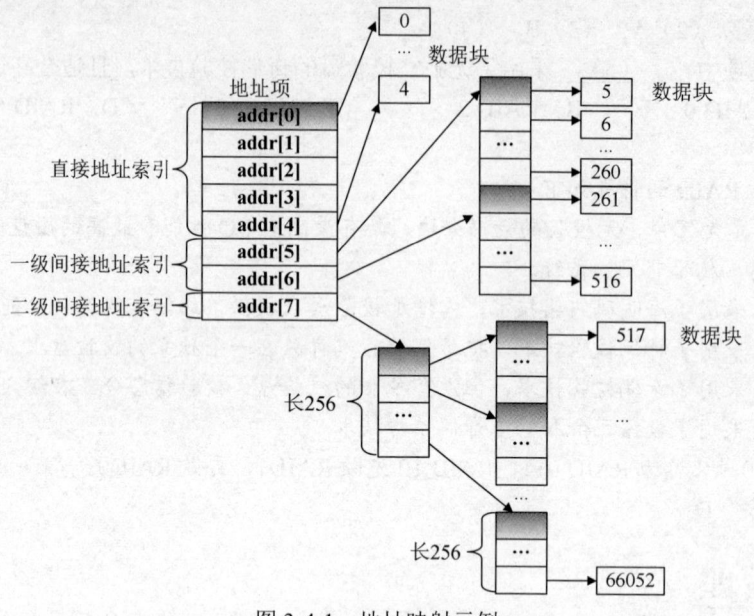

图 3-4-1 地址映射示例

【考核方式2】 文件系统的目录结构
● 某文件系统的目录结构如图 3-4-2 所示,假设用户要访问文件 rw.dll,且当前工作目录为 swtools,则该文件的全文件名为___(2)___,相对路径和绝对路径分别为___(3)___。

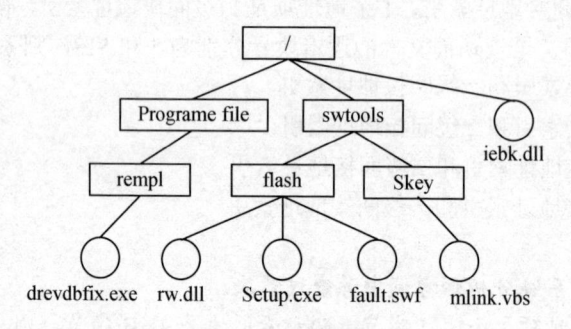

图 3-4-2 试题图

（2）A．rw.dll B．/flash/rw.dll
　　 C．/swtools/flash/rw.dll D．/Programe file/Skey/rw.dll
（3）A．/swtools/flash/和/flash/ B．/flash/和/swtools/flash/
　　 C．/swtools/flash/和/flash D．/flash/和 swtools/flash/

试题分析
文件的全文件名包括盘符及从根目录开始的路径名；文件的相对路径是当前工作目录下的路径名；文件的绝对路径是指根目录下的绝对位置，直接到达目标位置，"/"代表根目录。

■ 参考答案 　（2）C　（3）B

- 在 Windows 和 Linux 操作系统中，文件系统的结构采用的是___(4)___。

  （4）A．链表结构　　　B．多级树形结构　　C．图形结构　　　D．块结构

试题分析

操作系统中负责管理和存储文件信息的软件机构称为文件管理系统，简称文件系统。多级树形结构是一种非线性的数据结构，其中每个节点可以包含零个或多个子节点，形成多层次的嵌套结构。在 Windows 和 Linux 操作系统中，文件系统的结构采用的是多级树形结构。

■ **参考答案**　B

- 下列 4 个选项中，___(5)___属于文件的逻辑结构范畴。

  （5）A．链接文件　　　B．流式文件　　　C．系统文件　　　D．连续文件

试题分析

文件的组织结构就是文件的组织形式，可以分为逻辑结构和物理结构。文件的物理结构为存储器中存放的方式。常见的文件物理结构有连续结构（顺序结构）、链接结构（串联结构）、索引结构、多个物理块的索引表等。

文件的逻辑结构为用户可见的文件结构，文件逻辑结构分类见表 3-4-1。

表 3-4-1　文件逻辑结构分类

分类	特点	备注
记录文件	有结构，文件由一个个的记录构成	根据记录长度分为定长记录和不定长记录
流式文件	字节流形式，文件是由字节或字符构成的。文件没有划分记录，文件顺序访问	在 UNIX 操作系统中，所有文件均为流式文件

■ **参考答案**　B

3.5　作业管理

本节知识点包含作业调度。

【考核方式】　作业调度

- 作业 J1、J2、J3、J4 的提交时间和运行时间见表 3-5-1。若采用短作业优先调度算法，则作业调度优先次序为___(1)___，平均周转时间为___(2)___min（这里不考虑操作系统的开销）。

表 3-5-1　作业提交时间与运行时间

作业号	提交时间	运行时间/min
J1	6:00	60
J2	6:24	30
J3	6:48	6
J4	7:00	12

（1）A．J3→J4→J2→J1　　　　　　　B．J1→J2→J3→J4
　　　C．J1→J3→J4→J2　　　　　　　D．J4→J3→J2→J1

(2) A. 45　　　　　B. 58.5　　　　　C. 64.5　　　　　D. 72

试题分析

短作业优先调度算法是指对短作业或短进程优先调度的算法，因周转时间=完成时间–提交时间。故在4个作业中，作业运行时间从短到长排序是 J3、J4、J2、J1。从4个选项中，没有调度次序中出现相同的两个 J_i $(1 \leqslant i \leqslant 4)$ 进程，于是可以得出短作业优先调度算法为不剥夺方式，即一经选中运行完成。

结合题意，可得具体的作业调度过程见表3-5-2。

表3-5-2　作业调度情况表

作业号	提交时间	运行开始	完成时间	运行时间/min	周转时间/min
J1	6:00	6:00	7:00	60	60
J2	6:24	7:18	7:48	30	84
J3	6:48	7:00	7:06	6	18
J4	7:00	7:06	7:18	12	18

由此可得具体的调度次序为：J1→J3→J4→J2。

平均周转时间=(J1周转时间+J2周转时间+J3周转时间+J4周转时间)/4=(60+84+18+18)/4=45。

■ **参考答案**　　（1）C　（2）A

3.6　设备管理

本节知识点包含位示图、I/O 设备管理等。

【考核方式1】 位示图

★ 某文件管理系统在磁盘上建立了位示图（bitmap），记录磁盘的使用情况。若磁盘上物理块的编号依次为 0、1、2、…。系统中的字长为 64 位，字的编号依次为 0、1、2、…。字中的一位对应文件存储器上的一个物理块。取值 0 和 1 分别表示空闲和占用，如图 3-6-1 所示。假设操作系统将 256 号物理块分配给某文件，那么该物理块的使用情况在位示图中编号为____（1）____的字中描述，系统应该将____（2）____。

字号\位号	63	62	…	4	3	2	1	0
0	0	1	…	1	0	0	0	1
1	1	1	…	1	0	1	1	0
2	0	1	…	0	1	1	0	1
3	0	1	…	1	0	1	0	1
…			…					
n	1	1	…	0	1	0	0	1

图 3-6-1　位示图

(1) A. 3　　　　　B. 4　　　　　C. 5　　　　　D. 6

（2）A．该字的 0 号位置"1"　　　　　　B．该字的 63 号位置"1"
　　　C．该字的 0 号位置"0"　　　　　　D．该字的 63 号位置"0"

试题分析

这类题目，在系统分析师考试中常考。

文件系统采用位示图记录磁盘的使用情况，当其值为"0"时，表示对应的物理盘块空闲；当其值为"1"时，表示该物理块已经被分配使用。

依据题意"若磁盘上物理块的编号依次为 0、1、2、…。系统中的字长为 64 位，字的编号依次为 0、1、2、…。"可知：

位示图的第 0 字存放的物理块编号为 64×0、1、2、…、64×1–1；

位示图的第 1 字存放的物理块编号为 64×1、65、66、…、64×2–1；

位示图的第 2 字存放的物理块编号为 64×2、129、130、…、64×3–1；

……

位示图的第 n 字存放的物理块编号为 64×n、129、130、…、64×(n+1)–1。

显然，被分配的第 256 块物理块应在位示图的第 5 个字第 0 位标记，因此应将该位置置"1"。

■ **参考答案**　（1）B　（2）A

★　某文件管理系统在磁盘上建立了位示图（bitmap），记录磁盘的使用情况。若计算机系统的字长为 32 位，磁盘的容量为 300GB，物理块的大小为 4MB，那么位示图的大小需要＿＿（3）＿＿个字。

　　（3）A．1200　　　　　B．2400　　　　　C．6400　　　　　D．9600

试题分析

这类题目，在系统分析师考试中常考。

磁盘物理块数=磁盘容量/物理块大小，先将磁盘的容量 300GB 换算为 300×1024MB，再除以物理块的大小 4MB，得到磁盘物理块数。计算机字长为 32 位，则可使用 32 位示图的每位标识每个物理块的使用状态。所以，位示图的大小=磁盘物理块总数/字长=300×1024÷4÷32=2400 个字。

■ **参考答案**　B

【考核方式2】 I/O 设备管理

● I/O 设备管理一般分为 4 个层次，如图 3-6-2 所示，图中①、②、③分别对应＿＿（1）＿＿。

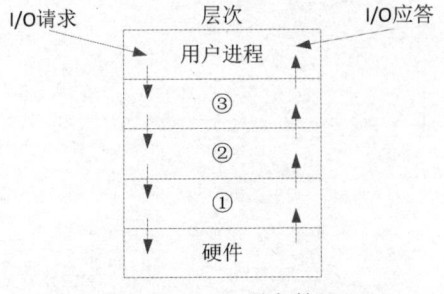

图 3-6-2　I/O 设备管理

（1）A．设备驱动程序、虚设备管理、与设备无关的系统软件

B. 设备驱动程序、与设备无关的系统软件、虚设备管理
C. 中断处理程序、与设备无关的系统软件、设备驱动程序
D. 中断处理程序、设备驱动程序、与设备无关的系统软件

试题分析

要实现设备管理的功能，需要 I/O 软件和 I/O 硬件协作配合完成。I/O 软件由底层到高层、优先级由高到低，分为中断处理程序、设备驱动程序、与设备无关的系统软件以及用户进程。

■ **参考答案** D

第 4 章 数据库知识

知识点图谱与考点分析

本章的内容包含数据库三级模式结构、数据模型、数据依赖与函数依赖及规范化理论、关系代数、关系数据库标准语言、数据库的控制功能、数据仓库基础、分布式数据库基础、数据库设计、非关系数据库以及大数据处理等。本章知识在系统分析师考试中，综合知识部分考查的分值为 3～5 分，案例部分有一道可选择的大题，所以属于重要考点。

本章考点知识结构图如图 4-0-1 所示。

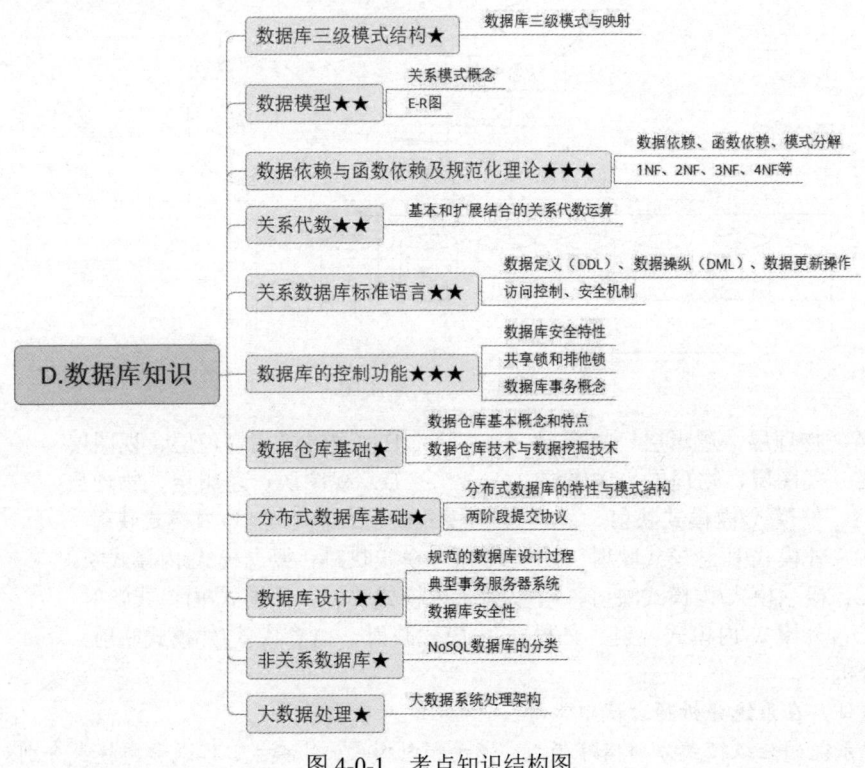

```
                          ┌─ 数据库三级模式结构★ ──── 数据库三级模式与映射
                          │
                          │                         ┌─ 关系模式概念
                          ├─ 数据模型★★ ───────────┤
                          │                         └─ E-R 图
                          │
                          │                                         ┌─ 数据依赖、函数依赖、模式分解
                          ├─ 数据依赖与函数依赖及规范化理论★★★ ──┤
                          │                                         └─ 1NF、2NF、3NF、4NF 等
                          │
                          ├─ 关系代数★★ ──── 基本和扩展结合的关系代数运算
                          │
                          │                            ┌─ 数据定义（DDL）、数据操纵（DML）、数据更新操作
   D.数据库知识 ──────────┼─ 关系数据库标准语言★★ ──┤
                          │                            └─ 访问控制、安全机制
                          │
                          │                            ┌─ 数据库安全特性
                          ├─ 数据库的控制功能★★★ ──┼─ 共享锁和排他锁
                          │                            └─ 数据库事务概念
                          │
                          │                     ┌─ 数据仓库基本概念和特点
                          ├─ 数据仓库基础★ ────┤
                          │                     └─ 数据仓库技术与数据挖掘技术
                          │
                          │                         ┌─ 分布式数据库的特性与模式结构
                          ├─ 分布式数据库基础★ ───┤
                          │                         └─ 两阶段提交协议
                          │
                          │                    ┌─ 规范的数据库设计过程
                          ├─ 数据库设计★★ ───┼─ 典型事务服务器系统
                          │                    └─ 数据库安全性
                          │
                          ├─ 非关系数据库★ ──── NoSQL 数据库的分类
                          │
                          └─ 大数据处理★ ──── 大数据系统处理架构
```

图 4-0-1　考点知识结构图

4.1 数据库三级模式结构

本节知识点包含外模式、模式、内模式、数据库系统的两层映射方式、数据库的物理独立性和逻辑独立性等。

【考核方式】 数据库三级模式与映射

★ 数据库的产品很多，尽管它们支持的数据模型不同，使用不同的数据库语言，而且数据的存储结构也各不相同，但体系结构基本上都具有相同的特征，采用"三级模式和两级映射"，如图4-1-1 所示，图中①、②、③分别代表数据库系统中的____(1)____，图中④、⑤、⑥分别代表数据库系统中的____(2)____。

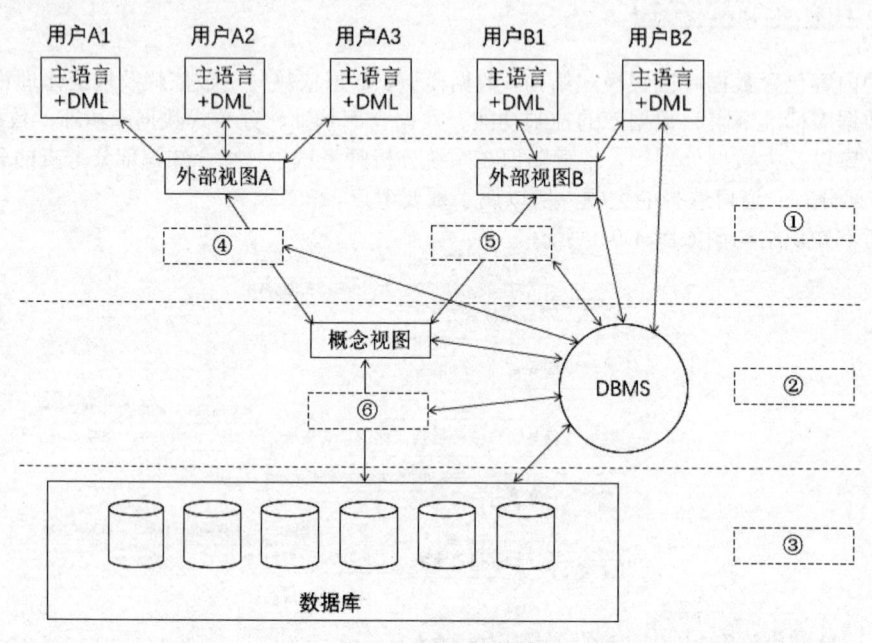

图 4-1-1 习题用图

(1) A. 物理层、逻辑层、视图层　　　　B. 逻辑层、物理层、视图层
　　 C. 视图层、物理层、逻辑层　　　　D. 视图层、逻辑层、物理层

(2) A. 外模式/内模式映射、外模式/内模式映射、概念模式/内模式映射
　　 B. 外模式/概念模式映射、外模式/概念模式映射、概念模式/内模式映射
　　 C. 概念模式/内模式映射、概念模式/内模式映射、外模式/内模式映射
　　 D. 外模式/内模式映射、外模式/内模式映射、概念模式/外模式映射

试题分析

这类题目，在系统分析师考试中常考。

数据库系统的三级模式分别指外模式、模式和内模式。外模式、模式和内模式分别对应数据库

的视图、基本表和存储文件。

1）外模式（视图层）：又称用户模式或子模式，是用户的数据视图，是站在用户的角度所看到的数据特征和逻辑结构。

2）模式（逻辑层）：又称概念模式，是所有用户公共数据视图集合，用于描述数据库全体逻辑结构和特征。

3）内模式（物理层）：又称存储模式，描述了数据的物理结构和存储方式，是数据在数据库内部的表达方式。内模式定义所有内部记录类型、索引、文件的组织方式以及数据控制方面的细节。

■ 参考答案 （1）D （2）B

- 在数据库系统中，数据库的视图、基本表和存储文件的结构分别与___（3）___对应；数据的物理独立性和数据的逻辑独立性是分别通过修改___（4）___来完成的。

　（3）A．模式、外模式、内模式　　　　　B．模式、内模式、外模式
　　　 C．外模式、模式、内模式　　　　　D．外模式、内模式、模式
　（4）A．模式与内模式之间的映射、外模式与模式之间的映射
　　　 B．外模式与内模式之间的映射、外模式与模式之间的映射
　　　 C．外模式与模式之间的映射、模式与内模式之间的映射
　　　 D．外模式与内模式之间的映射、模式与内模式之间的映射

试题分析

数据库的三级模式结构中，外模式、模式和内模式分别对应数据库的视图、基本表和存储文件。数据库的两层映射功能使得数据库系统保持了数据的物理独立性和逻辑独立性。

1）物理独立性：用户应用程序与物理存储中数据库的数据相对独立，数据物理存储位置变化不影响应用程序运行。物理独立性通过修改模式与内模式之间的映射完成。

2）逻辑独立性：用户应用程序与数据库的逻辑结构相对独立，数据逻辑结构发生变化不影响应用程序运行。逻辑独立性通过修改外模式与模式之间的映射完成。

■ 参考答案 （3）C （4）A

4.2 数据模型

本节知识点包含概念模型、E-R 图、基本数据模型（网状模型、层次模型、关系模型）等。

【考核方式1】 关系模式概念

- 若关系 R (H，L，M，P)的主键为全码(All-key)，则关系 R 的主键是___（1）___。

　（1）A．HLMP
　　　 B．在集合{H，L，M，P}中任选一个
　　　 C．在集合{HL，HM，HP，LM，LP，MP}中任选一个
　　　 D．在集合{HLM，HLP，HMP，LMP}中任选一个

试题分析

全码是指关系模式的所有属性组合构成的主键，所以关系 R 的主键是 HLMP。

■ 参考答案 A

【考核方式2】 E-R 图

● 某高校信息系统设计的 E-R 图中，人力部门定义的职工实体具有属性：职工号、姓名、性别和出生日期；教学部门定义的教师实体具有属性：教师号、姓名和职称。这种情况属于___(1)___，在合并 E-R 图时，___(2)___可解决这一冲突。

（1）A．属性冲突　　　B．命名冲突　　　C．结构冲突　　　D．实体冲突

（2）A．职工和教师实体保持各自属性不变

　　　B．职工实体中加入职称属性，删除教师实体

　　　C．教师也是学校的职工，故直接将教师实体删除

　　　D．将教师实体所有属性并入职工实体，删除教师实体

试题分析

E-R 图冲突可以分为 3 类：属性冲突、命名冲突、结构冲突。

1）属性冲突：由于属性值类型、取值范围、单位不同而产生的冲突。

2）命名冲突：因为同名异义、异名同义产生的冲突。

3）结构冲突：同一对象在不同应用中具有不同的抽象；同一实体在不同局部视图中所包含的属性不完全相同，或者属性排列的次序不完全相同。

在本题中，职工实体和教师实体都指向教师，在人力部门和教学部门有不同的抽象定义，属于结构冲突。在合并 E-R 图时，职工实体中加入职称属性，删除教师实体，可解决这一冲突。

■ **参考答案**　（2）C　（3）B

● 在如图 4-2-1 所示的 E-R 图中，两个实体 R1、R2 之间有一个联系 E，当 E 的类型为___(3)___时，必须将 E 转换成一个独立的关系模式。

（3）A．1:1　　　　　B．1:*

　　　C．*:1　　　　　D．*:*

图 4-2-1　习题用图

试题分析

将 E-R 图转换为关系模型的方法如下。

1）1:1 的联系可以转换为一个独立的关系模式，或者也可以与任意一端对应的关系模式合并。

2）1:*（1:n）的联系可以转换为一个独立的关系模式，或者与 n 端对应的关系模式合并。

3）*:*（n:m）的联系必须要转换为一个独立的关系模式。

■ **参考答案**　D

4.3　数据依赖与函数依赖及规范化理论

本节知识点包含数据依赖、函数依赖、模式分解、规范化理论、存储异常、模式分解、关系模式范式等。

【考核方式1】 数据依赖、函数依赖、模式分解

★ 设关系模式 R（U, F），U={A1, A2, A3, A4}，函数依赖集 F={A1→A2, A1→A3, A2→A4}，关系 R 的候选码是___(1)___。下列结论错误的是___(2)___。

(1) A. A1　　　　　　B. A2　　　　　　C. A1A2　　　　　　D. A1A3
(2) A. A1→A2A3 为 F 所蕴涵　　　　　B. A1→A4 为 F 所蕴涵
　　C. A1A2→A4 为 F 所蕴涵　　　　　D. A2→A3 为 F 所蕴涵

试题分析

类似的题目，在系统分析师和软件设计师的考试中，考查过多次。

A1 只出现在函数依赖的左边，所以是候选码的主属性；且 A1 可以推导出 A2、A3、A4 其他属性，因此关系 R 的候选码是 A1。

依据函数依赖集 F 无法得到 A2→A3，所以空（2）选 D。

■ **参考答案**　　（1）A　　（2）D

★ 给定关系 R（U, Fr），其中属性集 U={A, B, C, D}，函数依赖集 Fr={A→BC, B→D}；关系 S（U, Fs），其中属性集 U={A, C, E}，函数依赖集 Fs={A→C, C→E}。R 和 S 的主键分别为　（3）　；关于 Fr 和 Fs 的叙述，正确的是　（4）　。

(3) A. A 和 A　　　　B. AB 和 A　　　　C. A 和 AC　　　　D. AB 和 AC
(4) A. Fr 蕴涵 A→B，A→C，但 Fr 不存在传递依赖
　　B. Fs 蕴涵 A→E，Fs 存在传递依赖，但 Fr 不存在传递依赖
　　C. Fr、Fs 分别蕴涵 A→D，A→E，故 Fr、Fs 都存在传递依赖
　　D. Fr 蕴涵 A→D，Fr 存在传递依赖，但是 Fs 不存在传递依赖

试题分析

类似的题目，在系统分析师和软件设计师的考试中，考查过多次。

依据 Armstrong 公理系统的引理，"如果 A1，A2，…，An 是属性，则 X→A1A2…An 成立的充分必要条件是 X→Ai 均成立（i=1，2，…，n）"。所以，A→BC 可得到 A→B，A→C。

依据 A→B，B→D，得到 Fr 蕴涵 A→D，且存在传递依赖。

依据 A→C，C→E，得到 Fs 蕴涵 A→E，且存在传递依赖。

显然，关系 R 与 S 中的属性 A 可以推出两个关系式其他全部属性，因此关系 R 和 S 的主键都是 A。

■ **参考答案**　　（3）A　　（4）C

★ 给定关系模式 R <U,F>，其中，属性集 U={A,B,C,D,E}。函数依赖集 F={AC→B,B→DE}。关系 R　（5）　且分别有　（6）　。

(5) A. 只有 1 个候选关键字 AC　　　　B. 只有 1 个候选关键字 AB
　　C. 有 2 个候选关键字 AC、BC　　　D. 有 2 个候选关键字 AC、AB
(6) A. 1 个非主属性和 4 个主属性　　　B. 2 个非主属性和 3 个主属性
　　C. 3 个非主属性和 2 个主属性　　　D. 4 个非主属性和 1 个主属性

试题分析

类似的题目，在系统分析师考试中，考查过多次。

由 AC→B，B→DE 可知，AC 能推导出全部属性 A、B、C、D、E；而其他属性集不能，所以 AC 是唯一的候选字。主属性是构成某一个候选关键字（候选码）的属性集中的属性，所以 A、C 是主属性；而 B、D、E 为非主属性。

■ **参考答案**　　（5）A　　（6）C

51

★ 给定关系模式 R(U,F)，U={A,B,C,D}，F={AB→C,CD→B}。关系 R___(7)___，且分别有___(8)___。
　　(7) A. 只有 1 个候选关键字 ACB　　　　B. 只有 1 个候选关键字 BCD
　　　　C. 有 2 个候选关键字 ACD 和 ABD　　D. 有 2 个候选关键字 ACB 和 BCD
　　(8) A. 0 个非主属性和 4 个主属性　　　　B. 1 个非主属性和 3 个主属性
　　　　C. 2 个非主属性和 2 个主属性　　　　D. 3 个非主属性和 1 个主属性

试题分析

类似的题，在系统分析师考试中，考查过多次。

由 AB→C，CD→B 可知，ACD、ABD 能推导出全部属性 A、B、C、D，所以关系 R 有两个候选关键字。

主属性是构成某一个候选关键字（候选码）的属性集中的属性，因此关系 R 中的 4 个属性都是主属性。非主属性是相对主属性而言的，它是指关系中不包含在任何一个候选码中的属性，所以关系 R 的非主属性为 0 个。

■ **参考答案**　(7) C　(8) A

● 给定关系模式 R<U,F>，其中 U 为属性集，F 是 U 上的一组函数依赖，那么 Armstrong 公理系统的增广律是指___(9)___。
　　(9) A. 若 X→Y，X→Z，则 X→YZ 为 F 所蕴涵
　　　　B. 若 X→Y，WY→Z，则 XW→Z 为 F 所蕴涵
　　　　C. 若 X→Y，Y→Z 为 F 所蕴涵，则 X→Z 为 F 所蕴涵
　　　　D. 若 X→Y 为 F 所蕴涵，且 Z⊆U，则 XZ→YZ 为 F 所蕴涵

试题分析

依据 Armstrong 公理，设 U 是关系模式 R 的属性集，F 是 R 上成立的只涉及 U 中属性的函数依赖集。函数依赖的推理规则有以下 3 条。

1）A1 自反律：若 Y⊆X⊆U，则 X→Y 为 F 所蕴涵。
2）A2 增广律：若 X→Y 为 F 所蕴涵，且 Z⊆U，则 XZ→YZ 为 F 所蕴涵。
3）A3 传递律：若 X→Y，Y→Z 为 F 所蕴涵，则 X→Z 为 F 所蕴涵。

根据上面 3 条推理规则，又可推出下面 3 条推理规则：

4）合并规则：若 X→Y，X→Z，则 X→YZ 为 F 所蕴涵。
5）伪传递规则：若 X→Y，WY→Z，则 XW→Z 为 F 所蕴涵。
6）分解规则：若 X→Y，Z⊆Y，则 X→Z 为 F 所蕴涵。

■ **参考答案**　D

★ 给定关系模式 R<U,F>，U={A,B,C,D,E}，F={B→A,D→A,A→E,AC→B}，则 R 的候选关键字为___(10)___，分解 ρ={R₁(ABCE), R₂(CD)}___(11)___。
　　(10) A. CD　　　　B. ABD　　　　C. ACD　　　　D. ADE
　　(11) A. 具有无损连接性，且保持函数依赖
　　　　B. 不具有无损连接性，但保持函数依赖
　　　　C. 具有无损连接性，但不保持函数依赖
　　　　D. 不具有无损连接性，也不保持函数依赖

试题分析

类似的题目，在系统分析师考试中，考查过多次。

由 D→A，A→E，AC→B 可知，CD 可以推导出全部属性 A、B、C、D、E。所以 CD 是关系 R 的候选关键字。

设 R 的一个分解为 ρ＝{R₁,R₂}，F 是 R 的函数依赖集，则 R 的分解 ρ 相对 F 是无损连接分解的充分必要条件是：(R₁∩R₂)→(R₁−R₂) 或者 (R₁∩R₂)→(R₂−R₁)。

本题中，R₁∩R₂=C，R₁−R₂=ABE，R₂−R₁=D。(R₁∩R₂)→(R₁−R₂) 或者 (R₁∩R₂)→(R₂−R₁) 不成立，所以不具有无损连接性。

关系 R₁ 的函数依赖集 F₁={B→A, A→E,AC→B}，关系 R₂ 的函数依赖集 F₂={∅}，F₁∪F₂ 丢失了 D→A，所以不保持函数依赖。

■ **参考答案** （10）A （11）D

【考核方式2】 1NF、2NF、3NF、4NF 等

- 设有员工关系 Emp（员工号，姓名，性别，年龄，家庭住址，家庭成员，关系，联系电话）。其中，"家庭成员，关系，联系电话"分别记录了员工亲属的姓名、与员工的关系以及联系电话，且一个员工允许有多个家庭成员。为使数据库模式设计更合理，对于员工关系 Emp ＿＿(1)＿＿。

    （1）A．只允许记录一个亲属的姓名、与员工的关系以及联系电话

      B．可以不作任何处理，因为该关系模式达到了 3NF

      C．增加多个家庭成员、关系及联系电话字段

      D．应该将家庭成员、关系及联系电话加上员工号设计成一个独立的模式

试题分析

当关系模式的某一属性存在多个值时，该关系模式就不属于 1NF。关系模式 Emp 的"家庭成员、联系电话"等属性，存在多值的问题，因此不满足 1NF。通过将"家庭成员""关系""联系电话"这 3 个字段以及员工号（作为外键）分离到一个新的表中，创建一个新的关系模式，该模式满足 1NF。

■ **参考答案** D

- 某公司数据库中的元件关系模式为 P（元件号，元件名称，供应商，供应商所在地，库存量），函数依赖集 F={元件号→元件名称，（元件号，供应商）→库存量，供应商→供应商所在地}，元件关系的主键为＿＿(2)＿＿，该关系存在冗余以及插入异常和删除异常等问题。为了解决这一问题需要将元件关系分解为＿＿(3)＿＿，分解后的关系模式可以达到＿＿(4)＿＿。

    （2）A．元件号、元件名称　　　　　　B．元件号、供应商

      C．元件号、供应商所在地　　　　D．供应商、供应商所在地

    （3）A．元件1（元件号，元件名称，库存量）、元件2（供应商，供应商所在地）

      B．元件1（元件号，元件名称）、元件2（供应商，供应商所在地，库存量）

      C．元件1（元件号，元件名称）、元件2（元件号，供应商，库存量）、元件3（供应商，供应商所在地）

D. 元件1（元件号，元件名称）、元件2（元件号，库存量）、元件3（供应商，供应商所在地）、元件4（供应商所在地，库存量）

（4）A. 1NF　　　　　　B. 2NF　　　　　　C. 3NF　　　　　　D. 4NF

试题分析

元件号和供应商只在函数依赖的左边，可以推导出其他全部属性，所以可以为关系模式 F 的主键。

关系模式 F 中，存在以下问题。

1）插入异常：如果仓库中没有元件，则供应商、供应商所在地信息无法输入。
2）删除异常：元件出库后，删除元件信息可能导致供应商、供应商所在地信息丢失。
3）数据冗余：仓库如果有多个同样的元件，则供应商、供应商所在地信息会出现多次。

为了解决上述问题，需要将关系模式 F 进行分解。为了让分解有意义，需要在分解的过程中不丢失原有的信息。选项 A、B、D 中，用户无法查询某元件由哪些供应商供应，所以分解是有损连接的。

分解前的元件关系主键是（元件号，供应商），由于供应商→供应商所在地，显然存在非主属性对主键的部分函数依赖，所以不是 2NF。分解后的元件关系，消除了部分函数依赖，同时没有传递依赖，所以达到了 3NF。

■ **参考答案**　（2）B　（3）C　（4）C

● 关系规范化在数据库设计的＿＿(5)＿＿阶段进行。

（5）A. 需求分析　　　B. 概念设计　　　C. 逻辑设计　　　D. 物理设计

试题分析

逻辑设计阶段的主要工作是确定数据模型，按照规则和规范化理论，将概念结构转换为某个具体的数据库管理系统（DBMS）所支持的数据模型。

■ **参考答案**　C

4.4 关系代数

本节知识点包含基本关系代数运算（并、差、广义笛卡儿积、投影、选择），扩展关系代数运算（交、连接、外连接、全连接）等。

【考核方式1】 基本和扩展结合的关系代数运算

● 给定关系 R（A,B,C,D）和 S（C,D,E），若关系 R 与 S 进行自然连接运算，则运算后的元组属性列数为＿＿(1)＿＿；关系代数表达式 $\pi_{1,4}(\sigma_{2=5}(R \bowtie S))$ 与＿＿(2)＿＿等价。

（1）A. 4　　　　　　B. 5　　　　　　C. 6　　　　　　D. 7

（2）A. $\pi_{A,D}(\sigma_{C=D}(R \times S))$　　　　　　B. $\pi_{R.A,R.D}(\sigma_{R.B=S.C}(R \times S))$

C. $\pi_{A,R.D}(\sigma_{R.C=S.D}(R \times S))$　　　　　　D. $\pi_{R.A,R.D}(\sigma_{R.B=S.E}(R \times S))$

试题分析

自然连接是特殊的等值连接，要求两个关系进行比较的分量必须具有相同的属性组，并且去除结果集中的重复属性列。本题中，R×S 后属性列为（R.A, R.B, R.C, R.D, S.C, S.D, S.E）去掉重复列后为（R.A, R.B, R.C,R.D, S.E），得到 R⋈S 的列数为 5 列。

关系代数表达式 $\pi_{1,4}(\sigma_{2=5}(R \bowtie S))$ 的含义是，选取 R⋈S 后的第 2 属性列等于第 5 属性列的元组（即 R.B=S.E 的元组），然后进行投影运算只保留第 1、4 列（即 R.A、R.D）得到结果。而这个运算等价于 $\pi_{R.A,R.D}(\sigma_{R.B=S.E}(R\times S))$。

■ **参考答案**　（1）B　（2）D

- 关系 R、S 如图 4-4-1 所示，R⋈S 的结果集为＿（3）＿，R、S 的左外连接、右外连接和完全外连接的元组个数分别为＿（4）＿。

R

A1	A2	A3
1	2	3
2	1	4
3	4	4
4	6	7

S

A1	A2	A4
1	9	1
2	1	8
3	4	4
4	8	3

图 4-4-1　习题用图

（3）A．{(2,1,4),(3,4,4)}

B．{(2,1,4,8),(3,4,4,4)}

C．{(1,4,2,1,8),(3,4,4,3,4,4)}

D．{(1,2,3,1,9,1),(2,1,4,2,1,8),(3,4,4,3,4,4),(4,6,7,4,8,3)}

（4）A．2,2,4　　B．2,2,6　　C．4,4,4　　D．4,4,6

试题分析

R⋈S 是自然连接，它要求两个关系中进行比较的分量必须具有相同的属性组，并且去掉结果中的重复属性列。具体过程如图 4-4-2 所示。

R

A1	A2	A3
1	2	3
2	1	4
3	4	4
4	6	7

S

A1	A2	A4
1	9	1
2	1	8
3	4	4
4	8	3

计算R⋈S，并选出属性值相同的组（R.A1、R.A2）=（S.A1、S.A2）的元组

R.A1	R.A2	A3	S.A1	S.A2	A4
1	2	3	1	9	1
1	2	3	2	1	8
1	2	3	3	4	4
1	2	3	4	8	3
2	1	4	1	9	1
2	1	4	2	1	8
2	1	4	3	4	4
2	1	4	4	8	3
3	4	4	1	9	1
3	4	4	2	1	8
3	4	4	3	4	4
3	4	4	4	8	3
4	6	7	1	9	1
4	6	7	2	1	8
4	6	7	3	4	4
4	6	7	4	8	3

选出元组，去除同名属性值

R.A1	R.A2	A3	A4
2	1	4	8
3	4	4	4

图 4-4-2　R⋈S 计算过程

由图 4-4-2 可以知道，自然连接后结果集有 4 个属性列，最终结果集为{(2,1,4,8),(3,4,4,4)}。

自然连接中，S 中有一些元组由于没有公共属性而被抛弃了，显然在 R 中也可能会存在这样的情况。如果将自然连接时舍弃的元组也放入新关系，并在新增加的属性上填入空值，我们就称为外连接运算。如果只将 R 关系模式的元组保留，则称为左外连接，用 R⟕S 表示；如果只将 S 关系模式的元组保留，则称为右外连接，用 R⟖S 表示。全外连接则保留 R、S 所有不匹配的元组，并加入自然连接的结果中。

具体结果如图 4-4-3 所示。

在本题中，左外连接和右外连接的元组个数都是 4 个，而全外连接元组个数是 6 个。

左外连接：R⟕S
将R关系模式的元组保留

R.A1	R.A2	A3	A4
1	2	3	NULL
2	1	4	8
3	4	4	4
4	6	7	NULL

右外连接：R⟖S
将S关系模式的元组保留

S.A1	S.A2	A3	A4
1	9	NULL	1
2	1	4	8
3	4	4	4
4	8	NULL	3

全外连接
R、S 关系模式的元组全保留

A1	A2	A3	A4
1	9	NULL	1
1	2	3	NULL
2	1	4	8
3	4	4	4
4	8	NULL	3
4	6	7	NULL

图 4-4-3　结果图

■ **参考答案**　（3）B　（4）D

● 某销售公司有员工关系 E（工号，姓名，部门名，电话，住址）、商品关系 C（商品号，商品名，库存数）和销售关系 EC（工号，商品号，销售数，销售日期）。查询"销售部"在 2020 年 11 月 11 日销售"HUAWEI Mate40"商品的员工的工号、姓名、部门名及其销售的商品名、销售数的关系代数表达式为：$\Pi_{1,2,3,7,8}$（　（5）　⋈　（6）　⋈　（7）　）。

（5）A. $\sigma_{3=销售部1}(E)$　　　　　　　　　　B. $\sigma_{3=销售部1}(C)$
　　　C. $\sigma_{3='销售部1'}(E)$　　　　　　　　　D. $\sigma_{3='销售部1'}(C)$

（6）A. $\Pi_{2,3}(\sigma_{2='HUAWEI\ Mate40'}(C))$　　B. $\Pi_{1,2}(\sigma_{2='HUAWEI\ Mate40'}(C))$
　　　C. $\Pi_{2,3}(\sigma_{2='HUAWEI\ Mate40'}(EC))$　D. $\Pi_{1,2}(\sigma_{2='HUAWEI\ Mate40'}(EC))$

（7）A. $\sigma_{4='2020年11月11日'}(C)$　　　　B. $\sigma_{3='2020年11月11日'}(C)$
　　　C. $\sigma_{4='2020年11月11日'}(EC)$　　　D. $\sigma_{3='2020年11月11日'}(EC)$

试题分析

$\sigma_{3='销售部1'}(E)$ 的含义是选择员工表 E 中第 3 列（部门名）的值为"销售部 1"的行（又称元组）。查询字符串型则加单引号。所以空（5）选 C。这里的员工表 E 就是关系 E。

首先通过"$\sigma_{2='HUAWEI\ Mate40'}(C)$"，得到商品表 C 中第 2 列值为"HUAWEI Mate40"的行，然后再在结果上进行投影 $\Pi_{1,2}$ 操作，只保留结果中的第 1、2 列。所以空（6）选 B。

$\sigma_{4='2020年11月11日'}(EC)$ 的含义是选择销售表 EC 中值为"2020 年 11 月 11 日"的行。所以空（7）选 C。

通过上述操作从 3 个表中分别选出了所需的属性（列）及元组，然后再把这 3 个表中的元组进行自然连接，就生成了所需结果。

■ 参考答案 （5）C （6）B （7）C

● 下列查询 B="大数据" 且 F="开发平台"，结果集属性列为 A、B、C、F 的关系代数表达式中，查询效率最高的是___（8）___。

（8）A. $\pi_{1,2,3,8}(\sigma_{2='大数据' \wedge 1=5 \wedge 3=6 \wedge 8='开发平台'}(R \times S))$

B. $\pi_{1,2,3,8}(\sigma_{1=5 \wedge 3=6 \wedge 8='开发平台'}(\sigma_{2='大数据'}(R) \times S))$

C. $\pi_{1,2,3,8}(\sigma_{2='大数据' \wedge 1=5 \wedge 3=6}(R \times \sigma_{4='开发平台'}(S)))$

D. $\pi_{1,2,3,8}(\sigma_{1=5 \wedge 3=6}(\sigma_{2='大数据'}(R) \times \sigma_{4='开发平台'}(S)))$

试题分析

关系代数运算应避免一开始就进行笛卡儿积、连接运算。

本题 D 选项中，先对关系表 R、S 进行了元组的筛选，分别是"$\sigma_{2='大数据'}$（R）"和"$\sigma_{4='开发平台'}$（S）"运算；然后再对结果进行笛卡儿积，这种方式运算量最少，效率最高。

■ 参考答案 D

● 从关系 R 中抽取出满足给定限制条件记录的操作称为___（9）___。

（9）A. 选择   B. 连接   C. 除   D. 投影

试题分析

选择是指根据特定的条件，从关系（或表）中筛选出满足这些条件的记录；连接是从两个关系的笛卡儿积中选取属性之间满足一定条件的元组；除用于确定一个关系（或表）中哪些记录不存在于另一个关系中；投影是从一个关系中抽取指明的属性（列）。

■ 参考答案 A

4.5 关系数据库标准语言

本节知识点包含数据定义（DDL）、数据操纵（DML）、数据更新操作、视图、访问控制及嵌入式 SQL 等。

【考核方式 1】 数据定义（DDL）、数据操纵（DML）、数据更新操作

● 给定关系 R(A,B,C,D) 和 S(B,C,E,F) 与关系代数表达式 $\pi_{1,5,7}(\sigma_{2=5}(R \times S))$，则等价的 SQL 语句如下：

SELECT ___（1）___ FROM R, S ___（2）___ ;

（1）A. R.A,R.B,S.F   B. R.A,S.B,S.E
C. R.A,S.E,S.F   D. R.A,S.B,S.F

（2）A. WHERE R.B=S.B   B. HAVING R.B=S.B
C. WHERE R.B=S.E   D. HAVING R.B=S.E

试题分析

表达式 $\pi_{1,5,7}(\sigma_{2=5}(R \times S))$ 可以分以下几步完成。

1）R×S 是广义笛卡儿积，如果关系模式 R 有 n 个属性，关系模式 S 有 m 个属性。那么该运算结果生成的元组具有 $n+m$ 个属性。

R×S 的结果见表 4-5-1。

表 4-5-1 R×S

关系集合	R				S			
关系的列号	1	2	3	4	5	6	7	8
关系（属性）值	R.A	R.B	R.C	R.D	S.B	S.C	S.E	S.F

2）依据 R×S 的结果，进行"$\sigma_{2=5}$"运算，选择符合 R.B=S.B 的行（元组）。这一步运算和"WHERE R.B=S.B"语句等价。

3）最后进行投影运算，保留结果表格的第 1、5、7 列，即 R.A、S.B、S.E 属性列。这一步运算和"SELECT R.A,S.B,S.E"语句等价。

■ 参考答案 　（1）B　（2）A

● 给定关系 R(A,B,C,D,E)与 S(B,C,F,G)，那么与表达式 $\pi_{2,4,6,7}(\sigma_{2<7}R \bowtie S)$ 等价的 SQL 语句如下：
SELECT 　（3）　 FROM R, S WHERE 　（4）　；

（3）A．R.B,D,F,G　　　　　　　　B．R.B,E,S.C,F,G
　　C．R.B,R.D,S.C,F　　　　　　D．R.B,R.C,S.C,F

（4）A．R.B=S.B OR R.C=S.C OR R.B <S.G
　　B．R.B=S.B OR R.C=S.C OR R.B <S.C
　　C．R.B=S.B AND R.C=S.C AND R.B <S.G
　　D．R.B=S.B AND R.C=S.C AND R.B <S.C

试题分析

表达式 $\pi_{2,4,6,7}(\sigma_{2<7}R \bowtie S)$ 可以分以下几步完成。

1）自然连接 R⋈S 运算后，去除重复列，剩下的属性列为 R.A、R.B、R.C、R.D、R.E、S.F、S.G。

2）在自然连接 R⋈S 运算的结果中，进行"$\sigma_{2<7}$"运算，选择符合 R.B <S.G 的行。

上述两步运算和"WHERE   R.B=S.B AND R.C=S.C AND R.B <S.G"语句等价。

3）最后进行投影运算，保留结果表格的第 2、4、6、7 列，即 R.B、R.D、S.F、S.G 属性列。

■ 参考答案 　（3）A　（4）C

【考核方式 2】 访问控制、安全机制

● 要将部门表 Dept 中 name 列的修改权限赋予用户 ming，并允许 ming 将该权限授予他人，实现该要求的 SQL 语句如下：GRANT UPADTE(name) ON TABLE DEPT TO ming 　（1）　。

（1）A．FOR ALL　　　　　　　　B．CASCADE
　　C．WITH GRANT OPTION　　D．WITH CHECK OPTION

试题分析

这类题目，在系统分析师考试中常考。

GRANT 的语法格式为：GRANT <权限> ON 表名（列名）TO 用户 [WITH GRANT OPTION]。其中，WITH GRANT OPTION 用途是被授权了的用户可以把此对象权限授予其他用户。

■ 参考答案 　C

● 数据库的安全机制中，通过提供　（2）　供第三方开发人员调用进行数据更新，从而保证数据库的关系模式不被第三方所获取。

（2）A．触发器　　　　　B．存储过程　　　　C．视图　　　　　D．索引

试题分析

存储过程是一组可以完成特定功能的 SQL 语句集，它存储在数据库中，一次编译后永久有效，用户通过指定存储过程的名字和参数来调用。

数据库的安全机制中，通过提供存储过程供第三方开发人员调用进行数据更新，避免了向第三方提供系统的表结构，保证了系统的数据安全。

■ 参考答案　B

【考核方式 3】　视图

- 在数据库系统中，视图实际上是一个　（1）　。

    （1）A．真实存在的表，并保存了待查询的数据

    　　　B．真实存在的表，只有部分数据来源于基本表

    　　　C．虚拟表，查询时只能从 1 个基本表中导出的表

    　　　D．虚拟表，查询时可以从 1 个或多个基本表或视图中导出的表

试题分析

计算机数据库中的视图是一个虚拟表，其内容可从 1 个或者多个基本表或者视图中得到。

■ 参考答案　D

4.6　数据库的控制功能

本节知识点包含数据库安全特性、共享锁和排他锁、事务等。

【考核方式 1】　数据库安全特性

- 在数据库系统中，数据的并发控制是指在多用户共享的系统中，协调并发事务的执行，保证数据库的　（1）　不受破坏，避免用户得到不正确的数据。

    （1）A．安全性　　　　B．可靠性　　　　C．兼容性　　　　D．完整性

试题分析

并发控制是指在多用户共享的系统中，协调多用户操作同一数据，保证数据库的完整性。避免出现数据不一致、脏读、不可重复读等问题。

■ 参考答案　D

【考核方式 2】　共享锁和排他锁

- 若事务 T1 对数据 D1 已加排他锁，事务 T2 对数据 D2 已加共享锁，那么　（1）　。

    （1）A．事务 T1 对数据 D2 加共享锁成功，加排他锁失败；事务 T2 对数据 D1 加共享锁成功，加排他锁失败

    　　　B．事务 T1 对数据 D2 加排他锁和共享锁都失败；事务 T2 对数据 D1 加共享锁成功，加排他锁失败

    　　　C．事务 T1 对数据 D2 加共享锁失败，加排他锁成功；事务 T2 对数据 D1 加共享锁成功，加排他锁失败

D．事务 T1 对数据 D2 加共享锁成功，加排他锁失败；事务 T2 对数据 D1 加共享锁和排他锁都失败

试题分析

排他锁（X 锁）：数据加了 X 锁后，不允许其他事务加任何锁。

共享锁（S 锁）：数据加了 S 锁后，可允许其他事务对其加 S 锁，但不允许加 X 锁。

■ **参考答案** D

【考核方式 3】 数据库事务概念

● 在数据库系统中，一般将事务的执行状态分为 5 种。若"事务的最后一条语句自动执行后"，事务处于___(1)___状态。

（1）A．活动　　　　　B．部分提交　　　　C．提交　　　　D．失败

试题分析

事务就是一个或者多个数据库的操作。事务常见的状态有如下 5 种。

1）活动状态：事务正在进行中，所有的读写操作都在这个状态下进行。

2）部分提交状态：事务的一部分操作已经执行完毕，还没有将执行结果从数据库刷新到磁盘中，此时事务处于部分提交的状态。

3）提交状态：事务成功完成并已提交，此时事务的修改已经永久保存到磁盘中。

4）失败状态：事务执行过程中发生错误，导致事务无法继续执行。

5）中止状态：数据库变为失败状态，进行回滚操作，并将数据库恢复到事务执行前的状态。

"事务的最后一条语句自动执行后"，事务处于中间状态，结果还暂存在内存中未写到磁盘等存储中，事务还未完全成功属于"部分提交状态"。

■ **参考答案** B

● 事务的___(2)___是指当某个事务提交（COMMIT）后，对数据库的更新操作可能还停留在服务器磁盘缓冲区而未写入到磁盘时，即使系统发生障碍，事务的执行结果仍不会丢失。

（2）A．原子性　　　　B．一致性　　　　C．隔离性　　　　D．持久性

试题分析

事务具有 4 个特点，又称事务的 ACID 准则。

1）原子性（Atomicity）：要么都做，要么都不做。

2）一致性（Consistency）：事务开始之前和事务结束后，数据库的完整性约束没有被破坏。

3）隔离性（Isolation）：多事务互不干扰。

4）持久性（Durability）：持久性正是描述了事务提交后，即使系统发生故障，事务对数据库的修改也不会丢失的特性。它确保了事务一旦提交，其更新操作就会被永久保存在数据库中，即使这些操作最初只是停留在服务器的磁盘缓冲区。

■ **参考答案** D

4.7 数据仓库基础

本节知识点包含数据仓库的概念和特点、数据仓库技术和数据挖掘技术等。

【考核方式1】 数据仓库基本概念和特点

- 数据仓库中数据___（1）___的特点是指数据一旦进入数据仓库后，将被长期保留并定期加载和刷新，可以进行各种查询操作，但很少对数据进行修改和删除操作。

（1）A．面向主题　　　B．集成性　　　C．相对稳定性　　　D．反映历史变化

试题分析

数据仓库是一个面向主题的、集成的、相对稳定的、反映历史变化的数据集合，用于支持管理决策。数据仓库具有以下4个特征。

1）数据仓库是面向主题的，传统数据库是面向事务的。例如，电信公司传统数据处理按业务流程（如下单、支付、发货）组织数据；数据仓库按分析主题（如销售、客户、供应链）组织数据。

2）数据仓库具备集成性。数据仓库提取原有分散的数据库数据，消除编码、命名习惯、实际属性、属性度量等方面的不一致性。面向事务处理的操作型数据库往往是独立的、异构的。

3）数据仓库数据是相对稳定的。数据仓库是非易失的，静态的历史数据，可提供各类查询操作，只需要定期添加、刷新，但很少对数据进行修改和删除操作；数据库是动态变化的，业务发生变化，数据就会更新。

4）数据仓库数据反映历史变化：数据仓库存储历史数据，供决策、分析使用；数据库存储实时、在线的数据。

■ **参考答案** C

【考核方式2】 数据仓库技术与数据挖掘技术

- 采用数据仓库技术进行数据收集时，有时会遇一些略微不一致但可以纠正的数据，纠正这些数据的过程称为___（1）___。

（1）A．数据转换　　　B．数据抽取　　　C．数据清洗　　　D．数据加载

试题分析

数据转换是将数据从一种格式或结构转换为另一种格式或结构；数据抽取是从源系统或数据源中提取数据的过程；数据加载是将清洗和转换后的数据加载到数据仓库中的过程。数据仓库的数据抽取、转换和加载（ETL）过程都不涉及数据的纠正和清洗。

数据清洗是数据预处理的一个重要环节，是发现并纠正数据文件中可识别的错误的最后一道程序，包括检查数据一致性，处理无效值和缺失值等。

■ **参考答案** C

- 数据挖掘的分析方法可以划分为关联分析、序列模式分析、分类分析和聚类分析4种。如果某方法需要一个示例库（该库中的每个元组都有一个给定的类标识）做训练集，这种分析方法属于___（2）___。

（2）A．关联分析　　　B．序列模式分析　　　C．分类分析　　　D．聚类分析

试题分析

数据挖掘的分析方法划分为以下4种。

1）关联分析：用于发现不同事件之间的关联性。

2）序列模式分析：用于发现事件间的顺序或序列关系。

3）分类分析：通过对数据进行分组和分类，从而预测新数据的类别。这种方法需要一个带有

类标识的示例库作为训练集。

4）聚类分析：将数据集中的对象划分为若干个不相交的子集（称为簇），使得簇内的对象尽可能相似，而不同簇间的对象尽可能不同。聚类分析不需要预先定义好的类标识。

- ■ **参考答案** C

● 某集团公司下属有多个超市，假设公司高管需要从时间、地区和商品种类 3 个维度来分析某电器商品销售数据，那么应采用___（3）___来完成。

（3）A. 数据挖掘　　　　B. OLAP　　　　C. OLTP　　　　D. ETL

试题分析

数据处理可以分为 OLTP 和 OLAP。OLTP 是传统的关系型数据库的主要应用，OLTP 分析二维表数据，支持基本、日常事务（数据的增加、删除、修改等）处理。OLAP 是数据仓库系统的主要应用，OLAP 可以进行复杂的、多维数据分析，为决策层和高层提供决策支持。

数据挖掘通常是从大量数据中提取出未知的、有价值的信息，不专注多维分析。ETL 属于数据处理，不涉及多维数据分析。

- ■ **参考答案** B

4.8 分布式数据库基础

本节知识点包含分布式数据库的共享性、分布性、可用性及自治性，分布式数据库系统的模式结构（全局概念模式、全局外模式、分片模式、分布模式），两阶段提交协议等。

【考核方式 1】 分布式数据库的特性与模式结构

● 某企业信息系统采用分布式数据库系统，该系统中"每个节点对本地数据都能独立管理"和"当某一场地故障时，系统可以使用其他场地的副本而不至于使整个系统瘫痪"分别称为分布式数据库的___（1）___。

（1）A. 共享性和分布性　　　　　　　　B. 自治性和分布性
　　 C. 自治性和可用性　　　　　　　　D. 分布性和可用性

试题分析

"每个节点对本地数据都能独立管理"是指分布式数据库的自治性；可用性是指数据库正常使用的能力，显然"当某一场地故障时，系统可以使用其他场地的副本而不至于使整个系统瘫痪"是指可用性；共享性是指各节点可以进行数据共享；分布性是指数据分别存储在不同的节点上。

- ■ **参考答案** C

● 某证券公司股票交易系统采用分布式数据库，这样本地客户的交易业务能够在本地正常进行，而不需要依赖于其他场地数据库，这属于分布式数据库的___（2）___特点。

（2）A. 共享性　　　　B. 分布性　　　　C. 可用性　　　　D. 自治性

试题分析

自治性是指每个节点都能独立管理本地数据和业务。

- ■ **参考答案** D

● 分布式数据库系统除了包含集中式数据库系统的模式结构之外，还增加了几个模式级别，其中___（3）___定义分布式数据库中数据的整体逻辑结构，使得数据使用方便，如同没有分布一样。

___(4)___是指用户或应用程序无须知道局部使用的是哪种数据模型。

（3）A．分片模式　　　　B．全局外模式　　　C．分布模式　　　D．全局概念模式

（4）A．分片透明性　　　B．逻辑透明性　　　C．位置透明性　　D．复制透明性

试题分析

1）**全局概念模式**是提供一个全局的数据逻辑结构。它隐藏了数据的物理分布细节，使得用户或应用程序不需要关心数据具体存储在哪个节点上，也不需要了解不同节点之间的数据是如何进行同步和复制的。

2）**全局外模式**是全局概念模式的一个子集。全局外模式通常通过视图来定义，为全局用户提供对分布式数据库的最高层抽象。用户在使用全局外模式时，无须关心数据的分片和具体的物理分配细节，这种特性被称为分布透明性。

3）**分片模式**是将一个大型数据库拆分成多个较小的、逻辑上独立的数据库片段（即分片），每个分片可以独立地存储、查询和管理。

4）**分布模式**确定了如何将数据分片分配到网络中的不同节点上存储。其目的是优化数据的访问效率，提高系统的可扩展性和可靠性。

5）**分片透明性**是指用户或应用程序在对分布式数据库进行操作时，不必关心数据是如何分片的。

6）**位置透明性**是指用户或应用程序不必知道所操作的数据放在何处。

7）**逻辑透明性**是指用户或应用程序在访问和操作分布式数据库或分布式系统时，无须关心局部数据库管理系统支持的数据模型（如关系型、面向对象模型等）、数据操纵语言或其他底层实现细节。

8）**复制透明性**是指用户不必关心数据库在网络中各个节点的复制情况，被复制的数据的更新操作由系统自动完成。

■ **参考答案**　　（3）D　　（4）B

● 数据分片将数据库整体逻辑结构分解为合适的逻辑片段，下列选项中，___(5)___不属于数据分片的原则。

（5）A．相交性　　　　B．不相交性　　　　C．重构性　　　　D．完整性

试题分析

数据分片都应该遵循如下准则：

1）完整性。所有全局数据都要映射到某个分片上。

2）重构性。各个分片可以重构原全局数据。

3）不相交性。全局数据仅属于一个分片，各分片数据无交集。

■ **参考答案**　A

【考核方式2】 两阶段提交协议

● 分布式数据库系统中的两阶段提交协议（Two-Phase Commit Protocol，2PC）包含协调者和参与者，通常有如下操作指令。满足2PC的正常序列是___(1)___。

①协调者向参与者发 prepare 消息　　　②参与者向协调者发回 ready 消息

③参与者向协调者发回 abort 消息　　　④协调者向参与者发 commit 消息

⑤协调者向参与者发 rollback 消息

63

（1）A. ①②④　　　　B. ①②⑤　　　　C. ②③④　　　　D. ②③⑤

试题分析

两阶段提交协议是为了使分布式系统架构下的所有节点在进行事务提交时保持一致性而设计的一种算法。

第一阶段（准备阶段）：协调者向所有参与者发送 prepare 消息，询问它们是否可以提交事务。参与者如果准备好提交，则向协调者发送 ready 消息。

第二阶段（提交或回滚阶段）：如果所有参与者都准备好了，协调者将发送 commit 消息，要求所有参与者提交事务。如果任何一个参与者未能准备好，协调者将发送 rollback 消息，要求所有参与者回滚事务。

- **参考答案**　A

4.9　数据库设计

本节知识点包含规范的数据库设计过程（需求分析、概念结构设计、逻辑结构设计、数据库物理设计、数据库的实施、数据库运行与维护）、典型事务服务器系统、数据库安全性等。

【考核方式1】　规范的数据库设计过程

- 描述企业应用中的实体及其联系，属于数据库设计的＿＿（1）＿＿阶段。

  （1）A. 需求分析　　　B. 概念结构设计　　　C. 逻辑结构设计　　　D. 数据库物理设计

试题分析

需求分析阶段的主要任务是收集和分析用户对数据库的需求，确定系统必须做什么。该阶段包括确定系统的功能需求、性能需求和数据需求等。

概念结构设计阶段是将需求阶段的需求说明书抽象为信息结构（即概念模型），通常使用 E-R 图（实体-联系图）来描述。题干中的"描述企业应用中的实体及其联系"，属于概念设计阶段。

逻辑结构设计阶段是将概念模型转换为某个具体的数据库管理系统（DBMS）支持的数据模型（如关系模型、层次模型、网状模型等）。

数据库物理设计阶段涉及确定数据的物理存储结构，包括确定数据的存储位置、存储方式、索引策略、数据块的存储管理、备份和恢复策略等。

- **参考答案**　B

- 数据库概念结构设计阶段的工作步骤依次为＿＿（2）＿＿。

  （2）A. 设计局部视图→抽象数据→修改重构消除冗余→合并取消冲突

  　　B. 设计局部视图→抽象数据→合并取消冲突→修改重构消除冗余

  　　C. 抽象数据→设计局部视图→合并取消冲突→修改重构消除冗余

  　　D. 抽象数据→设计局部视图→修改重构消除冗余→合并取消冲突

试题分析

概念结构设计阶段是将需求阶段的需求说明书抽象为信息结构（即概念模型）。数据库概念结构设计阶段的工作步骤依次为抽象数据、设计局部视图、合并取消冲突、修改重构消除冗余。

- **参考答案**　C

【考核方式2】 典型事务服务器系统

- 典型事务服务器系统包括多个在共享内存中访问数据的进程，其中__(1)__监控其他进程，一旦进程失败，它将为该失败进程执行恢复动作，并重启该进程。

（1）A．检查点进程　　B．数据库写进程　　C．进程监控进程　　D．锁管理器进程

试题分析

典型事务服务器系统包括多个在共享内存中访问数据的进程。

1）服务器进程：接受用户查询、执行查询和返回结果的进程。
2）锁管理器进程：实现锁授予、释放以及死锁检测等管理功能。
3）数据库写进程：将修改的缓冲块输出到磁盘中。
4）日志写进程：将日志记录从日志记录缓冲区输出到存储器上。
5）检查点进程：主要功能是定制执行检查点操作。检查点操作是一种将数据的状态保存到持久化存储介质（如硬盘）上的过程。例如，在数据库系统中，将内存中的数据（如事务日志、索引、数据页等）写入磁盘中。
6）进程监控进程：监控其他进程，一旦发现有进程失败，则为失败进程执行恢复、重启动作。

■ **参考答案** C

【考核方式3】 数据库安全性

- 在数据库系统中，一般由DBA使用DBMS提供的授权功能为不同用户授权，其主要目的是为了保证数据库的__(1)__。

（1）A．正确性　　B．安全性　　C．一致性　　D．完整性

试题分析

数据库管理系统的主要安全措施有以下3点。

1）权限机制：通过语句GRANT管理和限定用户对数据的操作权限，保证数据的安全。
2）视图机制：应用程序或用户只能通过视图操作数据，从而保护视图之外数据的安全。
3）数据加密：加密数据库中的数据，提高数据存储、传输的安全性。

■ **参考答案** B

4.10 非关系数据库

本节知识点包含NoSQL数据库的分类等。

【考核方式】 NoSQL数据库的分类

- 常见的NoSQL数据库通过存储方式划分，可分为文档存储、键值存储、列存储和图存储。下面4个选项中，__(1)__属于文档存储。

（1）A．MongoDB　　B．Memcached　　C．BigTable　　D．OrientDB

试题分析

文档存储型NoSQL数据库典型产品有MongoDB、CouchDB等；键值存储型NoSQL数据库典型产品有Memcached、Redis等；列存储型NoSQL数据库典型产品有BigTable、HBase、Cassandra等；图存储型NoSQL数据库典型产品有Neo4j、OrientDB等。

■ 参考答案 A

4.11 大数据处理

本节知识点包含大数据系统处理架构等。

【考核方式】 大数据系统处理架构

- 大数据处理系统是一种用于处理大规模数据集的软件工具，它们能够利用分布式计算处理，从各种来源（如传感器、社交媒体、移动设备和日志文件等）收集和存储大量数据，并且能够以高效的方式处理这些数据，使得用户可以从中获取有价值的信息，帮助企业或组织快速进行决策。下列4个选项中，说法错误的是___(1)___。

  (1) A. 批处理架构是一种数据处理系统架构类型，它主要用于处理大规模数据的批量处理任务，该任务通常在离线模式下执行，具有较高的吞吐量和较低的实时性

  B. 批处理架构通常包括数据采集、数据存储、数据处理和数据输出等模块

  C. 数据处理模块是批处理架构的核心，它主要负责对原始数据进行加工、分析和处理，通常采用分布式计算技术，如MapReduce、Spark等

  D. 数据存储模块是存储批处理任务所需的数据，存储方式通常是关系型数据库、分布式文件系统，不包含NoSQL数据库

试题分析

批处理架构通常包括数据采集、数据存储、数据处理和数据输出等模块。

1）数据采集模块主要负责将原始数据从不同来源收集到集中式存储中，常见的采集方式包括文件传输、日志收集和数据接口等。

2）数据存储模块则是存储批处理任务所需的数据，包括原始数据、中间结果和最终结果等。常见的存储方式包括关系型数据库、分布式文件系统和NoSQL数据库等。

3）数据处理模块是批处理架构的核心，它主要负责对原始数据进行加工、分析和处理，通常采用分布式计算技术，如MapReduce、Spark等。

4）数据输出模块将处理后的结果输出到指定的存储或数据仓库中，通常包括关系型数据库、NoSQL数据库和分布式文件系统等。

■ 参考答案 D

- 下列4个选项中，关于大数据处理系统架构模式，说法错误的是___(2)___。

  (2) A. Lambda架构核心思想是将批处理作业和实时流处理作业分离，各自独立运行，资源互相隔离

  B. Lambda架构将数据流分为批处理层、加速层和服务层

  C. Kappa架构简化了系统架构和维护成本，支持批处理和离线分析

  D. Kappa架构将数据流分为流处理层和在线服务层

试题分析

Kappa架构的优点是简化了系统架构和维护成本，提高了实时性和可伸缩性，同时能够对实时流数据进行处理和计算，适用于对实时性要求较高的场景；它的缺点是无法支持批处理和离线分析，

同时由于 Kappa 架构只有一个流处理层，数据存储成本可能会较高。

■ **参考答案**　C

● 数据存储是大数据处理系统的核心功能，只有提供安全稳定的数据存储能力，数据分析的结果才能得到有效的存储和收集。下列 4 个选项中，关于数据存储的说法错误的是＿＿（3）＿＿。

（3）A．Hadoop 的 HBase 采用列存储

　　　B．MongoDB 是文档型的行存储

　　　C．Lexst 是二进制型的行存储

　　　D．列存储方式写入效率高，保证数据完整性

试题分析

大数据存储有行存储和列存储两种方式。行存储和列存储的对比见表 4-11-1。

表 4-11-1　行存储方式与列存储方式对比表

存储方式	优点	缺点	改进路线
行存储方式	写入效率高，保证数据完整性	数据读取有冗余现象，影响计算速度	优化存储格式，保证能在内存快速删除冗余数据
列存储方式	读取过程没有冗余，适合数据定长的大数据计算	缺乏数据完整性保证，写入效率低	多磁盘多线程并行读写

■ **参考答案**　D

第5章 计算机网络与信息安全

知识点图谱与考点分析

本章的内容包含计算机网络概述、网络体系结构、物理层、数据链路层、网络层、传输层、应用层、路由与交换以及信息安全等。本章知识,在系统分析师考试中,综合知识部分考查的分值为4~6分,所以属于重要考点。

本章考点知识结构图如图5-0-1所示。

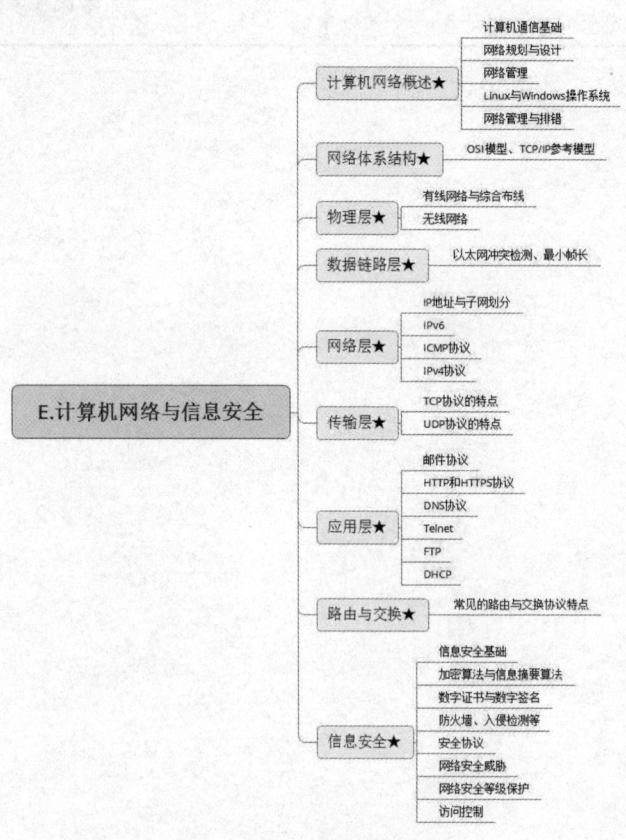

```
                                    ┌─ 计算机通信基础
                                    ├─ 网络规划与设计
                       计算机网络概述★ ┼─ 网络管理
                                    ├─ Linux与Windows操作系统
                                    └─ 网络管理与排错

                       网络体系结构★ ── OSI模型、TCP/IP参考模型

                       物理层★ ┬─ 有线网络与综合布线
                               └─ 无线网络

                       数据链路层★ ── 以太网冲突检测、最小帧长

                              ┌─ IP地址与子网划分
                              ├─ IPv6
                       网络层★ ┼─ ICMP协议
                              └─ IPv4协议

E.计算机网络与信息安全  传输层★ ┬─ TCP协议的特点
                               └─ UDP协议的特点

                              ┌─ 邮件协议
                              ├─ HTTP和HTTPS协议
                              ├─ DNS协议
                       应用层★ ┼─ Telnet
                              ├─ FTP
                              └─ DHCP

                       路由与交换★ ── 常见的路由与交换协议特点

                              ┌─ 信息安全基础
                              ├─ 加密算法与信息摘要算法
                              ├─ 数字证书与数字签名
                              ├─ 防火墙、入侵检测等
                       信息安全★ ┼─ 安全协议
                              ├─ 网络安全威胁
                              ├─ 网络安全等级保护
                              └─ 访问控制
```

图 5-0-1 考点知识结构图

5.1 计算机网络概述

本节知识点包含计算机通信基础、网络规划与设计、网络管理、Linux 与 Windows 操作系统、网络管理与排错等。

【考核方式1】 计算机通信基础

- 假设模拟信号的频率为 10~16MHz，采样频率必须大于___(1)___时，才能使得到的样本信号不失真。

  （1）A．8MHz　　　　　B．10MHz　　　　　C．20MHz　　　　　D．32MHz

  试题分析

  为了使模拟信号在采样后不失真，采样频率必须满足奈奎斯特采样定理。即采样频率必须至少是信号最高频率的 2 倍。模拟信号的最高频率为 16MHz，所以采样频率必须大于 32 MHz，才能使得到的样本信号不失真。

  ■ **参考答案** D

- 在地面上，相距 2000km 的两地之间，利用电缆传输 4000b 长的数据包，数据速率为 64kb/s，从开始发送到接收完成需要的时间为___(2)___。

  （2）A．48 ms　　　　　B．640 ms　　　　　C．62.5 ms　　　　　D．72.5 ms

  试题分析

  一般来说电信号在电缆传输速率是光速的 2/3 倍。

  数据从开始发送到接收完成需要的时间=发送数据时间+传输数据时间=4000b/(64000b/s)+2000km/（200 km/ms）=62.5ms+10ms=72.5ms。

  ■ **参考答案** D

- 在异步通信中，每个字符包含 1 位起始位、7 位数据位和 2 位终止位，若每秒钟传送 500 个字符，则有效数据速率为___(3)___。

  （3）A．500b/s　　　　　B．700b/s　　　　　C．3500b/s　　　　　D．5000b/s

  试题分析

  每秒钟传送 500 个字符，即 500×(1+7+2)=5000b；每个字符有 7 个有效数据位，因此有效数据速率为 3500b/s。

  ■ **参考答案** C

- 设信道带宽为 4kHz，信噪比为 30dB，按照香农定理，信道的最大数据速率约等于___(4)___。

  （4）A．10 kb/s　　　　　B．20 kb/s　　　　　C．30 kb/s　　　　　D．40 kb/s

  试题分析

  本题考查香农定理的基本知识。

  香农定理（Shannon）总结出有噪声信道的最大数据传输率：在一条带宽为 H Hz、信噪比为 S/N 的有噪声信道的最大数据传输率 V_{max} 为

  $$V_{max} = H \log_2(1+S/N) \text{b/s}$$

  本题中先求出信噪比 S/N：由 30dB=10lg S/N，得 lg S/N = 3，所以 S/N=10^3=1000。因此，V_{max} =

69

$H \log_2(1+S/N)$b/s = 4000 $\log_2(1+1000)$b/s ≈ 4000×9.97b/s ≈ 40kb/s。

■ 参考答案　D

【考核方式2】 网络规划与设计

- 在层次化园区网络设计中，___(1)___是汇聚层的功能。
  - (1) A．高速数据传输　　　　　　　B．出口路由
  　　　C．广播域的定义　　　　　　　D．MAC 地址过滤

  试题分析

  核心层作用包含高速数据传输和出口路由等；汇聚层作用包含数据汇聚或交换、广播域的定义、VLAN 间路由、网络访问策略控制、数据包处理、过滤以及寻址等；接入层作用包含用户接入、广播与多播、网络分段及 MAC 地址过滤等。

  ■ 参考答案　C

- 网络安全体系设计可从物理线路安全、网络安全、系统安全及应用安全等方面来进行。其中，数据库容灾属于___(2)___。
  - (2) A．物理线路安全和网络安全　　　B．应用安全和网络安全
  　　　C．系统安全和网络安全　　　　　D．系统安全和应用安全

  试题分析

  数据库容灾既涉及系统层面的支持（如系统备份、恢复策略等），也涉及应用层面的数据保护和恢复（如数据库备份、恢复等），因此属于系统安全和应用安全的范畴。

  ■ 参考答案　D

- 在网络系统设计的过程中，物理网络设计阶段的任务是___(3)___。
  - (3) A．依据逻辑网络设计的要求，确定设备的具体物理分布和运行环境
  　　　B．分析现有网络和新网络的各类资源分布，掌握网络所处的状态
  　　　C．根据需求规范和通信规范，实施资源分配和安全规划
  　　　D．理解网络应该具有的功能和性能，最终设计出符合用户需求的网络

  试题分析

  物理网络设计是逻辑网络设计的具体实现。物理网络设计阶段的任务是依据逻辑网络设计的要求，确定设备的具体物理分布和运行环境。

  ■ 参考答案　A

- 以下关于层次化局域网模型中核心层的叙述，说法正确的是___(4)___。
  - (4) A．为了保障安全性，对分组要进行有效性检查
  　　　B．将分组从一个区域高速转发到另一个区域
  　　　C．由多台二、三层交换机组成
  　　　D．提供多条路径来缓解通信瓶颈

  试题分析

  在层次化局域网模型中，核心层的作用就是高速转发，尽可能避免使用数据包过滤和策略路由等降低效率的功能。

  ■ 参考答案　B

【考核方式 3】 网络管理

- 网络管理系统中故障管理的目标是___(1)___。

（1）A．自动排除故障　　B．优化网络性能　　C．提升网络安全　　D．自动监测故障

试题分析

故障管理的目标包括故障监测、故障报警、故障信息管理、排错支持工具、检索/分析故障信息等内容。

■ **参考答案**　D

【考核方式 4】 Linux 与 Windows 操作系统

- 在 Linux 操作系统中，可以使用___(1)___命令为计算机配置 IP 地址。

（1）A．ifconfig　　　　B．config　　　　C．ip-address　　　　D．ipconfig

试题分析

ifconfig 是 Linux 操作系统中用于配置和显示 Linux 内核中网络接口参数的命令，它可以用来启用或禁用网络接口，设置 IP 地址、子网掩码等。而在 Windows 操作系统中，配置 IP 地址命令为 ipconfig。

■ **参考答案**　A

- 使用 netstat -o 命令可___(2)___。

（2）A．显示所测试网络的 IP、ICMP、TCP、UDP 协议的统计信息
　　　B．显示以太网统计信息
　　　C．以数字格式显示所有连接、地址及端口
　　　D．显示与每个连接相关的所属进程 ID

试题分析

netstat 是一个监控 TCP/IP 网络的工具，它可以显示路由表、实际的网络连接、每一个网络接口设备的状态信息，与 IP、TCP、UDP 和 ICMP 等协议相关的统计数据。netstat 命令一般用于检验本机各端口的网络连接情况。

netstat 基本命令格式为：

netstat [-a] [-e] [-n] [-o] [-p proto] [-r] [-s]

1）-a：显示所有连接和监听端口。

2）-e：用于显示关于以太网的统计数据。它列出的项目包括传送的数据报的总字节数、错误数、删除数、数据报的数量和广播的数量。

3）-n：以数字的形式显示地址和端口号。

4）-o：显示与每个连接相关的所属进程 ID。

5）-p proto：显示 proto 指定协议的连接；proto 可以是下列协议之一：TCP、UDP、TCPv6 或 UDPv6。如果与 -s 选项一起使用则显示按协议统计信息。

6）-r：显示路由表，与 route print 显示效果一样。

7）-s：显示按协议统计信息。默认显示 IP、IPv6、ICMP、ICMPv6、TCP、TCPv6、UDP 和 UDPv6 的统计信息。

■ **参考答案**　D

- 在 Windows 操作系统的命令行窗口中使用__(3)__命令可以查看本机 DHCP 服务是否已启用。

（3）A．ipconfig B．ipconfig /all
　　　C．ipconfig/renew D．ipconfig/release

试题分析

1）ipconfig：用于显示网络简要信息。
2）ipconfig /all：显示网络详细信息，可查看 DHCP 服务是否已启用。
3）ipconfig /renew：更新所有适配器。
4）ipconfig /release：DHCP 客户端手工释放 IP 地址。
5）ipconfig /flushdns：清除本地 DNS 缓存内容。
6）ipconfig /displaydns：显示本地 DNS 内容。
7）ipconfig /registerdns：DNS 客户端手工向服务器进行注册。

■ **参考答案** B

【考核方式5】 网络管理与排错

- 如果发现网络的数据传输很慢，服务质量也达不到要求，应该首先检查__(1)__的工作情况。

（1）A．物理层 B．会话层 C．网络层 D．传输层

试题分析

网络层负责数据包的路由选择和转发，是确保数据包能够正确、高效地从一个网络节点传输到另一个网络节点的关键层。如果网络层出现问题，如路由配置错误、网络拥塞和设备故障等，都可能导致数据传输速度变慢和服务质量下降。所以，如果发现网络的数据传输很慢，服务质量也达不到要求，应该首先检查网络层的工作情况。

■ **参考答案** C

- 对一个新的 QoS 通信流进行网络资源预留，以确保有足够的资源来处理所请求的 QoS 通信流，该规则属于 IntServ 规定的 4 种用于提供 QoS 传输规则中的__(2)__规则。

（2）A．准入控制 B．路由选择
　　　C．排队规则 D．丢弃策略

试题分析

IntServ 通过以下 4 种手段来提供 QoS 传输规则。

1）准入控制：IntServ 对一个新的 QoS 通信流要进行资源预约。如果网络中的路由器确定没有足够的资源来保证所请求的 QoS，则这个通信流就不会进入网络。
2）路由选择：可以基于许多不同的 QoS 参数（不仅仅是最小时延）来进行路由选择。
3）排队规则：考虑不同通信流的不同需求而采用有效的排队规则。
4）丢弃策略：在缓冲区耗尽而新的分组来到时要决定丢弃哪些分组以支持 QoS 传输。

■ **参考答案** A

5.2 网络体系结构

本节知识点包含 OSI 模型和 TCP/IP 参考模型等。

【考核方式】 OSI 模型、TCP/IP 参考模型

- 以下关于 TCP/IP 协议和层次对应关系的表示中，正确的是___(1)___。

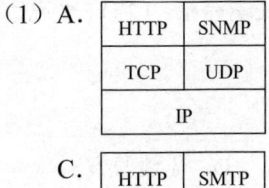

（1）A.
HTTP	SNMP
TCP	UDP
IP	

B.
FTP	Telnet
UDP	TCP
ARP	

C.
HTTP	SMTP
TCP	UDP
IP	

D.
SMTP	FTP
UDP	TCP
ARP	

试题分析

TCP/IP 参考模型主要协议的层次关系如图 5-2-1 所示。

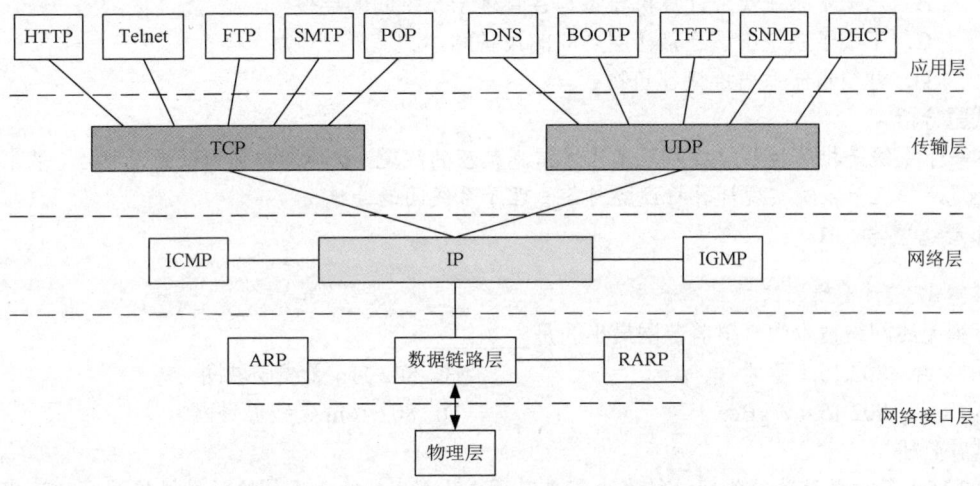

图 5-2-1　TCP/IP 参考模型主要协议的层次关系图

■ **参考答案**　A

5.3 物理层

本节知识点包含有线网络与综合布线、无线网络、码元传输速率和信息传输速率等。

【考核方式 1】 有线网络与综合布线

- 以下关于光纤的说法中，错误的是___(1)___。

（1）A. 单模光纤的纤芯直径更细
　　 B. 单模光纤采用 LED 作为光源
　　 C. 多模光纤比单模光纤的传输距离近
　　 D. 多模光纤中光波在光导纤维中以多种模式传播

试题分析

单模光纤通常采用激光器（如激光二极管）而不是 LED 作为光源，因为激光器能发出单一模式的光，具有高亮度、高功率和窄谱宽等优点，适合在单模光纤中长距离传输。LED（发光二极管）多用于多模光纤，因为它能产生多种模式的光，适合短距离传输。

■ **参考答案** B

● 光信号在单模光纤中以___（2）___方式传输。
（2）A．直线传输　　　　B．渐变反射　　　　C．突变反射　　　　D．无线收发

试题分析

光信号在单模光纤中是以直线传输方式进行的。

■ **参考答案** A

● 以下关于网络布线子系统的说法中，错误的是___（3）___。
（3）A．工作区子系统指终端到信息插座的区域
　　　B．水平子系统实现计算机设备与各管理子系统间的连接
　　　C．干线子系统用于连接楼层之间的设备间
　　　D．建筑群子系统连接建筑物

试题分析

水平子系统是指从楼层配线间至工作区信息插座的线缆，包括工作区内的信息插座、适配器及水平电缆。管理子系统实现计算机设备与各管理子系统间的连接。

■ **参考答案** B

【考核方式2】 无线网络

● 下列无线网络技术中，覆盖范围最小的是___（1）___。
（1）A．802.15.1 蓝牙　　　　　　　　B．802.11n 无线局域网
　　　C．802.15.4 ZigBee　　　　　　　D．802.16m 无线城域网

试题分析

802.15.1 蓝牙是这些无线网络技术中覆盖范围最小的，其短距离传输的特性使其特别适用于设备间的短距离无线通信和文件传输。

■ **参考答案** A

5.4 数据链路层

本节知识点包含以太网冲突检测、最小帧长、PPP、PPPoE 等。

【考核方式】 以太网冲突检测、最小帧长

● 以太网标准中规定的最小帧长是___（1）___字节，最小帧长是根据___（2）___来定的。
（1）A．20　　　　　　B．64　　　　　　C．128　　　　　D．1518
（2）A．网络中传送的最小信息单位　　　B．物理层可以区分的信息长度
　　　C．网络中发生冲突的最短时间　　　D．网络中检测冲突的最长时间

试题分析

以太网标准中规定的最小帧长是 64 字节。最小帧长保证了帧在信道上传输的时间足够长,使得在发生冲突时,接收端有足够的时间来检测到这个冲突。

■ **参考答案** (1) B (2) D

5.5 网络层

本节知识点包含 IP 地址与子网划分、IPv6、ICMP 协议和 IPv4 协议等。

【考核方式1】 IP 地址与子网划分

● 某校园网的地址是 202.115.192.0/19,要把该网络分成 32 个子网,则子网掩码是 ___(1)___ 。

(1) A. 255.255.200.0 B. 255.255.224.0 C. 255.255.254.0 D. 255.255.255.0

试题分析

要划分 $32=2^5$ 个子网,需要将主机位划出 5 位作为子网位,则网络位为 19+5=24 位,对应的子网掩码是 255.255.255.0。

■ **参考答案** D

★ 网络 200.105.140.0/20 中可分配的主机地址数是___(2)___。

(2) A. 1022 B. 2046 C. 4094 D. 8192

试题分析

这类题目,**系统分析师考试中常考**。

网络 200.105.140.0/20 子网掩码是 20 位,主机位为 32−20=12 位,则可分配的主机地址数=2^{12}−2=4094。

■ **参考答案** C

★ 某公司的员工区域使用的 IP 地址段是 172.16.133.128/23,该地址段中最多能够容纳的主机数量是___(3)___台。

(3) A. 254 B. 510 C. 1022 D. 2046

试题分析

这类题目,**系统分析师考试中常考**。

IP 地址段是 172.16.133.128/23,可以知道主机位为 32−23=9 位,则可分配的主机地址数=2^9−2=510。

■ **参考答案** B

● 在一台安装好 TCP/IP 协议的计算机上,当网络连接不可用时,为了测试编写好的网络程序,通常使用的目的主机 IP 地址为___(4)___。

(4) A. 0.0.0.0 B. 127.0.0.1 C. 10.0.0.1 D. 210.225.21.255/24

试题分析

127.X.X.X 是保留地址,用作环回(Loopback)地址,环回地址(典型的是 127.0.0.1)向自己发送流量,一般用来测试使用。

■ **参考答案** B

【考核方式2】 IPv6

- 下面所列出的 4 个 IPv6 地址中，无效的地址是___(1)___。

　　(1) A. 2001:0db8:0000:0000:0000:ff00:0042:8329　　B. 2001::3452:4955:2367::
　　　　C. 2002:c0a8:101::43　　　　　　　　　　　　D. 2003:dead:beef:4dad:23:34:bb:101

试题分析

为了书写方便，IPv6 提供了压缩格式，即可以使用双冒号（::）来代替地址中连续的零组（即 16 位的零字段）。在一个 IPv6 地址中，双冒号（::）可以出现在 IPv6 地址的任何位置，但只能使用一次。B 选项中，双冒号使用了两次，所以错误。

■ **参考答案** B

- IPv6 的地址空间是 IPv4 的___(2)___倍。

　　(2) A. 4　　　　　　B. 96　　　　　　C. 128　　　　　　D. 2^{96}

试题分析

IPv4 的地址是 32 位，地址空间为 2^{32}。IPv6 的地址是 128 位，地址空间为 2^{128}，所以是 IPv4 的 2^{96} 倍。

■ **参考答案** D

【考核方式3】 ICMP 协议

- ICMP 协议属于因特网中的___(1)___协议，ICMP 协议数据单元封装在___(2)___中传送。

　　(1) A. 数据链路层　　　B. 网络层　　　　C. 传输层　　　　D. 会话层
　　(2) A. 以太帧　　　　　B. TCP 段　　　　C. UDP 数据报　　D. IP 数据报

试题分析

ICMP 协议是 TCP/IP 协议簇的一个子协议，属于网络层协议，用于 IP 主机和路由器之间传递控制消息。控制消息是指网络通不通、主机是否可达、路由是否可用等网络本身的消息。这些控制消息虽然并不传输用户数据，但是对用户数据的传递起着重要的作用。

ICMP 报文封装在 IP 数据报中进行传送。

■ **参考答案** (1) B　(2) D

【考核方式4】 IPv4 协议

- 为了控制 IP 报文在网络中无限转发，在 IPv4 数据报首部中设置了___(1)___字段。

　　(1) A. 标识符　　　　B. 首部长度　　　　C. 生存时间　　　　D. 总长度

试题分析

IP 报文的生存时间字段长度为 8 位，用来设置数据报最多可以经过的路由器数，用于防止无限制转发。

■ **参考答案** C

5.6 传输层

本节知识点包含 TCP 协议的特点和 UDP 协议的特点等。

【考核方式 1】 TCP 协议的特点
- TCP 和 UDP 协议均提供了＿＿＿(1)＿＿＿能力。
  （1）A．连接管理　　　　　　　　　　B．差错校验和重传
  　　　C．流量控制　　　　　　　　　　D．端口寻址
  试题分析
  TCP 协议是一种可靠的、面向连接的字节流服务；UDP 协议是一种不可靠的、无连接的数据报服务。TCP 和 UDP 协议均提供了端口寻址能力，但连接管理、重传和流量控制都属于 TCP 协议才能提供的能力。
  ■ 参考答案　D

- 建立 TCP 连接时，一端主动打开后所处的状态为＿＿＿(2)＿＿＿。
  （2）A．SYN-SENT　　　　　　　　　B．ESTABLISHED
  　　　C．CLOSE-WAIT　　　　　　　　D．LAST-ACK
  试题分析
  源主机发送连接请求时，会向服务器发送一个带有 SYN 标志的 TCP 报文段。此时源主机进入 SYN-SENT 状态。
  TCP 三次握手完成后，连接已经成功建立，可以进行数据传输，主机进入 ESTABLISHED 状态。CLOSE-WAIT 和 LAST-ACK 状态都是 TCP 连接断开过程中的一个状态。
  ■ 参考答案　A

【考核方式 2】 UDP 协议的特点
- 相比于 TCP，UDP 的优势为＿＿＿(1)＿＿＿。
  （1）A．可靠传输　　　B．开销较小　　　C．拥塞控制　　　D．流量控制
  试题分析
  用户数据报协议（User Datagram Protocol，UDP）是一种不可靠的、无连接的数据报服务。相比于 TCP 协议，源主机在传送数据前不需要和目标主机建立连接，数据传输过程中具有延迟小和数据传输效率高等特性。在传送数据较少且较小的情况下，UDP 比 TCP 更加高效。
  ■ 参考答案　B

- SNMP 采用 UDP 提供的数据报服务，这是由于＿＿＿(2)＿＿＿。
  （2）A．UDP 比 TCP 更加可靠
  　　　B．UDP 数据报文可以比 TCP 数据报文大
  　　　C．UDP 是面向连接的传输方式
  　　　D．采用 UDP 实现网络管理不会太多增加网络负载
  试题分析
  SNMP 协议主要用于网络设备的监控和管理，其数据传输量相对较小且对实时性要求较高。UDP 协议由于其具有无连接、开销小、无须进行流控和拥塞控制等特点，非常适合于 SNMP 这类应用。使用 UDP 可以减少网络传输的负担，提高网络管理的效率。
  ■ 参考答案　D

5.7 应用层

本节知识点包含邮件协议、HTTP 和 HTTPS 协议、DNS 协议、Telnet、FTP、DHCP 等。

【考核方式1】 邮件协议

- 配置 POP3 服务器时，邮件服务器中默认开放 TCP 的____(1)____端口。

　　(1) A. 21　　　　　　B. 25　　　　　　C. 53　　　　　　D. 110

试题分析

POP3 是邮局协议（Post Office Protocol，POP）的第 3 版，作用是把邮件从邮件服务器中传输到本地计算机。该协议工作在 TCP 协议的 110 号端口。

■ **参考答案** D

- 使用电子邮件客户端从服务器下载邮件，能实现邮件的移动、删除等操作，并在客户端和邮箱上更新同步，所使用的电子邮件接收协议是____(2)____。

　　(2) A. SMTP　　　　B. POP3　　　　C. IMAP4　　　　D. MIME

试题分析

SMTP 主要负责底层的邮件系统如何将邮件从一台机器发送至另外一台机器。该协议工作在 TCP 协议的 25 号端口。

IMAP4 是 POP3 的一种替代协议，提供了邮件检索和邮件处理的新功能。IMAP4 能实现邮件的移动、删除等操作，并在客户端和邮箱上更新同步。用户可以完全不必下载邮件正文就可以看到邮件的标题和摘要，使用邮件客户端软件就可以对服务器上的邮件和文件夹目录等进行操作。该协议工作在 TCP 协议的 143 号端口。

MIME 用于在电子邮件系统中定义电子邮件的格式和内容类型。MIME 允许在电子邮件中嵌入非文本数据，如图片、音频、视频文件等，同时保持邮件的文本格式和传输的可靠性。

■ **参考答案** C

【考核方式2】 HTTP 和 HTTPS 协议

- 据统计，截至 2017 年 2 月，全球一半以上的网站已使用 HTTPS 协议进行数据传输，原 HTTP 协议默认使用____(1)____端口，HTTPS 使用____(2)____作为加密协议，默认使用 443 端口。

　　(1) A. 80　　　　　B. 88　　　　　C. 8080　　　　D. 880
　　(2) A. RSA　　　　B. SSL　　　　C. SSH　　　　　D. SHA-1

试题分析

HTTP 是客户端浏览器或其他程序与 Web 服务器之间的应用层通信协议。它默认使用 80 端口进行数据传输。

HTTPS 是以安全为目标的 HTTP 通道，简单来讲就是 HTTP 的安全版。它使用 SSL 来对信息内容进行加密，使用 TCP 的 443 端口发送和接收报文。其使用语法与 HTTP 类似，使用 "HTTPS://+URL" 形式。

■ **参考答案** (1) A　(2) B

- Cookie 为客户端持久保存数据提供了方便，但也存在一定的弊端。下列选项中，不属于 Cookie

弊端的是___(3)___。

(3) A．增加流量消耗　　　　　　　　B．明文传输，存在安全性隐患
　　C．存在敏感信息泄露风险　　　　D．保存访问站点的缓存数据

试题分析

Cookie 是为了网站辨别用户身份、跟踪 Session 而储存在用户计算机上的缓存数据，在用户计算机上暂时或永久保存的小型文本文件。

Cookie 附加在 HTTP 请求中并明文传递，这种方式存在安全隐患并增加了网络流量。

■ **参考答案**　D

- 在浏览器地址栏输入 192.168.1.1 访问网页时，首先执行的操作是___(4)___。

(4) A．域名解析　　　B．解释执行　　　C．发送页面请求报文　　　D．建立 TCP 连接

试题分析

浏览器访问网页的过程如下。

1）解析访问域名的 IP 地址，由于本题用户已经输入 IP 地址，所以不需要进行域名解析。

2）与目标服务器建立 TCP 链接。

3）浏览器发送请求报文。

4）服务器响应请求，并传输 HTML 等文件。

5）释放 TCP 连接。

■ **参考答案**　D

- 在网址 http://www.sina.com.cn/channel/welcome.htm 中，www.sina.com.cn 表示___(5)___，welcome.htm 表示___(6)___。

(5) A．协议类型　　　B．主机域名　　　C．网页文件名　　　D．路径
(6) A．协议类型　　　B．主机域名　　　C．网页文件名　　　D．路径

试题分析

www.sina.com.cn 表示主机域名，welcome.htm 表示网页文件名。

■ **参考答案**　(5) B　(6) C

【考核方式 3】　DNS 协议

- 如果在网络的入口处通过设置 ACL 封锁了 TCP 和 UDP 端口 21、23 和 25，则能够访问该网络的应用是___(1)___。

(1) A．FTP　　　B．DNS　　　C．SMTP　　　D．Telnet

试题分析

DNS 是把主机域名解析为 IP 地址的系统，解决了 IP 地址难记的问题。该系统是由解析器和域名服务器组成的。DNS 主要基于 UDP 协议，较少情况下使用 TCP 协议，端口号均为 53。

FTP 占用的端口号是 20（数据）、21（控制）；SMTP 占用的端口号是 25；Telnet 占用的端口号是 23。

■ **参考答案**　B

【考核方式 4】　Telnet

- Telnet 是用于远程访问服务器的常用协议。下列关于 Telnet 的描述中，不正确的是___(1)___。

(1) A. 可传输数据和口令　　　　　　B. 默认端口号是23
　　　C. 一种安全的通信协议　　　　　D. 用TCP作为传输层协议

试题分析

Telnet协议在传输数据和口令时是以明文形式进行的，因此Telnet协议被认为是不安全的。相比之下，SSH协议提供了加密的通信机制，能更好地保护数据的安全性。

■ **参考答案** C

【考核方式5】 FTP

- 用户在登录FTP服务器的过程中，建立TCP连接时使用的默认端口号是＿＿(1)＿＿。
  (1) A. 20　　　　　B. 21　　　　　C. 22　　　　　D. 23

试题分析

FTP是一种文件传输协议，它使用TCP协议来确保数据传输的可靠性和完整性。FTP通过TCP 20号端口进行数据传输，通过TCP 21号端口建立控制连接。

■ **参考答案** B

- 下列协议中，可以用于文件安全传输的是＿＿(2)＿＿。
  (2) A. FTP　　　　　B. SFTP　　　　　C. TFTP　　　　　D. ICMP

试题分析

FTP是标准文件传输协议；TFTP是简单文件传输协议，没有安全传输功能；SFTP是基于SSH的文件传输协议，具备文件安全传输功能。

■ **参考答案** B

【考核方式6】 DHCP

- 在网络中，分配IP地址可以采用静态地址或动态地址方案。下列关于两种地址分配方案的论述中，错误的是＿＿(1)＿＿。
  (1) A. 采用动态地址分配方案可避免地址资源的浪费
  　　B. 路由器、交换机等联网设备适合采用静态IP地址
  　　C. 各种服务器设备适合采用动态地址分配方案
  　　D. 学生客户机最好采用动态地址分配方案

试题分析

如果服务器采用动态地址分配，其IP地址可能会频繁更改，这会导致网络连接不稳定和难以预测，不利于提供可靠和稳定的服务。

■ **参考答案** C

5.8 路由与交换

本节知识点包含常见的路由与交换协议特点等。

【考核方式】 常见的路由与交换协议特点

- RIPv2对RIPv1协议的改进之一为路由器必须有选择地将路由表中的信息发送给邻居，而不是

发送整个路由表。具体地说，一条路由信息不会被发送给该信息的来源，这种方案称为 ___(1)___，其作用是 ___(2)___。

(1) A. 反向毒化　　　　B. 乒乓反弹　　　　C. 水平分割法　　　D. 垂直划分法
(2) A. 支持CIDR　　　　　　　　　　　B. 解决路由环路
　　C. 扩大最大跳步数　　　　　　　　D. 不使用广播方式更新报文

试题分析

水平分割法要求路由器不将从某个接口接收到的路由更新信息再从这个接口发回去，从而防止路由器收到自己发送的路由信息，这种信息是无用的，可能导致路由环路。

■ **参考答案**　(1) C　(2) B

- OSPF 协议把网络划分成 4 种区域（Area），其中 ___(3)___ 不接收本地自治系统以外的路由信息，对自治系统以外的目标采用默认路由 0.0.0.0。

(3) A. 分支区域　　　B. 标准区域　　　C. 主干区域　　　D. 存根区域

试题分析

在 OSPF 协议中，网络被划分成不同类型的区域（Area）以优化路由计算和资源利用。存根区域属于该协议中的一种特殊区域类型，它不接受来自自治系统（AS）外部的路由信息，对自治系统以外的目标采用默认路由 0.0.0.0 转发数据。

■ **参考答案**　D

- 路由协议称为内部网关协议，自治系统之间的协议称为外部网关协议，以下属于外部网关协议的是 ___(4)___。

(4) A. RIP　　　　B. OSPF　　　　C. BGP　　　　D. UDP

试题分析

内部网关协议（Interior Gateway Protocol，IGP）是在自治网络系统内部主机和路由器间交换路由信息使用的协议。常见的 IGP 协议有 OSPF、RIP 等。

边界网关协议（Boarder Gateway Protocol，BGP）是可以在自治网络系统的相邻两个网关之间交换路由信息的协议。BGP 属于外部网关协议。

■ **参考答案**　C

5.9　信息安全

本节知识点包含信息安全基础、加密算法与信息摘要算法、数字证书与数字签名、防火墙、入侵检测、安全协议、网络安全威胁、网络安全等级保护、访问控制等。

【考核方式1】　信息安全基础

- 所有资源只能由授权方或以授权的方式进行修改，即信息未经授权不能进行改变的特性是指信息的 ___(1)___。

(1) A. 完整性　　　　B. 可用性　　　　C. 保密性　　　　D. 不可抵赖性

试题分析

1) 完整性：信息只能被得到允许的人修改，并且能够被判别该信息是否已被篡改过。

2）可用性：只有授权者才可以在需要时访问该数据，而非授权者应被拒绝访问数据。

3）保密性：保证信息不泄露给未经授权的进程或实体，只供授权者使用。

4）不可抵赖性：数据的发送方与接收方都无法对数据传输的事实进行抵赖。

■ **参考答案** A

- 信息系统的安全是一个复杂的综合体，涉及众多方面。其中审计跟踪属于信息系统的___（2）___，访问控制属于信息系统的___（3）___。

  （2）A．运行安全　　　B．信息安全　　　C．人员安全　　　D．实体安全

  （3）A．实体安全　　　B．人员安全　　　C．运行安全　　　D．信息安全

试题分析

信息系统的安全可以划分实体安全、运行安全、信息安全和人员安全等。

1）实体安全。保护计算机设备、设施（含网络）等实体免遭水灾、火灾、地震、有害气体和电磁辐射等损坏的措施和过程。实体安全可分为设备安全、环境安全和媒体安全等方面。

2）运行安全。保证系统的正常、可靠运行，不因偶然、恶意原因而遭受破坏。运行安全手段包括系统风险管理、审计跟踪、备份与恢复等。

3）信息安全。防止系统中的信息被故意或偶然的非法授权访问、更改、破坏或使信息被非法系统识别和控制等。信息安全手段包括操作系统安全、数据库安全、网络安全、访问控制、病毒防护、数据加密和认证等。

4）人员安全。人员安全手段主要包括提高人员的安全与法律意识、安全技能等。

■ **参考答案** （2）A　（3）D

- 以下网络攻击中，___（4）___属于被动攻击。

  （4）A．拒绝服务攻击　　　B．重放　　　C．假冒　　　D．流量分析

试题分析

攻击可分为两类。

1）主动攻击。涉及修改数据流或创建数据流，它包括假冒、重放、修改消息与拒绝服务。

2）被动攻击。只是窥探、窃取、分析重要信息，但不影响网络及服务器的正常工作。

■ **参考答案** D

【考核方式2】 加密算法与信息摘要算法

- 非对称加密算法中，加密和解密使用不同的密钥，下面的加密算法中___（1）___属于非对称加密算法。若甲、乙采用非对称密钥体系进行保密通信，甲用乙的公钥加密数据文件，乙使用___（2）___来对数据文件进行解密。

  （1）A．AES　　　B．RSA　　　C．IDEA　　　D．DES

  （2）A．甲的公钥　　　B．甲的私钥　　　C．乙的公钥　　　D．乙的私钥

试题分析

加密密钥和解密密钥相同的算法，称为对称加密算法。对称加密算法相对非对称加密算法来说，加密的效率高，适用于大量数据加密。常见的对称加密算法有AES、DES、3DES、RC5、IDEA、RC4等。

加密密钥和解密密钥不相同的算法，称为非对称加密算法，这种方式又称为公钥密码体制，解

决了对称密钥算法的密钥分配与发送的问题。常见的非对称加密算法有 RSA、DSA、ECC、ElGamal 等。在非对称加密算法中，私钥用于解密和签名，公钥用于加密和认证。

在本题中，使用乙的公钥加密数据文件，则需要使用配对的乙的私钥进行解密。

■ **参考答案** （1）B　（2）D

- DES 是一种___(3)___，其密钥长度为 56 位，3DES 是利用 DES 的加密方式，对明文进行 3 次加密，以提高加密强度，其密钥长度是___(4)___位。

  （3）A．共享密钥　　　B．公开密钥　　　C．报文摘要　　　D．访问控制
  （4）A．56　　　　　　B．112　　　　　　C．128　　　　　　D．256

  试题分析

  DES 属于对称加密算法，在对称加密体系中，通信双方使用的是共享密钥。DES 算法明文分为 64 位一组，密钥 64 位（实际位是 56 位的密钥和 8 位奇偶校验）。注意：考试中填实际密钥位，即 56 位。3DES 是 DES 的扩展，是执行了 3 次的 DES。3DES 有两种加密方式。

  1）第一、三次加密使用同一密钥，这种方式密钥长度 128 位（112 位有效），这种方式被广泛使用。

  2）三次加密使用不同密钥，这种方式密钥长度 192 位（168 位有效）。

  ■ **参考答案**　（3）A　（4）B

- 下列算法中，用于数字签名中摘要的是___(5)___。

  （5）A．RSA　　　　　B．IDEA　　　　　C．RC4　　　　　D．MD5

  试题分析

  MD5 属于消息摘要算法，它可以生成一个 128 位的散列值（哈希值），这个哈希值就像是数据的"指纹"，如果数据发生任何变化，重新计算得到的哈希值就会不同，因此非常适合用于验证数据的完整性，这正是数字签名中摘要所需要的功能；RSA 属于非对称加密算法；IDEA 和 RC4 属于对称加密算法。

  ■ **参考答案**　D

- 要对大量的消息明文进行加密传送，当前通常使用的加密算法是___(6)___。

  （6）A．RSA　　　　　B．SHA-1　　　　C．MD5　　　　　D．RC5

  试题分析

  RC5 属于对称密码算法，而对称加密算法加解密效率高，适合大量的消息加密传送。
  SHA-1 与 MD5 都属于消息摘要算法；RSA 属于非对称密码算法，不合适大量的消息加密传送，常用于身份认证。

  ■ **参考答案**　D

- SHA-1 是一种针对不同输入生成___(7)___固定长度摘要的算法。

  （7）A．128 位　　　　B．160 位　　　　C．256 位　　　　D．512 位

  试题分析

  SHA-1 是消息摘要算法，算法的输入是长度小于 2^{64} 位的任意消息，输出 160 位的摘要。

  ■ **参考答案**　B

- 下列不属于报文认证算法的是___(8)___。

  （8）A．MD5　　　　　B．SHA-1　　　　C．RC4　　　　　D．HMAC

试题分析

MD5 和 SHA 系列（SHA-1、SHA-224、SHA-256、SHA-384 和 SHA-512）算法均属于消息认证算法；HMAC 算法是利用哈希运算（如 MD5 或 SHA 系列算法）结合一个密钥来生成一个消息认证码，用于验证消息的完整性和真实性，因此 HMAC 也属于报文认证算法；而 RC4 属于对称加密算法。

■ **参考答案** C

【考核方式3】 数字证书与数字签名

● 用户 A 从 CA 获取了自己的数字证书，该数字证书使用___（1）___进行数字签名防止篡改，数字证书包含___（2）___。

（1）A．CA 的私钥　　　B．CA 的公钥　　　C．A 的私钥　　　D．A 的公钥

（2）A．CA 的私钥　　　B．CA 的公钥　　　C．A 的私钥　　　D．A 的公钥

试题分析

CA 签发数字证书和验证过程如下。

1）生成一个证书，包含**申请者公钥**、申请者信息、颁发者信息、证书有效期及签名算法等内容。

2）CA 使用 **CA 私钥对数字证书内容的哈希值进行签名**，生成数字签名 1，并附加到证书中。注意：CA 私钥本身并不包含在证书中。

3）任何人都可以使用 CA 的公钥对接收的证书进行签名验证，确保证书未被篡改。

■ **参考答案**　（1）A　（2）D

● 根据国际标准 ITUT X.509 规定，数字证书的一般格式中会包含认证机构的签名，该数据域的作用是___（3）___。

（3）A．用于标识颁发证书的权威机构 CA

　　　B．用于指示建立和签署证书的 CA 的 X.509 名字

　　　C．用于防止证书伪造

　　　D．用于传递 CA 的公钥

试题分析

X.509 给出了公钥证书的格式标准。X.509 标准中，CA 的签名是对证书内容（包括公钥信息、证书持有者信息、证书有效期等）的哈希值进行加密的结果。任何对证书内容的篡改都会导致证书哈希值与原证书哈希值不一致。这种机制确保了证书的真实性和完整性，从而防止了证书的伪造。

■ **参考答案** C

● 假定用户 A、B 分别在 I1 和 I2 两个 CA 处取得了各自的证书，___（4）___是 A、B 互信的必要条件。

（4）A．A、B 互换私钥　　　　　　　　B．A、B 互换公钥

　　　C．I1、I2 互换私钥　　　　　　　D．I1、I2 互换公钥

试题分析

私钥是保密的，应仅由证书的所有者持有，不应与他人共享或者互换。尽管公钥是公开的，但用户私下互换公钥并不能确保用户之间的互信，需要通过 CA 签发建立彼此的信任。

■ 参考答案 D

● 数字签名首先需要生成消息摘要，然后发送方用自己的私钥对报文摘要进行加密，接收方用发送方的公钥验证真伪。生成消息摘要的目的是__(5)__，对摘要进行加密的目的是__(6)__。
（5）A. 防止窃听　　　B. 防止抵赖　　　C. 防止篡改　　　D. 防止重放
（6）A. 防止窃听　　　B. 防止抵赖　　　C. 防止篡改　　　D. 防止重放

试题分析

消息摘要是通过单向哈希函数，将任意长度的数据转换成一个固定长度的数据串（即哈希值）。任何对原始数据的微小改动都会导致生成的摘要值发生显著变化。因此，接收方在收到消息后，可以重新计算消息的摘要，并与发送方提供的摘要进行对比，以验证消息在传输过程中是否被篡改。生成消息摘要这一步骤确保了数据的完整性和真实性，可以防信息篡改。

发送方使用自己的私钥对消息摘要进行加密，生成数字签名。由于私钥的私密性和唯一性，只有拥有该私钥的发送方才能生成有效的数字签名。接收方在收到消息和数字签名后，使用发送方的公钥对数字签名进行解密，得到原始的摘要值，并与自己计算的摘要值进行对比。如果两者一致，则可以确认消息确实由发送方发送，且未被篡改。这样，数字签名就作为了发送方身份认证和签名操作不可抵赖的证据。

■ 参考答案 （5）C　（6）B

【考核方式4】 防火墙、入侵检测等

● __(1)__防火墙是内部网和外部网的隔离点，它可对应用层的通信数据流进行监控和过滤。
（1）A. 包过滤　　　B. 应用网关　　　C. 数据库　　　D. Web

试题分析

包过滤防火墙主要针对 OSI 模型中的网络层和传输层的信息进行分析，通常包过滤防火墙用来控制 IP、UDP、TCP、ICMP 和其他协议。包过滤防火墙对数据包的检查内容一般包括源 IP 地址、目的 IP 地址、源端口号、目的端口号和协议等。

应用网关防火墙工作在 OSI 模型的应用层，实现应用层协议数据的过滤和转发。

Web 防火墙（简称 WAF）是入侵检测系统和入侵防御系统的一种，主要用于保护 Web 应用程序免受各种恶意攻击和漏洞利用。

■ 参考答案 B

● 防火墙的工作层次是决定防火墙效率及安全的主要因素，下列叙述中正确的是__(2)__。
（2）A. 防火墙工作层次越低，则工作效率越高，同时安全性越高
　　　B. 防火墙工作层次越低，则工作效率越低，同时安全性越低
　　　C. 防火墙工作层次越高，则工作效率越高，同时安全性越低
　　　D. 防火墙工作层次越高，则工作效率越低，同时安全性越高

试题分析

防火墙工作层次越低，意味着防火墙更接近底层（如网络层或数据链路层），设备处理复杂度更低，因此工作效率越高。防火墙工作层次越高，可处理的协议越多，因此安全性越高。

■ 参考答案 D

● 在入侵检测系统中，事件分析器接收事件信息并对其进行分析，判断是否为入侵行为或异常现

象，其常用的 3 种分析方法中不包括___(3)___。

(3) A. 模式匹配　　　　　　　　　B. 密文分析
　　C. 数据完整性分析　　　　　　D. 统计分析

试题分析

入侵检测系统分析方法有模式匹配、数据完整性分析和统计分析等。

■ **参考答案** B

【考核方式 5】 安全协议

● 以下用于在网络应用层和传输层之间提供加密方案的协议是___(1)___。

(1) A. PGP　　　　B. SSL　　　　C. IPSec　　　　D. DES

试题分析

1）PGP 是一款邮件加密协议，可以用它对邮件保密以防止非授权者阅读，它还能为邮件加上数字签名，从而使收信人可以确认邮件的发送者，并能确信邮件没有被篡改。

2）SSL 协议是一个安全传输、保证数据完整的协议。SSL 协议结合了对称密码技术和公开密码技术，提供机密性、完整性、认证性服务。SSL 处于应用层和传输层之间，是一个两层协议。

3）IPSec 是保护 IP 协议的网络传输协议簇。IPSec 工作在 TCP/IP 协议栈的网络层，为 TCP/IP 通信提供访问控制机密性、数据源验证、抗重放、数据完整性等多种安全服务。

攻克要塞软考团队提醒：依据官方教程，SSL 协议属于传输层协议。

■ **参考答案** B

● 以下关于 IPSec 协议的描述中，正确的是___(2)___。

(2) A. IPSec 认证头（AH）不提供数据加密服务
　　B. IPSec 封装安全负荷（ESP）用于数据完整性认证和数据源认证
　　C. IPSec 的传输模式对原来的 IP 数据报进行了封装和加密，再加上了新 IP 头
　　D. IPSec 通过应用层的 Web 服务建立安全连接

试题分析

IPSec 是对 IP 协议的分组进行加密和认证的网络传输协议簇。IPSec 认证头（AH）用于数据完整性认证和数据源认证，不提供数据加密服务。IPSec 封装安全负荷（ESP）可以同时提供数据完整性确认和数据加密等服务。Internet 密钥交换协议（IKE）用于生成和分发在 ESP 和 AH 中使用的密钥。IPSec 传输模式下的 AH 和 ESP 处理后的 IP 头部不变。

■ **参考答案** A

● IEEE 802.1x 是一种___(3)___认证协议。

(3) A. 用户 ID　　　B. 报文　　　C. MAC 地址　　　D. SSID

试题分析

IEEE 802.1x 是一个二层协议，可实现基于端口（MAC 地址）的访问控制。

■ **参考答案** C

【考核方式 5】 网络安全威胁

● 在对服务器的日志进行分析时，发现某一时间段，网络中有大量包含"USER""PASS"负载的数据，该异常行为最可能是___(1)___。

(1) A．ICMP 泛洪攻击 　　　　　　　B．端口扫描
　　　C．弱口令扫描攻击　　　　　　　D．TCP 泛洪攻击

试题分析

弱口令扫描是攻击者利用自动化工具或脚本来尝试使用常见的、易于猜测的用户名和密码组合来登录目标系统。网络中有大量包含"USER""PASS"数据，意味着攻击者不断地使用"USER"作为用户名、"PASS"作为密码进行登录尝试，是典型的弱口令扫描攻击。

■ **参考答案**　C

● 下列攻击类型中，＿＿(2)＿＿以被攻击对象不能继续提供服务为首要目标。
　　　(2) A．跨站脚本　　B．拒绝服务　　C．信息篡改　　D．口令猜测

试题分析

拒绝服务攻击是指攻击者向攻击对象发送大量请求，使得攻击对象不能继续提供服务。

■ **参考答案**　B

● 下列攻击行为中，属于典型被动攻击的是＿＿(3)＿＿。
　　　(3) A．拒绝服务　　B．会话拦截　　C．系统窃听　　D．修改数据命令

试题分析

攻击可分为两类。

1）主动攻击：主动向被攻击对象实施破坏，涉及修改或创建数据，它包括重放、假冒、篡改与拒绝服务等。本题中，拒绝服务、会话拦截和修改数据命令属于主动攻击。

2）被动攻击：只是窥探、窃取及分析数据，但不影响网络和服务器的正常工作。系统窃听属于被动攻击。

■ **参考答案**　C

【**考核方式 6**】 网络安全等级保护

● 依据《信息安全技术 网络安全等级保护测评要求》（GB/T 28448—2019）的规定，定级对象的安全保护分为五个等级，其中第三级称为＿＿(1)＿＿。
　　　(1) A．系统审计保护级　　　　　　B．安全标记保护级
　　　　　C．结构化保护级　　　　　　　　D．访问验证保护级

试题分析

依据《信息安全技术 网络安全等级保护测评要求》，定级对象的安全保护等级分为 5 个，即第一级（用户自主保护级）、第二级（系统审计保护级）、第三级（安全标记保护级）、第四级（结构化保护级）、第五级（访问验证保护级）。

■ **参考答案**　B

【**考核方式 7**】 访问控制

● Bell-LaPadula 模型（简称 BLP 模型）是最早的一种安全模型，也是最著名的多级安全策略模型，BLP 模型的简单安全特性是指＿＿(1)＿＿。BLP 模型基于＿＿(2)＿＿。
　　　(1) A．不可上读　　B．不可上写　　C．不可下读　　D．不可下写
　　　(2) A．强访问控制　　　　　　　　　B．弱访问控制
　　　　　C．自主访问控制　　　　　　　　D．基于角色的访问控制

87

试题分析

BLP 模型基于强制访问控制，是典型的信息保密性多级安全模型。BLP 机密性模型用于防止非授权信息的扩散，从而保证系统的安全。该模型有两条基本的规则：

1）主体只能向下读，即允许用户读取安全级别比它低的资源；但不能向上读，即主体不可读取安全级别高于它的数据。

2）主体只能向上写，即主体可写入安全级别高于它的数据；不能向下写，即主体不可写入安全级别低于它的数据。

■ **参考答案**　（1）A　（2）A

● 访问控制的基本概念中，___(3)___ 包含或者接收信息的被动方，可以是文件、数据、内存段等。
　　(3) A. 主体　　　　B. 客体　　　　C. 授权访问　　　　D. 资源

试题分析

客体包含或者接收信息的被动方。客体可以是文件、数据、内存段等。

■ **参考答案**　B

第6章 多媒体基础

知识点图谱与考点分析

本章的内容包含多媒体基础概念、声音处理、图形和图像处理等。本章知识，在系统分析师考试中，综合知识部分考查的分值为 0~1 分，属于零星考点。以往考点中，主要考查采样定理和图像分辨率等知识。

本章考点知识结构图如图 6-0-1 所示。

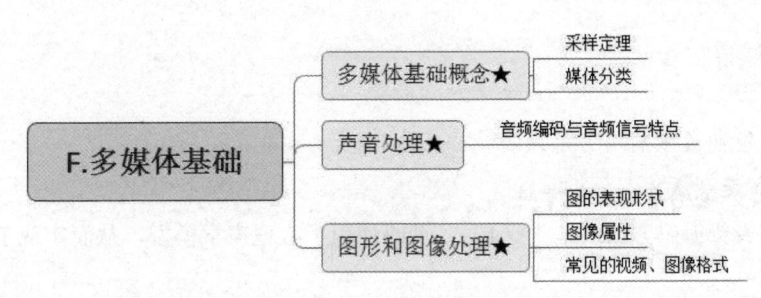

图 6-0-1　考点知识结构图

6.1　多媒体基础概念

本节知识点包含采样定理、媒体分类和媒体特性等。

【考核方式1】　采样定理

★　数字语音的采样频率定义为 8kHz，这是因为＿＿(1)＿＿。
　　(1) A．语音信号定义的频率最高值为 4kHz
　　　　B．语音信号定义的频率最高值为 8kHz
　　　　C．数字语音传输线路的带宽只有 8kHz
　　　　D．一般声卡的采样频率最高为每秒 8k 次

试题分析

这类题目，系统分析师考试中常考。

根据采样定理，采样频率要大于 2 倍语音最大频率，就可以无失真地恢复语音信号。因此，采样频率定义为 8kHz，语音信号定义的频率最高值为 4kHz，才能保证不失真。

■ **参考答案** A

【考核方式 2】 媒体分类

- 以下媒体中，___(1)___ 是感觉媒体。

  (1) A. 音箱　　　　B. 声音编码　　　　C. 电缆　　　　D. 声音

试题分析

感觉媒体是直接作用于人的感觉器官，使人产生直接感觉的媒体，如视觉、听觉、触觉、嗅觉和味觉等。

■ **参考答案** D

- 微型计算机系统中，显示器属于 ___(2)___ 。

  (2) A. 表现媒体　　B. 传输媒体　　C. 表示媒体　　D. 存储媒体

试题分析

表现媒体可以分为输入媒体和输出媒体。输入媒体有键盘、鼠标、话筒、扫描仪、摄像头等；输出媒体有显示器、音箱、打印机等。

■ **参考答案** A

6.2 声音处理

本节知识点包含音频编码与音频信号特点等。

【考核方式】 音频编码与音频信号特点

- 在以下压缩音频编码方法中，___(1)___ 编码使用了心理声学模型，从而实现了高效率的数字音频压缩。

  (1) A. PCM　　　　B. MPEG 音频　　　C. ADPCM　　　D. LPC

试题分析

心理声学模型考虑了人耳对不同频率和音量的声音有不同的敏感度，从而能够在保持音频质量的同时，大幅度地减少数据量。MPEG 音频编码方法使用了心理声学模型。

■ **参考答案** B

- 信号的一个基本参数是频率，它是指声波每秒钟变化的次数，用 Hz 表示。人耳能听到的音频信号的频率范围是 ___(2)___ 。

  (2) A. 0Hz～20kHz　　B. 0Hz～200kHz　　C. 20Hz～20kHz　　D. 20Hz～200kHz

试题分析

人耳能听到的音频信号频率范围为 20Hz～20kHz。

■ **参考答案** C

6.3 图形和图像处理

本节知识点包含图的表现形式、图像属性、常见的视频和图像格式、图像的压缩等。

【考核方式1】 图的表现形式
- 矢量图是常用的图形图像表示形式，___(1)___ 是描述矢量图的基本组成单位。
  (1) A．像素　　　　　B．像素点　　　　　C．图元　　　　　D．二进制位

试题分析

在矢量图中，图元（点、线、多边形、圆形等）是构成图形的基本单位。图元可以通过数学公式或算法来定义位置和形状。

■ **参考答案** C

【考核方式2】 图像属性
- ★ 使用图像扫描仪以300DPI的分辨率扫描一幅3×4英寸的图片，可以得到___(1)___像素的数字图像。
  (1) A．300×300　　　B．300×400　　　C．900×4　　　D．900×1200

试题分析

这类题目，系统分析师考试中常考。

DPI表示分辨率，它是指每英寸长度上的点数。300DPI像素数=（300×3）×（300×4）=900×1200。

■ **参考答案** D

- ★ 彩色视频信号数字化的过程中，利用图像子采样技术通过降低对___(2)___的采样频率，以达到减少编码数据量的目的。
  (2) A．色度信号　　　B．饱和度信号　　　C．同步信号　　　D．亮度信号

试题分析

这类题目，系统分析师考试中常考。

彩色视频信号通常由亮度信号和色度信号组成。亮度信号代表图像的亮度信息，而色度信号则包含颜色信息。在人类视觉感知中，对亮度的敏感度要高于对颜色的敏感度，即人眼对亮度的分辨率要求比对颜色的分辨率要求高。

图像子采样技术正是基于这一视觉特性而设计的，它通过在保持亮度信号的采样频率不变的情况下，降低色度信号的采样频率，以达到减少数据量的目的，同时尽可能保持图像的主观质量不受影响。

■ **参考答案** A

- ___(3)___图像通过使用彩色查找表来获得图像颜色。
  (3) A．真彩色　　　B．伪彩色　　　C．直接色　　　D．矢量

试题分析

真彩色是指图像中的每个像素值都是由R、G、B 3个基色分量构成，每个基色分量直接决定基色的强度，所产生的色彩称为真彩色。

伪彩色图像的每个像素值实际上是一个索引值，根据索引值查找色彩查找表，可查找出R、G、

B 的实际强度值。

- **参考答案** B

● 视觉上的颜色可用亮度、色调和饱和度 3 个特征来描述。其中饱和度是指颜色的___(4)___。

（4）A．种数　　　　　B．纯度　　　　　C．感觉　　　　　D．存储量

试题分析

颜色的要素特性如下。

1）色调指颜色的外观，是视觉器官对颜色的感觉。色调用红、橙、黄、绿、青等来描述。

2）饱和度指颜色的纯度。当一种颜色掺入其他光越多时，饱和度越低。

3）亮度指颜色明暗程度。色彩光辐射的功率越高，亮度越高。

- **参考答案** B

【考核方式 3】 常见的视频、图像格式

● MPEG-7 是 ISO 制定的___(1)___标准。

（1）A．多媒体视频压缩编码　　　　　B．多媒体音频压缩编码
　　　C．多媒体音、视频压缩编码　　　D．多媒体内容描述接口

试题分析

MPEG-7 是 ISO 制定的多媒体内容描述接口标准。它并不用于压缩视频或音频数据，而是用于描述各种多媒体（如音频、视频、图像等）内容的标准。

- **参考答案** D

第7章 软件工程与系统开发基础

知识点图谱与考点分析

本章知识被新考纲定义为关键技术,在系统分析师考试中,综合知识部分考查的分值为6~12分,案例分析部分必有1~2道题涉及,论文题有很大概率会涉及,所以属于重要考点。

本章考点知识结构图如图7-0-1所示。

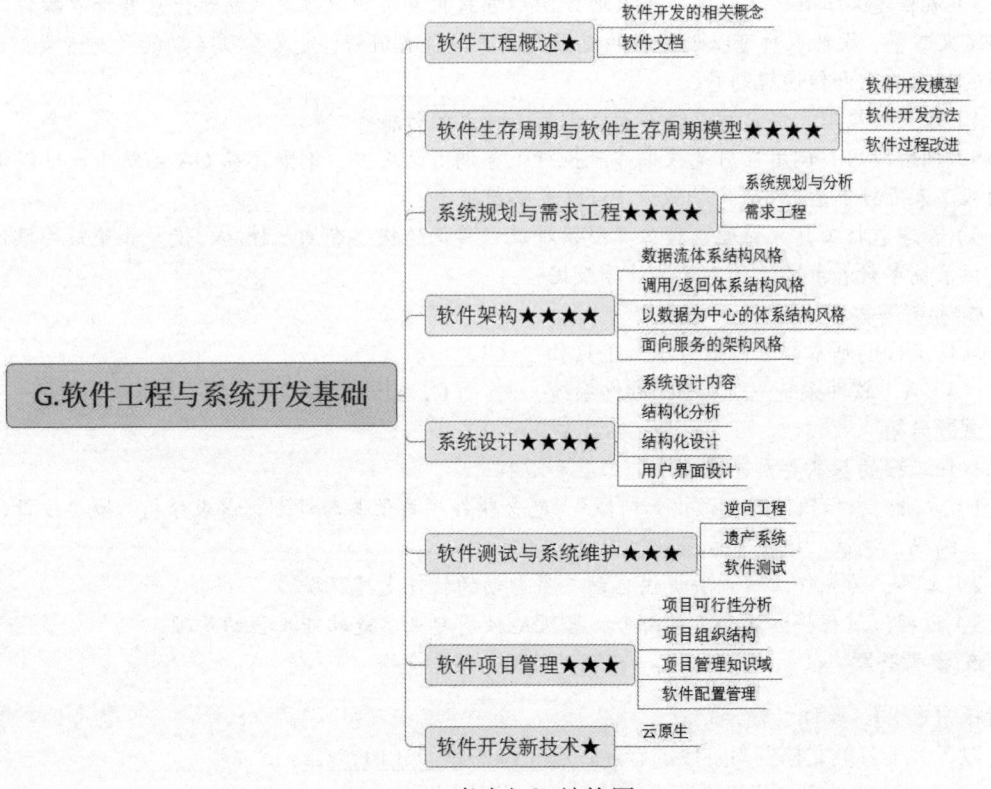

```
                                        ┌── 软件开发的相关概念
                        软件工程概述★ ──┤
                                        └── 软件文档

                                                            ┌── 软件开发模型
                        软件生存周期与软件生存周期模型★★★★ ┤── 软件开发方法
                                                            └── 软件过程改进

                                              ┌── 系统规划与分析
                        系统规划与需求工程★★★★┤
                                              └── 需求工程

                                        ┌── 数据流体系结构风格
                                        ├── 调用/返回体系结构风格
                        软件架构★★★★ ─┤
                                        ├── 以数据为中心的体系结构风格
G.软件工程与系统开发基础 ─┤              └── 面向服务的架构风格

                                        ┌── 系统设计内容
                                        ├── 结构化分析
                        系统设计★★★★ ─┤
                                        ├── 结构化设计
                                        └── 用户界面设计

                                              ┌── 逆向工程
                        软件测试与系统维护★★★ ┤── 遗产系统
                                              └── 软件测试

                                          ┌── 项目可行性分析
                                          ├── 项目组织结构
                        软件项目管理★★★ ─┤
                                          ├── 项目管理知识域
                                          └── 软件配置管理

                        软件开发新技术★ ──── 云原生
```

图7-0-1 考点知识结构图

7.1 软件工程概述

本节知识点包含软件开发的相关概念、软件文档、软件开发工具与环境等。

【考核方式1】 软件开发的相关概念
- 工作流参考模型包含6个基本模块，其中，___(1)___是工作流管理系统的核心模块，它的功能包括创建和管理流程定义，创建、管理和执行流程实例；___(2)___可以通过图形方式把复杂的流程定义显示出来并加以操作。

  （1）A. 工作流执行服务 B. 工作流引擎 C. 流程定义工具 D. 调用应用
  （2）A. 客户端应用   B. 工作流引擎 C. 流程定义工具 D. 管理监控工具

试题分析

工作流参考模型包含以下6个基本模块。

1）工作流执行服务。工作流执行服务是WFMS的核心模块，它的功能包括创建和管理流程定义，创建、管理和执行流程实例。

2）工作流引擎。工作流引擎是为流程实例提供运行环境，并解释执行流程实例的软件模块，即负责流程处理的软件模块。

3）流程定义工具。流程定义工具通过图形方式把复杂的流程定义显示出来并加以操作。通过流程定义工具，设计人员可以创建新的流程或者改变现有流程；定义各项活动的参与者类型、活动之间的相互关系和传递规则等。

4）客户端应用。用户的最终界面，调用工作流执行服务。

5）调用应用。调用应用是被工作流执行服务调用的应用。例如，在OA系统中，可以调用相关的程序来直接查看Word文档或者Excel表格数据等。

6）管理监控工具。管理监控工具提供对流程实例的状态查询、挂起、恢复和销毁等操作，同时提供系统参数和系统运行情况统计等数据。

■ 参考答案 （1）A （2）C

- 软件工程的基本要素包括方法、工具和___(3)___。

  （3）A. 软件系统 B. 硬件系统 C. 过程 D. 人员

试题分析

软件工程的基本要素包括方法、工具和过程。

1）方法：告知软件开发该"如何做"。包含软件项目估算与计划、需求分析、概要设计、算法设计、编码、测试、维护等方面。

2）工具：为软件工程方法提供自动、半自动的软件支撑环境。

3）过程：过程将方法和工具综合，合理地使用起来，是软件工程的基础。

■ 参考答案 C

【考核方式2】 软件文档
- 以下关于各类文档撰写阶段的叙述，不正确的是___(1)___。

  （1）A. 软件需求规格说明书在需求分析阶段撰写

B．概要设计规格说明书在设计阶段撰写
C．测试设计必须在测试阶段撰写
D．测试分析报告在测试阶段撰写

试题分析
需求分析阶段撰写需求规格说明书、测试设计和测试用例；设计阶段撰写设计文档；测试阶段撰写测试报告。

■ **参考答案**　C

7.2　软件生存周期与软件生存周期模型

本节知识点包含软件开发模型、软件开发方法和软件过程改进等。

【考核方式1】　软件开发模型

● 某公司要开发一个软件产品，产品的某些需求是明确的，而某些需求则需要进一步细化。由于市场竞争的压力，产品需要尽快上市，因此开发该软件产品最不适合采用＿＿（1）＿＿模型。
　　（1）A．增量　　　　B．原型　　　　C．瀑布　　　　D．螺旋

试题分析
瀑布模型将整个开发过程分解为一系列的顺序阶段过程。如果某个阶段发现问题则会返回上一阶段进行修改；如果正常则项目开发进程从一个阶段"流动"到下一个阶段，这也是瀑布模型名称的由来。瀑布模型适用于需求比较稳定、很少需要变更的项目。本题项目，需求明确但需要细化，并不固定，而且要快速开发出来，这些都是该模型所不能满足的，所以不适合采用。
增量模型融合了瀑布模型的基本步骤及原型的迭代特点；螺旋模型将瀑布模型和快速原型模型结合起来。这两个模型都具有原型模型的特点，即可以快速开发一个可以使用的原型，然后在使用过程中，根据用户需求不断改善。

■ **参考答案**　C

● 以下关于增量模型的叙述中，不正确的是＿＿（2）＿＿。
　　（2）A．容易理解，管理成本低
　　　　B．核心的产品往往首先开发，因此经历最充分的"测试"
　　　　C．第一个可交付版本所需要的成本低，时间少
　　　　D．即使一开始用户需求不清晰，对开发进度和质量也没有影响

试题分析
增量模型包含了瀑布模型的基本成分和原型的迭代。增量模型的特点是容易理解，管理成本低；核心的产品往往首先开发，因此经历最充分的"测试"；第一个可交付版本所需要的成本低，时间少。任何模型，对于处理用户需求不清晰的问题，都有可能影响开发进度和质量。

■ **参考答案**　D

● 某企业拟开发一个企业信息管理系统，系统功能与多个部门的业务相关。现希望该系统能够尽快投入使用，系统功能可以在使用过程中不断改善，那么最适宜采用的软件过程模型为＿＿（3）＿＿。
　　（3）A．瀑布模型　　　B．原型模型　　　C．演化（迭代）模型　　　D．螺旋模型

试题分析

演化（迭代）模型可以针对不完整需求的软件，快速开发一个可以使用的原型版本，然后在使用过程中，根据用户需求不断改善。

■ **参考答案** C

● 喷泉模型是一种适合面向___(4)___开发方法的软件过程模型。该过程模型的特点不包括___(5)___。

(4) A. 对象　　　　　　B. 数据　　　　　　C. 数据流　　　　　　D. 事件

(5) A. 以用户需求为动力　　　　　　B. 支持软件重用

　　C. 具有迭代性　　　　　　D. 开发活动之间存在明显的界限

试题分析

喷泉模型是一种以用户需求为动力，以对象为驱动的模型，其特征是复用性好、开发过程无间隙、节省时间，适合于面向对象的开发方法。

■ **参考答案** (4) A　(5) D

● 关于螺旋模型，下列表述中不正确的是___(6)___、___(7)___。

(6) A. 将风险分析加入到瀑布模型中

　　B. 将开发过程划分为几个螺旋周期，每个螺旋周期大致和瀑布模型相符

　　C. 适合于大规模、复杂且具有高风险的项目

　　D. 可以快速提供一个初始版本让用户测试

(7) A. 支持用户需求的动态变化

　　B. 要求开发人员具有风险分析能力

　　C. 基于该模型进行软件开发，开发成本低

　　D. 过多的迭代次数可能会增加开发成本，进而延迟提交时间

试题分析

螺旋模型也是演化模型的一类，它将瀑布模型和快速原型模型结合起来，强调了其他模型所忽视的风险分析，特别适合于大型复杂的系统。螺旋模型可以快速提供一个初始版本供用户确认需求。

螺旋模型支持用户需求的动态变化，过多的迭代次数可能会增加开发成本，进而延迟提交时间。

■ **参考答案** (6) D　(7) C

● RUP（Rational Unified Process）分为4个阶段，___(8)___任务是为系统建立业务模型并确定项目的边界。

(8) A. 初始阶段　　　　B. 细化阶段　　　　C. 构建阶段　　　　D. 移交阶段

试题分析

RUP 中的软件过程在时间上被分解为初始阶段、细化阶段、构建阶段和移交阶段。初始阶段的任务是为系统建立业务模型并确定项目的边界。在初始阶段，必须识别所有与系统交互的外部实体，定义系统与外部实体交互的特性。

■ **参考答案** A

● 在瀑布模型的各阶段中，___(9)___阶段花费时间最多。

(9) A. 软件计划　　　　B. 需求分析　　　　C. 软件设计　　　　D. 运行维护

试题分析

瀑布模型是一种严格定义方法，它将软件开发的过程分为软件计划、需求分析、软件设计、程序编码、软件测试和运行维护6个阶段，形如瀑布流水，最终得到软件产品。在瀑布模型的各阶段中，运行维护阶段花费的时间最多。

■ **参考答案**　D

【考核方式2】　软件开发方法

- 结构化方法属于___(1)___的开发方法，强调开发方法的结构合理性以及所开发系统的结构合理性。而___(2)___是一种根据用户初步需求，利用系统开发工具，快速地建立一个系统模型展示给用户，在此基础上与用户交流，最终实现用户需求的信息系统快速开发的方法。

  (1) A. 自底向上　　　B. 层次性　　　C. 自顶向下　　　D. 对象化
  (2) A. 面向智能体方法　　　　　　　B. 原型化方法
  　　C. 面向对象方法　　　　　　　　D. 面向服务方法

试题分析

结构化方法属于面向数据流的开发方法，特点是软件功能的分解和抽象。结构化方法将系统的生命周期划分为系统规划、系统分析、系统设计、系统实施、系统运行与维护等阶段。结构化开发方法由结构化分析、结构化设计、结构化程序设计构成。结构化开发方法遵循的原则有自顶向下、逐步细化、模块化等原则。

原型法是一种根据用户需求，利用系统开发工具，快速地建立一个系统模型展示给用户，在此基础上不断地与用户交流与修改，最终实现用户需求的信息系统快速开发的方法。应用快速原型法的开发过程包括系统需求分析、系统初步设计、系统调试、系统检测等阶段。

■ **参考答案**　(1) C　(2) B

- 下列开发方法中，___(3)___不属于敏捷开发方法。

  (3) A. 极限编程　　　B. 螺旋模型　　　C. 自适应软件开发　　　D. 水晶法

试题分析

敏捷方法是一种以人为核心、迭代、循序渐进的开发方法。常见的敏捷开发方法主要包括以下几种。

1）极限编程（Extreme Programming，XP）。XP是一种轻量级、灵巧、高效、严谨的软件开发方法。XP适合需求模糊、多变的中小型项目。

2）水晶法。水晶法体系和XP一样都认为需要以人为中心，但考虑到人很难遵循强规则、复杂规则的约束，则认为不同项目需要一套不同的方法论、约定、策略。

3）争球（Scrum）。Scrum原意是橄榄球的术语"争球"，是一种敏捷开发方法，属于迭代增量软件开发。该方法假设开发软件就像开发新产品，无法确定成熟流程，开发过程需要创意、研发、试错，因此没有一种固定流程可确保项目成功。

4）自适应软件开发。自适应软件开发强调开发方法的适应性，强调在复杂多变的环境中，通过持续迭代和渐进式发展来构建软件系统，以快速响应需求和技术环境的变化。

5）特性驱动开发。特性驱动开发将编程开发人员分成两类：首席程序员和"类"程序员。首席程序员是最富有经验的开发人员，他们是项目的协调者、设计者和指导者，而"类"程序员则主要做源码编写。

6）动态系统开发方法。动态系统开发方法倡导以业务为核心，快速而有效地进行系统开发。

■ **参考答案** B

- 某软件公司欲开发一个基于 Web 的考勤管理系统。在项目初期，客户对系统的基本功能和表现形式等要求并不明确，在这种情况下，采用 ___（4）___ 开发方法比较合适。

（4）A．瀑布式　　　　B．形式化　　　　C．结构化　　　　D．极限编程

试题分析

极限编程是一种敏捷开发方法，它强调快速反馈、持续集成和不断重构。极限编程适合需求不明确、能快速响应需求变化的项目。

瀑布式、形式化、结构化适合需求稳定、变化不大的项目。

■ **参考答案** D

- 在信息系统开发方法中，___（5）___ 是一种根据用户初步需求，利用系统开发工具，快速地建立一个系统模型展示给用户，在此基础上与用户交流，最终实现用户需求的系统快速开发方法。

（5）A．结构化方法　　B．需求模型法　　C．面向对象法　　D．原型法

试题分析

原型法认为需求无法预先准确定义，可能需要反复修改，所以需要迅速构建一个用户可见的原型系统，然后不断改进，直至得到用户满意的产品。这类方法适合需求不明确、技术层面难度不大、分析层面难度大的系统开发。

■ **参考答案** D

- 以下关于信息系统开发方法的描述，正确的是 ___（6）___ 。

（6）A．生命周期法是一种传统的信息系统开发方法，由结构化分析、结构化设计和结构化程序设计三部分组成。它是目前应用最成熟的开发方法，特别适合于数据处理领域的问题，适用于规模较大、比较复杂的系统开发

　　B．面向对象方法认为任何事物都是对象，每一个对象都有自己的运动规律和内部状态，都属于某个对象"类"，是该对象类的一个元素。结构化方法是自顶向下的，而面向对象方法则是自底向上，在信息系统开发中两者不可共存

　　C．面向服务的系统不能使用面向对象设计来构建单个服务

　　D．原型法适用于技术层面难度不大、分析层面难度大的系统开发

试题分析

生命周期法（也称为结构化系统开发方法）属于面向数据流的开发方法，特点是软件功能的分解和抽象，采用自顶向下、逐步求精和模块化的方式。

面向对象方法是把事务、概念、规则等都看作对象，对象将数据和方法整合在一起，使得模块具有高聚合低耦合的特性，极大地支持了软件复用。面向对象开发方法以用例驱动、以体系结构为中心，进行迭代的和增量的开发过程，主要包括需求分析、系统分析、系统设计和系统实现 4 个阶段。

对于规模较大、比较复杂的系统开发，通常会结合结构化方法（生命周期法）和面向对象方法。因此 A、B 选项不正确。由于面向服务的系统可使用面向对象设计构建单个服务，因此 C 选项也不正确。而原型法适合需求不明确、技术层面难度不大、分析层面难度大的系统开发场景。

■ **参考答案** D

● 以下关于信息系统开发方法的叙述中，正确的是___(7)___。

（7）A. 原型化方法是自顶向下的，它提出了一组提高系统结构合理性的准则

B. 结构化方法与原型化方法的共同点是在系统开发初期必须明确系统的功能要求，确定系统边界

C. 面向服务方法以粗粒度、松散耦合和标准的服务为基础，加强了系统的可复用性和可演化性

D. 面向服务的方法适用于那些需求不明确，但技术难度不大的系统开发

试题分析

原型化方法不算是自顶向下的方式，也不能在系统开发初期明确系统边界；原型化方法适用于那些需求不明确，但技术难度不大的系统开发。所以 A、B、D 选项错误。

■ **参考答案** C

● 在系统开发中，原型可以划分为不同的种类。从原型是否实现功能来划分，可以分为水平原型和垂直原型；从原型最终结果来划分，可以分为抛弃式原型和演化式原型。以下关于原型的叙述中，正确的是___(8)___。

（8）A. 水平原型适合于算法较为复杂的项目

B. 垂直原型适合于 Web 项目

C. 抛弃式原型适合于需求不确定、不完整、含糊不清的项目

D. 演化式原型主要用于界面设计

试题分析

从原型是否实现功能来划分，可以分为水平原型和垂直原型。

1）水平原型：主要用于展示用户界面和实现功能导航，通常不涉及复杂的算法或功能实现。

2）垂直原型：更侧重于实现特定的系统功能和算法，但可能不包括完整的用户界面设计。

从原型最终结果来划分，可以分为抛弃式原型和演化式原型。

1）抛弃式原型：用于快速开发和测试，以便在开发初期就发现和解决潜在问题。这类原型通常在设计阶段结束后被抛弃，不直接用于最终系统。抛弃式原型主要用在解决需求不确定性、二义性、不完整性、含糊性等项目中。

2）演化式原型：随着开发过程的进行，逐步改进和完善，最终可能演变为最终系统的一部分或全部。主要用在易于升级和优化的场合，适合于 Web 项目。

■ **参考答案** C

● 面向服务的开发方法将___(9)___的定义与实现进行解耦，并将跨构件的功能调用暴露出来。该方法有3个主要的抽象级别，最低层的___(10)___代表单个逻辑单元的事物，包含特定的结构化接口，并且返回结构化的响应；第二层的服务代表操作的逻辑分组；最高层的___(11)___则是为了实现特定业务目标而执行的一组长期运行的动作或者活动。

（9）A. 接口　　　　　B. 功能　　　　　C. 活动　　　　　D. 用例

（10）A. 类　　　　　B. 对象　　　　　C. 操作　　　　　D. 状态

（11）A. 业务规则　　B. 业务流程　　　C. 数据流　　　　D. 控制流

试题分析

面向对象的应用基于类和对象，面向对象的建模技术将对象按业务功能进行分组，形成构件概

99

念。对于跨构件的功能调用，则采用接口的形式。将接口的定义与实现进行解耦，则催生了服务和面向服务的开发方法。

面向服务的开发方法有3个主要的抽象级别：操作、服务和业务流程。位于最低层的操作代表单个逻辑单元的事物，执行操作通常会导致读、写或修改一个或多个持久性数据，服务的操作类似于对象的方法，它们都有特定的结构化接口，并且返回结构化的响应；位于第二层的服务代表操作的逻辑分组；最高层的业务流程则是为了实现特定业务目标而执行的一组长期运行的动作或活动，包括依据一组业务规则按照有序序列执行的一系列操作。

■ **参考答案** （9）A （10）C （11）B

- 在敏捷过程的方法中，___(12)___ 认为每一个不同的项目都需要一套不同的策略、约定和方法论。

  （12）A．极限编程（XP）　　　　　　B．水晶法（Crystal）
  　　　C．并列争球法（Scrum）　　　　D．自适应软件开发（ASD）

  试题分析
  水晶法以人为中心，认为不同的项目需要一套不同的方法论、约定和策略。

  ■ **参考答案** B

- 极限编程（XP）的12个最佳实践不包括___(13)___。

  （13）A．小型发布　　B．结对编程　　C．持续集成　　D．精心设计

  试题分析
  极限编程的12个最佳实践包括计划游戏、小型发布、系统隐喻、简单设计、测试先行、重构、结对编程、集体代码所有权、持续集成、每周工作40小时、现场客户、编码标准。

  ■ **参考答案** D

【考核方式3】 软件过程改进

- 软件能力成熟度模型提供了一个软件能力成熟度的框架。它将软件过程改进的步骤组织成5个成熟度等级。其中，软件过程已建立了基本的项目管理过程，可用于对成本、进度和功能特性进行跟踪。说明软件已达到___(1)___成熟度等级。

  （1）A．已定义级　　B．优化级　　C．已管理级　　D．可重复级

  试题分析
  CMM的5个成熟度等级如下所述。

  1）初始级。初始级软件过程是无秩序的，甚至是混乱的。软件产品所取得的成功往往依赖于极个别人的努力和机遇。

  2）可重复级。可重复级是规则化和纪律化的过程，软件过程已建立了基本的项目管理过程，可用于对成本、进度和功能特性进行跟踪。对类似的应用项目，有章可循并能重复以往所取得的成功。

  3）已定义级。已定义级是标准的和一致的过程，用于管理的和工程的软件过程均已文档化、标准化，并形成了整个软件组织的标准软件过程。全部项目均采用与实际情况相吻合的、适当修改后的标准软件过程来进行操作。

  4）已管理级。已管理级是可预测的过程，软件过程和产品质量有详细的度量标准，软件过程和产品质量得到了定量的认识和控制。

5）优化级。优化级是持续改进的过程，通过定量分析，能够不断地、持续性地对过程进行改进。

■ **参考答案** D

- 能力成熟度模型集成（Capability Maturity Model Integration，CMMI）是若干过程模型的综合和改进。连续式模型和阶段式模型是 CMMI 提供的两种表示方法，而连续式模型包括 6 个过程域能力等级，其中＿＿（2）＿＿使用量化（统计学）手段改变和优化过程，以应对客户要求的改变和持续改进计划中的过程域的功效。

（2）A．CL2（已管理级）   B．CL3（已定义级）
    C．CL4（量化管理级）   D．CL5（优化级）

试题分析

CMMI 连续式模型包括 6 个过程域能力等级，参见表 7-2-1。

表 7-2-1 连续式表示的等级

连续式分组等级	定义
CL0（未完成）	过程域未执行、一个或多个目标未完成
CL1（已执行）	将可标识输入转换成可标识输出产品，用来实现过程域特定目标
CL2（已管理级）	已管理的过程制度化。项目实施遵循文档化的计划和过程，项目成员有足够的资源使用，所有工作、任务都被监控、控制、评审
CL3（已定义级）	已定义的过程制度化。过程按标准进行裁剪，收集过程资产和过程度量，便于将来的过程改进
CL4（量化管理级）	量化管理的过程制度化。利用量化、质量保证、测量手段进行过程域改进和控制，管理准则是建立、使用过程执行和质量的定量目标
CL5（优化级）	使用量化手段改变、优化过程域

■ **参考答案** D

7.3 系统规划与需求工程

本节知识点包含系统规划与分析、需求工程等。

【**考核方式 1**】 系统规划与分析

- 系统分析阶段，在确定系统的所有功能后，还需要分析各功能之间的关系和流程。使用＿＿（1）＿＿来检验是否识别出所有的功能，判定系统分析师是否了解系统功能，也是以后进行系统设计的基础。

（1）A．系统功能体系图   B．功能流程图
    C．数据流图   D．实体-联系图

试题分析

系统功能体系图用于展示系统功能的层次结构和相互关系。它可以帮助系统分析师来检验是否识别出所有的功能，判定系统分析师是否了解系统功能，也是以后进行系统设计的基础。

尽管功能流程图也用于描述系统功能，但更侧重于展示功能执行的流程，而非功能的全面性和相互关系。

■ **参考答案** A

● 在对于现有系统进行分析时，___(2)___方法是错误的。

（2）A. 多与用户沟通，了解他们对现有系统的认识和评价
　　　B. 了解现有系统的组织结构，输入/输出、资源利用情况和数据处理过程
　　　C. 在理解现有系统"做什么"的基础上，抽取其"怎么做"的本质
　　　D. 从对现有系统的物理模型出发，通过研究、分析建立起其较高层次的逻辑模型描述

试题分析

系统分析阶段关注"做什么"，不关注"怎么做"。

■ **参考答案** C

● ___(3)___是系统分析阶段结束后得到的工作产品，___(4)___是系统测试阶段完成后的工作产品。

（3）A. 系统设计规格说明　　　　　　　B. 系统方案建议书
　　　C. 程序规格说明　　　　　　　　D. 单元测试数据

（4）A. 验收测试计划　　B. 测试标准　　C. 系统测试计划　　D. 操作手册

试题分析

系统分析就是问题求解，主要工作是研究系统可以划分为哪些组成部分，研究各组成部分的联系与交互；让项目组全面概括地、主要从业务层面了解所要开发的项目。系统方案建议书是系统分析阶段结束后得到的工作产品。

系统测试阶段是对开发完成的系统进行全面测试，以确保系统符合需求规格说明中的要求，并且运行稳定、可靠。系统测试阶段完成后，会编写操作手册，介绍系统的使用方法、操作步骤、常见问题及解决方案等，帮助用户能够顺利地使用系统。

■ **参考答案** （3）B　（4）D

● 详细调查为系统分析和新系统逻辑模型的建立提供详细的、准确的及完整的系统资料。详细调查的主要内容包括现有系统的运行环境和状况、系统功能、___(5)___、资源情况、约束条件和薄弱环节等。如果对某现有系统进行详细调查时，发现该系统业务复杂，涉及岗位较多，系统的历史遗留文档全面、数量很大时，可以采用___(6)___方法。

（5）A. 业务流程　　　B. 数据库模型　　　C. 网络传输协议　　D. 编程语言

（6）A. 现场观摩　　　B. 书面调查　　　　C. 个别访问　　　　D. 抽样调查

试题分析

详细调查是为系统分析提供系统且详细、准确的资料。详细调查的主要内容包括现有系统的运行环境和状况、系统功能、业务流程、资源情况、约束条件和薄弱环节等。如果在对某现有系统进行详细调查时，发现该系统业务复杂，涉及岗位较多，系统的历史遗留文档全面、数量很大时，可以采用抽样调查的方法，通过抽样获取必要的信息。

■ **参考答案** （5）A　（6）D

● 系统组织结构与功能分析中，可以采用多种工具，其中___(7)___描述了业务和部门的关系。

（7）A. 组织/业务关系图　　　　　　　B. 业务功能一览图

　　　　C．组织结构图　　　　　　　　　D．物资流图
试题分析
组织/业务关系图用于展示组织内部各部门与业务之间的关系。
　　■ **参考答案**　A

【考核方式2】　需求工程

● 需求获取是确定和理解不同的项目干系人的需求和约束的过程，需求获取是否科学、准备充分，对获取的结果影响很大。在多种需求获取方式中，___(1)___方法具有良好的灵活性，有较宽广的应用范围，但存在获取需求时信息量大、记录较为困难、需要足够的领域知识等问题。___(2)___方法基于数理统计原理，不仅可以用于收集数据，还可以用于采集访谈用户或者是采集观察用户，并可以减少数据收集偏差。___(3)___方法通过高度组织的群体会议来分析企业内的问题，并从中获取系统需求。

　　(1) A．用户访谈　　　B．问卷调查　　　C．联合需求计划　　　D．采样
　　(2) A．用户访谈　　　B．问卷调查　　　C．联合需求计划　　　D．采样
　　(3) A．用户访谈　　　B．问卷调查　　　C．联合需求计划　　　D．采样

试题分析
　　用户访谈是最基本的一种需求获取手段，通常是1对1或者1对多的方式。用户访谈具有良好的灵活性，有较宽广的应用范围。但也存在面谈时信息量大、记录较为困难、用户忙、难以安排时间，沟通需要更多技巧、领域知识等问题。
　　采样是选择总体中的一部分代表性样本的方法。采样技术基于统计学原理。
　　联合需求计划方法通过高度组织的群体会议来分析企业内的问题并获取需求的过程，这是一种通过小组工作会议代替大量独立访谈的手段。
　　■ **参考答案**　(1) A　(2) D　(3) C

● 下列活动，___(4)___不属于需求开发活动的范畴。
　　(4) A．根据系统需求识别和确认系统功能
　　　　B．将所收集的用户需求编写成文档和模型
　　　　C．针对系统特点，考虑并确定系统开发平台与程序设计语言
　　　　D．了解实际用户任务和目标以及这些任务所支持的业务需求

试题分析
　　需求开发活动是通过收集、调查、分析信息，获取用户需求并定义软件需求的过程。需求开发活动包括需求获取、需求分析、需求定义及需求验证等。"针对系统特点，考虑并确定系统开发平台与程序设计语言"属于系统设计的工作。
　　■ **参考答案**　C

● 在安全关键系统设计活动中，需求获取是项目开发成功的主要影响因素。需求获取的任务是获取分配给软件的系统需求以及其他利益相关方需求，确定软件的范围。以下关于需求获取过程活动的描述，不正确的是___(5)___。
　　(5) A．评审和完全理解系统需求和安全需求
　　　　B．和客户、系统工程师、领域专家进行会谈，回答系统需求中的问题

C．复用过去相关项目的需求，并考查这些项目的问题报告
　　D．需求获取过程的活动可能引入失效模式到软件中，开展失效分析

试题分析

软件需求获取活动的过程包括如下几个步骤。

1）评审、熟悉、完全理解系统需求和安全需求。
2）通过会谈，回答系统需求问题，补充遗漏的系统需求。
3）确定系统需求和安全需求的成熟度和完整度。
4）改进、稳定、成熟系统需求。
5）复用以往相关项目的需求。
6）定义初步的术语表，保持一致性，减少误解、二义性。

"需求获取过程的活动可能引入失效模式到软件中，开展失效分析"属于软件设计过程活动。

■ **参考答案** D

● 需求工程包括需求开发和需求管理，___（6）___不属于需求开发的主要内容。
　　（6）A．需求获取　　　B．需求分析　　　C．需求定义　　　D．需求跟踪

试题分析

需求工程是指应用已证实有效的原理、方法，通过合适的工具和记号，系统地描述待开发系统及其行为特征和相关约束。需求工程包括需求开发和需求管理。需求开发包括需求获取、需求分析、需求定义及需求验证等内容；需求管理包括变更控制、版本控制、需求跟踪和需求状态跟踪等。

■ **参考答案** D

● 在进行需求开发的过程中，___（7）___可能会给项目带来风险。
　　（7）A．对于每项需求的可行性均进行分析，以确定是否能按计划实现
　　　　B．使用模型和原型描述一些模糊的需求
　　　　C．评估每项新需求的优先级，并与已有工作对比，做出相应的决策
　　　　D．采用最新的技术、工具或平台实现关键需求

试题分析

虽然采用新技术、工具或平台可能带来性能或效率的提升，但同时也可能带来巨大风险。新技术可能因为不成熟、不稳定或者缺乏足够的支持和文档，从而导致项目延期、成本超支或质量不达标。

■ **参考答案** D

● 软件开发过程中，需求分析阶段的输出不包括___（8）___。
　　（8）A．数据流图　　　B．实体-联系图　　　C．数据字典　　　D．软件体系结构图

试题分析

结构化分析模型中，需求分析阶段的输出包括数据流图、实体-联系图、状态迁移图和数据字典等。

■ **参考答案** D

7.4 软件架构

本节知识点包含数据流体系结构风格、调用/返回体系结构风格、以数据为中心的体系结构风

格、面向服务的架构风格等。

【考核方式 1】 数据流体系结构风格

- 以下关于管道/过滤器体系结构的优点的叙述中，不正确的是___(1)___。

  （1）A．软件构件具有良好的高内聚、低耦合的特点

  　　　B．支持软件重用

  　　　C．支持并行执行

  　　　D．提高性能

试题分析

管道/过滤器体系结构面向数据流，主要用于实现复杂的数据多步转换处理。每一个处理步骤封装在一个过滤器组件中，数据通过相邻过滤器之间的管道传输。

该体系结构的优点如下。

1）构件具有良好的隐蔽性且高内聚、低耦合。过滤器内部高度聚合，功能明确；而过滤器之间通过标准化的接口连接，耦合度较低，便于替换和组合。

2）支持软件重用。该模式具备模块化设计、标准化的接口、功能单一性等特点，这为软件重用提供了强大的支持。

3）进行系统维护和增强系统性能比较简单，但本身不提高性能。每个过滤器都是一个独立的模块，负责完成特定的功能。这种模块化设计使得系统更加易于维护和扩展。

4）支持并行执行。在处理大量数据时，管道与过滤器架构能够有效地将数据分割成多个独立的任务，并行处理，从而提高处理效率。

■ **参考答案**　D

- 数据流体系结构是一种计算机体系结构。以下 4 个选项中关于数据流体系结构的说法，错误的是___(2)___。

  （2）A．数据流体系结构没有概念上的程序计数器，指令的可执行性和执行仅基于指令输入参数的可用性来确定，因此，指令执行的顺序是不可预测的，即行为是不确定的

  　　　B．数据流体系结构风格主要包括批处理风格和管道/过滤器风格

  　　　C．批处理风格的软件体系结构中，每个处理步骤是一个单独的程序，每一步必须在前一步结束后才能开始，并且数据必须是完整的，以整体的方式传递

  　　　D．管道/过滤器体系结构风格中，每个处理步骤由一个管道实现

试题分析

管道/过滤器体系结构风格中，每个处理步骤由一个过滤器（Filter）实现，处理步骤之间的数据传输由管道（Pipe）负责。每个处理步骤（过滤器）都有一组输入和输出，过滤器从管道中读取输入的数据流，经过内部处理，然后产生输出数据流并写入管道中。

■ **参考答案**　D

【考核方式 2】 调用/返回体系结构风格

- 以下关于 C/S（客户机/服务器）体系结构的优点的叙述中，不正确的是___(1)___。

  （1）A．允许合理地划分三层的功能，使之在逻辑上保持相对独立性

  　　　B．允许各层灵活地选用平台和软件

C. 各层可以选择不同的开发语言进行并行开发
D. 系统安装、修改和维护均只在服务器端进行

试题分析

客户机/服务器结构中，系统安装、修改和维护需要在客户端和服务器端两边进行。

■ **参考答案** D

- 调用/返回体系结构风格是指在系统中采用了调用与返回机制，以下4个选项中关于调用返回体系结构的说法，错误的是___(2)___。

  (2) A. 主程序/子程序风格一般采用多线程控制，把问题划分为若干处理步骤，构件即为主程序和子程序
  B. 面向对象体系结构风格属于调用/返回体系结构风格
  C. 层次型体系结构风格的每一层是下层的客户，并为上层提供服务
  D. 三层C/S架构将应用系统分成表示层、功能层和数据层3个部分

试题分析

调用/返回体系结构风格主要包括主程序/子程序风格、面向对象风格、层次型风格以及客户端/服务器风格。主程序/子程序风格一般采用单线程控制，把问题划分为若干处理步骤，构件即为主程序和子程序。

■ **参考答案** A

- 调用返回体系结构风格主要包括主程序/子程序风格、面向对象风格、层次型风格以及客户端/服务器风格。TCP/IP模型属于___(3)___。

  (3) A. 主程序/子程序体系结构风格　　B. 面向对象体系结构风格
  C. 层次型体系结构风格　　D. 管道/过滤器体系结构风格

试题分析

调用/返回体系结构风格主要包括主程序/子程序风格、面向对象风格、层次型风格以及客户端/服务器风格。层次型体系结构中，每一层为上层提供服务，并接受下层的服务。TCP/IP模型属于典型的层次型体系结构风格。

■ **参考答案** C

【考核方式3】 以数据为中心的体系结构风格

- 软件体系结构的各种风格中，仓库风格包含一个数据仓库和若干个其他构件。数据仓库位于该体系结构的中心，其他构件访问该数据仓库并对其中的数据进行增、删、改等操作。以下关于该风格的叙述中，不正确的是___(1)___。___(2)___不属于仓库风格。

  (1) A. 支持可更改性和可维护性　　B. 具有可复用的知识源
  C. 支持容错性和健壮性　　D. 测试简单

  (2) A. 数据库系统　　B. 超文本系统　　C. 黑板系统　　D. 编译器

试题分析

仓库风格体系结构将数据存储与业务逻辑分离，定义了一个仓库层作为数据存储和业务逻辑之间的中间层。仓库层作为数据存储和业务逻辑之间的桥梁，负责处理数据的存储和检索请求。仓库层屏蔽了底层数据库或文件系统的复杂性，并提供了一组统一的接口用于管理和访问持久化数据。

在仓库风格体系结构中，存在测试困难、效率低、开发成本高、缺少并发支持等问题。编译器不属于仓库风格。

■ **参考答案** （1）D （2）D

- 黑板系统是一种问题求解模型，是组织推理步骤、控制状态数据和问题求解的领域知识的概念框架。以下 4 个选项中，关于黑板体系结构风格的说法，错误的是___(3)___。

  (3) A. 黑板是一个全局共享的数据结构，用于存储问题求解过程中产生的中间结果、假设、约束条件等知识。黑板上的数据以一种松散耦合、非预定义的方式组织，便于各组件根据需要读取和更新

  B. 知识源是一组独立的模块，各自拥有特定领域的专业知识和处理能力

  C. 知识源可以主动或被动地监控黑板上的数据变化，当发现与自身能力相关的线索时，启动相应的处理过程，并将结果写回黑板

  D. 黑板负责协调各知识源的活动，决定何时激活哪些知识源，以及处理冲突和优先级等问题

试题分析

控制组件负责协调各知识源的活动，决定何时激活哪些知识源，以及处理冲突和优先级等问题。控制策略可以是预定义的规则、学习算法或混合策略。

■ **参考答案** D

【考核方式 4】 面向服务的架构风格

- SOA 本质上是服务的集合，服务之间彼此通信，这种通信可能是简单的数据传送，也可能是两个或更多的服务协调进行某些活动。关于 SOA 的说法，错误的是___(1)___。

  (1) A. REST 可以提高系统的可伸缩性，但增加了开发的复杂度

  B. UDDI 提供了一种服务发布、查找和定位的方法，使服务的信息注册规范，以便被需要该服务的用户发现和使用它

  C. WSDL 是对服务进行描述的语言，它包含服务实现定义和服务接口定义

  D. SOAP 定义了服务请求者和服务提供者之间的消息传输规范

试题分析

REST 是一种只使用 HTTP 和 XML 进行基于 Web 通信的技术，可以降低开发的复杂性，提高系统的可伸缩性。它的简单性和缺少严格配置文件的特性，使它与 SOAP 很好地隔离开。REST 从根本上来说只支持几类操作（POST、GET、PUT 和 DELETE），这些操作适用于所有的消息。

■ **参考答案** A

7.5 系统设计

本节知识点包含系统设计内容、结构化分析、结构化设计以及用户界面设计等。

【考核方式 1】 系统设计内容

★ 系统设计是根据系统分析的结果，完成系统的构建过程。系统设计的主要内容包括___(1)___；系统总体结构设计的主要任务是将系统的功能需求分配给软件模块，确定每个模块的功能和调

用关系，形成软件的___(2)___。

(1) A．概要设计和详细设计　　　　B．架构设计和对象设计
　　C．部署设计和用例设计　　　　D．功能设计和模块设计
(2) A．用例图　　B．模块结构图　　C．系统部署图　　D．类图

试题分析

这类题目，系统分析师考试中常考。

系统设计的主要内容包括概要设计和详细设计。

概要设计，又称系统总体结构设计，是将系统的功能需求分配给软件模块，确定每个模块的功能和调用关系，形成软件的模块结构图（系统结构图）及数据结构。

详细设计的主要任务是细化概要设计，即设计算法与更详细的数据结构。详细设计可分为网络设计、代码设计、输入/输出设计、处理流程设计、数据存储设计、用户界面设计、安全性和可靠性设计等。

■ **参考答案**　(1) A　(2) B

★ 系统设计是根据系统分析的结果，完成系统的构建过程。其中，___(3)___是为各个具体任务选择适当的技术手段和处理流程；___(4)___的主要任务是将系统的功能需求分配给软件模块，确定每个模块的功能和调用关系，形成软件的___(5)___。

(3) A．详细设计　　B．架构设计　　C．概要设计　　D．功能设计
(4) A．详细设计　　B．架构设计　　C．概要设计　　D．功能设计
(5) A．用例图　　B．模块结构图　　C．系统部署图　　D．类图

试题分析

这类题目，系统分析师考试中常考。

详细设计为各个具体任务选择适当的技术手段和处理流程；概要设计，又称系统总体结构设计，是将系统的功能需求分配给软件模块，确定每个模块的功能和调用关系，形成软件的模块结构图（系统结构图）及数据结构。

■ **参考答案**　(3) A　(4) C　(5) B

● 在信息物理系统（CPS）设计时，风险分析工作贯穿在整个系统生命周期的各个阶段。通常，风险分为基本风险和特定风险。特定风险是指与人为因素或物理环境因素突变有关的事件，可能使系统进入不安全状态，进而导致系统故障。以下关于风险因素的描述中，不属于特定风险的是___(6)___。

(6) A．CPS 是集人机交互、物理过程和计算过程于一体的安全关键嵌入式系统，彼此之间相互融合，不可分割。由于 CPS 要处于不同的恶劣环境，因此在计算系统设计时，由于环境变化所引发芯片失效的风险应作为特定风险加以考虑

B．人为因素需要考虑触发及参与 CPS 运行的执行者，以及执行者为完成具体任务针对 CPS 所做的一系列动作

C．物理因素的行为是一个随时间变化的连续过程。外界的物理变化通过传感器被监测、感知，进一步将监测的信号发送给计算系统。当外界物理参数随着时间变化到某一数值会影响传感器的正常运行，从而导致系统发生状态的变迁

D．环境中的冰雹、冰、雪、雷击、单粒子事件效应、温度和振动等因素属于特定风险，其自然现象因素都有可能引起 CPS 系统的失效

试题分析

基本风险是指非个人行为引起的风险，对团体、社会产生影响，并且是个人无法避免和预防的风险，如地震、洪水、海啸、经济衰退等。

特定风险是指个人行为引起的风险。它只与特定的个人或部门相关，而不影响整个团体和社会，如火灾、爆炸、盗窃以及对他人财产损失或人身伤害所负的法律责任等。特定风险一般较易为人们所控制和防范。

A 选项的风险是个人难以避免和预防的，因此属于基本风险。

B 选项的风险是人为因素导致的风险，因此属于特定风险。

C 选项的风险是局部风险，可控制和可预防属于特定风险。

D 选项的风险是可控制风险，属于特定风险。

■ **参考答案** A

● 概要设计文档的内容不包括___（7）___。

（7）A．体系结构设计　　B．数据库设计　　C．模块内算法设计　　D．逻辑数据结构设计

试题分析

一般来讲，概要设计文档的内容可以包含系统架构、模块划分、系统接口和数据设计 4 个方面，不包括模块内算法设计。

■ **参考答案** C

● 软件详细设计阶段的主要任务不包括___（8）___。

（8）A．数据结构设计　　　　　　　　B．算法设计
　　　C．模块之间的接口设计　　　　　D．数据库的物理设计

试题分析

详细设计阶段的主要工作有每个模块内详细算法设计、模块内数据结构设计、确定数据库物理结构、代码设计、界面与输入/输出设计、编写详细设计文档、评审等。

■ **参考答案** C

【考核方式2】 结构化分析

★ 系统结构化分析模型包括数据模型、功能模型和行为模型，这些模型的核心是___（1）___。

（1）A．实体-联系图　　B．状态转换图　　C．数据字典　　D．流程图

试题分析

这类题目，系统分析师考试中常考。

数据字典是结构化分析的重要工具，是理解和沟通系统各个部分的关键，它提供了所有数据的精确定义，是模型的核心。

■ **参考答案** C

● 结构化分析方法以数据字典为核心，有 3 个维度的模型，分别是___（2）___。

（2）A．数据模型、功能模型、架构模型　　B．功能模型、状态模型、行为模型
　　　C．数据模型、功能模型、行为模型　　D．数据模型、状态模型、架构模型

试题分析

结构化分析方法以数据字典为核心,有3个维度的模型,分别是数据模型、功能模型和行为模型。

■ **参考答案** C

- 数据字典中有6类条目,不同类型的条目有不同的属性描述。其中,___(3)___ 是数据的最小组成单位;___(4)___ 用来描述数据之间的组合关系;___(5)___ 是数据的外部来源或去向。

  (3) A. 数据类型　　　B. 数据流　　　C. 数据模型　　　D. 数据元素
  (4) A. 数据项　　　　B. 数据结构　　C. 数据表　　　　D. 数据存储
  (5) A. 数据库　　　　B. 数据存储　　C. 外部实体　　　D. 输入输出

试题分析

数据字典中有6类条目,分别是数据元素、数据结构、数据流、数据存储、加工逻辑和外部实体。

1)数据元素。数据的基本单位,是不可再分的数据项。例如,学号、姓名等都是数据元素。它们代表了数据库中最小的、有意义的信息片段。

2)数据结构。它描述数据之间的组合关系,说明数据结构包含哪些成分。

3)数据流。它表示了数据从一处到另一处的传输路径。数据流的描述包括数据来源、去处、组成和流通量等。

4)数据存储。数据存储是数据库中用于存储数据的地方,可以是文件、数据库表及视图等。

5)加工逻辑。加工逻辑描述了系统中数据的处理过程。

6)外部实体。外部实体是指独立于系统而存在的,但又和系统有联系的实体。它表示数据的外部来源和去向。

■ **参考答案**　(3) D　(4) B　(5) C

- 数据流图是系统分析的重要工具之一,数据流图中包含的元素有___(6)___。

  (6) A. 外部实体、加工、数据流、数据存储
  　　B. 参与者、用例、加工、数据流
  　　C. 实体、关系、基数、属性
  　　D. 模块、活动、数据流、控制流

试题分析

数据流图(Data Flow Diagram,DFD)用于描述数据流的输入到输出的变化。数据流图的基本元素有4种,具体见表7-5-1。

表7-5-1　数据流图的基本元素

图示	名称	特点
→	数据流	数据流表示加工数据流动方向,由一组固定结构的数据组成。一般箭头上方标明了其含义的名字
○ 或者 ○	加工	表示数据输入到输出的变换,加工应有名字和编号
── 或者 ──	数据存储	表示存储的数据,每个文件都有名字。流向文件的数据流表示写文件,流出的表示读文件
▭	外部实体	指的是软件系统之外的人员或组织

110

■ 参考答案　A

● 在结构化分析方法中，用___(7)___表示数据模型，用___(8)___表示行为模型。
　　(7) A．E-R 图　　　　B．用例图　　　　C．DFD　　　　D．对象图
　　(8) A．通信图　　　　B．顺序图　　　　C．活动图　　　　D．状态转换图
试题分析
在结构化分析方法中，用 E-R 图表示数据模型；用 DFD 表示功能模型；用状态转换图表示行为模型。

■ 参考答案　(7) A　(8) D

● 绘制分层数据流图（DFD）时需要注意的问题中，不包括___(9)___。
　　(9) A．给图中的每个数据流、加工、数据存储和外部实体命名
　　　　B．图中要表示出控制流
　　　　C．一个加工不适合有过多的数据流
　　　　D．分解尽可能均匀
试题分析
数据流图表现的是数据流而不是控制流。

■ 参考答案　B

● 数据流图中某个加工的一组动作依赖于多个逻辑条件的取值，则用___(10)___能够清楚地表示复杂的条件组合与应做的动作之间的对应关系。
　　(10) A．流程图　　　　B．NS 盒图　　　　C．形式语言　　　　D．决策树
试题分析
描述加工的方式中，决策树和决策表适合表示加工涉及多个逻辑条件的情形。

■ 参考答案　D

● 数据流图（DFD）对系统的功能和功能之间的数据流进行建模，其中顶层数据流图描述了系统的___(11)___。
　　(11) A．处理过程　　　　B．输入与输出　　　　C．数据存储　　　　D．数据实体
试题分析
顶层图把系统看成一个大加工，分析系统从哪些实体输入数据，向哪些实体输出数据。

■ 参考答案　B

【考核方式 3】　结构化设计

● 结构化设计（Structured Design，SD）是一种面向___(1)___的方法，该方法中___(2)___是实现功能的基本单位。
　　(1) A．数据流　　　　B．对象　　　　C．模块　　　　D．构件
　　(2) A．模块　　　　B．对象　　　　C．接口　　　　D．子系统
试题分析
结构化设计是一种面向数据流的方法，该方法中模块是实现功能的基本单位。该方法强调将系统划分为若干个相对独立、功能单一的模块，并通过这些模块之间的接口进行通信和协作，以实现整个系统的功能。这种方法有助于降低系统的复杂度，提高系统的可维护性和可扩展性。

■ 参考答案 (1) A (2) A

● ___(3)___ 的开发过程一般是先把系统功能视作一个大的模块,再根据系统分析与设计的要求对其进行进一步的模块分解或组合。___(4)___ 使用了建模的思想,讨论如何建立一个实际的应用模型,包括对象模型、动态模型和功能模型,其功能模型主要用___(5)___实现。

(3) A. 面向对象方法　　B. OMT 方法　　C. 结构化方法　　D. Booch 方法
(4) A. 面向对象方法　　B. OMT 方法　　C. 结构化方法　　D. Booch 方法
(5) A. 状态图　　　　　B. DFD　　　　　C. 类图　　　　　D. 流程图

试题分析

结构化方法的目标是确定软件结构,开发过程一般是先把系统功能视为一个大的模块,再根据系统分析与设计的要求对其进行进一步的模块分解或组合。

OMT 方法使用了建模的思想,讨论如何建立一个实际的应用模型,包括对象模型、动态模型和功能模型。

1)对象模型。描述系统中的对象、对象之间的关系(如关联、聚合、继承等),以及对象的属性和操作(即方法)来组织系统的静态结构。对象模型用对象图来实现。

2)动态模型。描述系统时间空间内对象的变化和对象之间关系的变迁,即系统所关注的时序关系和动态行为。动态模型用状态图来实现。

3)功能模型。描述系统内部数据的传送和处理过程。功能模型用 DFD 来实现。数据流图指明了从外部输入到外部输出,数据在系统中传递和变换的情况。

■ 参考答案 (3) C (4) B (5) B

● 系统模块结构设计中,一个模块应具备的要素包括输入和输出、处理功能、___(6)___ 和 ___(7)___。

(6) A. 外部数据　　　B. 内部数据　　　C. 链接数据　　　D. 数据格式
(7) A. 程序结构　　　B. 模块结构　　　C. 程序代码　　　D. 资源链接

试题分析

一个模块应具备的要素包括输入和输出、处理功能、内部数据和程序代码。

■ 参考答案 (6) B (7) C

★ 耦合表示模块之间联系的程度,模块的耦合类型通常可分为 7 种。其中,一组模块通过参数传递信息属于___(8)___;一个模块可直接访问另一个模块的内部数据属于___(9)___;___(10)___ 表示模块之间的关联程度最高。

(8) A. 内容耦合　　　B. 标记耦合　　　C. 数据耦合　　　D. 控制耦合
(9) A. 内容耦合　　　B. 标记耦合　　　C. 数据耦合　　　D. 控制耦合
(10) A. 内容耦合　　B. 标记耦合　　　C. 数据耦合　　　D. 控制耦合

试题分析

这类题目,系统分析师考试中常考。

内聚是一个模块内部各个元素彼此结合的紧密程度的度量。一个模块内部各个元素之间的联系越紧密,则它的内聚性就越高。相对地,它与其他模块之间的耦合性就会降低,而模块独立性就越强。

模块的独立性和耦合性如图 7-5-1 所示。模块设计的目标是高内聚、低耦合。

耦合是各模块间结合紧密度的一种度量。耦合性由低到高有 7 种类型见表 7-5-2。

```
←――――― 高        内聚性       低 ―――――→
┌──────┬──────┬──────┬──────┬──────┬──────┬──────┐
│功能内聚│顺序内聚│通信内聚│过程内聚│时间内聚│逻辑内聚│偶然内聚│
└──────┴──────┴──────┴──────┴──────┴──────┴──────┘
←―――  强       模块独立性     弱  ―――→

←――――― 低        耦合性       高 ―――――→
┌──────┬──────┬──────┬──────┬──────┬──────┬──────┐
│非直接耦合│数据耦合│标记耦合│控制耦合│外部耦合│公共耦合│内容耦合│
└──────┴──────┴──────┴──────┴──────┴──────┴──────┘
←―――  强       模块独立性     弱  ―――→
```

图 7-5-1　模块的独立性和耦合性

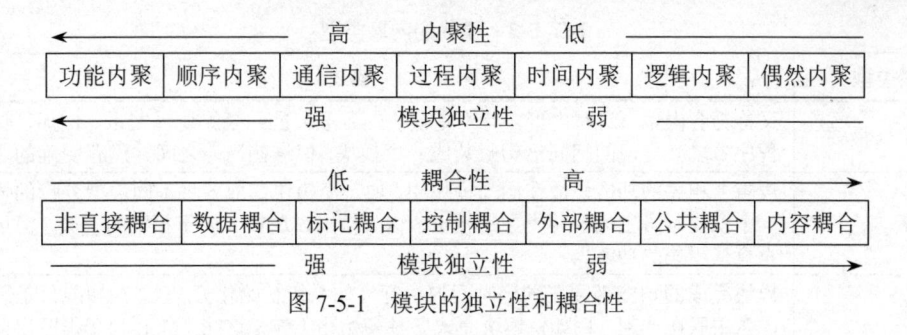

表 7-5-2　模块的耦合类型

耦合类型	描述
非直接耦合（最低）	模块之间没有直接关系，模块之间的联系完全通过主模块的控制和调用来实现
数据耦合	模块访问，通过简单数据参数来交换输入、输出信息。例如，在函数调用中，传递的是简单的数据值，如整数、浮点数等
标记耦合	通过参数表传递记录信息（数据结构）。例如，在函数调用中，传递的是一个数据结构（如数组、结构体等）的引用或地址
控制耦合	一个模块通过传送开关、标识、名字等控制信息明显地控制选择另一个模块的功能。例如，在函数调用中，传递的是控制变量（如布尔值、枚举类型等），用于控制被调模块的行为
外部耦合	一组模块都访问同一全局简单变量而不是同一全局数据结构，而且不是通过参数表传递该全局变量的信息
公共耦合	多个模块访问同一个全局、公共数据
内容耦合（最高）	如果发生下列情形，两个模块间就发生了内容耦合。 （1）一个模块直接访问另一个模块的内部数据。 （2）一个模块不通过正常入口转到另一模块内部。 （3）两个模块有一部分程序代码重叠（只可能出现在汇编语言中）。 （4）一个模块有多个入口。 例如，一个模块直接修改另一个模块的内部数据或程序代码；使用 goto 语句跳转到另一个模块的内部等

■ **参考答案**　（8）B　（9）A　（10）A

★ 内聚表示模块内部各部件之间的联系程度，＿＿（11）＿＿是系统内聚度从高到低的排序。
（11）A．通信内聚、时间内聚、过程内聚、逻辑内聚
　　　B．功能内聚、时间内聚、顺序内聚、逻辑内聚
　　　C．功能内聚、顺序内聚、时间内聚、逻辑内聚
　　　D．功能内聚、时间内聚、顺序内聚、逻辑内聚

试题分析
这类题目，系统分析师考试中常考。
内聚性按强度从低到高有 7 种类型，见表 7-5-3。

表 7-5-3 模块的内聚类型

内聚类型	描述
偶然内聚（最弱）	又称巧合内聚、瞬时内聚，特点是模块的各成分之间毫无逻辑关系。例如，将一组在程序中多处出现的相同语句封装成一个模块，但这些语句之间并没有明确的逻辑关系
逻辑内聚	逻辑上相关的功能被放在同一模块中，如一个模块读取各种不同类型外设的输入或者一个模块负责生成各种类型的输出，这些输出在逻辑上属于相似的一类，但可能包含不直接相关的功能
时间内聚	模块完成的功能必须在同一时间内执行（如系统初始化），但这些功能只是因为时间因素关联在一起。例如，模块完成各种初始化工作，这些工作必须在程序启动时完成
过程内聚	模块完成多个处理，模块内部的处理元素是相关的，而且这些处理必须以特定的次序执行。例如，一个模块负责按照特定顺序执行一系列数据处理步骤
通信内聚	模块的所有元素都操作同一个数据集或生成同一个数据集
顺序内聚	模块的各个成分和同一个功能密切相关，而且一个成分的输出作为另一个成分的输入。例如，一个模块按照特定顺序执行一系列相互依赖的数据处理步骤
功能内聚（最强）	模块的所有成分对于完成单一的功能都是必需的，则称为功能内聚

■ 参考答案 C

★ 结构化设计是一种面向数据流的系统设计方法，它以__(12)__等文档为基础，是一个__(13)__、逐步求精和模块化的过程。SD 方法的基本思想是将软件设计成由相对独立且具有单一功能的模块，其中__(14)__阶段的主要任务是确定软件系统的结构，对软件系统进行模块划分，确定每个模块的功能、接口和模块之间的调用关系。

(12) A．数据流图和数据字典　　　　B．业务流程说明书
　　　C．需求说明书　　　　　　　　D．数据说明书
(13) A．自底向上　B．自顶向下　C．原型化　　D．层次化
(14) A．模块设计　B．详细设计　C．概要设计　D．架构设计

试题分析

结构化设计是一种面向数据流的系统设计方法，是以结构化分析的成果为基础，逐步精细并模块化的过程。结构化设计以数据流图和数据字典等文档为基础，进行数据建模，并生成对象关系图。

结构化设计是一个自顶向下、逐步求精和模块化的过程。这个过程先将系统看成一个大模块，并可分为若干功能模块，各模块协调完成系统总体功能。然后，每个子模块又可划分为若干子模块，直至无须划分为止，并形成系统结构模型。

概要设计阶段的主要任务是确定软件系统的结构，对软件系统进行模块划分，确定每个模块的功能、接口和模块之间的调用关系。

■ 参考答案 (12) A　(13) B　(14) C

● 在进行子系统结构设计时，需要确定划分后的子系统模块结构，并画出模块结构图。该过程不需要考虑__(15)__。

(15) A．每个子系统如何划分成多个模块
　　　B．每个子系统采用何种数据结构和核心算法
　　　C．如何确定子系统之间、模块之间传送的数据及其调用关系

D. 如何评价并改进模块结构的质量

试题分析

子系统结构设计中不需考虑数据结构以及处理的算法。只有到了模块内部设计时，才需要考虑。

■ **参考答案** B

- 在设计软件的模块结构时，___(16)___ 不能改进设计质量。

（16）A. 尽量减少高扇出结构　　　　　B. 尽量减少高扇入结构
　　　　C. 将具有相似功能的模块合并　　D. 完善模块的功能

试题分析

模块划分时需遵循如下原则。

1）模块的大小要适中。系统分解时需要考虑模块的规模，过大的模块可能导致系统分解不充分；过小的模块将导致系统的复杂度增加，降低模块的独立性。

2）模块的扇入和扇出要合理。扇出是指模块直接调用的下级模块个数；扇入是指直接调用该模块的上级模块的个数。设计良好的软件结构通常顶层扇出比较大，中间扇出较少，底层模块则有大扇入。

3）深度和宽度适当。深度表示软件结构中模块的层数；宽度是软件结构中同一个层次上的模块总数的最大值。

■ **参考答案** D

【考核方式4】 用户界面设计

- 界面是系统与用户交互的最直接的层面。Theo Mandel 博士提出了著名的人机交互"黄金三原则"，包括保持界面的一致性、减轻用户的记忆负担和___(1)___。

（1）A. 遵循用户认知理解　　　　　B. 降低用户培训成本
　　　C. 置于用户控制之下　　　　　D. 注意资源协调方式

试题分析

Theo Mandel 博士提出了著名的人机交互"黄金三原则"，包括置于用户控制之下、减少用户的记忆负担、保持界面的一致性。

■ **参考答案** C

7.6　软件测试与系统维护

本节知识点包含逆向工程与遗产系统、软件测试、单元测试、集成测试、确认测试、系统测试、验收测试、白盒测试、黑盒测试、灰盒测试、静态测试、动态测试以及软件维护等。

【考核方式1】 逆向工程

- 在软件逆向工程的相关概念中，___(1)___ 是指在同一抽象级别上转换系统描述形式；___(2)___ 是指在逆向工程所获得信息的基础上，修改或重构已有的系统，产生系统的一个新版本；___(3)___ 是指借助工具从已有程序中抽象出有关数据设计、总体结构设计和过程设计等方面的信息；___(4)___ 是指不仅从现有系统中恢复设计信息，而且使用该信息去改变或重构现有系统，以改善其整体质量。

(1) A. 设计恢复　　　B. 正向工程　　　C. 设计重构　　　D. 重构
(2) A. 设计重构　　　B. 双向工程　　　C. 再工程　　　　D. 重构
(3) A. 设计恢复　　　B. 正向工程　　　C. 设计重构　　　D. 设计方案评估
(4) A. 设计重构　　　B. 双向工程　　　C. 正向工程　　　D. 再工程

试题分析

1）软件逆向工程又称软件反向工程，是指从可运行的程序系统出发，运用解密、反汇编、系统分析及程序理解等多种计算机技术，对软件的结构、流程、算法、代码等进行逆向拆解和分析，推导出软件产品的源代码、设计原理、结构、算法、处理过程、运行方法及相关文档等。

2）重构是指在同一抽象级别上转换系统描述形式。

3）再工程是指在逆向工程所获得信息的基础上，修改或重构已有的系统，产生系统的一个新版本。再工程包括逆向工程、重构和正向工程3个步骤。

4）设计恢复是指借助工具从已有程序中抽象出有关数据设计、总体结构设计和过程设计等方面的信息。

5）正向工程是指不仅从现有系统中恢复设计信息，而且使用该信息去改变或重构现有系统，以改善其整体质量。

■ **参考答案**　　(1) D　　(2) C　　(3) A　　(4) C

【考核方式2】　遗产系统

● 遗产系统（Legacy System）的演化策略分为淘汰策略、继承策略、集成策略和改造策略。具有＿＿(1)＿＿特点的系统适合用继承策略演化。实施该策略时，应＿＿(2)＿＿。

(1) A. 技术含量低，具有较低的业务价值
　　B. 技术含量较低，具有较高的商业价值，目前企业的业务尚紧密依赖该系统
　　C. 技术含量较高，基本能够满足企业业务运作和决策支持的需要
　　D. 技术含量较高，业务价值低，可能只完成某个部门（或子公司）的业务

(2) A. 保持原有系统不变，只在其基础上增加新的应用功能
　　B. 保持原有系统功能不变，将旧的数据模型向新的数据模型进行转化
　　C. 完全兼容遗产系统的功能模型和数据模型
　　D. 部分兼容遗产系统的功能模型和数据模型

试题分析

遗产系统通常是指那些有价值但可能包含过时技术、难以维护或扩展的软件系统。这些系统往往已经运行多年，包含了企业的核心知识和业务逻辑，对公司的业务运作至关重要。

遗产系统的演化策略分为淘汰策略、继承策略、集成策略和改造策略。

1）淘汰策略：低水平、低价值的遗留系统，可采用淘汰策略。

2）继承策略：低水平、高价值的遗留系统，可采用继承策略，新系统兼容遗留系统的功能模型和数据模型。

3）集成策略：高水平、低价值的遗留系统，由于基于不同平台、不同数据模型，属于信息孤岛，因此对应的演化策略为集成。

4）改造策略：高水平、高价值的遗留系统，本身具有较强生命力，基本满足企业需要。所以，

对应的演化策略为改造。改造包括系统功能的增强和数据模型的改造两方面。

■ **参考答案** （1）B （2）C

● 当新系统开发完毕投入运行，要取代现有系统时，就要进行系统转换。**系统转换是指运用某种方式，由现有系统的工作方式向新系统的工作方式的转换过程，也是系统设备、数据、人员等的转换过程**。图7-6-1给出的系统转换策略是＿＿＿(3)＿＿＿。

（1）A．直接转换策略　　B．并行策略　　C．分段转换策略　　D．逐步转换策略

试题分析

在实施新旧系统转换时，转换的策略通常有3种，如图7-6-2所示。

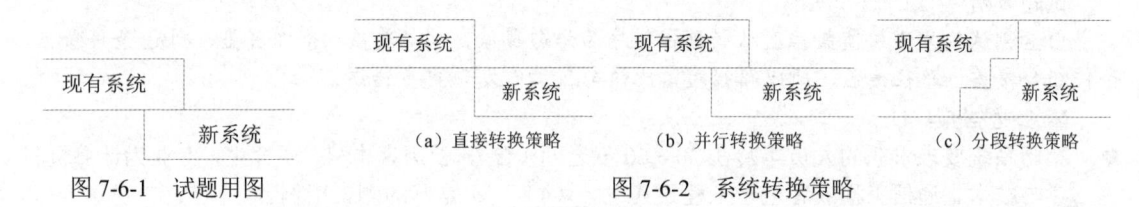

图7-6-1　试题用图　　　　　图7-6-2　系统转换策略

a）直接转换：老系统停止运行时，新系统立即投入运行，中间没有过渡阶段。采用这种方式时，人力和费用最省，适用于新系统不太复杂或老系统完全不能使用的场合。但是，新系统在转换之前必须经过详细而严格的测试，转换时应做好准备，当新系统不能达到预期目的时，必须采取相应措施。

b）并行转换：新系统和老系统并行工作一段时间，经过试运行后，再用新系统正式替换老系统。

c）分段转换：也称为逐步转换策略，这种转换方式是直接转换方式和并行转换方式的结合，采取分期分批逐步策略替换老系统的多个模块。一般较大系统采用这种转换策略较为适宜；老系统比较稳定，能够适应自身业务发展需要，或新老系统转换风险很大，也可以采用该策略。

■ **参考答案** B

【考核方式3】　软件测试

● 软件产品的Alpha测试和Beta测试属于＿＿＿(1)＿＿＿。

（1）A．回归测试　　B．性能测试　　C．集成测试　　D．确认测试

试题分析

确认测试又称有效性测试，主要验证软件的性能、功能等是否满足用户需求。确认测试包含Alpha测试、Beta测试、内部确认测试和验收测试。

■ **参考答案** D

● 以下不属于软件容错技术的是＿＿＿(2)＿＿＿。

（2）A．热备份或冷备份系统　　　　　　B．纠错码
　　　C．三模冗余　　　　　　　　　　　D．程序走查

试题分析

容错技术通过利用资源冗余来实现错误检测和纠正，以提高系统的可靠性和稳定性。主要的软件容错技术包括冗余技术、N版本程序设计、恢复块方法和防卫式程序设计等。

程序走查（又称代码走查）属于代码检查的一种方式。程序走查的主要目的是通过开发人员和测试人员的相互审查，提高软件质量，发现并修复潜在的缺陷。

■ **参考答案** D

- 以下关于测试的叙述中，正确的是___（3）___。

  （3）A．实际上可以采用穷举测试来发现软件中的所有错误

  　　 B．错误很多的程序段在修改后错误一般会非常少

  　　 C．测试可以用来证明软件没有错误

  　　 D．白盒测试技术中路径覆盖法往往能比语句覆盖法发现更多的错误

  试题分析

  白盒测试的方法按覆盖程度从弱到强排序为语句覆盖、判定覆盖、条件覆盖、判定/条件覆盖、条件组合覆盖、路径覆盖，所以路径覆盖比语句覆盖能发现更多错误。

  ■ **参考答案** D

- 招聘系统要求求职的人员年龄在20~60岁之间（含），学历为本科、研究生，专业为计算机科学与技术、通信工程或者电子工程。其中___（4）___不是好的测试用例。

  （4）A．（20，本科，电子工程）　　　　B．（18，本科，通信工程）

  　　 C．（18，大专，电子工程）　　　　D．（25，研究生，生物学）

  试题分析

  年龄20岁在要求范围内，学历本科符合要求，专业电子工程也符合要求。因此，选项A是一个好的测试用例；选项B、D只有一个条件不符合要求，也可以帮助测试具体的问题；但是，选项C中有两个条件不符合要求，这样的测试用例无法判断出程序出现异常究竟是由哪个条件造成的，故不是好的测试用例。

  ■ **参考答案** C

- 自底向上的集成测试策略的优点包括___（5）___。

  （5）A．主要的设计问题可以在测试早期处理　　B．不需要写驱动程序

  　　 C．不需要写桩程序　　　　　　　　　　　D．不需要进行回归测试

  试题分析

  自底向上集成测试：这种模块集成方式先构造和测试最底层模块，逐步向上集成，直至完成整个系统模块的集成，且这种方式不需要写桩程序。

  ■ **参考答案** C

- 若有一个计算类型的程序，它的输入变量为 X，取值范围为[-1.0，1.0]。从输入的角度考虑一组测试用例：-1.001，-1.0，1.0，1.001。那么设计这组测试用例的方法是___（6）___。

  （6）A．错误推测　　B．因果图　　C．判定表　　D．边界值分析

  试题分析

  边界值分析不是从某等价类中随便挑选一个作为测试用例，而是对等价类的每个边界都要作为测试条件，使用等于、小于或大于边界值的数据对程序进行测试。本题给出的测试用例都在边界上，符合边界值分析的特点。

  ■ **参考答案** D

7.7 软件项目管理

本节知识点包含项目可行性分析、项目组织结构、项目管理知识域以及软件配置管理等。

【考核方式1】 项目可行性分析

- 项目可行性是指企业建设该项目的必要性、成功的可能性以及投入产出比与企业发展需要的符合程度。其中，___(1)___可行性分析主要评估项目的建设成本、运行成本和项目建成后可能的经济收益；___(2)___可行性包括企业的行政管理和工作制度、使用人员的素质和培训要求等，可以细分为管理可行性和运行可行性。

　　（1）A．技术　　　　　B．经济　　　　　C．社会　　　　　D．用户使用
　　（2）A．技术　　　　　B．经济　　　　　C．社会　　　　　D．用户使用

试题分析

可行性研究通常可从技术可行性、经济可行性、社会效益可行性、用户使用可行性等多方面进行展开。

1）技术可行性。主要是从项目实施的技术角度，合理设计技术方案并进行比较、选择和评价。技术可行性分析往往决定项目方向。

2）经济可行性。又称投资收益分析或成本效益分析，主要评估项目的建设成本、运行成本和项目建成后可能的经济收益。

3）社会效益可行性。分析组织内部效益可行性（包括品牌效益、技术创新力、竞争力、人员提升与管理提升收益）与对社会发展可行性（包括政策、法律、公共、文化、环境、社会责任感、国防等）。

4）用户使用可行性。从信息系统用户的角度来评估系统的可行性，包括企业的行政管理和工作制度、使用人员的素质和培训要求等，可以细分为管理可行性和运行可行性。

■ **参考答案**　　（1）B　　（2）D

【考核方式2】 项目组织结构

- 某软件公司分为研发、人力资源管理和市场营销等部门，通过部门之间互相协作完成项目。该公司的组织结构属于___(1)___。

　　（1）A．矩阵型组织结构　　　　　　B．职能型组织结构
　　　　C．产品型组织结构　　　　　　D．协作型组织结构

试题分析

职能型组织结构是指企业按职能及职能的相似性来划分部门。比如企业要生产市场需要的产品必须具有计划、采购、生产、营销、财务、人事等职能，那么企业在设置组织部门时，按照职能的相似性将所有计划工作及相应人员归为计划部门，从事营销的人员归为营销部门等。

■ **参考答案**　　B

【考核方式3】 项目管理知识域

- ___(1)___把软件项目整体或者主要的可交付成果分解为易于管理、方便控制的若干个子项目，

119

再将子项目继续分解为工作包。在每个分解单元中，都存在可交付成果和里程碑。该模型的主要用途是___（2）___。

（1）A．分层数据流图　　　　　　　　B．软件模块图
　　　C．工作分解结构（WBS）　　　　D．PERT 图
（2）A．描述软件项目的功能需求　　　B．定义项目边界，有助于防止需求蔓延
　　　C．对软件的静态结构进行建模　 D．刻画软件开发活动之间的依赖关系

试题分析

创建工作分解结构是把项目可交付成果和项目工作分解成较小、更易于管理的组件的过程。工作分解结构主要用途是明确和准确说明项目范围和边界，防止需求蔓延、估算费用、分配人员及确定工作顺序等。

■ **参考答案**　（1）C　（2）B

● PERT 图是进度安排的常用图形描述方法之一，它能够___（3）___。在 PERT 图上通过___（4）___分析可以计算完成整个项目的最短工期。

（3）A．描述每个任务的进展情况以及各个任务之间的并行性
　　　B．反映各个任务之间的依赖关系
　　　C．以日历为基准描述项目任务
　　　D．用条形表示每个任务的持续时间
（4）A．松弛时间　　　B．依赖关系　　　C．关键路径　　　D．并行关系

试题分析

PERT 图用于描述项目的各种活动的先后顺序和依赖关系，并标明各活动的时间或者相关成本。在 PERT 图上通过关键路径分析可以计算完成整个项目的最短工期。

■ **参考答案**　（3）B　（4）C

● 成本是信息系统生命周期内各阶段的所有投入之和，按照成本性态分类，可以分为固定成本、变动成本和混合成本。其中___（5）___属于固定成本，___（6）___属于变动成本。

（5）A．员工培训费　　B．直接材料费　　C．产品包装费　　D．开发奖金
（6）A．员工培训费　　B．房屋租金　　　C．技术开发经费　D．外包费用

试题分析

固定成本是不随生产量、工作量或业务的变化而变化的非重复成本，如工资、固定税收、固定资产折旧费、员工培训费等。

可变成本是随着生产量、工作量或业务而变的成本，如原料、劳动、燃料成本，直接材料费、产品包装费、外包费用、开发奖金等。

■ **参考答案**　（5）A　（6）D

● 某软件项目的活动图如图 7-7-1 所示，其中顶点表示项目里程碑，连接顶点的边表示活动，边上的数字表示该活动所需的天数，则完成该项目的最少时间为___（7）___天。活动 BD 最多可以晚___（8）___天开始而不会影响整个项目的进度。

（7）A．9　　　　　　B．15　　　　　C．22　　　　　D．24
（8）A．2　　　　　　B．3　　　　　　C．5　　　　　　D．9

120

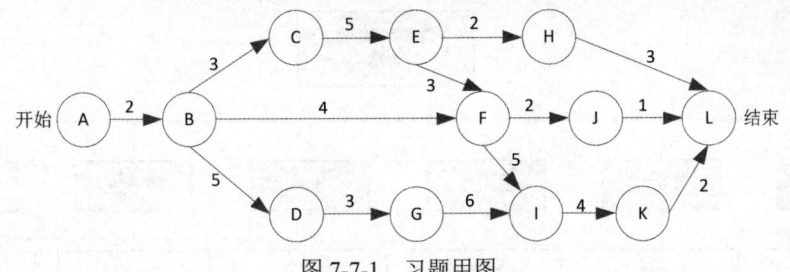

图 7-7-1　习题用图

试题分析

从开始顶点到结束顶点的最长路径为关键路径（临界路径），关键路径上的活动为关键活动。在本题中找出的最长路径是 A→B→C→E→F→I→K→L，其长度为 2+3+5+3+5+4+2=24。

活动 BD 不在关键路径上，包含活动 BD 的最长路径为 A→B→D→G→I→K→L，长度为 22。活动 BD 最多可以晚 2 天开始而不会影响整个项目的进度，所以松弛时间为 2。

■ **参考答案**　（7）D　（8）A

● 软件项目成本估算模型 COCOMO II 中，体系结构阶段模型基于___(9)___进行估算。

（9）A．应用程序点数　　　　　　　B．功能点数
　　　C．复用或生成的代码行数　　　D．源代码的行数

试题分析

COCOMO II 模型规模估算点有对象点数、功能点数和代码行数。

原型化方法开发高风险的软件时可采用基于对象点的估算；软件设计早期的体系结构可采用基于功能点的估算；软件开发时期可采用基于代码行的估算。

■ **参考答案**　B

● 在风险管理中，通常需要进行风险监测，其目的不包括___(10)___。

（10）A．消除风险　　　　　　　　　B．评估所预测的风险是否发生
　　　C．保证正确实施了风险缓解步骤　D．收集用于后续进行风险分析的信息

试题分析

风险监测可以避免部分风险发生，减少风险发生后的影响，但无法完全消除风险。

■ **参考答案**　A

● 在 ISO/IEC 9126 软件质量模型中，可靠性质量特性是指在规定的一段时间内和规定的条件下，软件维持其性能水平有关的能力，其质量子特性不包括___(11)___。

（11）A．安全性　　　B．成熟性　　　C．容错性　　　D．易恢复性

试题分析

软件质量模型如图 7-7-2 所示，可见可靠性的子特性不包括安全性。

■ **参考答案**　A

【考核方式 4】　软件配置管理

● 配置管理贯穿软件开发的整个过程。以下内容中，不属于配置管理的是___(1)___。

（1）A．版本管理与控制　　B．风险管理　　C．变更管理　　D．配置状态报告

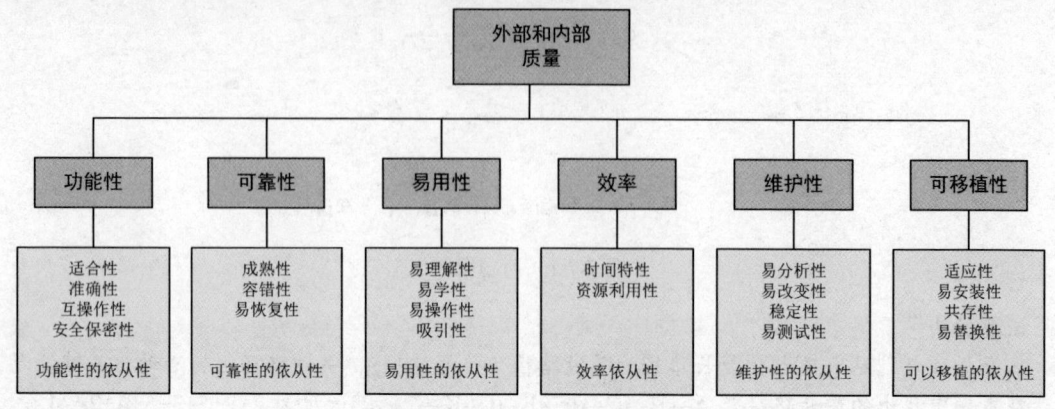

```
                        ┌─────────────┐
                        │ 外部和内部  │
                        │    质量     │
                        └──────┬──────┘
    ┌────────┬────────┬────────┼────────┬────────┐
 ┌──┴──┐ ┌──┴──┐ ┌──┴──┐ ┌──┴──┐ ┌──┴──┐ ┌──┴──┐
 │功能性│ │可靠性│ │易用性│ │效率 │ │维护性│ │可移植性│
 └──┬──┘ └──┬──┘ └──┬──┘ └──┬──┘ └──┬──┘ └──┬──┘
```

```
 适合性     成熟性    易理解性   时间特性   易分析性   适应性
 准确性     容错性    易学性    资源利用性  易改变性   易安装性
 互操作性   易恢复性  易操作性             稳定性    共存性
 安全保密性           吸引性               易测试性   易替换性

功能性的依从性 可靠性的依从性 易用性的依从性 效率依从性 维护性的依从性 可以移植的依从性
```

图 7-7-2　外部、内部质量模型

试题分析

　　配置管理是一套方法或者一组软件，可用于管理软件开发期间产生的资产，贯穿整个开发过程。配置管理的内容包括：版本管理与控制、变更管理、配置审计、配置状态报告等。软件配置管理的内容不包括风险管理和质量控制等。

■ **参考答案**　B

7.8　软件开发新技术

本节知识点为云原生。

【考核方式】云原生

● 云原生是在云计算环境中构建、部署和管理现代应用程序的软件方法。这些云原生技术支持对应用程序进行快速和频繁的更改，而不会影响服务交付，为采用者提供了创新的竞争优势。下列选项中，＿＿（1）＿＿不属于云原生技术的要点。

　　（1）A．DevOps　　　　　B．持续交付　　　　　C．SDN　　　　　D．容器化

试题分析

云原生技术的要点包含微服务、DevOps、持续交付和容器化。

1）微服务。它是一种用于软件开发的架构和组织方法，将软件拆分为多个小的、独立服务，每个服务都可以单独部署和运行，并可以独立地扩展和升级。

2）DevOps。整合了开发人员和运维团队，通过自动化基础设施、自动化工作流程并持续监测应用程序性能来提高协作和生产力。

3）持续交付：将软件开发、测试、部署和交付的流程自动化，以实现快速且可靠的软件交付。

4）容器化：容器技术将应用程序和它们的依赖项打包成独立的运行时环境，以实现更快的部署、更高的可移植性和更好的资源利用率。容器化为微服务提供实时保障，起到应用隔离的作用。

■ **参考答案**　C

第8章 面向对象

知识点图谱与考点分析

本章的内容包含面向对象基础、UML 和设计模式等。本章知识在系统分析师考试中，综合知识部分考查的分值为 6~10 分，案例分析题会有 1~2 题，论文题有很大概率涉及，所以属于重要考点。

本章考点知识结构图如图 8-0-1 所示。

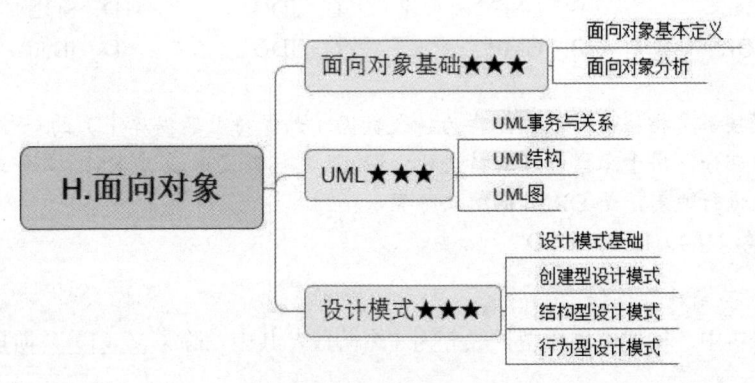

图 8-0-1 考点知识结构图

8.1 面向对象基础

本节知识点包含面向对象基本定义和面向对象分析等。

【考核方式1】 面向对象基本定义
- 类封装了信息和行为，是面向对象的重要组成部分。在系统设计过程中，类可以划分为不同种类。身份验证通常属于___(1)___，用户通常属于___(2)___。
  (1) A. 控制类　　　　B. 实体类　　　　C. 边界类　　　　D. 概念类

(2) A. 控制类　　　　B. 实体类　　　　C. 边界类　　　　D. 概念类

试题分析

类可以分为以下 3 种。

1）实体类。该类的对象表示现实世界中真实存在的实体，如人、物等。实体类用于存储和管理系统内部的信息。实体类可以有行为，但行为必须与代表的实体对象密切相关。

2）接口类（边界类）。接口类用于描述外部参与者与系统之间的交互。接口可以分为人的接口和系统接口。人的接口可以是显示器、Web 窗口、对话框、菜单、条形码、二维码等；系统接口功能是发送数据给其他系统或从其他系统接收数据。

3）控制类。该类的对象视为协调者，描述用例所有事件流控制行为，控制用例事件顺序。比如身份验证通常属于控制类。

■ **参考答案**　（1）A　（2）B

- 面向对象分析中，对象是类的实例。对象的构成成分包含了___(3)___、属性和方法（操作）。

（3）A. 标识　　　　B. 消息　　　　C. 规则　　　　D. 结构

试题分析

对象是类的实例，对象通常由对象名（标识）、属性和方法（操作）3 部分组成。

■ **参考答案**　A

- 随着对象持久化技术的发展，产生了众多持久化框架，其中，___(4)___ 基于 EJB 技术；___(5)___ 是 ORM 的解决方案。

（4）A. iBatis　　　　B. CMP　　　　C. JDO　　　　D. SQL

（5）A. SQL　　　　B. CMP　　　　C. JDO　　　　D. iBatis

试题分析

对象持久化技术是指将瞬时数据保存为持久数据（如保持至数据库中）的一种技术。CMP 是 EJB 规范中的一部分，用于容器管理的持久化；iBatis 允许开发者通过 XML 文件或注解的方式将对象与数据库表进行映射，是 ORM 的解决方案。

■ **参考答案**　（4）B　（5）D

【考核方式 2】 面向对象分析

- 面向对象分析中，构建用例模型一般分为 4 个阶段，其中，除了___(1)___阶段之外，其他阶段是必需的。

（1）A. 识别参与者　　　　　　　　　B. 合并需求获得用例

　　C. 细化用例描述　　　　　　　　D. 调整用例模型

试题分析

面向对象分析中，构建用例模型一般需要经历识别参与者、合并需求获得用例、细化用例描述和调整用例模型共 4 个阶段。除了调整用例模型阶段之外，其他阶段是必需的。

■ **参考答案**　D

- 关于面向对象方法的描述，不正确的是___(2)___。

（2）A. 相比于面向过程设计方法，面向对象方法更符合人类思维习惯

　　B. 封装性、继承性和模块性是面向对象的三大特征

124

C. 面向对象设计中，应把握高内聚、低耦合的原则
D. 使用面向对象方法构造的系统具有更好的复用性

试题分析

面向对象的三大特征是封装、继承和多态。

■ **参考答案** B

● 对信息系统进行建模，其目的是获得对系统的框架认识和概念性认识。以下关于建模方法的叙述中，正确的是___(3)___。

(3) A. 领域模型描述系统中的主要概念、概念的主要特征及其之间的关系
B. 用例模型描述了一组用例、参与者以及它们之间的关系
C. IPO 图将系统与外界实体的关系体现出来，从而清晰地界定出系统的范围
D. DFD 表达系统的数据模型，描述了主要的数据实体及其之间的关系

试题分析

领域模型（又称概念模型、领域对象模型、分析对象模型）是领域内的概念类或现实世界中对象的可视化表示。概念模型专注于分析问题领域本身，发掘重要的业务领域概念，并建立业务领域概念之间的关系。

用例模型描述了一组用例、参与者及它们之间的关系。

IPO 图是输入/加工/输出图，说明模块输入、输出、数据加工工具。

数据流图（DFD）用于描述数据流的输入到输出的变换，即描述数据在系统中如何被传送或变换，数据流图用于对功能建模。

■ **参考答案** B

8.2 UML

本节知识点包含 UML 事务与关系、UML 结构、UML 图等。

【考核方式 1】 UML 事务与关系

● 在线学习系统中，课程学习和课程考试都需要先检查学员的权限，"课程学习"与"检查权限"两个用例之间属于___(1)___；课程学习过程中，如果所缴纳学费不够，就需要补缴学费，"课程学习"与"缴纳学费"两个用例之间属于___(2)___；课程学习前需要课程注册，可以采用电话注册或网络注册，"课程注册"与"网络注册"两个用例之间属于___(3)___。

(1) A. 包含关系　　　B. 扩展关系　　　C. 泛化关系　　　D. 关联关系
(2) A. 包含关系　　　B. 扩展关系　　　C. 泛化关系　　　D. 关联关系
(3) A. 包含关系　　　B. 扩展关系　　　C. 泛化关系　　　D. 关联关系

试题分析

用例之间的关系主要有包含、扩展和泛化三类。

1）包含（Include）关系。一个用例（基用例）中总是需要包含另一个用例（抽象用例）的行为，即抽象用例是多个基用例提取出来的公共行为。例如"课程学习"用例总是需要进行"检查权限"，这种关系就是包含关系。

125

2）扩展（Extend）关系。一个用例根据情况可能发生多种分支，则可将这个用例分为一个基本用例和一个或多个扩展用例。在"课程学习"基础用例中，当遇到学费不足的情况时，会扩展出"缴纳学费"行为。

3）泛化（Generalization）关系。一个用例是另一个用例的特殊化，它继承了父用例的所有行为，并可以添加新行为或重写某些行为。"课程注册"与"网络注册"就是泛化关系。

■ **参考答案** （1）A （2）B （3）C

★ 在面向对象分析中，一个事物发生变化会影响另一个事物，两个事物之间属于___(4)___。

（4）A．关联关系　　　B．依赖关系　　　C．实现关系　　　D．泛化关系

试题分析

在系统分析师考试中，这类题目常考。

在面向对象分析中，类之间的主要关系有关联、依赖、泛化和实现等。

1）关联关系。两个类之间存在可以相互作用的联系，即一个类知道另外一个类的属性和方法，含有"知道""了解"的含义。

2）依赖关系。一种使用的关系，两个类 A 和 B，如果 B 的变化可能会引起 A 的变化，则称类 A 依赖于类 B。"一个事物发生变化会影响另一个事物"就属于依赖关系。

3）泛化关系。一般事物与该事物中特殊种类之间的关系。例如，猫科与老虎的继承关系。泛化关系是继承关系的反面，子类继承父类，父类是子类的泛化。

4）实现关系。规定接口和实现接口的类或组件之间的关系，类实现了接口的所有属性和方法。接口是对行为而非实现的说明，而类中则包含了实现的结构。

■ **参考答案** B

● 在面向对象分析中，类与类之间的"IS-A"关系是一种___(5)___，类与类之间的"IS-PART-OF"关系是一种___(6)___。

（5）A．依赖关系　　　B．关联关系　　　C．泛化关系　　　D．聚合关系

（6）A．依赖关系　　　B．关联关系　　　C．泛化关系　　　D．聚合关系

试题分析

泛化关系用"IS-A"表示，聚合关系用"IS-PART-OF"表示，组合关系用"HAS-A"表示，依赖关系用"USE-A"表示。

■ **参考答案** （5）C （6）D

● 如果一个用例包含了两种或两种以上的不同场景，则可以通过___(7)___表示。

（7）A．扩展关系　　　B．包含关系　　　C．泛化关系　　　D．组合关系

试题分析

一个用例根据情况可能发生多种分支，则可将这个用例分为一个基本用例和一个或多个扩展用例。

■ **参考答案** A

● 某电商系统在采用面向对象方法进行设计时，识别出网店、商品、购物车、订单、买家、库存、支付（微信、支付宝）等类。其中，购物车与商品之间适合采用___(8)___关系，网店与商品之间适合采用___(9)___关系。

（8）A．关联　　　B．依赖　　　C．组合　　　D．聚合

(9) A. 关联　　　　　B. 依赖　　　　　C. 组合　　　　　D. 聚合

试题分析

购物车与商品是整体与部分的关系，购物车包含了商品，但是商品可以脱离购物车独立存在，所以属于一种聚合关系。

网店与商品之间也是一种整体与部分的关系，商品是网店的一部分，如果网店不存在了，那么网店中的商品也不存在，所以属于组合关系。

■ **参考答案**　　(8) D　　(9) C

● 某在线交易平台的"支付"功能需求描述如下：客户进行支付时，可以使用信用卡支付或支付宝支付，从中抽象出3个用例：支付、信用卡支付和支付宝支付，这3个用例之间的关系是＿＿(10)＿＿。

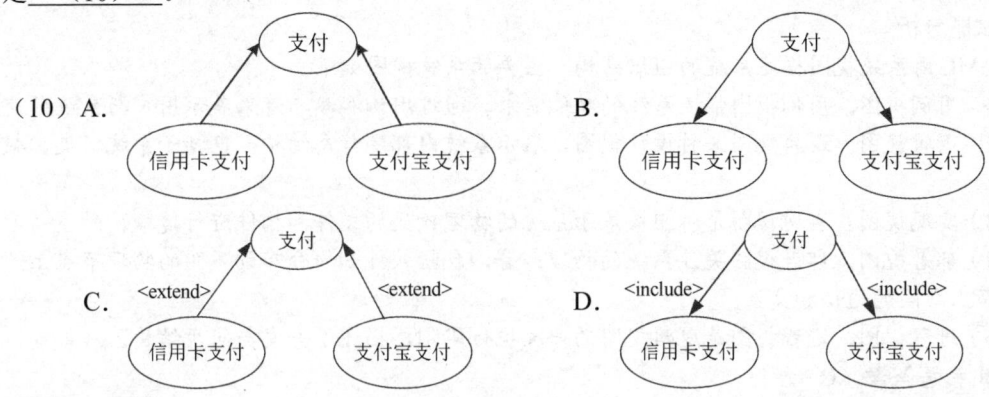

(10) A. [图]　　B. [图]　　C. [图]　　D. [图]

试题分析

在泛化关系中，一个用例是另一个用例的特殊化。显然，"信用卡支付"和"支付宝支付"是"支付"的特殊化。

■ **参考答案**　　A

【考核方式2】　UML结构

● UML的结构包括构造块、规则和公共机制3个部分。在基本构造块中，＿＿(1)＿＿能够表示多个相互关联的事物的集合；规则是构造块如何放在一起的规定，包括了＿＿(2)＿＿；公共机制中，＿＿(3)＿＿是关于事物语义的细节描述。

(1) A. 用例描述　　　　B. 活动　　　　C. 图　　　　D. 关系

(2) A. 命名、范围、可见性和一致性　　　B. 范围、可见性、一致性和完整性
　　C. 命名、可见性、一致性和执行　　　D. 命名、范围、可见性、完整性和执行

(3) A. 规格说明　　　　　　　　　　　　B. 事物标识
　　C. 类与对象　　　　　　　　　　　　D. 扩展机制

试题分析

UML的结构包括构造块、规则和公共机制3个部分。

1）构造块。UML基本构造块分别是事物、关系和图。事物是UML的基本要素；关系是把事物紧密联系在一起；图是事物和关系的可视化表示，是多个相互关联的事物的集合。

2）规则。规则规定了如何组合构造块来构建有效的 UML 模型，包括命名规则、范围规则和约束规则等。命名规则确定如何给 UML 模型中的元素命名；范围规则定义了元素的作用域、可见性以及它们如何被其他元素访问或引用；约束规则是元素或关系限制条件，约束可以是布尔表达式等形式。

3）公共机制。公共机制为 UML 模型提供了扩展性和灵活性，可以细分为规格说明、修饰、公共分类（通用划分）和扩展机制等。其中，规格说明是关于事物语义的细节描述。

■ **参考答案** （1）C （2）D （3）A

- UML 用系统视图描述系统的组织结构。其中，____(4)____ 对组成基于系统的物理代码的文件和构件进行建模。

  （4）A. 用例视图　　　B. 逻辑视图　　　C. 实现视图　　　D. 部署视图

试题分析

UML 用系统视图描述系统的组织结构，主要的系统视图如下。

1）用例视图。用例视图描述系统的功能需求，通过用例和参与者来展示用户与系统的交互。

2）逻辑视图。逻辑视图又称设计视图，展示系统内部的静态结构，包括子系统、类、数据结构等。

3）实现视图。实现视图是对组成基于系统的物理代码的文件和构件进行建模。

4）部署视图。部署视图关注系统的物理部署，包括软件如何分布到不同的物理节点上，以及这些节点之间的通信和交互。

5）进程视图。进程视图是逻辑视图的一次执行实例，描述了并发与同步结构。

■ **参考答案** C

【考核方式3】 UML 图

- 用例是一种描述系统需求的方法，以下关于用例建模的说法中，正确的是____(1)____。

  （1）A. 用例定义了系统向参与者提供服务的方法

  　　　B. 通信关联不仅能表示参与者和用例之间的关系，还能表示用例之间的关系

  　　　C. 通信关联的箭头所指方是对话的主动发起者

  　　　D. 用例模型中的信息流由通信关联来表示

试题分析

用例是一种描述系统需求的方法，用例图包括参与者、用例和通信关联 3 种元素，具体如图 8-2-1 所示。

1）参与者。参与者可以是任何系统外部并与系统进行交互的事物，包括系统用户、其他外部系统和设备等。

2）用例。用例是系统中执行的一系列动作，生成特定参与者可见的价值结果。

3）通信关联。通信关联表示的是参与者与用例或者用例与用例之间的关系。通信关系并不代表信息流。

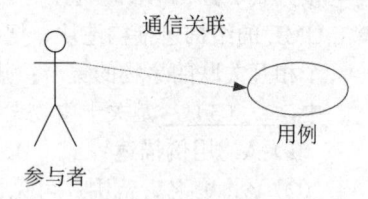

图 8-2-1 用例图

■ **参考答案** B

- 关于用例图中的参与者，说法正确的是____(2)____。

  （2）A. 参与者是与系统交互的事物，都是由人来承担

B．当系统需要定时触发时，时钟就是一个参与者
C．参与者可以在系统外部，也可能在系统内部
D．系统某项特定功能只有一个参与者

试题分析

参与者可以是任何系统外部并与系统进行交互的事物，包括系统用户、其他外部系统和设备等。

■ **参考答案** B

● 交互图描述了执行系统功能的各个角色之间相互传递消息的顺序关系，主要包括____(3)____。

（3）A．活动图、状态图　　　　　　B．序列图、状态图、定时图
　　　C．活动图、协作图　　　　　　D．序列图、协作图、定时图

试题分析

顺序图（序列图）、通信图（协作图）和定时图又被称为交互图。

■ **参考答案** D

● UML所包含的图形中，____(4)____将进程及其他计算结构展示为计算内部的控制流和数据流，主要用来描述系统的动态视图。

（4）A．流程图　　　B．通信图　　　C．活动图　　　D．协作图

试题分析

活动图描述过程行为与并行行为，强调对象间的控制。活动图将进程及其他计算结构展示为计算内部一步步的控制流和数据流。

■ **参考答案** C

● UML中，序列图的基本元素包括____(5)____。

（5）A．对象、生命线和泳道
　　　B．对象、泳道和消息
　　　C．对象、生命线和消息
　　　D．生命线、泳道和消息

试题分析

顺序图（序列图）用于描述对象之间的交互（消息的发送与接收），重点在于强调顺序。序列图的基本元素包括对象、生命线和消息。

泳道属于活动图的组织单元。泳道用矩形框来表示，属于某个泳道的活动放在该矩形框内，将对象名放在矩形框的顶部，表示泳道中的活动由该对象负责，泳道示例如图8-2-2所示。

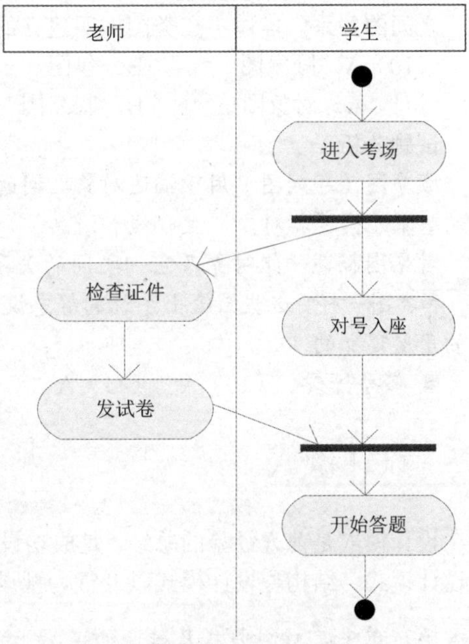

图8-2-2　活动图中的泳道

■ **参考答案** C

● 在UML2.0中，____(6)____强调消息跨越不同对象或参与者的实际时间，而不仅仅关心消息的相对顺序；它能够____(7)____。

（6）A．定时图　　　B．通信图　　　C．顺序图　　　D．交互概览图
（7）A．表示对象之间的组织结构

B．直观地表示对象之间的协作关系
C．把状态发生变化的时刻以及各个状态所持续的时间具体地表示出来
D．确定参与交互的执行者

试题分析

定时图（计时图）采用了一种带数字刻度的时间轴来描述消息顺序。定时图强调消息跨越不同对象或参与者的实际时间，而不仅仅关心消息的相对顺序。

■ **参考答案**　（6）A　（7）C

- 在 UML 2.0 所包含的图中，___（8）___ 描述由模型本身分解而成的组织单元，以及它们之间的依赖关系。___（9）___ 描述运行时的处理节点以及在其内部生存的构件的配置。

（8）A．组合结构图　　B．包图　　　　C．部署图　　　D．构件图
（9）A．组合结构图　　B．制品图　　　C．部署图　　　D．交互图

试题分析

包图描述由模型本身分解而成的组织单元，以及它们之间的依赖关系；部署图描述在各个节点上的部署，展示系统中软、硬件之间的物理关系。

■ **参考答案**　（8）B　（9）C

- UML 图中，___（10）___ 是一种强调消息时间次序的交互图；___（11）___ 描述一组对象及它们之间的关系，描述了在类图中所建立的事物实例的静态快照。

（10）A．顺序图　　　B．包图　　　　C．部署图　　　D．构件图
（11）A．对象图　　　B．制品图　　　C．部署图　　　D．交互图

试题分析

顺序图（序列图）用于描述对象之间的交互（消息的发送与接收），重点在于强调顺序。序列图的基本元素包括对象、生命线和消息。

对象图描述一组对象及它们之间的关系。对象图描述了在类图中所建立的事物实例的静态快照。和类图一样，这些图给出系统的静态设计视图或静态进程视图，但它们是从真实案例或原型案例的角度建立的。

■ **参考答案**　（10）A　（11）A

8.3　设计模式

设计模式是前人经验的总结，是成功设计和架构的复用。本节知识点包含设计模式基础、创建型设计模式、结构型设计模式以及行为型设计模式等。

【考核方式 1】　设计模式基础

- 进行面向对象的系统设计时，软件实体（类、模块、函数等）应该是可以扩展但不可修改的，这属于___（1）___设计原则。

（1）A．共同重用　　　B．开放封闭　　　C．接口分离　　　D．共同封闭

试题分析

1）共同重用原则。一个包中的所有类应该是共同重用的。如果重用了包中的某一个类，那么

面向对象　第 8 章

也就相当于重用了包中的所有类。

2）开放封闭原则。软件实体（类、函数等）应当在不修改原有代码的基础上，新增功能。

3）接口分离原则。客户类不应该依赖于它不需要的接口。

4）共同封闭原则。因某个同样的原因而需要修改的所有类，都应封闭进同一个包里。即如果变化对包产生影响，则对该包的所有类都会产生影响，但对其他包不产生任何影响。

■ **参考答案**　B

● 进行面向对象设计时，就一个类而言，应该仅有一个引起它变化的原因，这属于___（2）___设计原则。

（2）A．单一职责　　　　B．开放封闭　　　　C．接口分离　　　　D．里氏替换

试题分析

1）单一职责原则。保证修改一个类的原因，有且仅有一个。一个类具有单一职责，修改不会影响其他功能。

2）里氏替换原则。确保子类一定能够替换父类。

■ **参考答案**　A

【考核方式 2】　创建型设计模式

● 关于设计模式，下列说法正确的是___（1）___。

（1）A．原型（Prototype）和模板（Template）属于创建型模式

　　　B．组合（Composite）和代理（Proxy）属于结构型模式

　　　C．桥接（Bridge）和状态（State）属于行为型模式

　　　D．外观（Facade）和中介（Mediator）属于创建型模式

试题分析

设计模式是一套反复使用的、经过分类的代码设计的经验总结。

依据模式的用途，也就是按完成什么工作来分类，设计模式可以分为创建型、结构型和行为型 3 种，各分类特点见表 8-3-1。

表 8-3-1　设计模式分类

模式名	描述	包含的子类
创建型	描述如何创建、组合、表示对象，分离对象的创建和对象的使用	工厂方法模式、抽象工厂模式、单例模式、建造者模式、原型模式
结构型	考虑如何组合类和对象形成更大的结构，通常通过继承将一个或者多个类、对象进行组合、封装。例如，采用多重继承的方法，将两个类组合成一个类	适配器模式、桥接模式、组合模式、装饰模式、外观模式、享元模式、代理模式
行为型	描述对象的职责及如何分配职责，处理对象间的交互	模板模式、解释器模式、责任链模式、命令模式、迭代器模式、中介者模式、备忘录模式、观察者模式、状态模式、策略模式、访问者模式

■ **参考答案**　B

● 为图形用户界面（Graphical User Interface，GUI）组件定义不同平台的并行类层次结构，适合

131

采用___（2）___模式。

（2）A. 享元　　　　　B. 抽象工厂　　　C. 外观　　　　　D. 装饰器

试题分析

抽象工厂模式可以向客户端提供一个接口，使客户端在不必指定产品的具体情况下，创建多个产品族中的产品对象。本题强调不同平台的并行类层次结构等同于产品族中的产品对象。

■ **参考答案** B

- ___（3）___设计模式能够动态地给一个对象添加一些额外的职责而无须修改此对象的结构；
  ___（4）___设计模式定义一个用于创建对象的接口，让子类决定实例化哪一个类。

（3）A. 组合　　　　　B. 外观　　　　　C. 享元　　　　　D. 装饰器

（4）A. 工厂方法　　　B. 享元　　　　　C. 观察者　　　　D. 中介者

试题分析

由于继承方式是静态的，使用传统的继承方式扩展一个类的功能，会因为扩展功能增加，增加不少子类。如果使用装饰器设计模式创建对象，可以不改变真实对象的类结构，又动态增加了额外的功能。

工厂方法模式定义了一个接口用于创建对象，该模式由子类决定实例化哪个工厂类。该模式把类的实例化推迟到了子类。

■ **参考答案**　（3）D　（4）A

【考核方式3】　结构型设计模式

- 已知一个类可以处理以英制标准（英寸、英里等）表示的数据，现在需要处理一公制单位表示的数据，则可以使用___（1）___模式来解决该问题。当___（2）___时，可以使用该设计模式。

（1）A. Adapter　　　　　　　　　B. Decorator
　　　C. Delegation　　　　　　　　D. Proxy

（2）A. 对一个抽象的实现部分的修改对用户不产生影响
　　　B. 想使用一个已经存在的类，而它的接口不符合用户需求
　　　C. 一个系统要独立于它的产品创建、组合和表示
　　　D. 一个对象的改变需要同时改变其他对象

试题分析

在这个问题中，已知类可以处理英制标准数据，但需要处理公制单位表示数据。在这种情况下，可以通过适配器模式来转换数据格式，使得原类能够处理新的数据格式。

Adapter（适配器）模式主要用于将一个类的接口转换成期望的另一种接口形式，从而使得原本接口不兼容的类可以一起工作。

■ **参考答案**　（1）A　（2）B

- 采用以下设计思路实现如图 8-3-1 所示的目录浏览器：目录中的每个目录项被认定为一个类，其属性包括名称、类型（目录或文件）、大小、扩展名、图标等。为节省内存空间，要求不将具有相同属性（例如类型、扩展名、图标相同）的相同文件看作不同的对象。能够满足这一要求的设计模式是___（3）___。

Name▲	Size	Type	Date Modified
sqlce_err.h	139 KB	C/C++Header	2007-08-29 17:44
sqlce_oledb.h	586 KB	C/C++Header	2007-08-29 17:44
sqlce_sync.h	134KB	C/C++Header	2007-08-29 17:44

图 8-3-1 习题用图

（3）A．Flyweight　　　B．Proxy　　　C．Command　　　D．State

试题分析

Flyweight（享元）模式利用共享技术，复用大量的细粒度对象。该模式解决程序使用了大量相似的且变化较小的对象，创建对象的开销很大的问题。

■ **参考答案** A

- 下列设计模式中，___(4)___ 模式既是类结构型模式，又是对象结构型模式；___(5)___ 设计模式运用共享技术有效地支持大量细粒度的对象。

（4）A．桥接　　　B．适配器　　　C．组成　　　D．装饰器
（5）A．组合　　　B．外观　　　C．享元　　　D．装饰器

试题分析

结构型模式分为类结构型模式和对象结构型模式。类结构型模式采用继承机制来组织接口和类；对象结构型模式采用组合或聚合来组合对象。由于组合关系或聚合关系比继承关系耦合度低，满足"合成复用原则"，所以对象结构型模式比类结构型模式具有更大的灵活性。

适配器模式兼容不同接口，使其能协同工作。该模式既是类结构型模式，又是对象结构型模式。

享元（Flyweight）模式利用共享技术，复用大量的细粒度对象。这种模式解决程序使用了大量对象且创建对象的开销很大的问题。

■ **参考答案** （4）B （5）C

【考核方式 4】 行为型设计模式

- 关于观察者模式，下列描述不正确的是___(1)___。

（1）A．观察者模式实现了表示层和数据层的分离
　　B．观察者模式定义了稳定的更新消息传递机制
　　C．在观察者模式中，相同的数据层不可以有不同的表示层
　　D．观察者模式定义了对象之间的一种一对多的依赖关系

试题分析

观察者模式（发布—订阅模式）针对的是对象间的一对多的依赖关系，当被依赖对象状态发生改变时，就会消息通知并更新所有依赖它的对象。

观察者模式分离了表示层和数据层，一个主题可以有多个观察者，每个观察者都可以根据主题的状态变化以不同的方式更新自己的表示，这意味着即使对于相同的数据层（主题），也可以有多个不同的表示层（观察者）。

■ **参考答案** C

- 行为型模式是对在不同对象之间划分责任和算法的抽象化，它可以分为类行为模式和对象行为

模式。下列行为型模式中属于类行为模式的是___(2)___。

(2) A．职责链模式 　　　　　　　　B．命令模式
　　　C．迭代器模式 　　　　　　　　D．解释器模式

试题分析

类行为模式通过继承在类之间分配行为，类的行为在编译时就已经确定。解释器模式和模板模式属于类行为模式。

对象行为模式通过对象间的组合来动态地定义系统的行为，而不是通过继承来静态地定义行为。

■ **参考答案**　D

第9章 信息化基础

知识点图谱与考点分析

本章的内容包含信息与信息化规划和企业信息系统与应用等。本章知识，在系统分析师考试中，综合知识部分考查的分值为1~4分，所以属于一般考点。

本章考点知识结构图如图9-0-1所示。

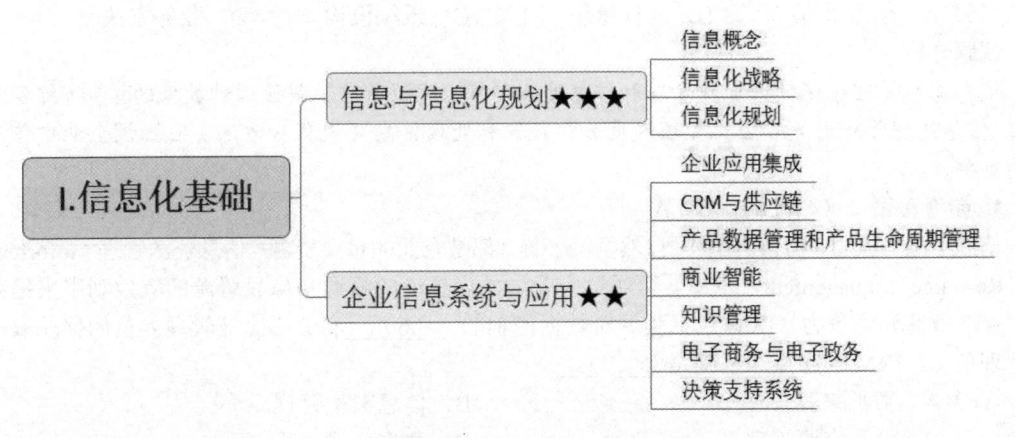

图9-0-1 考点知识结构图

9.1 信息与信息化规划

本节知识点包含信息概念、信息化战略和信息化规划等。

【考核方式1】 信息概念

- 在现代化管理中，信息论已成为与系统论、控制论等相并列的现代科学主要方法论之一。信息具有多种基本属性，其中___(1)___是信息的中心价值；___(2)___决定了需要正确滤去不重要的信息、失真的信息，抽象出有用的信息；信息是数据加工的结果，体现了信息具有___(3)___。

(1) A. 分享性　　　　B. 真伪性　　　　C. 滞后性　　　　D. 不完全性
(2) A. 分享性　　　　B. 真伪性　　　　C. 滞后性　　　　D. 不完全性
(3) A. 分享性　　　　B. 扩压性　　　　C. 滞后性　　　　D. 层次性

试题分析

信息具有如下基本属性。

1）真伪性：属于信息的中心价值，不真实的信息价值可能为负。

2）层次性：信息层次可以分为战略层、策略层和执行层。

3）不完全性：现实中，不可能得到全部信息。决策者需要滤去不重要的、失真的信息，抽象出有用的信息。

4）滞后性：信息是数据加工的结果，所以信息滞后于数据。

5）扩压性：信息可以扩散也可以压缩。

6）分享性：信息可以分享，且有非零和性。

■ **参考答案**　（1）B　（2）D　（3）C

● 信息资源是企业的重要资源，需要进行合理的管理，其中___(4)___管理强调对数据的控制（维护和安全）；___(5)___管理则关心企业管理人员如何获取和处理信息（流程和方法）且强调企业中信息资源的重要性。

(4) A. 生产资源　　　B. 流程资源　　　C. 客户资源　　　D. 数据资源
(5) A. 信息处理　　　B. 流程重组　　　C. 组织机构　　　D. 业务方法

试题分析

信息资源管理包括数据资源管理和信息处理管理。数据资源管理强调对数据的控制（维护和安全）；信息处理管理则关心企业管理人员如何获取和处理信息（流程和方法）且强调企业中信息资源的重要性。

■ **参考答案**　（4）D　（5）A

● 信息资源与人力、物力、财力、自然资源一样，都是企业的重要资源，信息资源管理（Information Resource Management，IRM）可通过企业内外信息流的畅通和信息资源的有效利用来提高企业的效益和竞争力。IRM 包括强调对数据控制的___(6)___和关心企业管理人员如何获取和处理信息。IRM 的起点和基础是___(7)___。

(6) A. 数据来源管理　　　　　　　　B. 信息架构管理
　　C. 信息来源管理　　　　　　　　D. 数据资源管理
(7) A. 建立信息架构　　　　　　　　B. 建立信息资源目录
　　C. 业务与 IT 整合　　　　　　　D. 信息与业务整合

试题分析

信息资源管理（IRM）包括数据资源管理和信息处理管理。数据资源管理强调对数据的控制；信息处理管理关心企业管理人员如何获取和处理信息（流程和方法）且强调企业中信息资源的重要性。

IRM 的起点和基础是建立信息资源目录，建立目录可对信息资源进行快速、及时的存储、处理、检索和使用。

■ **参考答案**　（6）D　（7）B

【考核方式2】 信息化战略

- 在综合考虑企业内外环境，以集成为核心，围绕企业战略需求进行信息系统规划时，适合采用的方法是___(1)___。

  (1) A. 战略栅格法　　B. 价值链分析法　　C. 信息工程法　　D. 战略集合转化法

试题分析

信息系统战略规划是从企业战略出发，构建企业基本的信息架构，对企业内、外信息资源进行统一规划、管理与应用，利用信息控制企业行为，辅助企业进行决策，帮助企业实现战略目标。信息系统战略规划方法经历了3个主要阶段，各阶段的特点与主要方法，参见表9-1-1。

表9-1-1　信息系统战略规划方法的3个阶段

方法阶段	特点	主要方法
第一阶段	以数据处理为核心，围绕职能部门的需求进行规划	企业系统规划法、关键成功因素法、战略集合转化法
第二阶段	以企业内部管理信息系统为核心，围绕整体需求进行规划	数据规划法、信息工程法和战略栅格法
第三阶段	综合考虑内外环境的情况，以集成为核心，围绕战略需求进行规划	价值链分析法、战略一致性模型

■ **参考答案**　B

- 实施企业信息战略规划有多种方法。其中，___(2)___主要以企业内部管理信息系统为核心，围绕企业整体需求进行信息系统规划。

  (2) A. 企业系统规划法　　　　　　B. 关键成功因素法
  　　C. 信息工程法　　　　　　　　D. 价值链分析法

试题分析

1）企业系统规划法强调从企业的战略目标出发，识别出企业的业务流程，然后定义出信息系统应该支持哪些业务过程，以及如何支持。

2）关键成功因素法通过识别对组织成功至关重要的因素来规划信息系统。

3）信息工程法主要以企业内部管理信息系统为核心，围绕企业整体需求进行信息系统规划。

4）价值链分析法旨在通过详细分析企业内部的各种活动，确定其在产品或服务交付过程中的价值创造关键环节，并识别出企业的竞争优势与劣势。

■ **参考答案**　C

- 信息系统战略规划方法中的战略一致性模型由___(3)___领域构成。

  (3) A. 企业经营管理、组织与业务流程、信息系统战略
  　　B. 企业经营战略、信息系统战略、组织与业务流程、IT基础架构
  　　C. 企业战略、业务流程、信息系统、IT基础架构
  　　D. 企业规划战略、组织与业务流程、信息系统战略

试题分析

战略一致性模型是一种用于检查企业经营战略与信息架构之间一致性的方法。战略一致性模型由企业经营战略、信息系统战略、组织与业务流程和IT基础架构4个领域构成。

■ 参考答案 B

● 企业信息化战略与企业战略集成时，对于现有信息系统不能满足当前管理中业务需要的企业，适用的方法是___(4)___。

(4) A. EITA（企业IT架构）　　　　　　B. BPR（业务流程重组）
　　C. BITA（业务与IT整合）　　　　　D. ERP（企业资源计划）

试题分析

信息化战略应基于企业战略，服务、影响、促进企业战略。企业战略与信息化战略集成的主要方法有业务与IT整合和企业IT架构。

1）业务与IT整合：评估和分析企业当前业务和IT不一致的领域，建立或改进企业组织结构和业务流程，提出符合企业战略的IT管理建议和计划，并执行。该方法适用于信息系统不能满足当前业务需要，业务和IT不一致的领域。

2）企业IT架构：从技术、信息系统、信息、IT组织和IT流程等方面，建立IT原则规范、模式和标准，提出IT改进计划。该方法适用于现有信息系统和IT基础架构不一致、不兼容和缺乏统一的领域。

■ 参考答案 C

● 在企业战略与信息化战略集成中，___(5)___是一种以业务为导向的、全面的IT管理咨询实施方法论。

(5) A. 业务与IT整合　　B. 业务架构　　C. 业务与IT架构　　D. 企业IT架构

试题分析

业务与IT整合符合以业务为导向的IT管理咨询实施方法论的特点。

■ 参考答案 A

● 企业系统规划法（Business System Planning，BSP）是___(6)___的基础，BSP的目标是提供一个___(7)___，用以支持企业短期的和长期的信息需求。

(6) A. 企业战略数据规划和信息工程方法　　B. 关键成功因素和战略集合转化方法
　　C. 企业战略计划与管理控制方法　　　　D. 信息系统战略规划方法

(7) A. 信息系统规划　　　　　　　　　　　B. 信息资源规划
　　C. 业务流程架构　　　　　　　　　　　D. 信息系统架构

试题分析

BSP方法是企业战略数据规划法和信息工程法的基础。BSP的目标是提供一个信息系统规划，用以支持企业短期的和长期的信息需求。

■ 参考答案 (6) A　(7) A

【考核方式3】 信息化规划

● 信息资源规划（Information Resource Planning，IRP）是信息化建设的基础工程，IRP强调将需求分析与___(1)___结合起来。IRP的过程大致可以分为7个步骤，其中___(2)___的主要工作是用户视图收集、分组、分析和数据元素分析；___(3)___的主要工作是主题数据库定义、基本表定义和扩展表定义；___(4)___的主要工作是子系统定义、功能模块定义和程序单元定义。

(1) A. 系统建模　　　　B. 系统架构　　　　C. 业务分析　　　　D. 流程建模

(2) A．业务流程分析　　B．数据需求分析　　C．业务需求分析　　D．关联模型分析
(3) A．信息接口建模　　B．数据结构建模　　C．系统数据建模　　D．信息处理建模
(4) A．系统功能建模　　B．业务流程分解　　C．系统架构建模　　D．系统业务重组

试题分析

信息资源规划指对企业生产经营活动所需要的信息，对产生、获取、处理、存储、传输和利用等方面进行全面的规划。信息资源规划强调将需求分析与系统建模结合起来，需求分析是系统建模的准备，系统建模是用户需求的定型和规范化表达。

信息资源规划的过程大致可以分为7个步骤，其中数据需求分析的主要工作是用户视图收集、分组、分析和数据元素分析；系统数据建模的主要工作是主题数据库定义、基本表定义和扩展表定义；系统功能建模的主要工作是子系统定义、功能模块定义和程序单元定义。

■ **参考答案** （1）A　（2）B　（3）C　（4）A

★ 企业信息化规划是一项长期而艰巨的任务，是融合企业战略、管理规划、业务流程重组等内容的综合规划活动。其中___(5)___战略规划是评价企业现状，选择和确定企业的总体和长远目标，制定和抉择实现目标的行动方案；___(6)___战略规划关注的是如何通过信息系统来支撑业务流程的运作，进而实现企业的关键业务目标；___(7)___战略规划对支撑信息系统运行的硬件、软件、支撑环境等进行具体的规划。

(5) A．信息资源　　B．企业　　　　C．企业行动　　D．业务
(6) A．信息系统　　B．企业技术　　C．业务流程　　D．业务指标
(7) A．信息资源　　B．信息系统　　C．信息技术　　D．信息环境

试题分析

这类题目，系统分析师考试中常考。

企业信息化规划包含业务流程重组和信息资源规划、信息技术战略规划、信息系统战略规划和企业战略规划等多个领域。

企业战略规划是利用机会和威胁评价现在和未来的环境，用优势和劣势评价企业现状，进而选择和确定企业的总体和长远目标，制定和抉择实现目标的行动方案。

信息系统战略规划关注的是如何通过信息系统来支撑业务流程的运作，进而实现企业的关键业务目标，其重点在于对信息系统的远景、组成架构、各部分逻辑关系进行规划。

信息技术战略规划通常简称为IT战略规划，是在信息系统规划的基础上，对支撑信息系统运行的硬件、软件、支撑环境等进行具体的规划，它更关心技术层面的问题。

■ **参考答案** （5）B　（6）A　（7）C

● 以下不属于信息系统规划主要任务的是___(8)___。

(8) A．对现有系统进行初步调查　　　B．进行系统的可行性研究
　　C．拟定系统的实施方案　　　　　D．制定各子系统的详细设计方案

试题分析

系统规划是分析企业的环境、目标和战略及现有系统状况，确定信息系统战略，对新系统做需求分析和约束分析，研究新系统的必要性和可能性。

信息系统规划的工作包含对现有系统进行初步调查、分析和确定系统目标、分析子系统的组成和基本功能、拟定系统实施方案、进行系统的可行性研究以及制定系统建设方案等步骤。

显然，规划任务不会涉及详细设计，所以 D 选项不正确。
■ 参考答案 D

★ 业务流程重组是针对企业业务流程的基本问题进行回顾，其核心思路是对业务流程的＿＿（9）＿＿进行改造，BPR 过程通常以＿＿（10）＿＿为中心。

（9）A. 增量式　　　　B. 根本性　　　　C. 迭代式　　　　D. 保守式
（10）A. 流程　　　　B. 需求　　　　　C. 组织　　　　　D. 资源

试题分析

这类题目，系统分析师考试中常考。

业务流程重组是通过对企业战略、增值运营流程以及支撑它们的系统、政策、组织和结构的重组与优化，达到工作流程和生产力最优化的目的。

业务流程重组的核心内容是"根本性""彻底性""显著性""流程"等。

业务流程重组遵循的原则包括以流程为中心的原则、团队式管理原则（以人为本的原则）和以顾客为导向的原则。

■ 参考答案 （9）B （10）A

9.2 企业信息系统与应用

本节知识点包含企业应用集成、CRM 与供应链、产品数据管理、商业智能、知识管理、电子商务与电子政务、决策支持系统等知识。

【考核方式 1】 企业应用集成

- EAI（企业应用集成）可以包括表示集成、数据集成、控制集成和业务流程集成等多个层次和方面，图 9-2-1 所示的是＿＿（1）＿＿，适合于使用这种集成方式的情况是＿＿（2）＿＿。

    （1）A. 表示集成　　　　B. 数据集成
    　　 C. 控制集成　　　　D. 业务流程集成

    （2）A. 要对多种信息源产生的数据进行综合分析和决策
    　　 B. 为用户提供一个看上去统一，但是由多个系统组成的应用系统
    　　 C. 在现有的基于终端的应用系统上配置基于 PC 的用户界面
    　　 D. 当只有可能在显示界面上实现集成时

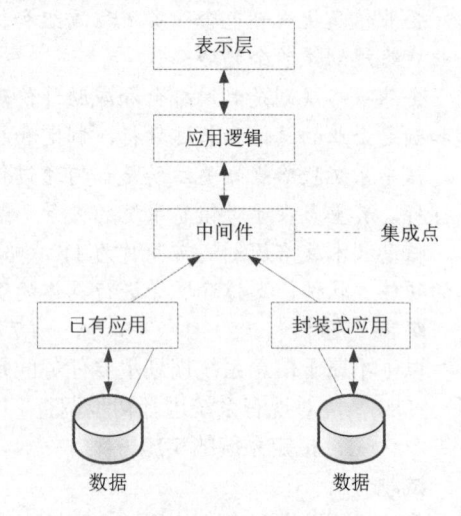

图 9-2-1 习题用图

试题分析

企业应用集成（Enterprise Application Integration，EAI）是指将独立的软件应用连接起来，实现协同工作。EAI 通过建立底层结构来联系横贯整个企业的异构系统、应用、数据源等，完成在企业内部的 ERP、CRM、SCM、数据库、数据仓库以及

其他重要的内部系统之间无缝地共享和交换数据的需要。

EAI 可分为如下 5 个层面。

1）界面集成（表示集成）：把原有零散的系统界面集中在一个新的、通常是浏览器的界面之中。

2）平台集成：集成系统底层的结构、软件、硬件及异构网络。

3）数据集成：标识数据并编成目录，确定元数据模型，确保分布数据的共享。本题中，涉及了多数据源，并对多数据源进行综合分析和决策，所以属于数据集成。

4）应用集成（控制集成）：集成多应用中的数据和函数。

5）过程集成（业务流程集成）：将企业内部或跨企业的多个业务流程、系统或应用通过技术手段进行无缝连接，以实现数据共享、流程协同和业务优化。

■ 参考答案　（1）B　（2）A

● 关于企业应用集成（EAI）技术，描述不正确的是__(3)__。

(3) A．EAI 可以实现表示集成、数据集成、控制集成、应用集成等

B．表示集成和数据集成是白盒集成，控制集成是黑盒集成

C．EAI 技术适用于大多数实施电子商务的企业以及企业之间的应用集成

D．在做数据集成之前必须首先对数据进行标识并编成目录

试题分析

EAI 所连接的应用包括各种电子商务系统、ERP、CRM、SCM、OA、数据库系统和数据仓库等。从单个企业的角度来说，EAI 可以包括表示集成、数据集成、控制集成和业务流程集成等多个层次和方面。

本题中，选项 B 错误，表示集成和控制集成是黑盒集成，数据集成是白盒集成。

■ 参考答案　B

【考核方式2】　CRM 与供应链

★ 在企业信息系统中，客户关系管理（Customer Relationship Management，CRM）系统的核心是__(1)__；供应链管理系统是企业通过改善上、下游供应链关系，整合和优化企业的__(2)__；产品数据管理系统可以帮助企业实现对与企业产品相关的__(3)__进行集成和管理；知识管理系统是对企业有价值的信息进行管理，其中，__(4)__使知识能在企业内传播和分享，使得知识产生有效的流动。

(1) A．客户价值管理　　　　　　　　B．市场营销
　　C．客户资料库　　　　　　　　　D．客户服务

(2) A．信息流、物流和资金流　　　　B．商务流、物流和资金流
　　C．信息流、商务流和信用流　　　D．商务流、物流和人员流

(3) A．配置、文档和辅助设计文件　　B．数据、开发过程以及使用者
　　C．产品数据、产品结构和配置　　D．工作流、产品视图和客户

(4) A．知识生成工具　　　　　　　　B．知识编码工具
　　C．知识转移工具　　　　　　　　D．知识发布工具

试题分析

这类题目，在系统分析师考试中常考。

客户关系管理是一种商业策略，旨在通过深入了解客户需求、行为和偏好来增强企业与客户之间的关系。CRM 系统是一个集成了各种技术和方法的工具集，它帮助企业管理客户信息、跟踪客户交互、分析客户数据，并优化营销策略、销售流程和服务质量。

客户关系管理系统的核心是客户价值管理。市场营销和客户服务是 CRM 的支柱性功能。

供应链管理（Supply Chain Management，SCM）指通过改善上、下游供应链关系，对供应链中的信息流、物流、资金流进行整合和优化，提高运作效率、降低成本和风险，从而提升企业竞争力。

知识管理系统是对企业有价值的信息进行管理，其中知识转移工具使知识能在企业内传播和分享，使得知识产生有效的流动。

■ **参考答案**　（1）A　（2）A　（3）B　（4）C

- 一个有效的客户关系管理（CRM）解决方案应具备畅通有效的客户交流渠道，对所获信息进行有效分析和___(5)___等特点。

　　（5）A. 与 ERP 很好地集成　　　　　　B. 客户群维系
　　　　C. 商机管理　　　　　　　　　　　D. 客户服务与支持

试题分析

一个有效的 CRM 解决方案应具备畅通有效的客户交流渠道，对所获信息进行有效分析和与 ERP 很好地集成等特点。

■ **参考答案**　A

【考核方式3】 产品数据管理和产品生命周期管理

- 以下关于企业信息系统的描述，错误的是___(1)___。

　　（1）A. 客户关系管理（CRM）的支柱性功能是市场营销和客户服务，其根本要求是与客户建立一种互相学习的关系，并在此基础上提供完善的个性化服务
　　　　B. 供应链管理（SCM）整合并优化了供应商、制造商、零售商的业务效率，使商品以正确的数量、正确的品质，在正确的地点、以正确的时间、最佳的成本进行生产和销售。SCM 包括计划、采购、制造、交付、退货等内容
　　　　C. 产品数据管理（PDM）的核心功能包括数据库和文档管理、产品结构与配置管理、生命周期管理和流程管理及集成开发接口。第二代 PDM 产品建立在 Internet 平台、CORBA 和 Java 技术基础之上
　　　　D. 产品生命周期管理（PLM）包含了 PDM 的全部内容，PDM 功能是 PLM 中的一个子集

试题分析

本题考查对企业信息系统的组成及功能的理解。

产品数据管理（Product Data Management，PDM）是一种以产品为中心，管理产品整个生命周期中所有与产品相关信息（包括零件信息、配置、文档、CAD 文件、结构、权限信息等）和过程的技术和应用系统。产品数据管理（PDM）的核心功能包括数据库和文档管理、产品结构与配置管理、生命周期管理和流程管理、集成开发接口。第三代 PDM 产品建立在 Internet 平台、CORBA 和 Java 技术基础之上。

■ **参考答案** C

● 以下 4 个选项中，___(2)___ 不属于产品生命周期的 5 个阶段。
（2）A．培育期　　　　B．成长期　　　　C．开发期　　　　D．成熟期

试题分析

产品的生命周期一般包括 5 个阶段，分别是培育期（概念期）、成长期、成熟期、衰退期和结束期（报废期）。产品生命周期管理（Product Lifecycle Management，PLM）是实施一整套业务解决方案，把人、过程和信息有效地集成在一起，作用于整个企业，遍历产品全生命周期。

■ **参考答案** C

【考核方式 4】　商业智能

★ 商业智能系统主要包括数据预处理、建立数据仓库、数据分析和数据展现 4 个主要阶段。其中，数据预处理主要包括___(1)___；建立数据仓库是处理海量数据的基础；数据分析一般采用___(2)___来实现；数据展现则主要是保障系统分析结果的可视化。
（1）A．联机分析处理（OLAP）　　　　B．联机事务处理（OLTP）
　　 C．抽取、转换和加载（ETL）　　　D．数据聚集和汇总（DCS）
（2）A．数据仓库和智能分析　　　　　　B．数据抽取和报表分析
　　 C．联机分析处理和数据挖掘　　　　D．业务集成和知识形成与转化

试题分析

这类题目，系统分析师考试中常考。

商业智能系统主要包括数据预处理、建立数据仓库、数据分析和数据展现 4 个主要阶段。

数据预处理主要包括数据的抽取（Extraction）、转换（Transform）和加载（Load），即 ETL 过程；建立数据仓库是处理海量数据的基础；数据展现则主要是保障系统分析结果的可视化。

数据分析是体现系统智能的关键，一般采用 OLAP 和数据挖掘两大技术。OLAP 可以进行复杂的、多维的数据分析，可以对决策层和高层提供决策支持。数据挖掘通常是从大量数据中提取出未知的、隐藏的、有价值的信息，不专注多维分析。

■ **参考答案**　（1）C　（2）C

● 商业智能（BI）主要关注如何从业务数据中提取有用的信息，然后根据这些信息采取相应的行动，其核心是构建___(3)___。BI 系统的处理流程主要包括 4 个阶段，其中___(4)___阶段主要包括数据的抽取（Extraction）、转换（Transform）和加载（Load）3 个步骤；___(5)___阶段不仅需要进行数据汇总/聚集，同时还提供切片、切块、下钻、上卷和旋转等海量数据分析功能。
（3）A．E-R 模型　　　B．消息中心　　　C．数据仓库　　　D．业务模型
（4）A．数据预处理　　B．数据预加载　　C．数据前处理　　D．数据后处理
（5）A．业务流程分析　B．OLTP　　　　　C．OLAP　　　　　D．数据清洗

试题分析

商业智能（BI）主要关注如何从业务数据中提取有用的信息，然后根据这些信息采取相应的行动，其核心是构建数据仓库。商业智能系统主要包括数据预处理、建立数据仓库、数据分析和数据展现 4 个阶段。其中，数据预处理阶段主要包括数据的抽取（Extraction）、转换（Transform）和加

载（Load）3个步骤；OLAP阶段不仅需要进行数据汇总/聚集，同时还提供切片、切块、下钻、上卷和旋转等海量数据分析功能。

■ **参考答案** （3）C （4）A （5）C

【考核方式5】 知识管理

● 知识管理是企业信息化过程中的重要环节，知识可以分为显性知识和隐性知识。其中，___(1)___ 分别属于显性知识和隐性知识。

（1）A．主观洞察力和产品说明书

　　　B．科学原理和个人直觉

　　　C．企业文化和资料手册

　　　D．可以用规范方式表达的知识和可编码结构化的知识

试题分析

知识可以分为显性知识和隐性知识。显性知识是通过文字、公式、图形等表述或通过语言、行为表述并体现于纸、光盘、磁带、磁盘等客观存在的载体介质上的知识。它是客观存在的，不以个人意志为转移。

隐性知识是难以编码的知识，主要基于个人经验。在组织环境中，隐性知识由技术技能、个人观点、信念和心智模型等认知维度构成，隐性知识交流在很大程度上依赖于个人经验和认知，难以交流和分享，如主观见解、直觉和预感等这一类的知识。

■ **参考答案** B

【考核方式6】 电子商务与电子政务

● 在国家电子商务标准体系中，流程与接口属于___(1)___，在线支付属于___(2)___。

（1）A．支撑体系标准　　B．监督管理标准　　C．业务标准　　D．基础技术标准

（2）A．业务标准　　　　B．支撑体系标准　　C．基础技术标准　　D．监督管理标准

试题分析

我国电子商务技术标准体系包含数据交换标准、识别卡标准、通信网络标准和其他相关的标准。具体体系结构如图9-2-2所示。

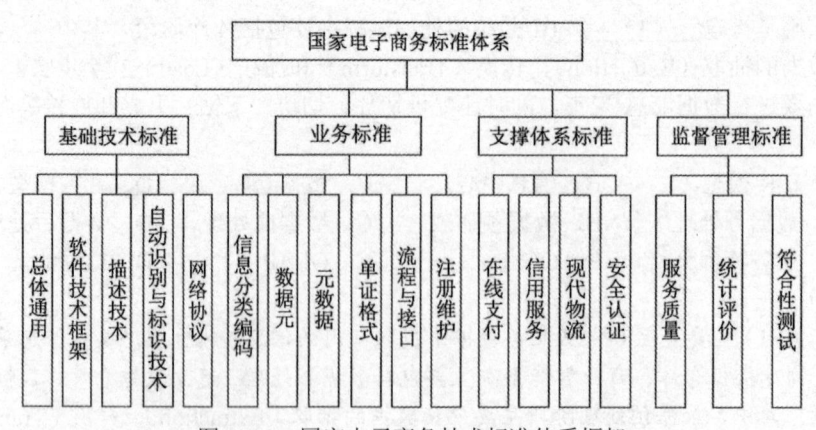

图9-2-2　国家电子商务技术标准体系框架

■ **参考答案** （1）C　（2）B

【考核方式 7】 决策支持系统
● 决策支持系统的基本组成部分包括＿＿(1)＿＿。
（1）A．数据库子系统、模型库子系统、数据解析子系统和数据查询子系统
　　 B．数据库、数据字典、数据解析模块和数据查询模块
　　 C．数据库子系统、模型库子系统、决策算法子系统
　　 D．数据库子系统、模型库子系统、推理部分和用户接口子系统

试题分析

决策支持系统（Decision Support System，DSS）是辅助决策者通过数据、模型和知识，以人机交互方式进行决策的计算机应用系统。决策支持系统基本组成部分包括数据库子系统、模型库子系统、推理部分和用户接口子系统。

1）数据库子系统：负责存储和管理决策过程中所需的各种数据。
2）模型库子系统：存储了多种数学模型，用于处理和分析数据，帮助决策者进行决策。
3）推理部分：包括知识库和推理机，用于根据数据和模型进行推理，产生决策建议或方案。
4）用户接口子系统：系统与用户之间的交互界面，用户可以通过该界面输入数据、查询信息、查看决策结果等。

■ **参考答案**　D

● 决策支持系统（DSS）是辅助决策者通过数据、模型和知识，以人机交互方式进行半结构化或非结构化决策的计算机应用系统。其中，＿＿(2)＿＿可以建立适当的算法产生决策方案，使决策方案得到较优解。DSS 基本结构主要由 4 个部分组成，即数据库子系统、模型库子系统、推理部分和用户接口子系统。DSS 用户是依靠＿＿(3)＿＿进行决策的。

（2）A．结构化和半结构化决策　　　　B．半结构化决策
　　 C．非结构化决策　　　　　　　　D．半结构化和非结构化决策
（3）A．数据库中的数据　　　　　　　B．模型库中的模型
　　 C．知识库中的方法　　　　　　　D．人机交互界面

试题分析

非结构化决策是指决策过程复杂、没有规律可循、不能用确定的模型和语言描述决策过程，更没有最优解的决策。决策依靠决策者的经验、直觉、偏好等主观行为来定。半结构化决策是决策者可部分借助算法，产生较优的决策。DSS 用户是依靠模型库中的模型进行决策。

■ **参考答案**　（2）B　（3）B

第10章 法律法规与标准化

知识点图谱与考点分析

本章的内容包含著作权与计算机软件保护、专利与商标权、标准化等知识。本章知识，在系统分析师考试中，综合知识部分考查的分值为1~2分，所以属于零星考点。近十年的考试中，系统分析师的考试并没有出现与标准化相关的考题。

本章考点知识结构图如图10-0-1所示。

```
                                      ┌─《中华人民共和国著作权法》
                                      ├─《计算机软件保护条例》
                    ┌─著作权与计算机软件保护★★─┼─管理机构
J.法律法规与标准化──┤                      ├─商业秘密
                    │                      └─软件著作使用许可
                    │                      ┌─《中华人民共和国专利法》
                    └─专利与商标权★★──────┤
                                            └─《中华人民共和国商标法》
```

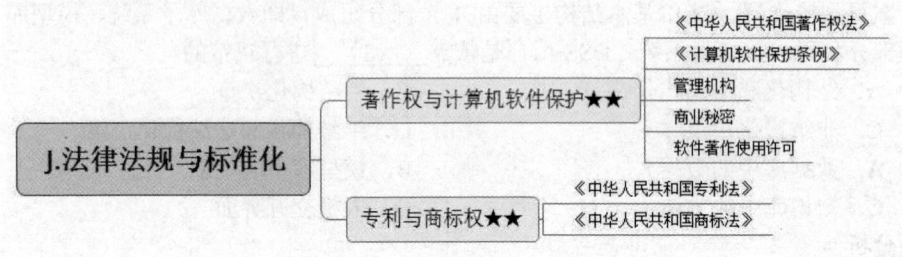

图10-0-1 考点知识结构图

10.1 著作权与计算机软件保护

本节知识点包含《中华人民共和国著作权法》《计算机软件保护条例》、管理机构、商业秘密以及软件著作使用许可等。

【考核方式1】 《中华人民共和国著作权法》

★ 著作权中，___(1)___的保护期不受限制。
　　(1) A. 发表权　　　　B. 发行权　　　　C. 署名权　　　　D. 展览权

试题分析

这类题目，系统分析师考试常考。

《中华人民共和国著作权法》第二十二条，作者的署名权、修改权、保护作品完整权的保护期不受限制。

■ 参考答案　C

★ 在《中华人民共和国著作权法》中，计算机软件著作权保护的对象是___（2）___。

（2）A. 计算机程序及其有关文档　　　B. 硬件设备驱动程序
　　　C. 设备和操作系统软件　　　　　D. 源程序代码和底层环境

试题分析

这类题目，系统分析师考试中常考。

在《中华人民共和国著作权法》中，计算机软件著作权保护的对象是计算机程序及其有关文档。

■ 参考答案　A

● 某软件公司参与开发管理系统软件的程序员丁某，辞职到另一公司任职，该公司项目负责人将管理系统软件的开发者署名替换为王某，该项目负责人的行为___（3）___。

（3）A. 不构成侵权，因为丁某不是软件著作权人
　　　B. 只是行使管理者的权力，不构成侵权
　　　C. 侵犯了开发者丁某的署名权
　　　D. 不构成侵权，因为丁某已离职

试题分析

《中华人民共和国著作权法》第二十二条，作者的署名权、修改权、保护作品完整权的保护期不受限制。所以，该项目负责人的行为侵犯了开发者丁某的署名权。

■ 参考答案　C

【考核方式2】《计算机软件保护条例》

★ 某软件公司项目组开发了一套应用软件，其软件著作权人应该是___（1）___。

（1）A. 项目组全体人员　　　　　　　B. 系统设计师
　　　C. 项目负责人　　　　　　　　　D. 软件公司

试题分析

这类题目，系统分析师考试中常考。

《计算机软件保护条例》第十三条 "自然人在法人或者其他组织中任职期间所开发的软件有下列情形之一的，该软件著作权由该法人或者其他组织享有，该法人或者其他组织可以对开发软件的自然人进行奖励：

（一）针对本职工作中明确指定的开发目标所开发的软件；

（二）开发的软件是从事本职工作活动所预见的结果或者自然的结果；

（三）主要使用了法人或者其他组织的资金、专用设备、未公开的专门信息等物质技术条件所开发并由法人或者其他组织承担责任的软件。"

由于该应用软件属于职务作品，所以软件著作权归软件公司所有。

■ 参考答案　D

★ 孙某是 A 物流公司的信息化系统管理员。在任职期间，孙某根据公司的业务要求开发了"物资进销存系统"，并由 A 公司使用。后来 A 公司将该软件申请了计算机软件著作权，并取得《计

算机软件著作登记证书》。证书明确软件著作名称为"物资进销存系统 V1.0",以下说法正确的是___(2)___。

(2)A. 物资进销存系统 V1.0 的著作权属于 A 物流公司
   B. 物资进销存系统 V1.0 的著作权属于孙某
   C. 物资进销存系统 V1.0 的著作权属于孙某和 A 物流公司
   D. 物资进销存系统的软件登记公告以及有关登记文件不予公开

试题分析

这类题目,系统分析师考试中常考。

孙某根据公司的业务要求开发的"物资进销存系统",属于职务作品,所以软件著作权归公司所有。

■ **参考答案** A

★ 软件著作权产生的时间是___(3)___。

(3)A. 软件首次公开发表时   B. 开发者有开发意图时
   C. 软件得到国家著作权行政管理部门认可时 D. 软件开发完成时

试题分析

这类题目,系统分析师考试中常考。

《计算机软件保护条例》第十四条 "软件著作权自软件开发完成之日起产生"。所以本题选 D。

■ **参考答案** D

★ 王某原是 M 软件公司的项目经理,未与 M 软件公司签订劳动合同及相应的保密协议。王某离职后受聘于 L 软件公司,先后将其在 M 软件公司任职期间掌握的软件开发思想、处理过程及客户信息等用于 L 软件公司的开发与管理活动,提高了 L 软件公司的经济效益。王某的行为___(4)___。

(4)A. 侵犯了 M 软件公司的软件著作权
   B. 侵犯了 M 软件公司的商业秘密权
   C. 既侵犯了 M 软件公司的软件著作权,也侵犯了 M 软件公司的商业秘密权
   D. 既未侵犯 M 软件公司的软件著作权,也未侵犯 M 软件公司的商业秘密权

试题分析

这类题目,系统分析师考试中常考。

《计算机软件保护条例》第六条"本条例对软件著作权的保护不延及开发软件所用的思想、处理过程、操作方法或者数学概念等"。所以不侵犯 M 软件公司的软件著作权。

商业秘密如果要受到法律保护需要具备 3 个条件,即不为公众所知悉、具有实用性、采取了保密措施。由于王某没有跟公司签订保密协议,所以该公司的技术和经营信息,不具备保密性,因此也没有侵犯公司的商业秘密权。

■ **参考答案** D

【考核方式3】 管理机构

● 我国由国家版权局主管全国软件著作权登记管理工作,指定___(1)___为软件著作权登记机构。

(1)A. 著作权登记中心   B. 国家知识产权局
   C. 中国版权保护中心   D. 国家专利局

试题分析

中国版权保护中心是国家版权登记机构，我国唯一的软件著作权登记、著作权质权登记机构，提供版权鉴定、监测维权、版权产业及版权资产管理研究咨询培训等专业服务。

■ **参考答案** C

【考核方式4】 商业秘密

● 利用___(1)___可以保护软件的技术信息和经营信息。

(1) A. 著作权　　　　　B. 专利权　　　　　C. 商业秘密权　　　　D. 商标权

试题分析

商业秘密是指不为公众所知悉、具有商业价值并经权利人采取相应保密措施的技术信息、经营信息等商业信息。这些信息必须具备秘密性、价值性和保密性3个基本特征。其中，秘密性是指该信息无法从公开渠道直接获取；价值性是指商业秘密能为权利人带来经济利益或竞争优势；保密性则是指权利人已采取了相应的保密措施来保护这些信息。商业秘密是一种特殊的知识产权，利用商业秘密权可以保护软件的技术信息和经营信息。

■ **参考答案** C

【考核方式5】 软件著作使用许可

● 在软件著作使用许可中，按照被许可使用权排他性强弱的不同，可分为独占使用许可、___(1)___。

(1) A. 排他使用许可和多用户许可　　　　B. 排他使用许可和普通使用许可
　　C. 专有许可和普通使用许可　　　　　D. 专有许可和多用户许可

试题分析

在软件著作使用许可中，按照被许可使用权排他性强弱的不同，可分为独占使用许可、排他使用许可和普通使用许可。

1）独占使用许可：被许可方在约定的范围内有权使用作品，且在约定的许可期内，著作权人本身也无权行使相关权利，更不得另行许可其他人使用该作品。

2）排他使用许可：被许可方在约定的范围内有权使用作品，著作权人本身可使用该作品，但不能许可其他人使用该作品。

3）普通使用许可：被许可人除了享有自己使用的权利之外，并不享有任何排他权利。

■ **参考答案** B

10.2 专利与商标权

本节知识点包含《中华人民共和国专利法》《中华人民共和国商标法》等。

【考核方式1】 《中华人民共和国专利法》

★ 下列关于计算机程序的智力成果中，能取得专利权的是___(1)___。

(1) A. 计算机程序代码　　　　　　　B. 计算机游戏的规则和方法
　　C. 计算机程序算法　　　　　　　D. 用于控制测试过程的程序

试题分析

这类题目，系统分析师考试中常考。

《中华人民共和国专利法》第二条　本法所称的发明创造是指发明、实用新型和外观设计。

发明，是指对产品、方法或者其改进所提出的新的技术方案。

实用新型，是指对产品的形状、构造或者其结合所提出的适于实用的新的技术方案。

外观设计，是指对产品的整体或者局部的形状、图案或者其结合以及色彩与形状、图案的结合所作出的富有美感并适于工业应用的新设计。

第二十五条　对下列各项，不授予专利权：

（一）科学发现；

（二）智力活动的规则和方法；

（三）疾病的诊断和治疗方法；

（四）动物和植物品种；

（五）原子核变换方法以及用原子核变换方法获得的物质；

（六）对平面印刷品的图案、色彩或者二者的结合作出的主要起标识作用的设计。

对于算法而言，如果其具备新颖性、创造性和实用性，且能够以技术方案的形式进行表达，那么它就有可能取得发明专利。

■ **参考答案**　C

【考核方式2】《中华人民共和国商标法》

● 以下商标注册申请，经审查，不能获准注册的是＿＿（1）＿＿。

（1）A．凤凰　　　　　B．黄山　　　　　C．同心　　　　　D．湖南

试题分析

《中华人民共和国商标法》第十条　下列标志不得作为商标使用：

（一）同中华人民共和国的国家名称、国旗、国徽、国歌、军旗、军徽、军歌、勋章等相同或者近似的，以及同中央国家机关的名称、标志、所在地特定地点的名称或者标志性建筑物的名称、图形相同的；

（二）同外国的国家名称、国旗、国徽、军旗等相同或者近似的，但经该国政府同意的除外；

（三）同政府间国际组织的名称、旗帜、徽记等相同或者近似的，但经该组织同意或者不易误导公众的除外；

（四）与表明实施控制、予以保证的官方标志、检验印记相同或者近似的，但经授权的除外；

（五）同"红十字"、"红新月"的名称、标志相同或者近似的；

（六）带有民族歧视性的；

（七）带有欺骗性，容易使公众对商品的质量等特点或者产地产生误认的；

（八）有害于社会主义道德风尚或者有其他不良影响的。

县级以上行政区划的地名或者公众知晓的外国地名，不得作为商标。但是，地名具有其他含义或者作为集体商标、证明商标组成部分的除外；已经注册的使用地名的商标继续有效。

■ **参考答案**　D

● 以下知识产权中，＿＿（2）＿＿的保护期限是可以延长的。

（2）A．专利权　　　　B．商标权　　　　C．著作权　　　　D．商业秘密权

试题分析

《中华人民共和国商标法》第三十九条　注册商标的有效期为十年，自核准注册之日起计算。

第四十条　注册商标有效期满，需要继续使用的，商标注册人应当在期满前十二个月内按照规定办理续展手续；在此期间未能办理的，可以给予六个月的宽展期。每次续展注册的有效期为十年，自该商标上一届有效期满次日起计算。期满未办理续展手续的，注销其注册商标。

商标局应当对续展注册的商标予以公告。

■ **参考答案**　B

● 美国甲公司生产的平板计算机在其本国享有"A"注册商标专用权，但未在中国申请注册。我国乙公司生产的平板计算机也使用"A"商标，并享有我国注册商标专用权。美国甲公司与我国的乙公司生产的平板计算机都在我国市场上销售。此情形下，依据《中华人民共和国商标法》，___(3)___商标权。

（3）A．甲公司侵犯了乙公司的　　　　B．甲公司与乙公司均未侵犯

　　C．乙公司侵犯了甲公司的　　　　D．甲公司与乙公司均侵犯了

试题分析

《中华人民共和国商标法》第五十七条　有下列行为之一的，均属侵犯注册商标专用权：

（一）未经商标注册人的许可，在同一种商品上使用与其注册商标相同的商标的；

（二）未经商标注册人的许可，在同一种商品上使用与其注册商标近似的商标，或者在类似商品上使用与其注册商标相同或者近似的商标，容易导致混淆的；

（三）销售侵犯注册商标专用权的商品的；

显然，因为美国甲公司没有在中国申请商标注册，因此侵犯了申请了商标的乙公司的商标权。

■ **参考答案**　A

第 11 章 数学知识

知识点图谱与考点分析

本章的内容包含运筹学、图论、概率论、逻辑推理与组合等。本章知识，在系统分析师考试中，综合知识部分考查的分值为 4~6 分，所以属于重要考点。

本章考点知识结构图如图 11-0-1 所示。

```
                          ┌─ 线性规划基本概念
                          ├─ 运输问题
                          ├─ 组合有限资源获得最大利润问题
                          ├─ 优化理论和决策分析结合
              ┌─ 运筹学★★★ ┼─ 最大流量问题
              │           ├─ 背包问题
              │           ├─ 博弈论中的策略选择问题
              │           ├─ 指派问题
              │           └─ 组合优化
              │
              │           ┌─ 画网络图，求解关键路径
              ├─ 图论★★★ ┼─ 求解最短路径
              │           └─ 求解最小生成树
K.数学知识 ────┤
              ├─ 概率论★★ ┬─ 基础概率计算
              │           └─ 统计应用
              │
              ├─ 逻辑推理与组合★ ┬─ 根据逻辑列出方程并解方程
              │                 └─ 函数变换
              │
              │                    ┌─ 计算盈亏临界点
              │                    ├─ 计算复利
              └─ 项目管理相关计算★★ ┼─ 计算净现值
                                   ├─ 计算动态投资回收期
                                   └─ 计算投资收益率
```

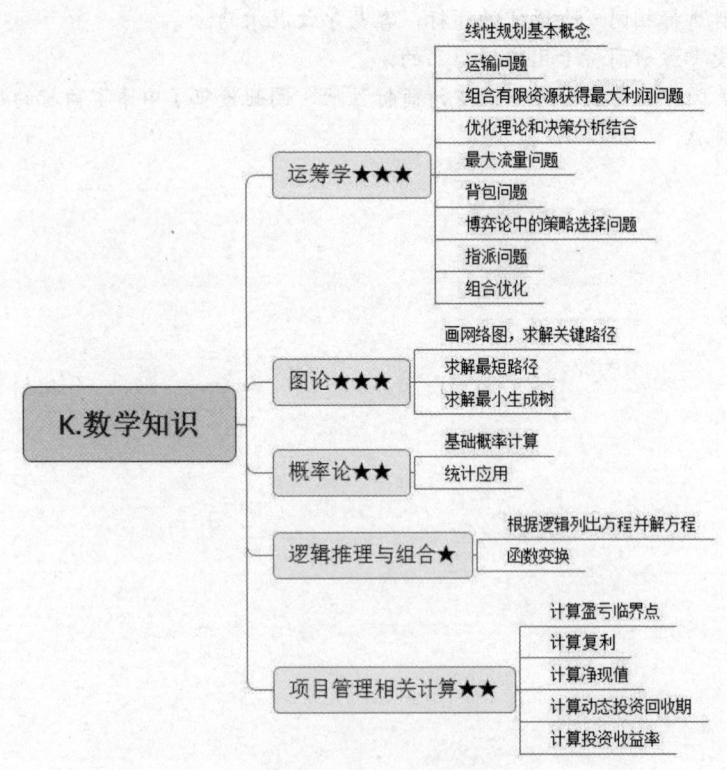

图 11-0-1 考点知识结构图

11.1 运筹学

本节知识点包含线性规划基本概念、运输问题、组合有限资源获得最大利润问题、优化理论和决策分析结合、最大流量问题、背包问题、博弈论中的策略选择问题、指派问题以及组合优化等。

【考核方式 1】 线性规划基本概念

- 线性规划问题由线性的目标函数和线性的约束条件（包括变量非负条件）组成。满足约束条件的所有解的集合称为可行解区。既满足约束条件，又使目标函数达到极值的解，称为最优解。以下关于可行解区和最优解的叙述中，正确的是___(1)___。

    (1) A. 线性规划问题的可行解区一定存在

    B. 如果可行解区存在，则一定有界

    C. 如果可行解区存在但无界，则一定不存在最优解

    D. 如果最优解存在，则一定会在可行解区的某个顶点处达到

试题分析

线性规划是一种数学优化技术，用于在给定一组线性不等式或等式约束条件下，最大化或最小化一个线性目标函数。约束条件不同时，线性规划问题可能出现没有可行解，可行解区无界等情况。

1）当约束条件（不等式）矛盾时，则没有可行解。例如 $X+Y<0$, X, $Y \geq 0$。

2）可行解区无界。例如 $X+Y>0$, X, $Y \geq 1$，可行解区无界，但是可能存在最优解的。例如，$X+Y>0$, X, $Y \geq 1$, min $Z=X+Y$，最优解 Z 是 2。

线性函数中，如果最优解存在，则最优解一定会在可行解区的某个顶点处达到。

■ **参考答案** D

- 线性规划问题由线性的目标函数和线性的约束条件（包括变量非负条件）组成。满足约束条件的所有解的集合称为可行解区。既满足约束条件，又使目标函数达到极值的解称为最优解。以下关于可行解区和最优解的叙述中，正确的是___(2)___。

    (2) A. 可行解区一定是封闭的多边形或多面体

    B. 若增加一个线性约束条件，则可行解区可能会扩大

    C. 若存在两个最优解，则它们的所有线性组合都是最优解

    D. 若最优解存在且唯一，则可以从可行解区顶点处比较目标函数值来求解

试题分析

线性规划问题的可行解区可以是开放的、无界的，所以 A 选项不正确。

增加一个线性约束条件，可行解区可能缩小，也可能不变，但不会扩大，所以 B 选项不正确。

如果存在两个最优解，则连接两个顶点的线段上所有点都是可行解，但线段的两端延长线超出可行解区，则不是可行解。所以 C 选项不正确。

■ **参考答案** D

- 以下关于线性规划模型的叙述中，不正确的是___(3)___。

    (3) A. 决策目标是使若干决策变量的线性函数达到极值

    B. 一组决策变量的线性等式或不等式构成约束条件

C. 单纯形法是求解线性规划问题的一种方法

D. 线性规划模型是运输问题的一类特殊情形

试题分析

运输问题考虑如何以最小的成本将物品从一个或多个来源地运输到一个或多个目的地，属于特殊的线性规划模型。

- **参考答案** D

- 以下关于数学建模的叙述中，不正确的是___(4)___。

（4）A. 数学建模用数学的语言量化现实世界的现象并分析其行为

B. 数学建模用数学来探索和发展我们对现实世界问题的理解

C. 数学建模往往是对实际问题迭代求解的过程

D. 人们常把示例问题用作所有数学建模的模板

试题分析

数学建模是根据实际问题来建立数学模型，并对该模型进行求解的过程。数学系统不是完备的，不存在适用于所有问题的模板。

- **参考答案** D

【考核方式2】 运输问题

★ 设3个煤场A、B、C分别能供应煤12、14、10吨，3个工厂X、Y、Z分别需要煤11、12、13吨，从各煤场到各工厂运煤的单价（元/吨）见表11-1-1，只要选择最优的运输方案，总的运输成本就能降到___(1)___元。

表11-1-1 习题用表

	工厂X	工厂Y	工厂Z	供应量/吨
煤场A	5	1	6	12
煤场B	2	4	3	14
煤场C	3	6	7	10
需求量/吨	11	12	13	36

（1）A. 83　　　　B. 91　　　　C. 113　　　　D. 153

试题分析

这类题目，系统分析师考试中出现多次。

初始方案是先按最低运费1、2（元/吨）尽可能地多运。具体方案见表11-1-2。

表11-1-2 初始方案

	工厂X	工厂Y	工厂Z	供应量/吨
煤场A	5	1（A→Y, 12）	6	12
煤场B	2（B→X, 11）	4	3（B→Z, 3）	14
煤场C	3	6	7（C→Z, 10）	10
需求量/吨	11	12	13	36

初始方案的总运费=12×1+11×2+3×3+10×7=113 元。

注：（A→Y，12）的含义是煤场 A 向工厂 Y 运送 12 吨的煤。

然后，在初始方案之上进行探索和改进。改进方案是尽可能地避免最高运价 7 元/吨的运输。具体方案见表 11-1-3。

表 11-1-3　改进方案

	工厂 X	工厂 Y	工厂 Z	供应量/吨
煤场 A	5	1（A→Y，12）	6	12
煤场 B	2（B→X,1）	4	3（B→Z,13）	14
煤场 C	3（C→X,10）	6	7	10
需求量/吨	11	12	13	36

改进方案的总运费=12×1+13×3+2×1+10×3=83 元。

■ **参考答案**　A

★ 设 3 个煤场 A1、A2、A3 分别能供应煤 7、12、11 吨，3 个工厂 B1、B2、B3 分别需要煤 10、10、10 吨，从各煤场到各工厂运煤的单价（元/吨）见表 11-1-4。只要选择最优的运输方案，总的运输成本就能降到＿＿（2）＿＿元。

表 11-1-4　习题用表

	工厂 B1	工厂 B2	工厂 B3	供应量/吨
煤场 A1	1	2	6	7
煤场 A2	0	4	2	12
煤场 A3	3	1	5	11
需求量/吨	10	10	10	40

（2）A．30　　　　　B．40　　　　　C．50　　　　　D．61

试题分析

初始方案是先按最低运费 0、1（元/吨）尽可能地多运。具体方案见表 11-1-5。

表 11-1-5　初始方案

	工厂 B1	工厂 B2	工厂 B3	供应量/吨
煤场 A1	1	2	6（A1→B3，7）	7
煤场 A2	0（A2→B1，10）	4	2（A2→B3，2）	12
煤场 A3	3	1（A3→B2，10）	5（A3→B3，1）	11
需求量/吨	10	10	10	40

初始方案的总运费=10×0+10×1+6×7+2×2+5×1=61 元。

然后，在初始方案之上进行探索和改进。改进方案是按第 1 行最便宜的运价，先进行运输。具体调整方案见表 11-1-6。

表 11-1-6 调整方案

	工厂 B1	工厂 B2	工厂 B3	供应量/吨
煤场 A1	1（A1→B1，7）	2	6	7
煤场 A2	0（A2→B1，3）	4	2（A2→B3，9）	12
煤场 A3	3	1（A3→B2，10）	5（A3→B3，1）	11
需求量/吨	10	10	10	40

改进方案的总运费=7×1+0×3+10×1+2×9+5×1=40 元。

对改进方案再进行调整，运费也无法更低了。初始方案不同，最优方案不同，但最低运费是固定的。

■ **参考答案** B

【考核方式 3】 组合有限资源获得最大利润问题

★ 某企业需要采用甲、乙、丙 3 种原材料生产 I、II 两种产品。生产两种产品所需原材料数量、单位产品可获得利润以及企业现有原材料数量见表 11-1-7。

表 11-1-7 例题表

条件项		产品/吨		现有原材料/吨
		I	II	
资源	甲	1	1	4
	乙	4	3	12
	丙	1	3	6
单位利润/（万元/吨）		9	12	

则公司可以获得的最大利润是____（1）____万元。取得最大利润时，原材料____（2）____尚有剩余。

（1）A. 21　　　　　B. 34　　　　　C. 39　　　　　D. 48

（2）A. 甲　　　　　B. 乙　　　　　C. 丙　　　　　D. 乙和丙

试题分析

这类题目，系统分析师考试中出现多次。

线性规划是一种数学优化技术，用于在给定一组线性不等式或等式约束条件下，最大化或最小化一个线性目标函数。

第一步：将题干转变为不等式。

设生产 I、II 两种产品分别为 x 吨、y 吨，公司获利 $z=9x+12y$ 万元，依据题意有：

$$\begin{cases} x+y \leq 4 & ① \\ 4x+3y \leq 12 & ② \\ x+3y \leq 6 & ③ \\ x,y \geq 0 & ④ \end{cases} \rightarrow 约束条件$$

max $z=9x+12y$ 　　　　　　　　→目标函数

第二步：依据不等式作图。

将不等式①变为等式，即 $x+y=4$，依据该等式画直线。同法，画出 $4x+3y=12$，$x+3y=6$，$x=0$，$y=0$ 对应的直线。

全部约束条件相应部分，交集即为线性规划问题的可行域。具体如图 11-1-1 所示。

第三步：作一条目标函数的平行线，平移。

依据目标函数 $9x+12y=z$ 任选一平行线，例如 $9x+12y=3$，作直线。然后平行移动该平行线，移动到阴影部分最边缘，即可以得到最大值，过程如图 11-1-2 所示。

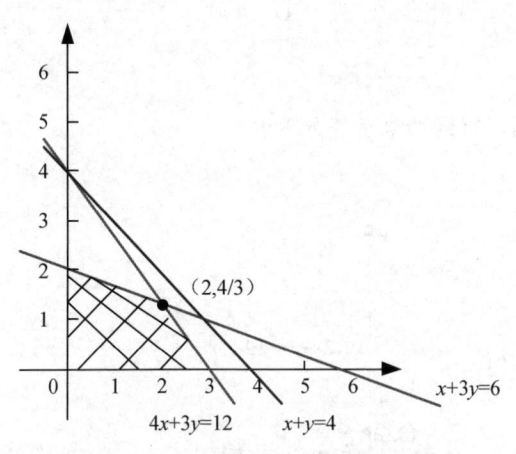

图 11-1-1　各直线与坐标轴的交集 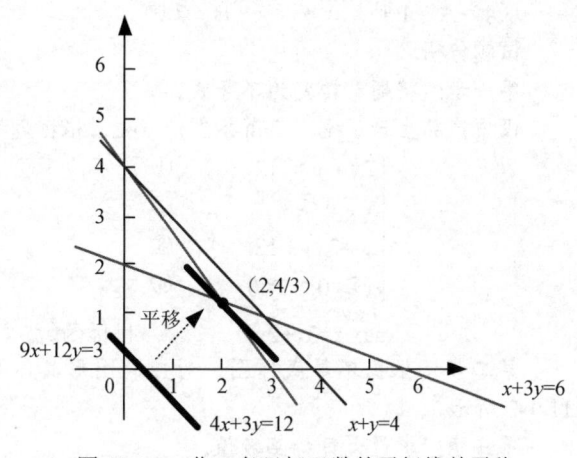　　　　图 11-1-2　作一条目标函数的平行线并平移

顶点（2,4/3）处为最优解（阴影部分最边缘），这样得到产品I、II分别为 2 吨、4/3 吨，能取得最大利润。

对应值代入目标函数 max $z=9x+12y$，得到 max $z=9x+12y=18+16=34$。

甲原料需要花费 2+4/3 吨，乙原料需要花费 2×4+4/3×3=12 吨，丙原料需要花费 2+4/3×3=6 吨，因此只有甲原料还有剩余。

■ **参考答案**　（1）B　（2）A

● 某厂拥有 3 种资源 A、B、C，生产甲、乙两种产品。生产每吨产品需要消耗的资源、可以获得的利润见表 11-1-8。目前，该厂拥有资源 A、资源 B 和资源 C 分别为 12 吨、7 吨和 12 吨。根据上述说明，适当安排甲、乙两种产品的生产量，就能获得最大总利润＿＿（3）＿＿。如果生产计划只受资源 A 和 C 的约束，资源 B 很容易从市场上以每吨 0.5 万元购得，则该厂宜再购买＿＿（4）＿＿资源 B，以获得最大的总利润。

表 11-1-8　习题用表

资源	产品	
	产品甲/吨	产品乙/吨
资源 A/吨	2	1
资源 B/吨	1	1

续表

资源	产品	
	产品甲/吨	产品乙/吨
资源 C/吨	1	2
利润/万元	3	2

（3）A. 16 万元　　　B. 18 万元　　　C. 19 万元　　　D. 20 万元
（4）A. 1 吨　　　　B. 2 吨　　　　C. 3 吨　　　　D. 4 吨

试题分析

第一步：将题干转变为不等式。

设甲产品生产 x 吨，乙商品生产 y 吨。根据题意，得到约束条件如下：

$$\begin{cases} 2x+y \leq 12 & ① \\ x+y \leq 7 & ② \\ x+2y \leq 12 & ③ \\ x \geq 0, y \geq 0 & ④ \end{cases}$$

max $z=3x+2y$ →目标函数

第二步：依据不等式作图。 对应的图形具体如图 11-1-3 所示。

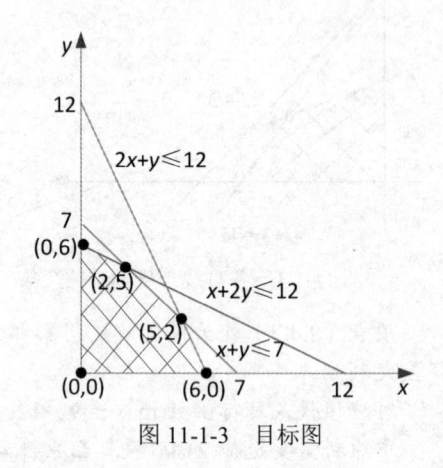

第三步：求最大目标函数值。

显然，网格区域符合条件，将网格区的顶点（0，0）、（0，6）、（6，0）、（2，5）、（5，2）代入方程 $3x+2y$，可知顶点（5，2）代入得到最大值 19。

依据题意"如果生产计划只受资源 A 和 C 的约束，资源 B 很容易从市场上以每吨 0.5 万元购得"。

第一步：将题干转变为不等式。

设新购 n 吨 B 资源，需要多花费 $0.5n$ 万元。新约束条件如下：

$$\begin{cases} 2x+y \leq 12 & ① \\ x+y \leq 7+n & ② \\ x+2y \leq 12 & ③ \\ x,y,n \geq 0 & ④ \end{cases}$$

max $z=3x+2y-0.5n$ →目标函数

图 11-1-3　目标图

第二步：依据不等式作图。

结合题干的 4 个选项，假定外购资源 B 分别为 1、2、3、4 吨，则 n 可以取值 1、2、3、4。得到的图形具体如图 11-1-4 所示。

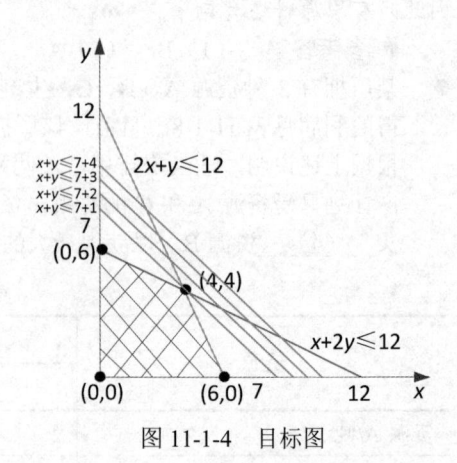

第三步：求最大目标函数值。

图 11-1-4　目标图

符合条件的区域仍然是网格区,顶点(4,4)可以得到最大值为 20。能经过该节点的,只有直线为 x+y≤7+1。说明 n=1,外购资源 B 为 1 吨时,可以获得最大利润。

■ **参考答案** (3) C (4) A

● 某厂准备生产甲、乙、丙 3 种产品,生产每件产品所需的 A、B 两种原料数量,能获得的利润,以及工厂拥有的原料数量见表 11-1-9。

表 11-1-9 习题用表

原料	产品			拥有量
	产品甲	产品乙	产品丙	
原料 A/吨	6	5	3	45
原料 B/吨	3	5	4	30
每件利润/万元	3	4	1	

根据题意,只要安排好生产计划,就能获得最大利润___(5)___万元。

(5) A. 25   B. 26   C. 27   D. 28

试题分析

本题中,产品丙产生的利润最低,可以假定不生产该产品。假设该厂计划生产甲 x 件,乙 y 件,利润为 z,则得到线性规划模型如下:

$$6x+5y \leq 45$$
$$3x+5y \leq 30$$
$$\max z = 3x+4y$$

依据上述不等式作图,得到图 11-1-5。

从图 11-1-5 中可知,线性规划问题的最优解在可行解区的顶点(5,3)处,即 $x=5, y=3$ 达到。代入 $\max z=3x+4y$ 得到最大利润为 27 万元。

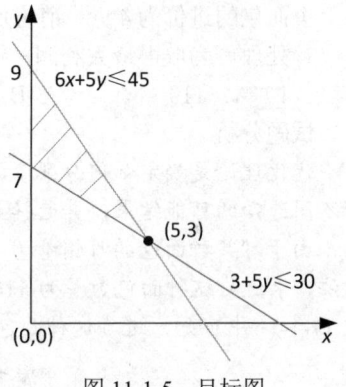

图 11-1-5 目标图

■ **参考答案** C

● 某工厂在计划期内要安排生产Ⅰ、Ⅱ两种产品,已知生产单位产品所需的设备数及 A、B 两种原料的消耗,见表 11-1-10。

表 11-1-10 习题用表

项目	Ⅰ	Ⅱ	总数
设备	1 台	2 台	8 台
原材料 A	4kg	0kg	16kg
原材料 B	0kg	4kg	12kg

该工厂每生产一件产品Ⅰ可获利 2 元,每生产一件产品Ⅱ可获利 3 元。根据题意,只要安排好生产计划,就能获得最大利润___(6)___元。

（6）A. 12 　　　　B. 13 　　　　C. 14 　　　　D. 16

试题分析

假设计划期内产品Ⅰ、Ⅱ的产量为 x、y，利润为 z，则得到线性规划模型如下：

$$x+2y \leqslant 8$$
$$4x \leqslant 16$$
$$4y \leqslant 12$$
$$\max z=2x+3y$$

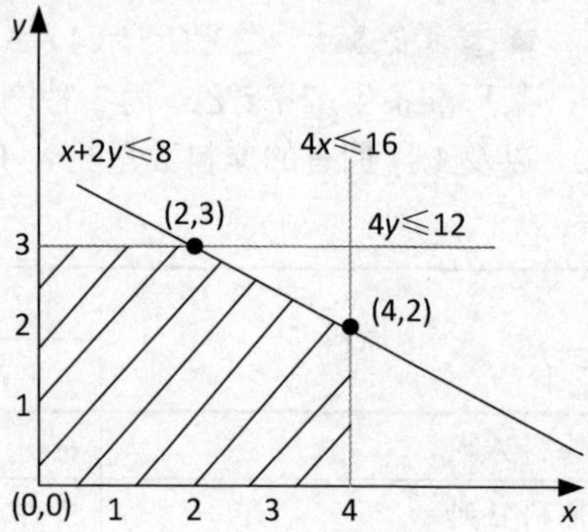

依据上述不等式作图，得到图 11-1-6。

从图 11-1-6 中可知，线性规划问题的最优解在可行解区的顶点（4,2）处，即 $x=4$，$y=2$ 达到。代入 $\max z=2x+3y$ 得到最大利润为 14 元。

图 11-1-6　目标图

- **参考答案**　C

【考核方式 4】 优化理论和决策分析结合

- 根据历史统计情况，某超市某种面包的日销量为 100、110、120、130、140 个的概率相同，每个面包的进价为 4 元，销售价为 5 元，但如果当天没有卖完，剩余的面包次日将以每个 3 元进行处理。为取得最大利润，该超市每天应进货这种面包___(1)___个。

（1）A. 110　　　　B. 120　　　　C. 130　　　　D. 140

试题分析

优化理论是确定如何分配资源（投资）以获得最佳效果（最大收益）。决策分析帮助决策者评估不同选择的可能结果，并选择最佳方案。

由于"某种面包的日销量为 100、110、120、130、140 个的概率相同"，因此可以用算术平均方法，求进货这种面包数量为 110、120、130、140 时的平均收益，具体计算结果见表 11-1-11。从表 11-1-11 中可知，进货这种面包 120 个时，收益最大。

表 11-1-11　进货不同数量面包的平均收益

进货量	销售量					平均收益
	100	110	120	130	140	
110	90	110	110	110	110	106
120	80	100	120	120	120	108
130	70	90	110	130	130	106
140	60	80	100	120	140	100

- **参考答案**　B

- 某工厂每年需要铁矿原料 100 吨，且假设全年对这种原料的消耗是均匀的。为了减少库存费用，准备平均分多批进货。库存费按平均年库存量（每次进货量的 1/2）以每吨 500 元计算。由于每次进货需要额外支出订单费 1000 元，所以每次进货次数也不能太多。为节省库存费和订货费总支出，最经济的办法是___(2)___。

(2) A. 每年进货 2 次，每次进货 50 吨　　B. 每年进货 4 次，每次进货 25 吨
　　C. 每年进货 5 次，每次进货 20 吨　　D. 每年进货 10 次，每次进货 10 吨

试题分析

A 选项（每年进货 2 次，每次 50 吨）：费用=订单费+库存费=2×1000+50/2×500=14500。
B 选项（每年进货 4 次，每次 25 吨）：费用=订单费+库存费=4×1000+25/2×500=10250。
C 选项（每年进货 5 次，每次 20 吨）：费用=订单费+库存费=5×1000+20/2×500=10000。
D 选项（每年进货 10 次，每次 10 吨）：费用=订单费+库存费=10×1000+10/2×500=12500。

■ 参考答案　C

● 某公司拟将 5 万元资金投放下属 A、B、C 3 个子公司（以万元的倍数分配投资），各子公司获得部分投资后的收益见表 11-1-12（以万元为单位）。该公司投资的总收益至多为___（3）___万元。

表 11-1-12　习题用表

子公司	收益					
	0	1	2	3	4	5
A	0	1.2	1.8	2.5	3	3.5
B	0	0.8	1.5	3	4	4.5
C	0	1	1.2	3.5	4.2	4.8

(3) A. 4.8　　　　　B. 5　　　　　C. 5.2　　　　　D. 5.5

试题分析

5 万元全投给公司 C，可得到 4.8 万元收益。

投 4 万元给公司 C，可得到 4.2 万元收益；投 1 万元给公司 B，可得到 0.8 万元收益，总共收益可达 5 万元。

投 4 万元给公司 B，可得到 4 万元收益；投 1 万元给公司 A，可得到 1.2 万元收益，总共收益可达 5.2 万元。

投 3 万元给公司 C，可得到 3.5 万元收益；投 1 万元给公司 A，可得到 1.2 万元收益；投 1 万元给公司 B，可得到 0.8 万元收益，总共收益可达 5.5 万元。此时，可以选择答案 D。

■ 参考答案　D

● 某团队希望在未来 18 天内串行选做若干个作业。供选各作业所需的实施时间（天数）、截止时间（最迟必须在指定的天数内完工）以及利润见表 11-1-13。

表 11-1-13　习题用表

作业名	T1	T2	T3	T4	T5	T6	T7	T8	T9	T10
所需时间/天	4	3	3	2	7	4	3	5	2	3
截止时间	6	15	4	18	10	18	16	10	17	10
利润/万元	2	6	5	2	8	3	4	4	3	2

该团队只要能适当选择若干个作业依次实施，就能获得最大利润___（4）___万元。

(4) A. 23　　　　　B. 24　　　　　C. 25　　　　　D. 26

试题分析

为了确定该团队获得最大利润,需要根据每个作业的所需时间、截止时间和利润来制订计划。

1)求各作业的每天利润,并从大到小排列,见表 11-1-14。

表 11-1-14 作业按利润从大到小排列后的结果

作业名	T2	T3	T9	T7	T5	T4	T8	T6	T10	T1
所需时间/天	3	3	2	3	7	2	5	4	3	4
截止时间	15	4	17	16	10	18	10	18	10	6
利润/万元	6	5	3	4	8	2	4	3	2	2
利润/天	2	5/3	3/2	4/3	8/7	1	4/5	3/4	2/3	1/2

2)找出安排作业的限制条件。所有作业的总实施时间为 18 天,所有活动在截止时间后无法进行,应尽可能地安排利润高的作业以达到利润最大化。

3)考虑各作业的截止时间及作业的所需时间,得到图 11-1-7。依次安排作业 T3、T5、T2、T7、T9,可以获得最大利润,但作业 T9 无法在截止时间 17 天内完成。重新调整安排,依据作业 T3、T5、T2、T7、T4 的顺序,可以在 18 天内得到实际最大利润=5+8+6+4=25 万元。

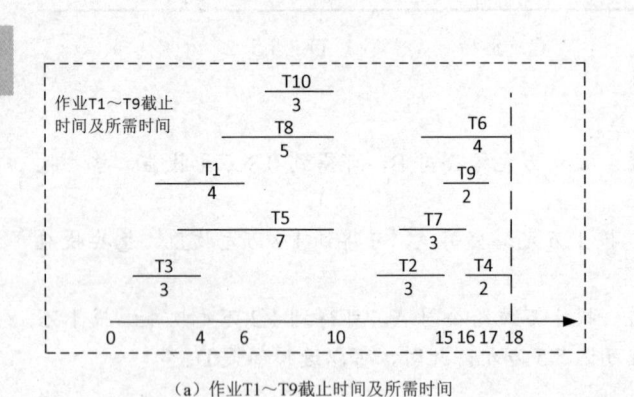

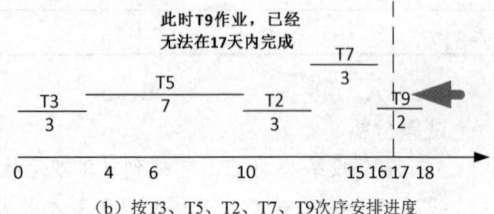

图 11-1-7 作业安排顺序图

■ **参考答案** C

● 某批发站准备向甲、乙、丙、丁 4 家小商店供应 5 箱商品。批发站能取得的利润(单位:元)与分配的箱数有关,见表 11-1-15。

表 11-1-15 习题用表

箱数	利润			
	甲	乙	丙	丁
1 箱	4	2	3	4
2 箱	6	4	6	5

续表

箱数	利润			
	甲	乙	丙	丁
3 箱	7	6	7	6
4 箱	7	8	8	6
5 箱	7	9	8	6

批发站为取得最大总利润，应分配____(5)____。

(5) A. 给甲、丙各 1 箱　　B. 给乙 2 箱　　C. 给丙 2 箱　　D. 给丁 2 箱

试题分析

情况 1：5 箱分给 1 家，最大利润为 9 元。

情况 2：5 箱分给 2 家，可以细分为如下两种情形。

1）1 家分 1 箱，1 家分 4 箱：最大利润为 12 元；

2）1 家分 2 箱，1 家分 3 箱：最大利润为 13 元。

情况 3：5 箱分给 3 家，可以细分为如下两种情形。

1）按 1:1:3 分配，最大利润为 15 元；

2）按 1:2:2 分配，最大利润为 16 元。具体分配方案是甲、丙各分 2 箱，丁分 1 箱。

情况 4：5 箱分给 4 家，这种方式分配比例只能是 1:1:1:2，最大利润为 16 元。具体分配方案是甲、乙、丁各分 1 箱，丙分 2 箱。

最大利润 16 元分配方案中，丙都是分配 2 箱。

■ **参考答案** C

【考核方式 5】 最大流量问题

● X、Y、Z 是某企业的 3 个分厂，每个分厂每天需要同一种原料 20 吨，图 11-1-8 给出了邻近供应厂 A、B、C 的供应运输路线图，每一段路线上标明了每天最多能运输这种原料的吨数。根据图 11-1-8 可以算出，从 A、B、C 3 厂每天最多能给该企业运来这种原料共____(1)____吨。

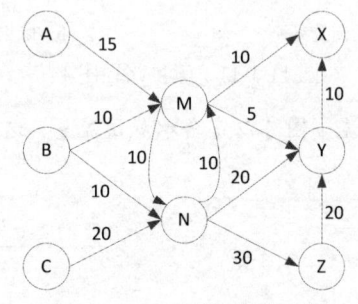

图 11-1-8　供应运输路线图

(1) A. 45　　　　B. 50　　　　C. 55　　　　D. 60

试题分析

A、B、C 3 个厂供货 X、Y、Z 3 个厂的路径之一如图 11-1-9 所示。

（a）供应Z的路线
供应20吨

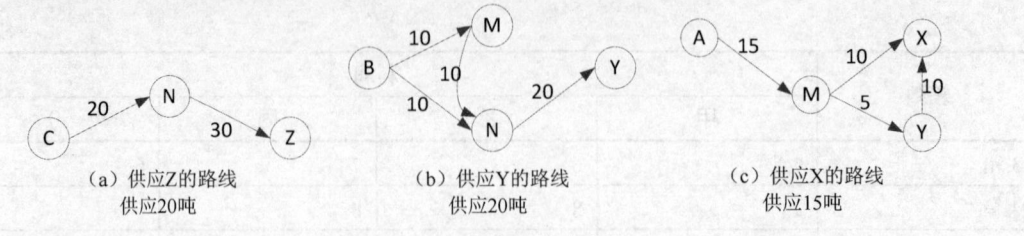

（b）供应Y的路线
供应20吨

（c）供应X的路线
供应15吨

图11-1-9 供应运输路线图

从图11-1-9中可以看出，A、B、C总共能供货55吨，而且也能运输到X、Y、Z 3个分厂中。

■ **参考答案** C

- 某石油管理公司拥有如图11-1-10所示的输油管道网。其中有6个站点，标记为①～⑥。站点①是唯一的供油站。各站点之间的箭线表示输油管道和流向。箭线边上标注的数字表示该管道的最大流量（单位：吨/小时）。据此可算出，从站点①到达站点⑥的最大流量为___（2）___吨/小时，而且当管道___（3）___关闭维修时管道网仍可按该最大流量值向站点⑥供油。

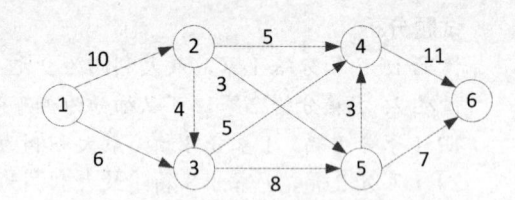

图11-1-10 输油管道网络图

（2）A．14　　　　B．15　　　　C．16　　　　D．18
（3）A．②→③　　B．②→⑤　　C．③→④　　D．⑤→④

试题分析

①→②最大流量为10，这条线路流量路径和除去流量后所剩流量，具体如图11-1-11所示。

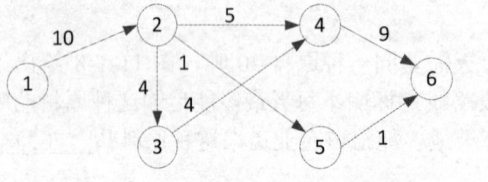

（a）①→②流量抵达终点⑥的流量路径　　　（b）除去①→②流量后，所剩流量

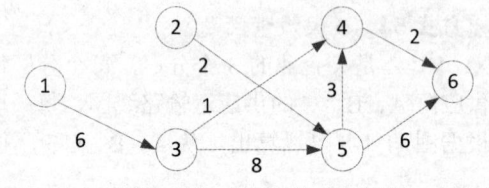

图11-1-11 流量路径图1

①→③最大流量为6，所剩的流量图可以完全承载该流量，这条线路流量路径和除去流量后所剩流量，具体如图11-1-12所示。

（a）①→③流量抵达终点⑥的流量路径　　　（b）除去①→③流量后，所剩流量

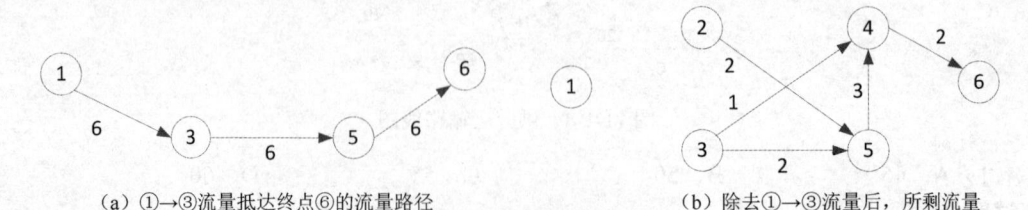

图11-1-12 流量路径图2

此时，①→⑥已不连通，也就不再有剩余流量。由此，可知，①→⑥最大流量为①→②和①→③的流量和，即 16 吨/小时。此时，⑤→④路径未使用，所以关闭不影响最大流量。

注意：本题最大流量路径并不唯一，但最大流量值是唯一的。

■ 参考答案　（2）C　（3）D

● 某运输网络图如图 11-1-13 所示，有 A～E 5 个节点，节点之间标有运输方向箭线，每条箭线旁标有两个数字，前一个是单位流量的运输费用，后一个是该箭线所允许的单位时间内的流量上限。

从节点 A～E 可以有多种分配运输量的方案。如果每次都选择最小费用的路径来分配最大流量，则可以用最小总费用获得最大总流量的最优运输方案。该最优运输方案中，所需总费用和达到的总流量分别为____(4)____。

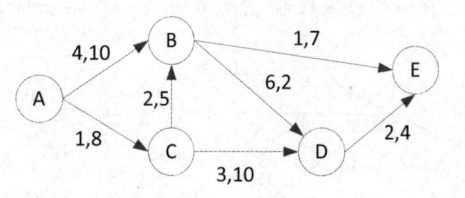

图 11-1-13　运输网络图

（4）A．4，5　　　　B．12，16　　　　C．55，11　　　　D．71，11

试题分析

流入 E 的流量最大为 11，简单分析可以发现，这个流量是可以满足的。结合 4 个选项，可以推定，运输方案的最大流量可达 11，因此 B→E 和 D→E 两条路径均要完全利用上。

1）D→E 路径流量，可从 C→D 和 B→D 上获得。由于 C→D 的流量费用最小（为 3），且流向 C 的流量只有路径 A→C。因此，整个流量路径为 A→C→D→E，流量为 4，费用为(1+3+2)×4=24。

2）B→E 路径流量，可从 A→B 和 B→C→E 上获得。由于 A→C→D 已经占用了 4 的流量，因此获得 B→C 流量只能到 4。而 A→B 则分摊剩下的流量 3。因此，整个流量路径为 A→B→E 和 A→C→B→E，流量分别为 3 和 4，费用分别为（4+1）×3=15 和（1+2+1）×4=16。

因此，总费用为 24+15+16=55。

注：有些资料给出的是 60，是从先选择的最小费用的整体路径来求解的，但并不是最优解。

■ 参考答案　C

● 某项目要求在指定日期从节点 A 沿多条线路运输到节点 F，其运输路线图（包括 A～F 的 6 个节点以及 9 段线路）如图 11-1-14 所示。每段线路都标注了两个数字：前一个数字是该段线路上单位运输量所需的费用（单位：万元/万吨），后一个数字是每天允许通过该段线路的最大运输量（万吨）。如果对该图采用最小费用最大流算法，那么该项目可以用最低的总费用，在指定日期分多条路线运输总计____(5)____万吨的货物。

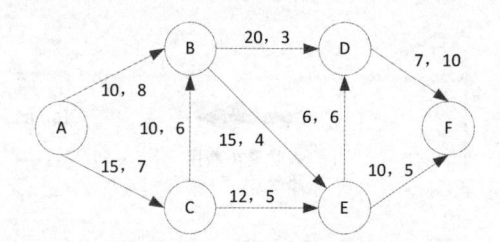

图 11-1-14　运输路线图

（5）A．11　　　　B．12　　　　C．13　　　　D．14

试题分析

本题用通用的最小费用最大流算法来解题，具体过程如下。

1）找出运输路线图中的最小费用路径（实质上就是求费用的最短路径），具体是 A→B→E→F，这条路径最大运输量是 4 万吨。然后去除该路径。具体过程如图 11-1-15 所示。

最小费用路径是A→B→E→F
该路径最大运输量是4

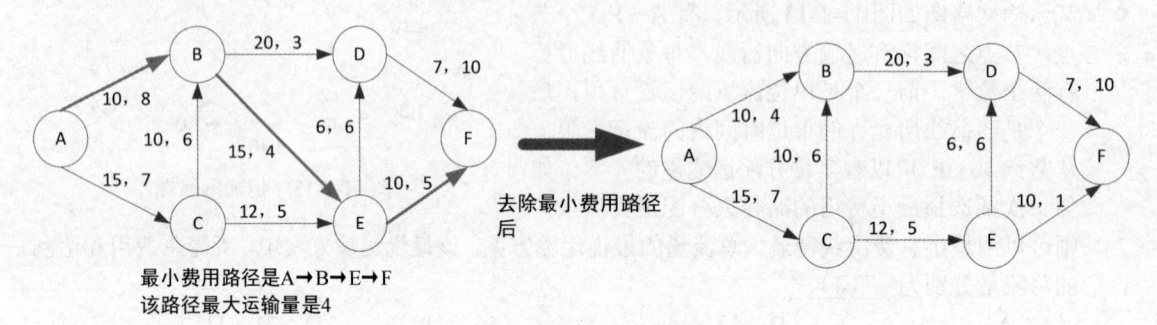

图 11-1-15　找出最小费用路径并剔除

2）找出新运输路线图中的最小费用路径（结果有两条路径），具体是 A→B→D→F 和 A→C→E→F，最大运输量分别是 3 万吨、1 万吨。然后去除这两条路径。具体过程如图 11-1-16 所示。

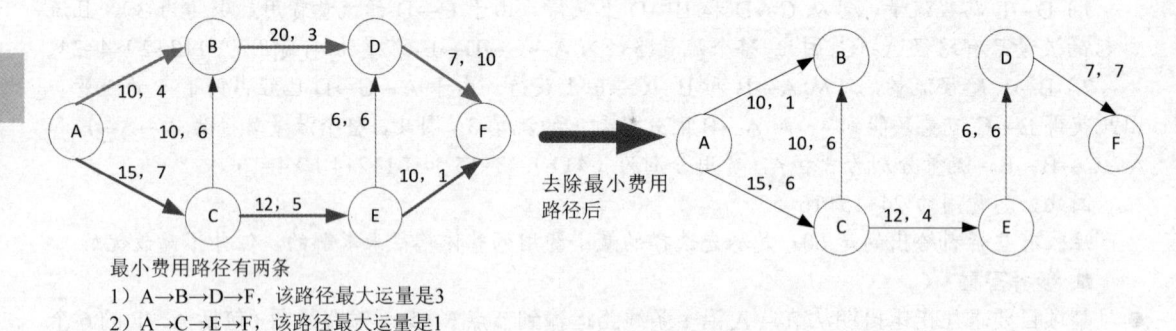

最小费用路径有两条
1）A→B→D→F，该路径最大运量是3
2）A→C→E→F，该路径最大运量是1

图 11-1-16　找出最小费用路径并剔除

3）找出新运输路线图中的最小费用路径，具体是 A→C→E→D→F，最大运输量为 4 万吨。去除该路径，图不再连通，算法结束。具体过程如图 11-1-17 所示。

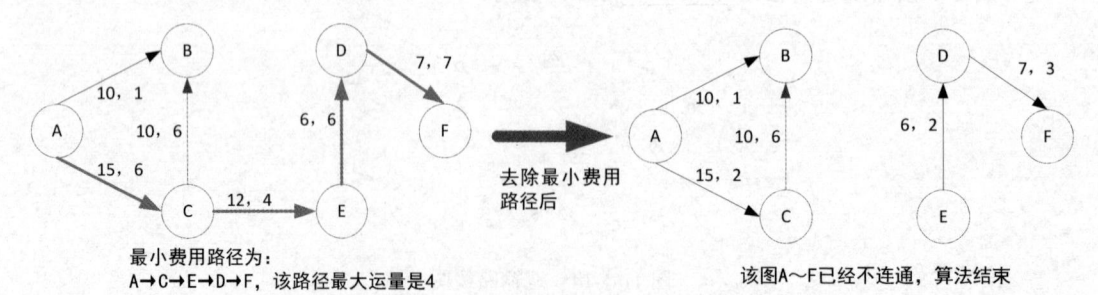

最小费用路径为：
A→C→E→D→F，该路径最大运量是4

该图A～F已经不连通，算法结束

图 11-1-17　找出最小费用路径并剔除

累加所有找出的最小费用路径=4+3+1+4=12 万吨。

■ **参考答案** B

【考核方式6】 背包问题

- 用一辆载重量为 10 吨的卡车装运某仓库中的货物（不用考虑装车时货物的大小），这些货物单件的重量和运输利润见表 11-1-16。适当选择装运一些货物各若干件，就能获得最多总利润_____（1）_____元。

表 11-1-16　货物单件的重量和运输利润表

货物	A	B	C	D	E	F
每件重量/吨	1	2	3	4	5	6
每件运输利润/元	53	104	156	216	265	318

（1）A．530　　　　B．534　　　　C．536　　　　D．538

试题分析

这是一道典型的背包问题。背包问题可以描述为：给定一组物品，每种物品都有自己的重量和价格，在限定的总重量内，如何选择才能使得物品的总价格最高。

本题背包的容量是卡车的载重量（10 吨），而物品是不同重量的货物，每种货物都有其对应的运输利润。

按照单位重量利润从高到低排序，可得到：D（54 元/吨）＞A（53 元/吨）＝E（53 元/吨）＝F（53 元/吨）＞B（52 元/吨）＝C（52 元/吨）。

所以，先装 2 件货物 D，再装 2 件货物 A，共 10 吨填满卡车，即可获得利润 2×216+2×53=538 元。

■ **参考答案** D

【考核方式7】 博弈论中的策略选择问题

- 某地区仅有甲、乙两个企业为销售同种电子产品竞争市场份额。甲企业有 3 种策略 A、B、C，乙企业也有 3 种策略 Ⅰ、Ⅱ、Ⅲ。两个企业分别独立地选择各种策略时，预计甲企业将增加的市场份额（%）见表 11-1-17（负值表示乙企业将增加的市场份额）。若两个企业都采纳稳妥的保守思想（从最坏处着想，争取最好的结果），则_____（1）_____。

表 11-1-17　习题用表

甲企业增加市场份额		乙企业策略		
		Ⅰ	Ⅱ	Ⅲ
甲企业策略	A	10	−1	3
	B	12	10	−5
	C	0	8	5

（1）A．甲选择策略 B，乙选择策略Ⅲ　　　B．甲选择策略 A，乙选择策略Ⅱ
　　　C．甲选择策略 B，乙选择策略Ⅱ　　　D．甲选择策略 C，乙选择策略Ⅲ

试题分析

博弈论中的"悲观策略",又称为"小中取大原则",是指决策者在各决策方案中,选择最小结果。然后,比较这些方案的最小结果,选择出最大的结果,即为所采用的方案。

依据题意,在A、B、C 3个策略中,甲企业A策略在对应乙的Ⅰ、Ⅱ、Ⅲ策略中,最小增加份额为–1;甲企业B策略在对应乙的Ⅰ、Ⅱ、Ⅲ策略中,最小增加份额为–5;甲企业C策略在对应乙的Ⅰ、Ⅱ、Ⅲ策略中,最小增加份额为0。显然,C策略的最小值是最大的,所以甲应该选择策略C。

同理,在Ⅰ、Ⅱ、Ⅲ 3个策略中,Ⅲ策略的最小值是最大的,所以乙应该选择策略Ⅲ。

■ **参考答案** D

【考核方式8】 指派问题

★ 甲、乙、丙、丁4个任务分配在A、B、C、D 4台机器上执行,每台机器执行一个任务,所需的成本(单位:元)见表 11-1-18。适当分配使总成本最低的最优方案中,任务乙应由机器____(1)____执行。

表 11-1-18 习题用表

任务	机器			
	A	B	C	D
甲	1	4	6	3
乙	9	7	10	9
丙	4	5	11	7
丁	8	7	8	5

(1) A. A   B. B   C. C   D. D

试题分析

这类题目,系统分析师考试中出现过多次。

运筹学中的指派问题是一种特殊的整数规划问题。该问题是将一定数量的任务分配给同等数量的人,每个人都可以完成任何一项任务。目标是找到一种指派方式,使得完成所有任务的总成本最低。解决指派问题,可以使用匈牙利算法。

结合本题,匈牙利算法的具体过程如下:

1)使各行各列中都出现0元素,每行元素都减去该行的最小元素;每列元素都减去该列的最小元素。

$$\begin{bmatrix} 1 & 4 & 6 & 3 \\ 9 & 7 & 10 & 9 \\ 4 & 5 & 11 & 7 \\ 8 & 7 & 8 & 5 \end{bmatrix} \begin{matrix} -1 \\ -7 \\ -4 \\ -5 \end{matrix} \rightarrow \begin{bmatrix} 0 & 3 & 5 & 2 \\ 2 & 0 & 3 & 2 \\ 0 & 1 & 7 & 3 \\ 3 & 2 & 3 & 0 \end{bmatrix} \begin{matrix} \\ \\ \\ -3 \end{matrix} \rightarrow \begin{bmatrix} 0 & 3 & 2 & 2 \\ 2 & 0 & 0 & 2 \\ 0 & 1 & 4 & 3 \\ 3 & 2 & 0 & 0 \end{bmatrix}$$

累积减数=1+7+4+5+3=20。

2)试指派。

a. 从含0元素最少的行开始,给该行中的0元素加圈。然后划去◎所在列的其他0元素,记

作 Ø，依次进行到最后一行。

b. 从含 0 元素最少的列开始（画 Ø 的不计在内），给该列中的 0 元素加圈；然后划去 ◎ 所在行的 0 元素，记作 Ø，依次进行到最后一列。

c. 反复进行上述两步，直到所有 0 元素都已圈出和划掉为止。

$$\begin{bmatrix} ◎ & 3 & 2 & 2 \\ 2 & 0 & 0 & 2 \\ Ø & 1 & 4 & 3 \\ 3 & 2 & 0 & 0 \end{bmatrix} \to \begin{bmatrix} ◎ & 3 & 2 & 2 \\ 2 & ◎ & 0 & 2 \\ Ø & 1 & 4 & 3 \\ 3 & 2 & 0 & 0 \end{bmatrix} \to \begin{bmatrix} ◎ & 3 & 2 & 2 \\ 2 & ◎ & Ø & 2 \\ Ø & 1 & 4 & 3 \\ 3 & 2 & 0 & ◎ \end{bmatrix}$$

如果得到 n 个 ◎（本题为 4），则得到最优解，算法结束。

> 本题中，这里得不到 4 个 ◎，但通过观察发现元素 (3, 2) 值为 1，元素 (1, 1), (2, 3), (3, 2), (4, 4) 的总和值最小，因此可以推断这是最优解。
> 对于选择题，就可以不必继续计算了。

3）对没有 ◎ 的行打 "√"；对已打 "√" 的行中所有含 Ø 元素的列打 "√"；再对打有 "√" 的列中含 ◎ 元素的行打 "√"。

$$\begin{bmatrix} ◎ & 3 & 2 & 2 \\ 2 & ◎ & Ø & 2 \\ Ø & 1 & 4 & 3 \\ 3 & 2 & ◎ & Ø \end{bmatrix} \begin{matrix} \\ √ \\ \\ \\ √ \end{matrix}$$
√

4）对没有打√号的行画横线，有打√号的列画纵线，得到覆盖所有 0 元素的最少直线数。

$$\begin{bmatrix} ◎ & 3 & 2 & 2 \\ \cancel{2} & \cancel{◎} & \cancel{Ø} & \cancel{2} \\ Ø & 1 & 4 & 3 \\ \cancel{3} & \cancel{2} & \cancel{◎} & \cancel{Ø} \end{bmatrix} \begin{matrix} \\ √ \\ √ \\ \\ \end{matrix}$$
√

5）在没有被直线通过的所有元素中找出最小值，没有被直线通过的所有元素减去这个最小元素。直线交点处的元素加上这个最小值。

$$\begin{bmatrix} ◎ & 3-1 & 2-1 & 2-1 \\ 2 & ◎ & Ø & 2 \\ Ø & 1-1 & 4-1 & 3-1 \\ 3 & 2 & ◎ & Ø \end{bmatrix} \to \begin{bmatrix} ◎ & 2 & 1 & 1 \\ 2+1 & ◎ & Ø & 2 \\ Ø & 0 & 3 & 2 \\ 3+1 & 2 & ◎ & Ø \end{bmatrix} \to \begin{bmatrix} ◎ & 2 & 1 & 1 \\ 3 & ◎ & Ø & 2 \\ Ø & 0 & 3 & 2 \\ 4 & 2 & ◎ & Ø \end{bmatrix}$$

6）还原所有的 0 后得到：

$$\begin{bmatrix} 0 & 2 & 1 & 1 \\ 3 & 0 & 0 & 2 \\ 0 & 0 & 3 & 2 \\ 4 & 2 & 0 & 0 \end{bmatrix}$$

7）再画圈，进行重复指派，得到4个◎就是最优解。

$$\begin{bmatrix} 0 & 2 & 1 & 1 \\ 3 & 0 & 0 & 2 \\ 0 & 0 & 3 & 2 \\ 4 & 2 & 0 & 0 \end{bmatrix} \rightarrow \begin{bmatrix} ◎ & 2 & 1 & 1 \\ 3 & ⦰ & ◎ & 2 \\ ◎ & ⦰ & 3 & 2 \\ 4 & 2 & ⦰ & ◎ \end{bmatrix}$$

由此可得（1，1），（2，3），（3，2），（4，4）可达最优解，任务乙应由机器C执行。

■ **参考答案** C

● 甲、乙、丙、丁4人加工A、B、C、D 4种工件所需工时见表11-1-19。指派每人加工一种工件，4人加工4种工件其总工时最短的最优方案中，工件B应由___（2）___加工。

表 11-1-19　习题用表

人员	工件			
	A	B	C	D
甲	14	9	4	15
乙	11	7	7	10
丙	13	2	10	5
丁	17	9	15	13

（2）A. 甲　　　　B. 乙　　　　C. 丙　　　　D. 丁

试题分析

显然，对于这类选择题，完全使用匈牙利算法过于复杂。一般只需要得到各行各列中都出现0元素的矩阵，就可以推断出结果。本题的矩阵推导过程如下：

$$\begin{bmatrix} 14 & 9 & 4 & 15 \\ 11 & 7 & 7 & 10 \\ 13 & 2 & 10 & 5 \\ 17 & 9 & 15 & 13 \\ -11 & -2 & -4 & -5 \end{bmatrix} \rightarrow \begin{bmatrix} 3 & 7 & 0 & 10 \\ 0 & 5 & 3 & 5 \\ 2 & 0 & 6 & 0 \\ 6 & 7 & 11 & 8 \end{bmatrix}_{-6} \rightarrow \begin{bmatrix} 3 & 7 & 0 & 10 \\ 0 & 5 & 3 & 5 \\ 2 & 0 & 6 & 0 \\ 0 & 1 & 5 & 2 \end{bmatrix}$$

累积减数=11+2+4+5+6=28。分析矩阵可知，（1，3），（2，1），（3，4），（4，2）元素之和为1，是最小的。因此，甲、乙、丙、丁分别加工工件C、A、D、B，可得到最少的总工时=28+1=29。

■ **参考答案** D

● 某工厂分配4个工人甲、乙、丙、丁同时去操作4台机床A、B、C、D，每人分配其中的一台。已知每个工人操作每台机床每小时的效益值见表11-1-20，则总效益最高的最优分配方案共有___（3）___个。

表 11-1-20　习题用表

	A	B	C	D
甲	5	3	5	4
乙	3	4	5	6

续表

	A	B	C	D
丙	4	3	2	3
丁	4	2	3	5

（3）A. 1　　　　　　B. 2　　　　　　C. 3　　　　　　D. 4

试题分析

本题是求总和的最大值，而前面几道题的方法是求总和的最小值，则需要对矩阵进行变换。变换的方法是将矩阵每个元素减去最大元素6，并将结果取绝对值，得到新矩阵。

$$\begin{bmatrix} 1 & 3 & 1 & 2 \\ 3 & 2 & 1 & 0 \\ 2 & 3 & 4 & 3 \\ 2 & 4 & 3 & 1 \end{bmatrix}$$

结合本题，匈牙利算法的具体过程如下。

1）使各行各列中都出现0元素，每行元素都减去该行的最小元素；每列元素都减去该列的最小元素。

$$\begin{bmatrix} 1 & 3 & 1 & 2 \\ 3 & 2 & 1 & 0 \\ 2 & 3 & 4 & 3 \\ 2 & 4 & 3 & 1 \\ -1 & -2 & -1 & -0 \end{bmatrix} \rightarrow \begin{bmatrix} 0 & 1 & 0 & 2 \\ 2 & 0 & 0 & 0 \\ 1 & 1 & 3 & 3 \\ 1 & 2 & 2 & 1 \end{bmatrix} \begin{matrix} -0 \\ -0 \\ -1 \\ -1 \end{matrix} \rightarrow \begin{bmatrix} 0 & 1 & 0 & 2 \\ 2 & 0 & 0 & 0 \\ 0 & 0 & 2 & 2 \\ 0 & 1 & 1 & 0 \end{bmatrix}$$

2）试指派。

a. 从含0元素最少的行开始，给该行中的0元素加圈。然后划去◎所在列的其他0元素，记作∅，依次进行到最后一行。

b. 从含0元素最少的列开始（画∅的不计在内），给该列中的0元素加圈；然后划去◎所在行的0元素，记作∅，依次进行到最后一列。

c. 反复进行上述两步，直到所有0元素都已圈出和划掉为止。

$$\begin{bmatrix} 0 & 1 & 0 & 2 \\ 2 & 0 & 0 & 0 \\ 0 & 0 & 2 & 2 \\ 0 & 1 & 1 & 0 \end{bmatrix} \rightarrow \begin{bmatrix} ◎ & 1 & 0 & 2 \\ 2 & 0 & 0 & 0 \\ ∅ & 0 & 2 & 2 \\ ∅ & 1 & 1 & 0 \end{bmatrix} \rightarrow \begin{bmatrix} ◎ & 1 & 0 & 2 \\ 2 & ◎ & 0 & 0 \\ ∅ & ∅ & 2 & 2 \\ ∅ & 1 & 1 & 0 \end{bmatrix} \rightarrow \begin{bmatrix} ◎ & 1 & 0 & 2 \\ 2 & ◎ & ∅ & ∅ \\ ∅ & ∅ & 2 & 2 \\ ∅ & 1 & 1 & ◎ \end{bmatrix} \rightarrow \begin{bmatrix} ◎ & 1 & ∅ & 2 \\ 2 & ◎ & ∅ & ∅ \\ ∅ & ∅ & 2 & 2 \\ ∅ & 1 & 1 & ◎ \end{bmatrix}$$

如果得到n个◎（本题为4），则说明可以得到最优解，算法结束。

按矩阵的（1,1）、（2,3）、（3,2）、（4,4）取值，可以得到最优解，总效益是18。

第一步的加圈0元素，选择（1,3），而不是（1,1），可得更多结果。

①结果1。

$$\begin{bmatrix} 0 & 1 & 0 & 2 \\ 2 & 0 & 0 & 0 \\ 0 & 0 & 2 & 2 \\ 0 & 1 & 1 & 0 \end{bmatrix} \rightarrow \begin{bmatrix} 0 & 1 & \circledcirc & 2 \\ 2 & \emptyset & 0 & 0 \\ 0 & 0 & 2 & 2 \\ 0 & 1 & 1 & 0 \end{bmatrix} \rightarrow \begin{bmatrix} 0 & 1 & \circledcirc & 2 \\ 2 & \circledcirc & \emptyset & 0 \\ \emptyset & 0 & 2 & 2 \\ 0 & 1 & 1 & 0 \end{bmatrix} \rightarrow \begin{bmatrix} \emptyset & 1 & \circledcirc & 2 \\ 2 & \circledcirc & \emptyset & 0 \\ \emptyset & 0 & 2 & 2 \\ \emptyset & 1 & 1 & 0 \end{bmatrix} \rightarrow \begin{bmatrix} \emptyset & 1 & \circledcirc & 2 \\ 2 & \circledcirc & \emptyset & 0 \\ \emptyset & 0 & 2 & 2 \\ \emptyset & 1 & 1 & \circledcirc \end{bmatrix}$$

可见按矩阵的（1,3）、（2,2）、（3,1）、（4,4）取值，也可以得到最优解。

②结果2。与结果1不同的是，第2次开始变换的时候，加圈0元素选择（2,4），而不是（2,2）。

$$\begin{bmatrix} 0 & 1 & 0 & 2 \\ 2 & 0 & 0 & 0 \\ 0 & 0 & 2 & 2 \\ 0 & 1 & 1 & 0 \end{bmatrix} \rightarrow \begin{bmatrix} 0 & 1 & \circledcirc & 2 \\ 2 & 0 & \emptyset & 0 \\ 0 & 0 & 2 & 2 \\ 0 & 1 & 1 & 0 \end{bmatrix} \rightarrow \begin{bmatrix} 0 & 1 & \circledcirc & 2 \\ 2 & 0 & \emptyset & \circledcirc \\ 0 & \circledcirc & 2 & 2 \\ 0 & 1 & 1 & \emptyset \end{bmatrix} \rightarrow \begin{bmatrix} \emptyset & 1 & \circledcirc & 2 \\ 2 & 0 & \emptyset & \circledcirc \\ 0 & \circledcirc & 2 & 2 \\ \circledcirc & 1 & 1 & \emptyset \end{bmatrix} \rightarrow \begin{bmatrix} \emptyset & 1 & \circledcirc & 2 \\ 2 & 0 & \emptyset & \circledcirc \\ \emptyset & \circledcirc & 2 & 2 \\ \circledcirc & 1 & 1 & \emptyset \end{bmatrix}$$

可见按矩阵的（1,3）、（2,4）、（3,2）、（4,1）取值，也可以得到最优解。
因此，最优分配方案共有 3 个。

■ **参考答案** C

【考核方式9】 组合优化

● 某企业招聘英语翻译 2 人，日语、德语、俄语翻译各 1 人。经过统一测试的十分制评分，有 5 名应聘者 A、B、C、D、E 通过初选进入候选定岗。已知这 5 人的得分见表 11-1-21。

表 11-1-21 习题用表

应聘者	A	B	C	D	E
外语得分	日语7分 俄语6分	英语7分 德语6分	英语9分 俄语8分	英语8分 日语6分	英语7分 德语7分

根据表 11-1-21，可以获得这 5 人最大总分为___(1)___的最优录用定岗方案（每人一岗）。
（1）A. 34　　　　　B. 35　　　　　C. 37　　　　　D. 38

试题分析

当 A 担任日语翻译（7分）时，俄语翻译只能由 C 担任（8分）；B 担任英语翻译（7分），就只能由 E 担任德语翻译（7分）；剩下 D 做英语翻译（8分），分值相加为 37 分。
遍历所有情形，只有上述情况能达到 37 分最大值。

■ **参考答案** C

11.2 图论

图论相关考点涉及画网络图、求解关键路径、求解最短路径、求解最小生成树等。

【考核方式1】 画网络图、求解关键路径

★ 某项目有 A~H 8 个作业，各作业所需时间（单位：周）以及紧前作业见表 11-2-1。

表 11-2-1 作业紧前关系表

作业名称	A	B	C	D	E	F	G	H
紧前作业	—	A	A	A	B, C	C, D	D	E, F, G
所需时间	1	3	3	5	7	6	5	1

该项目的工期为___(1)___周。如果作业 C 拖延 3 周完成，则该项目的工期___(2)___。

(1) A. 12　　　　　　B. 13　　　　　　C. 14　　　　　　D. 15

(2) A. 不变　　　　　B. 拖延 1 周　　　C. 拖延 2 周　　　D. 拖延 3 周

试题分析

这类题目，系统分析师考试中出现过多次。

根据作业紧前关系，画出项目网络图，具体如图 11-2-1 所示。从图 11-2-1 可以直观看出，路径 ADFH 是图中最长的路径（即关键路径）；关键路径长度（即项目工期）为 13 周。

如果作业 C 拖延 3 周完成，该项目的网络图紧前关系不变，具体如图 11-2-2 所示。从图 11-2-2 可以直观看出，关键路径变为了 ACEH，关键路径长度为 15 周，项目延期 2 周。

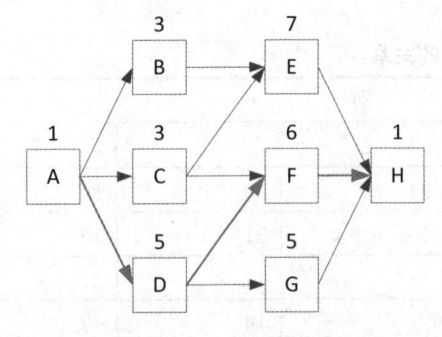

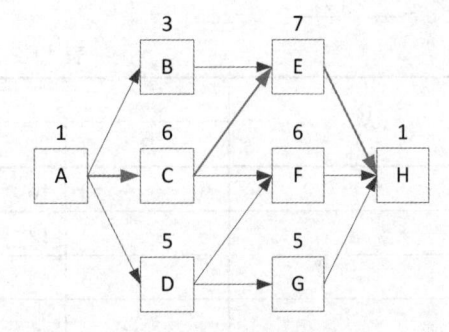

图 11-2-1 项目网络图　　　　　　图 11-2-2 更新后的项目网络图

■ **参考答案**　　(1) B　　(2) C

- 某工程包括 A、B、C、D、E、F 6 个作业，分别需要 5、7、3、4、15、12 天。A 必须在 C、D 开始之前完成，B、D 必须在 E 开始之前完成，C 必须在 F 开始之前完成，F 不能在 B、D 完成之前开始。该工程的工期至少需要___(3)___天。若作业 E 缩短 4 天，则整个工期可以缩短___(4)___天。

(3) A. 21　　　　　　B. 22　　　　　　C. 24　　　　　　D. 46

(4) A. 1　　　　　　　B. 2　　　　　　　C. 3　　　　　　　D. 4

试题分析

解决此题的关键，也是需要依据题干的逻辑，得到作业的紧前关系，从而得到整个项目网络图。"A 必须在 C、D 开始之前完成"说明 A 是 C、D 的紧前作业；"F 不能在 B、D 完成之前开始"说明 B、D 是 A 的紧前作业。由此，得到的网络图如图 11-2-3（a）所示。从图 11-2-3（a）可知关键路径为 ADE，工期 24 天。

E 缩短 4 天后，网络图如图 11-2-3（b）所示，关键路径变为 ADF，工期 21 天。

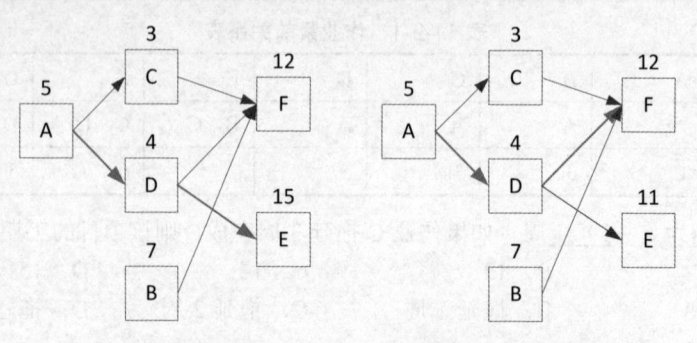

(a) 整个项目网络图　　　　　　　(b) E 缩短 4 天后的网络图

图 11-2-3　项目网络图

■ **参考答案**　　（3）C　　（4）C

【考核方式2】求解最短路径

● 表 11-2-2 记录了 6 个节点：A、B、C、D、E、F 之间的路径方向和距离，从 A~F 的最短距离是___(1)___。

表 11-2-2　节点间的关系

从	到				
	B	C	D	E	F
A	10	16	24	30	50
B		12	16	21	25
C			14	17	22
D				14	17
E					15

(1) A. 35　　　　　B. 38　　　　　C. 40　　　　　D. 44

试题分析

根据题意，得到各节点网络图，具体如图 11-2-4 所示。

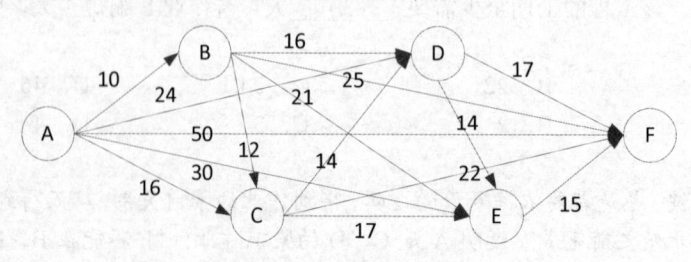

图 11-2-4　各节点网络图

E→F 最短距离=15

D→F 最短距离=min{D→E→F，D→F}=min{14+15，17}=17

C→F 最短距离=min{C→D→F, C→E→F, C→F}=min{14+17,17+15,22}=22
B→F 最短距离=min{B→C→F, B→D→F, B→E→F, B→F}= min{12+22,16+17,21+15,25}=25
A→F 最短距离=min{A→B→F, A→C→F, A→D→F, A→E→F, A→F}=35。

当然，也可以直观分析网络图，得到 A→B→F 路径长度为 35，结合 4 个选项中的分析断定 35 是最短距离。

■ **参考答案** A

● 加工某种零件需要依次经过毛坯、机加工、热处理和检验 4 道工序。各道工序有多种方案可选，对应不同的费用。图 11-2-5 表明了 4 道工序各种可选方案（连线）的衔接关系，线旁的数字表示该工序加工一个零件所需的费用（单位：元）。从图 11-2-5 可以推算出，加工一个零件的总费用至少需要____（2）____元。

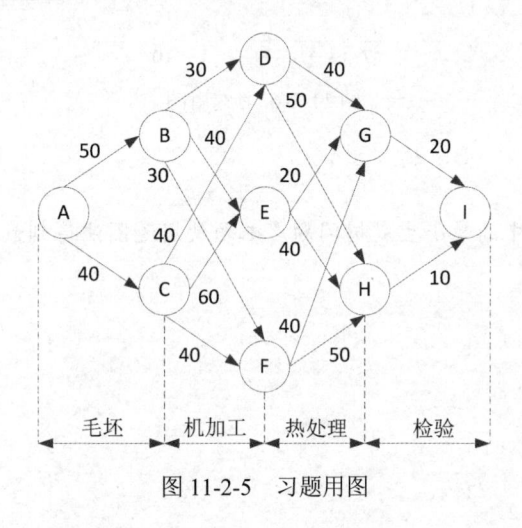

图 11-2-5 习题用图

（2）A. 120　　　　B. 130　　　　C. 140　　　　D. 150

试题分析

这道题实质上就是求 A~I 的最短路径。
G→I 最短距离=20
H→I 最短距离=10
D→I 最短距离=min{D→G→I, D→H→I}=60
E→I 最短距离=min{E→G→I, E→H→I}=40
F→I 最短距离=min{F→G→I, F→H→I}=60
B→I 最短距离=min{B→D→I, B→E→I, B→F→I}=min{30+60, 40+40, 30+60}=80
C→I 最短距离=min{C→D→I, C→E→I, C→F→I}= min{40+60, 60+40, 40+60}=100
A→I 最短距离=min{A→B→I, A→C→I}= min{50+80, 40+100}=130

■ **参考答案** B

【考核方式3】 求解最小生成树

● 某小区有 7 栋楼房①~⑦如图 11-2-6 所示，各楼房之间可修燃气管道路线的长度（单位：km）

已标记在连线旁。为修建连通各个楼房的燃气管道，该小区内部燃气管道的总长度至少为____(1)____km。

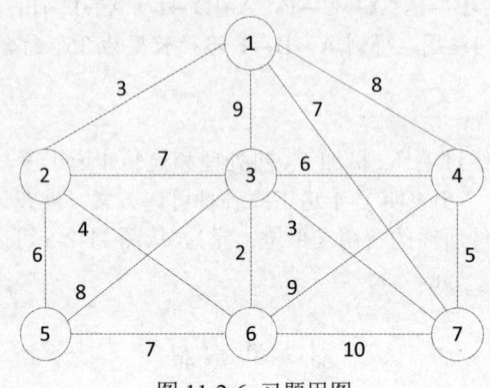

图11-2-6 习题用图

（1）A. 23　　　　　　B. 25　　　　　　C. 27　　　　　　D. 29

试题分析

这是一道典型的图论中的最小生成树问题。本题使用避圈法得到最小生成树，具体过程如图11-2-7所示。

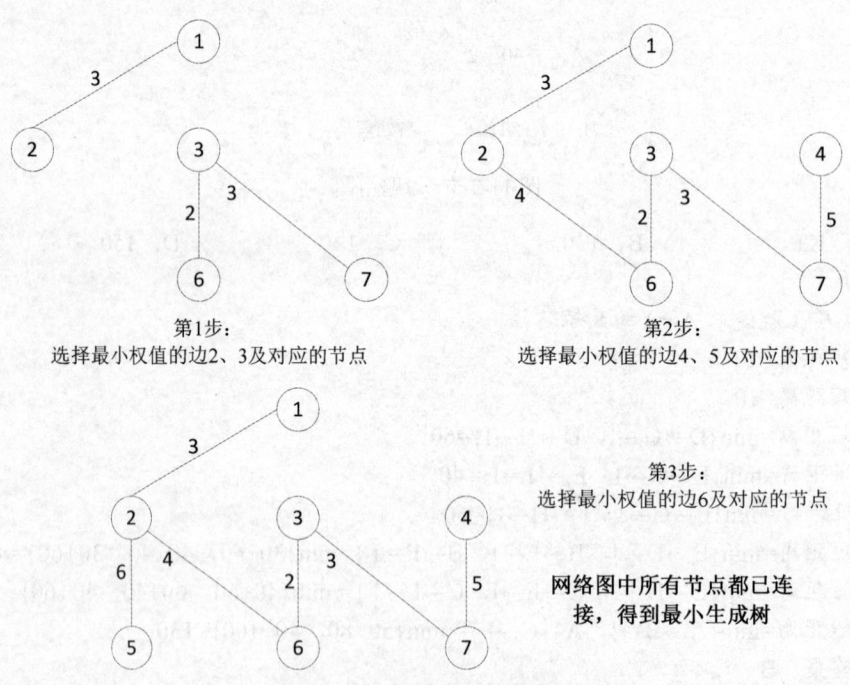

第1步：
选择最小权值的边2、3及对应的节点

第2步：
选择最小权值的边4、5及对应的节点

第3步：
选择最小权值的边6及对应的节点

网络图中所有节点都已连接，得到最小生成树

图11-2-7 得到最小生成树的过程图

将生成树上各边权值相加得到 3+6+4+2+3+5=23km。

■ 参考答案 A

● 已知 8 口海上油井（编号为 1~8）相互之间的距离（单位：海里）见表 11-2-3，其中 1 号油井离海岸最近，为 5 海里。现从海岸开始铺设输油管道，经 1 号油井将这些油井都连接起来，管道的总长度至少为____(2)____海里（为便于计量和维修，管道只能在油井处分叉）。

表 11-2-3 习题用表

距离	2	3	4	5	6	7	8
1	1.3	2.1	0.9	0.5	1.8	2.0	1.5
2		0.9	1.8	1.2	2.6	2.3	1.1
3			2.6	1.7	2.5	1.9	1.0
4				0.7	1.6	1.5	0.9
5					0.9	1.1	0.8
6						0.6	1.0
7							0.5

（2）A．5　　　　　　B．9　　　　　　C．10　　　　　　D．11

试题分析

本题得到的最小生成树如图 11-2-8 所示。

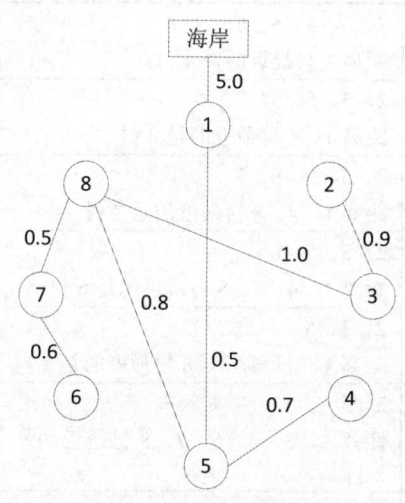

图 11-2-8 最小生成树

最小生成树各边权值相加得到 5.0+0.5+0.5+0.6+0.7+0.8+0.9+1.0=10 海里。

■ 参考答案 C

● 某乡 8 个小村（编号为 1~8）之间的距离见表 11-2-4（单位：km）。1 号村离水库最近，为 5km，从水库开始铺设水管将各村连接起来，最少需要铺设____(3)____km 长的水管（为便于管理和维修，水管分叉必须设在各村处）。

表 11-2-4 习题用表

起点	目的						
	2	3	4	5	6	7	8
1	1.5	2.5	1.0	2.0	2.5	3.5	1.5
2		1.0	2.0	1.0	3.0	2.5	1.8
3			2.5	2.0	2.5	2.0	1.0
4				2.5	1.5	1.5	1.0
5					3.0	1.8	1.5
6						0.8	1.0
7							0.5

（3）A. 6.3　　　　B. 11.3　　　　C. 11.8　　　　D. 16.8

试题分析

最小铺设线路的表格化求解过程见表 11-2-5。

表 11-2-5 水管铺设线路过程

执行顺序	已铺设水管村	未铺设水管村	铺设线路	水管总长/km
1	1	2、3、4、5、6、7、8 距离 1 村最近的是 4 村	水库-1-4	5+1=6
2	1、4	2、3、5、6、7、8 距离 1、4 村最近的是 8 村	水库-1-4-8	6+1=7
3	1、4、8	2、3、5、6、7 距离 1、4、8 村最近的是 7 村	水库-1-4-8-7	7+0.5=7.5
4	1、4、7、8	2、3、5、6 距离 1、4、7、8 村最近的是 6 村	水库-1-4-8-7-6	7.5+0.8=8.3
5	1、4、6、7、8	2、3、5 距离 1、4、6、7、8 村最近的是 3 村	水库-1-4-8-7-6；8-3	8.3+1=9.3
6	1、3、4、6、7、8	2、5 距离 1、3、4、6、7、8 村最近的是 2 村	水库-1-4-8-7-6；8-3-2	9.3+1=10.3
7	1、2、3、4、6、7、8	5 5 村距离 2 村最近	水库-1-4-8-7-6；8-3-2-5	10.3+1=11.3
8	1、2、3、4、5、6、7、8			

参考答案　B

● 煤气公司想要在某地区高层住宅楼之间铺设煤气管道并与主管道相连，位置如图 11-2-9 所示，节点代表各住宅楼和主管道位置，线上数字代表两节点之间的距离（单位：m），则煤气公司铺设的管道总长最短为___（4）___m。

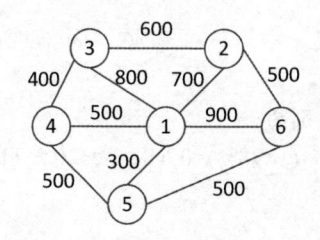

图 11-2-9　习题用图

（4）A．1800　　　　　B．2200　　　　　C．2000　　　　　D．2100

试题分析

本题使用破圈法得到最小生成树，具体过程如图 11-2-10 所示。

最后得到最小生成树的边权总和=400+500+300+500+500=2200。

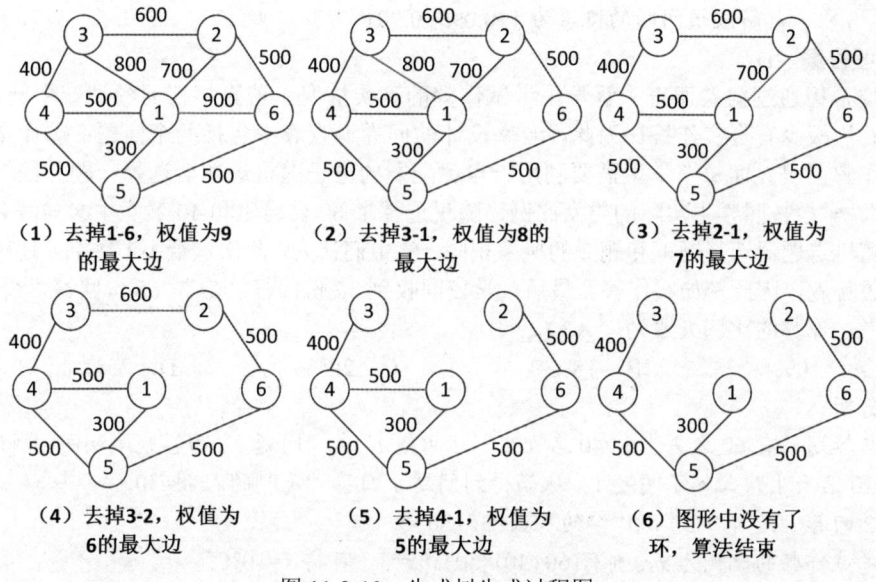

（1）去掉1-6，权值为9的最大边

（2）去掉3-1，权值为8的最大边

（3）去掉2-1，权值为7的最大边

（4）去掉3-2，权值为6的最大边

（5）去掉4-1，权值为5的最大边

（6）图形中没有了环，算法结束

图 11-2-10　生成树生成过程图

■ **参考答案**　B

11.3　概率论

本节知识点包含基础概率计算和统计应用等。

【考核方式1】　基础概率计算

● 某市场上某种零件由甲、乙、丙、丁 4 个工厂供货，供货数量之比为 4:3:2:1。各厂产品的合格率分别为99%、98%、97.5%和95%。某抽检员发现了一件次品，它属于___（1）___厂的概率最大。

（1）A. 甲　　　　　　B. 乙　　　　　　C. 丙　　　　　　D. 丁

试题分析

4个工厂生产的次品所占比例分别为：

甲：0.4×(1–99%)=0.4%；乙：0.3×(1–98%)=0.6%；丙：0.2×(1–97.5%)=0.5%；丁：0.1×(1–95%)=0.5%。

由此可知，属于乙厂的概率最大。

■ **参考答案**　B

● 设甲、乙、丙3人独立解决某个问题的概率分别为0.45、0.55、0.6，则3人一起解决该问题的概率约为___（2）___。

（2）A. 0.53　　　　　B. 0.7　　　　　　C. 0.8　　　　　　D. 0.9

试题分析

根据题意，3人均无法解决问题的概率=(1–0.45)×(1–0.55)×(1–0.6)=0.099。

所以，3人一起解决该问题的概率为1–0.099=0.901。

■ **参考答案**　D

● 某学校希望通过问卷调查了解学生考试作弊的真实情况。若直接在问卷调查中问："你作弊了吗？"极少有真实作答。为此，专家设计的问卷调查表中包括两个问题：①你是男生吗？②你作弊了吗？而每个学生需要利用给自己配发的电子随机选题器选择一题并回答"是"或"否"。学校按照学生实际的男女比例，随机选择了60名男生和40名女生参与匿名答题，而电子随机选题器选择题1和题2的概率相同。学生们认为，此次调查不但匿名，还不透露自己选择了哪题，因此都如实作答。最后，学校回收到35份回答"是"，65份回答"否"，因此计算出考试作弊的比例大致为___（3）___。

（3）A. 10%　　　　　B. 15%　　　　　C. 20%　　　　　D. 25%

试题分析

"参与答题的有60名男生和40名女生"，"问题1"和"问题2"回答概率相同，则说明有"30名男生和20名女生"回答了问题1。从而得到问题1回答"是"的人数=30。

问题2回答"是"，即考试作弊的人数=35–30=5。

假定考试作弊的比例为x，则有(60+40)×50%×x=5，可得x=10%。

■ **参考答案**　A

【考核方式2】 统计应用

● 已知17个自然数（可有重复）的最小值是30，平均值是34，中位数是35，所有各数到38的距离之和比到35的距离之和多5，由此可以推断，这17个自然数中只有1个___（1）___。

（1）A. 30　　　　　B. 34　　　　　C. 36　　　　　D. 37

试题分析

平均值和中位数是两种常用的统计量，用于描述一组数据的中心趋势。平均值是一组数据的总和除以数据的个数。中位数是将数据按大小顺序排列后，位于中间位置的数（可以不止一个）。

本题中位数为 35，说明这些数中至少有一个 35，且 35 左边有 8 个自然数（≤35），35 右边有 8 个自然数（≥35）。

设右边≥35 的 8 个数中，包含 x 个 35，y 个 36，z 个 37，w 个 38 或 38 以上的数。结合题意，可得这 17 个自然数的分布如图 11-3-1 所示。

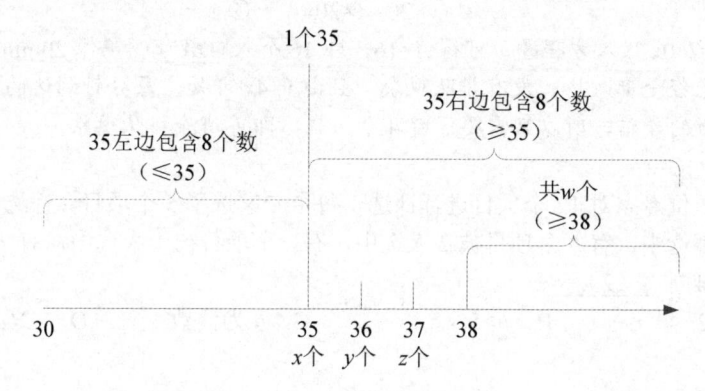

图 11-3-1　17 个自然数分布

显然，≤35 和一个中位数（35）共 9 个数，每个数到 38 的距离比到 35 的多 3，总共多 27。≥35（不含中位数）的 8 个数，到 38 距离之和−到 35 距离之和=5−27=−22。

由此得到如下等式：

$$3x+y-z-3w=-22 \quad ①$$
$$x+y+z+w=8 \quad ②$$

①+②式得 $w-2x-y=7$，由于 w、x、y 均为[0,8]上的整数，结合②，所以 $w=7$，$x=y=0$。最后得到 $z=1$，即 37 有 1 个。

■ 参考答案　D

11.4　逻辑推理与组合

本节知识点包含根据逻辑列出方程并解方程、函数变换等。

【考核方式 1】　根据逻辑列出方程并解方程

● 某博览会每天 8:00 开始让观众通过各入口处检票进场，8:00 前已经有很多观众在排队等候。假设 8:00 后还有不少观众均匀地陆续到达，而每个入口处对每个人的检票速度都相同。根据以往经验，若开设 8 个入口，则需要 60min 才能让排队观众全部入场；若开设 10 个入口，则需要 40min 才能消除排队现象。为以尽量少的入口数，确保 20min 后消除排队现象，博览会应在 8:00 和 8:20 开设的入口数分别为___(1)___。

(1) A. 12，2　　　　　B. 14，4　　　　　C. 16，4　　　　　D. 18，6

试题分析

假设每个入口每分钟检票人数为 x 人，8:00 后每分钟到达的观众数量为 y 人，初始排队观众数量为 z 人，则有：

$$z+y\times 60=8\times 60x \quad ①$$
$$z+y\times 40=10\times 40x \quad ②$$

解方程①、②，可得 $y=4x$ 和 $z=240x$。

设有 A 个入口，能保证 20min 后消除排队现象，则有：
$$z+y\times 20=A\times 20x \quad ③$$

将 $y=4x$ 和 $z=240x$ 代入方程③，可得 $A=16$，即 16 个入口数可以确保 20min 后消除排队现象。8:20 后观众已经全部入场，没有排队观众。且由 $y=4x$ 可知，每分钟到达的观众数量是每个入口每分钟检票人数的 4 倍，所以只需要保留 4 个入口，即可消除排队现象。

■ **参考答案** C

● 某部门邀请 3 位专家对 12 个项目进行评选，每个专家选了 5 个项目。评选的结果中，有 a 个项目被 3 人都选中，有 b 个项目被 2 人选中，有 c 个项目被 1 人选中，有 2 个项目无人选中。据此，可以推断＿＿（2）＿＿。

（2）A. $a>2$　　　B. $b>5$　　　C. b 为偶数　　　D. $c\geq a+b$

试题分析

根据题意可得：
$$a+b+c=12-2 \quad ①$$
$$3a+2b+c=3\times 5 \quad ②$$
$$a、b、c\geq 0，且均为整数 \quad ③$$

消除变量 c 可得 $2a+b=5$，所以 A、B、C 选项均不成立。
②×2−①×3 可得 $3a+b=c$，可知 D 选项成立。

■ **参考答案** D

【考核方式 2】 函数变换

● 某班级某次考试由于教师出题太难导致大多数人的卷面百分制成绩不及格（低于 60 分），成绩较高的与较低的学生都很少。为了控制及格率，教师根据卷面成绩 x 做了函数变换 $y=f(x)$，得到最终的百分制成绩 y，使及格率大为提高。比较公平合理的函数变换为＿＿（1）＿＿。

（1）A. $y=x+20$　　　B. $y=1.2x$　　　C. $y=10\sqrt{x}$　　　D. $y=x^2/100$

试题分析

A 选项和 B 选项中，100 分会变换为 120 分，因此不合理。
D 选项中，60 分变为 36 分，70 分变为 49 分，及格率变低了。
C 选项，结果范围仍然在 0～100 之间，36 分以上转换为 60 分以上，提高了及格率。

■ **参考答案** C

11.5 项目管理相关计算

本节知识点包含计算盈亏临界点、复利、净现值、动态投资回收期和投资收益率等。

【考核方式 1】 计算盈亏临界点

● 盈亏临界点也称为盈亏平衡点或保本点，是指项目收入和成本相等的经营状态，也就是既不盈利又不亏损的状态。以盈亏临界点为界限，当销售收入高于盈亏临界点时项目就盈利，反之，项目就亏损。假设某公司的销售收入状态见表11-5-1所示，则达到盈亏临界点时的销售额是____（1）____元。

表11-5-1 某公司的销售收入状态

项目	金额/元	项目	金额/元
销售收入	800	固定生产成本	130
材料成本	300	毛利	270
分包费用	100	固定销售成本	150
		利润	120

（1）A．400　　　　B．560　　　　C．680　　　　D．800

试题分析

总固定成本=固定生产成本+固定销售成本=130+150=280元
总变动成本=材料成本+分包费用=300+100=400元
盈亏临界点销售额=总固定成本/(1−总变动成本/销售收入)=280/(1−400/800)=560元

■ **参考答案**　B

【考核方式2】 计算复利

● 攻克要塞信息技术有限公司年初从银行借款200万元，年利率为3%。银行规定每半年计息一次并计复利。若该公司向银行所借的本金和产生的利息均在第3年末一次性向银行支付，则支付额为____（1）____万元。

（1）A．218.69　　　B．238.81　　　C．218.55　　　D．218

试题分析

本题考查的是计算复利，复利计算的公式为：

$$F_n = P(1+R)^n$$

式中，R为年利率。

本题目中，由于是每半年计息一次，所以$n=6$。需要注意的是R与n是相对应的，每半年计息一次，因此R也应该化为半年的利率，即$R=1.5\%$，代入公式计算得：

$$F_n = 200 \times (1+0.015)^6 = 218.69 \text{ 万元}$$

■ **参考答案**　A

【考核方式3】 计算净现值

● 某项目各期的现金流量见表11-5-2。

表11-5-2 习题用表

期数	0	1	2
净现金流量	−630	330	440

设折现率为10%，则项目的净现值约为____（1）____。

（1）A．140　　　　　B．70　　　　　C．34　　　　　D．6

试题分析

现值的计算公式：

$$P = \frac{F}{(1+i)^n}$$

式中，P 为现值；F 为终值；i 为折现率。

净现值计算公式：

$$NPV = \sum_{t=0}^{n} \frac{(CI-CO)_t}{(1+i)^t}$$

式中，CI 为现金流入，CO 为现金流出，$CI-CO$ 即为现金流量；i 为折现率。净现值是现值累加后的结果。本题中，现金流量表计算见表 11-5-3。

表 11-5-3　习题用表

期数	0	1	2
净现金流量	−630	330	440
现值	−630/(1+i)^0	330/(1+i)^1	440/(1+i)^2

将 i=10%代入，得到现值表见表 11-5-4。

表 11-5-4　习题用表

期数	0	1	2
净现金流量	−630	330	440
现值	−630	300	363.64

将现值进行累加（−630+300+363.64），得到净现值。

■ 参考答案　C

【考核方式 4】　计算动态投资回收期

● 攻克要塞信息技术有限公司 2019 年年初计划投资 1000 万元开发一套中间件产品，预计从 2019 年开始，年实现销售收入 1500 万元，年市场销售成本 1000 万元。该产品的系统分析员张工根据财务总监提供的贴现率，制作了如表 11-5-5 所示的产品销售现金流量表。根据表 11-5-5 中的数据，该产品的动态投资回收期是 ____（1）____ 年。

表 11-5-5　产品销售现金流量表　　　　　　　　　单位：万元

年度	2019	2020	2021	2022	2023
投资	1000	—	—	—	—
成本	—	1000	1000	1000	1000
收入	—	1500	1500	1500	1500
净现金流量	−1000	500	500	500	500
净现值	−925.23	428.67	396.92	367.51	340.29

（1）A. 1　　　　　B. 2　　　　　C. 3.27　　　　　D. 3.73

试题分析

所谓投资回收期，是用投资方案所产生的净现金收入回收初始全部投资所需的时间。

静态投资回收期：一笔 1000 元的投资，当年收益，每年的净现金收入为 500 元，则静态投资回收期为 $T = 1000/500 = 2$ 年。

动态投资回收期：考虑资金的时间价值，动态投资回收期 T_p 的计算公式如下：

T_p=累计折现值开始出现正值的年份数–1+|上一年累计折现值|/当年折现值

本题中，第 4 年（2022 年）累计折现值开始大于 0，所以：

动态投资回收期 = (4–1)+(428.67+396.92–925.23)/367.51 = 3.27

■ **参考答案**　C

【考核方式5】　计算投资收益率

- 表 11-5-6 列出了 A、B、C、D 4 个项目的投资及销售收入，根据投资回报率评估，应该选择投资　（1）　。

表 11-5-6　投资及销售收入表

项目	投资额/万元	销售额/万元
A	2000	2200
B	1500	1600
C	1000	1200
D	800	950

（1）A. A项目　　　B. B项目　　　C. C项目　　　D. D项目

试题分析

投资收益率（现值指数）=投资收益/投资总额×100% = （累计净现值/累计成本现值）×100%。

A 项目=(2200–2000)/2000=10%；B 项目=(1600–1500)/1500=6.7%；C 项目=(1200–1000)/1000=20%；D 项目=(950–800)/800=18.8%。

■ **参考答案**　C

第12章 案例分析典型题

依据最新考试要求，系统分析师考试主要考查系统分析与设计、面向对象方法、嵌入式系统分析与设计（因篇幅限制，且考生极少选做嵌入式系统分析与设计相关案例题，因此本书不再介绍此知识点。）、数据库与大数据处理系统分析与设计、Web 应用系统分析与设计、项目管理以及安全性设计等知识。

本章考点知识结构图如图 12-0-1 所示。

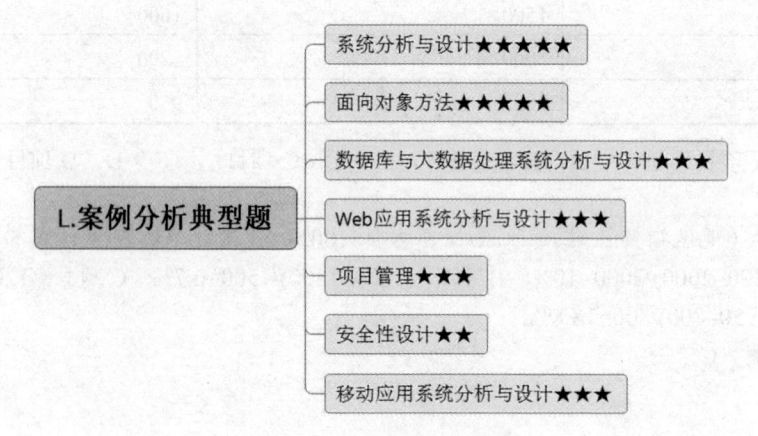

图 12-0-1　考点知识结构图

12.1　系统分析与设计

试题 1

阅读下列说明，回答【问题 1】至【问题 3】，将解答填入答题纸的对应栏内。

【说明】

某软件企业拟开发一套基于移动互联网的在线运动器材销售系统，项目组决定采用 FAST 开发方法进行系统分析与设计。在完成了初步的调查研究之后进入了问题分析阶段，分析系统中存在的问题以及改进项。其分析的主要内容包括：

（1）器材销售订单处理的时间应该减少 20%。
（2）移动端支持 iOS 和 Android 两类操作系统。
（3）器材销售订单处理速度太慢导致很多用户取消订单。
（4）后台服务器硬件配置比较低。
（5）用户下单过程中应该减少用户输入的数据量。
（6）订单处理过程中用户需要输入大量信息。
（7）利用云计算服务可以降低 50%的服务器处理时间。
（8）公司能投入的技术维护人员数量有限。
（9）大量的并发访问会导致 App 页面无法正常显示。

【问题 1】（12 分）

FAST 开发方法在系统分析中包括初始研究、问题分析、需求分析和决策分析等 4 个阶段，请简要说明每个阶段的主要任务。

【问题 2】（8 分）

在问题分析阶段，因果分析方法常用于分析系统中的问题和改进项，请结合题目中所描述的各项内容，将题干编号（1）～（9）填入表 12-1-1 的（a）～（d）中。

表 12-1-1　问题、机会、目标和约束矩阵

项目：在线运动器材销售系统		项目经理：Shiyou	
创建者：Liuyi		最后修改人：Liuyi	
创建日期：2021 年 3 月 12 日		最后修改日期：2021 年 3 月 28 日	
因果分析		系统改进目标	
问题/机会	原因/结果	目标	约束条件
（a）	（b）	（c）	（d）

【问题 3】（5 分）

在决策分析阶段，需要对候选方案所述内容按照操作可行性、技术可行性、经济可行性和进度可行性进行分类。请将下列（1）～（5）内容填入表 12-1-2 的（a）～（d）中。

表 12-1-2　候选方案指标分类

可行性准则	候选方案描述
操作可行性	（a）
技术可行性	（b）
经济可行性	（c）
进度可行性	（d）

（1）新开发的器材销售系统能够满足用户所需的所有功能。

（2）系统开发的成本大约需要 40 万元。
（3）需要对移动端 App 开发工程师进行技术培训。
（4）系统开发周期需要 6 个月。
（5）系统每年维护的费用大约 5 万元。

试题分析

【问题 1】

FAST 开发方法是一种快速、模块化的软件开发方法，它源于 Agile（敏捷）开发方法，并继承了其灵活性、反应能力和可扩展性的优势。该方法通过模块化和不断迭代，来提高软件产品的可用性和可扩展性。

FAST 开发方法在系统分析中包括初始研究、问题分析、需求分析和决策分析等 4 个阶段。

1）初始研究（又称初始研究阶段）：定义项目的初步范围，列出问题和机会，评估项目价值，制定项目进度表和预算，并汇报项目计划。

2）问题分析：研究问题领域、分析问题和机会、分析业务过程、制定系统改进目标、修改项目计划并汇报调查结果和建议。

3）需求分析：定义、分析、排列需求，持续不断地进行需求管理。

4）决策分析：分析、比较候选方案，推荐一个系统方案。

FAST 方法的优势在于快速响应、灵活性、可扩展性；劣势在于需求不明确或频繁变更时，会增加开发时间和成本；缺乏有效规划的迭代，会导致设计混乱和代码质量下降。

【问题 2】

问题/机会、原因/结果、目标和约束条件可以帮助系统分析每个问题/机会、原因/结果、目标和约束条件之间的相互作用关系。

1）问题/机会：问题是不符合预期、需要解决或改进的状况；机会是可能带来积极变化或收益的潜在因素。本题中"（3）器材销售订单处理速度太慢导致很多用户取消订单。"属于问题/机会。

2）原因/结果：经过分析问题，得到导致问题发生或机会出现的根本因素或条件。本题中"（4）后台服务器硬件配置比较低。（6）订单处理过程中用户需要输入大量信息。（9）大量的并发访问会导致 App 页面无法正常显示。"属于原因/结果。

3）目标：组织或个人希望实现的具体、可衡量的成果或状态。目标是可以度量的、明确的。本题中"（1）器材销售订单处理的时间应该减少 20%。（5）用户下单过程中应该减少用户输入的数据量。（7）利用云计算服务可以降低 50%的服务器处理时间。"可以度量且明确，属于系统目标。

4）约束条件：限制组织或个人实现目标或抓住机会的外部或内部条件，可以是进度、成本、技术、政策等。本题中"（2）移动端支持 iOS 和 Android 两类操作系统。（8）公司能投入的技术维护人员数量有限。"是系统和人力资源方面的限制，因此属于约束条件。

【问题 3】

"（1）新开发的器材销售系统能够满足用户所需的所有功能。"属于操作可行性。

"（3）需要对移动端 App 开发工程师进行技术培训。"属于技术可行性。

"（2）系统开发的成本大约需要 40 万元。（5）系统每年维护的费用大约 5 万元。"属于经济可行性。

"(4)系统开发周期需要6个月。"属于进度可行性。
参考答案
【问题1】
1)初始研究（又称初始研究阶段）：定义项目的初步范围、列出问题和机会、评估项目价值、制定项目进度表和预算并汇报项目计划。
2)问题分析：研究问题领域、分析问题和机会、分析业务过程、制定系统改进目标、修改项目计划并汇报调查结果和建议。
3)需求分析：定义、分析、排列需求，持续不断的需求管理。
4)决策分析：分析、比较候选方案，推荐一个系统方案。
【问题2】
(a)(3)　　　　　　　　　　　　(b)(4)、(6)、(9)
(c)(1)、(5)、(7)　　　　　　　(d)(2)、(8)
【问题3】
(a)(1)　　　　(b)(3)　　　　(c)(2)、(5)　　　　(d)(4)

试题2

阅读以下关于软件系统分析与设计的叙述，在答题纸上回答【问题1】至【问题3】。
【说明】
某企业拟开发一套数据处理系统，在系统分析阶段，系统分析师整理的核心业务流程与需求如下。
(a)系统分为管理员和用户两类角色，其中管理员主要进行用户注册与权限设置，用户主要完成业务功能。
(b)系统支持用户上传多种类型的数据，主要包括图像、文本和二维曲线等。
(c)数据上传完成后，用户需要对数据进行预处理操作，预处理操作包括图像增强、文本摘要和曲线平滑等。
(d)预处理操作完成后，需要进一步对数据进行智能分析，智能分析操作包括图像分类、文本情感分析和曲线未来走势预测等。
(e)上述预处理和智能分析操作的中间结果均需要进行保存。
(f)用户可以将数据分析结果以图片、文本、二维图表等多种方式进行展示，并支持结果汇总，最终导出为符合某种格式的报告。
【问题1】(6分)
数据流图（Data Flow Diagram，DFD）是一种重要的结构化系统分析方法，重点表达系统内数据的传递关系，并通过数据流描述系统功能。请用300字以内的文字说明DFD在进行系统需求分析过程中的主要作用。
【问题2】(10分)
顶层图（也称上下文数据流图）是描述系统最高层结构的DFD，它的特点是将整个待开发的系统表示为一个加工,将所有的外部实体和进出系统的数据流都画在一张图中。请将题干编号(a)～(f)内容填入图12-1-1中（1）～（5）空白处，完成该系统的顶层图。

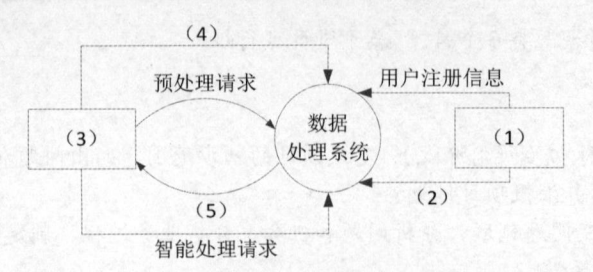

图 12-1-1　数据处理系统顶层图

【问题3】（6分）

在结构化设计方法中，通常采用流程图表示某一处理过程，这种过程既可以是生产线上的工艺流程，也可以是完成一项任务必需的管理过程。而在面向对象的设计方法中，则主要采用活动图表示某个用例的工作流程。请用 300 字以内的文字说明流程图和活动图在表达业务流程时的 3 个主要不同点。

【问题4】（3分）

列举 3 种绘制数据流图应遵循的原则。

试题分析

【问题1】

DFD 用于描述数据流的输入到输出变换的图形化工具。

（1）DFD 清晰表达了功能需求和数据需求，确保了对系统需求的共同理解，是需求分析的手段。

（2）DFD 能够清晰地描绘出系统中数据的来源、去向以及被如何处理，概括地描述系统的内部逻辑过程，表达了需求分析结果，为系统设计提供支持。

（3）可作为归档材料，作为开发依据。

【问题2】

依据"（a）系统分为管理员和用户两类角色，其中管理员主要进行用户注册与权限设置，用户主要完成业务功能。"可知，（1）为"管理员"，（2）为"用户权限信息"。

依据"（c）数据上传完成后，用户需要对数据进行预处理操作，预处理操作包括图像增强、文本摘要和曲线平滑等。"可知，（3）为"用户"，可以进行预处理操作。

依据"（b）系统支持用户上传多种类型的数据，主要包括图像、文本和二维曲线等。"可知，（4）为"多种类型数据"。

依据"（f）用户可以将数据分析结果以图片、文本、二维图表等多种方式进行展示，并支持结果汇总，最终导出为符合某种格式的报告。"可知，（5）为"结果展示、汇总/导出报告"。

【问题3】

流程图常用于结构化设计方法中，而活动图用于面向对象设计方法中。

（1）抽象层次：流程图重点描述处理过程（顺序与时间关系），主要的控制结构为顺序、分支和循环；活动图描述对象活动的顺序关系，重点描述系统行为，而非处理系统的处理过程。

（2）并发：流程图只能描述顺序执行过程，活动图可通过分支和泳道描述并发过程。

（3）结束状态：流程图只有一个结束状态，活动图有多个结束状态。

（4）图形符号：流程图使用标准的流程控制符号（如矩形表示操作、菱形表示决策），活动图则采用 UML 规范，如起始和结束圆、泳道表示角色等。

【问题 4】

绘制数据流图的原则见表 12-1-3。

表 12-1-3 绘制数据流图的原则

原则	子原则	备注
一致性	父图与子图的平衡	父图所有加工的输入/输出流应与其对应的子图边界的输入/输出流是一一对应的 父图子图不平衡 父图加工2输入/输出数据有C、B、D 而子图边界只有数据C、B 父图子图平衡 父图加工2输入/输出数据有C、B、D 对应子图的边界也应该有数据C、B、D
	数据守恒	（1）某个加工的所有输出数据必须能从该加工输入数据得到，或者通过该加工处理得到。 （2）应删除输入数据流中未被加工使用的数据项
	不同名	加工的输入和输出数据流不能同名
	局部数据存储	任何数据存储都应该有读/写的数据流
完整性	输入/输出限制	每个加工至少要有一个输入数据流、一个输出数据流
	读写限制	每个数据存储至少有一个加工对其进行读/写操作
	命名限制	每个文件、数据流都要进行命名

参考答案

【问题 1】

（1）DFD 清晰表达了功能需求和数据需求，确保了对系统需求的共同理解，是需求分析的手段。

（2）DFD 能够清晰地描绘出系统中数据的来源、去向以及被如何处理，概括地描述系统的内部逻辑过程，表达了需求分析结果，为系统设计提供支持。
（3）可作为归档材料和开发依据。

【问题 2】
（1）管理员　　　　　　　　　（2）用户权限信息
（3）用户　　　　　　　　　　（4）多种类型数据
（5）结果展示、汇总/导出报告

【问题 3】
（1）抽象层次：流程图重点描述处理过程（顺序与时间关系），主要的控制结构为顺序、分支和循环；活动图描述对象活动的顺序关系，重点描述系统行为，而非系统的处理过程。
（2）并发：流程图只能描述顺序执行过程，活动图可通过分支和泳道描述并发过程。
（3）结束状态：流程图只有一个结束状态，活动图有多个结束状态。
（4）图形符号：流程图使用标准的流程控制符号（如矩形表示操作，菱形表示决策），活动图则采用 UML 规范，如起始和结束圆、泳道表示角色等。

【问题 4】
（1）父图与子图的平衡原则：父图所有加工的输入/输出流应与其对应的子图边界的输入/输出流一一对应。
（2）数据守恒原则：某个加工的所有输出数据必须能从该加工输入数据得到，或者通过该加工处理得到。
（3）不同名原则：加工的输入和输出数据流不能同名。
（4）局部数据存储原则：任何数据存储都应该有读/写的数据流。
（5）输入/输出限制原则：每个加工至少要有一个输入数据流、一个输出数据流。
（6）读写限制原则：每个数据存储至少有一个加工对其进行读/写操作。
（7）命名限制原则：每个文件、数据流都要进行命名。

试题 3

阅读以下关于基于模型驱动架构（Model Driven Architecture，MDA）的软件开发过程的叙述，在答题纸上回答【问题 1】至【问题 3】。

【说明】

某公司拟开发一套手机通信录管理软件，实现对手机中联系人的组织与管理。公司系统分析师王工首先进行了需求分析，得到的系统需求列举如下：

用户可通过查询接口查找联系人，软件以列表的方式将查找到的联系人显示在屏幕上，显示信息包括姓名、照片和电话号码；用户单击手机的"退出"按钮则退出此软件。

单击联系人列表进入联系人详细信息界面，包括姓名、照片、电话号码、电子邮箱、地址和公司等信息；为每个电话号码提供发送短信和拨打电话两个按键实现对应的操作；用户单击手机的"后退"按钮则回到联系人列表界面。

在联系人详细信息界面点击电话号码对应的发送短信按键则进入发送短信界面。界面包括发送对象信息显示、短信内容输入和发送按键 3 个功能。用户单击发送按键则发送短信并返回联系人详细信息界面；单击"后退"按钮则回到联系人详细信息界面。

在联系人详细信息界面内单击"电话号码"对应的"拨打电话按键"则进入手机的拨打电话界面;在通话结束或挂断电话后返回联系人详细信息界面。

在系统分析与设计阶段,公司经过内部讨论,一致认为该系统的需求定义明确,建议基于公司现有的软件开发框架,采用新的基于模型驱动架构的软件开发方法,将开发人员从大量的重复工作和技术细节中解放出来,使之将主要精力集中在具体的功能或者可用性的设计上。公司任命王工为项目技术负责人,负责项目的开发工作。

【问题 1】(7 分)

请用 300 字以内的文字,从可移植性、平台互操作性、文档和代码的一致性等 3 个方面说明基于 MDA 的软件开发方法的优势。

【问题 2】(8 分)

王工经过分析,设计出了一个基于 MDA 的软件开发流程,如图 12-1-2 所示。请填写图 12-1-2 中(1)~(4)处的空白,完成开发流程。

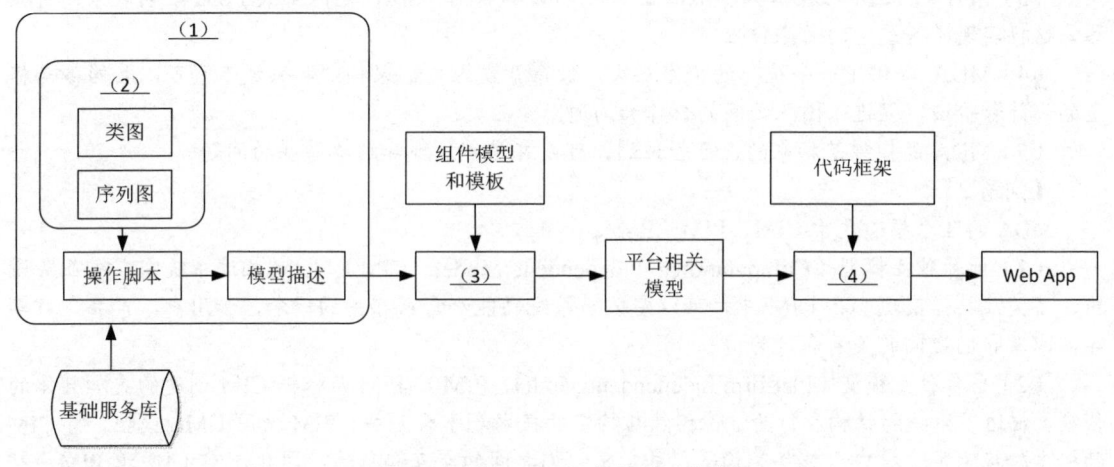

图 12-1-2 基于 MDA 的软件开发流程

【问题 3】(10 分)

王工经过需求分析,首先建立了该手机通信录管理软件的状态机模型,如图 12-1-3 所示。请对题干需求进行仔细分析,填写图 12-1-3 中的(1)~(5)处空白。

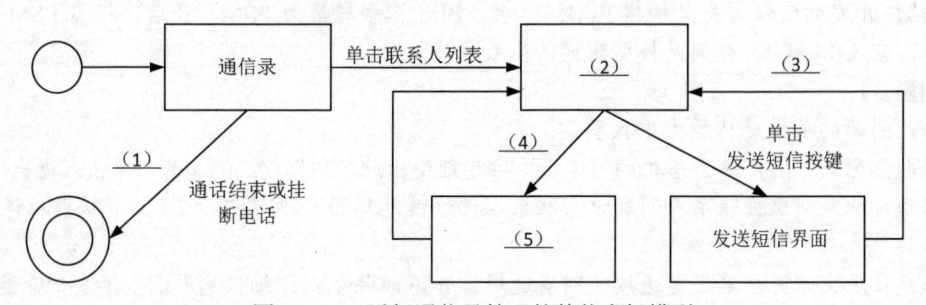

图 12-1-3 手机通信录管理软件状态机模型

试题分析

【问题1】

模型驱动架构（MDA）由对象管理组织（OMG）提出，是一种用于应用系统开发的软件设计方法。MDA 的核心思想是将模型作为软件系统开发的中心，通过模型的转换和自动生成代码来推动整个开发过程。

MDA 的优势如下：

（1）MDA 将开发重点放在模型上，通过模型转换和自动生成代码减少了手动编写代码的工作量，减少了出错的可能性，提高了开发效率，可以快速响应需求变化。基于 MDA 的软件开发方法，代码由模板生成，因此，可以确保生成的代码与模型、代码与文档的一致性。

（2）MDA 中的平台独立模型（Platform Independent Model，PIM）是跨平台的，可以转化为多个不同平台的平台相关模型（Platform Specific Model，PSM），所以基于 MDA 的软件开发方法是可移植的。

（3）PIM 到 PSM 转换工具，不但可以将 PIM 转换为 PSM，还能生成 PSM 之间联系的桥接器，这样实现了跨平台的互操作性。

（4）MDA 提供了一个统一的抽象层次，使得开发人员、架构师和领域专家可以共同参与模型的设计和验证，促进了团队之间的合作和沟通。

（5）MDA 的模型是抽象的、可验证的，可以在早期发现和解决潜在的问题。

【问题2】

MDA 的 3 个核心元素 CIM、PIM、PSM。

（1）计算独立模型（Computational Independent Model，CIM）。CIM 描述系统需求和业务逻辑，不关注具体实现。在 CIM 中，可以定义与系统功能和需求相关的概念，如用户、产品、订单等，以及它们之间的关系和行为。

（2）平台独立模型（Platform Independent Model，PIM）。PIM 是根据 CIM 创建的更加具体的模型，描述了系统的结构和行为，但仍然与特定的技术和平台无关。PIM 使用 UML 模型，将 CIM 的概念转换为类、接口、关联等构造，并定义它们之间的交互和行为。因此，空（1）填 PIM，空（2）填 UML 模型。

（3）平台相关模型（Platform Specific Model，PSM）。PSM 是基于 PIM 进一步细化和特定于具体平台的模型，用于生成特定平台的最终代码。

PSM 是基于 PIM 进一步细化和特定于具体平台的模型，用于生成特定平台的最终代码。基于 MDA 的软件开发的流程首先是构建 PIM；然后，PIM 模型转换为 PSM，最后，根据 PSM 生成代码。所以，空（3）、（4）分别是模型变换、生成代码。

【问题3】

解决此问题的关键是从原文中找答案。

依据题目原文"用户单击手机的'退出'按钮则退出此软件"，空（1）为"单击'退出'按钮"。

依据题目原文"单击联系人列表进入联系人详细信息界面"，可得空（2）为"联系人详细信息界面"。

依据题目原文"用户单击发送按键则发送短信并返回联系人详细信息界面；单击"后退"按钮则回到联系人详细信息界面。"可得空（3）为"单击发送按键或单击'后退'按钮"。

依据题目原文"联系人详细信息界面内单击电话号码对应的拨打电话按键则进入手机的拨打电话界面。"可得空（4）、（5）分别为"单击电话号码对应的拨打电话按键""拨打电话界面"。

参考答案

【问题1】

可移植性：MDA 中的 PIM 是跨平台的，可以转化为多个不同平台的 PSM，所以基于 MDA 的软件开发方法是可移植的。

平台互操作性：PIM 到 PSM 转换工具，不但可以将 PIM 转换为 PSM，还能生成 PSM 之间联系的桥接器，这样实现了跨平台的互操作性。

文档和代码的一致性：基于 MDA 的软件开发方法，代码由模板生成，因此可以确保生成的代码与模型、代码与文档的一致性。

【问题2】

（1）平台无关模型（或者 PIM）　　　　（2）UML 模型
（3）模型变换（映射）　　　　　　　　（4）生成代码

【问题3】

（1）单击"退出"按钮　　　　　　　　（2）联系人详细信息界面
（3）单击发送按键或单击"后退"按钮　（4）单击电话号码对应的拨打电话按键
（5）拨打电话界面

试题 4

阅读以下关于系统分析任务的叙述，在答题纸上回答【问题1】至【问题3】。

【说明】

某公司是一家以运动健身器材销售为主营业务的企业，为了扩展销售渠道，解决原销售系统存在的许多问题，公司委托某软件企业开发一套运动健身器材在线销售系统。目前，新系统开发处于问题分析阶段，所分析各项内容如下所述。

（a）用户需要用键盘输入复杂且存在重复的商品信息。
（b）订单信息页面自动获取商品信息并填充。
（c）商品订单需要远程访问库存数据并打印提货单。
（d）自动生成电子提货单并发送给仓库系统。
（e）商品编码应与原系统商品编码保持一致。
（f）商品订单处理速度太慢。
（g）订单处理的平均时间减少 30%。
（h）数据编辑服务器 CPU 性能较低。
（i）系统运维人员数量不能增加。

【问题1】（8分）

问题分析阶段主要完成对项目开发的问题、机会和/或指示的更全面的理解。请说明系统分析师在问题分析阶段通常需要完成哪 4 项主要任务。

【问题2】（9分）

因果分析是问题分析阶段中一项重要技术，可以得出对系统问题的真正理解，并且有助于得到

195

更具有创造性和价值的方案。请将题目中所列（a）~（i）各项内容填入表 12-1-4 中（1）~（4）对应位置。

表 12-1-4　问题、机会、目标和约束条件

因果分析		系统改进目标	
问题或机会	原因和结果	系统目标	系统约束条件
（1）	（2）	（3）	（4）

【问题 3】（8 分）

系统约束条件可以分为 4 类，请将类别名称填入表 12-1-5 中（1）~（4）对应的位置。

表 12-1-5　约束条件分类

约束条件	类型
新系统必须在 5 月底上线运行	（1）
新系统开发费用不超过 20 万元	（2）
新系统必须能够实现在线实时处理	（3）
新系统必须满足 GB/T 31524—2015《电子商务平台运营与技术规范》	（4）

试题分析

【问题 1】

在问题分析阶段，系统分析师的主要任务是对项目开发的问题、机会和/或指标进行全面而深入的理解。问题分析阶段的主要任务如下。

（1）研究问题领域：该阶段系统分析师需要收集并分析关于问题领域的各种资料，包括现有的系统文档、业务章程、手册等，以及与不同干系人（如系统所有者、用户等）进行面对面沟通、问卷调查或主题会议，以获取他们对业务系统的不同层次的理解、认识和观点。目标是深入理解项目所涉及的业务领域、业务术语、问题背景。

（2）分析问题和机会：该阶段系统分析师深入分析问题，明确问题的本质、原因和影响，发现潜在的机会，为制定改进目标提供依据。

（3）分析业务过程：该阶段系统分析师需要仔细检查企业的业务过程，评估每个过程相对于整个组织的价值，找出可以优化的地方。

（4）制定系统改进目标：建立项目成功的标准，确定约束条件，如人力资源、技术能力、质量指标、政策标准等。

问题分析通常包括的任务还有修改项目执行计划、汇报分析结果和建议等。

【问题 2】

> 问题/机会：问题是不符合预期、需要解决或改进的状况；机会是可能带来积极变化或收益的潜在因素。本题中"（f）商品订单处理速度太慢"属于问题/机会。

> 原因/结果：经过分析问题之后，得到导致问题发生或机会出现的根本因素或条件。本题中"（a）用户需要用键盘输入复杂且存在重复的商品信息；（c）商品订单需要远程访问库存数据并打印提货单；（h）数据编辑服务器 CPU 性能较低。"属于原因/结果。

➢ 目标：组织或个人希望实现的具体、可衡量的成果或状态。目标是可以度量的、明确的。本题中"(b)订单信息页面自动获取商品信息并填充；(d)自动生成电子提货单并发送给仓库系统；(g)订单处理的平均时间减少 30%"可以度量且明确，因此属于系统目标。

➢ 约束条件：限制组织或个人实现目标或抓住机会的外部或内部条件，可以是进度、成本、技术、政策/标准等。本题中 "(e)商品编码应与原系统商品编码保持一致；(i)系统运维人员数量不能增加"是系统和人力资源的限制，因此属于约束条件。

【问题3】
系统约束是对系统在达到改进目标过程中所必须满足的条件，约束基本上无法被改变。系统约束可以是进度、成本、技术、政策/标准等。

参考答案
【问题1】
（1）研究问题领域　　　　　　　　　（2）分析问题和机会
（3）制定系统改进目标　　　　　　　（4）修改项目计划
【问题2】
（1）(f)　　　　　　　　　　　　　　（2）(a)、(c)、(h)
（3）(b)、(d)、(g)　　　　　　　　　（4）(e)、(i)
【问题3】
（1）进度约束　　　　　　　　　　　（2）成本约束
（3）技术约束　　　　　　　　　　　（4）政策/标准约束

试题 5

阅读以下关于软件系统可行性分析的叙述，在答题纸上回答【问题1】至【问题3】。

【说明】

某软件开发企业受对外贸易公司委托开发一套跨境电子商务系统,项目组从多个方面对该电子商务系统进行了可行性分析，在项目组给出的可行性分析报告中，对项目的成本和收益情况进行了说明：建设投资总额为 300 万元，建设期为 1 年，运营期为 4 年，该方案的现金流量表见表 12-1-6。

表 12-1-6 系统解决方案现金流量表　　　　　　　　　　　　　单位：万元

阶段	0	1	2	3	4	合计
折现系数	1	0.91	0.83	0.75	0.68	
一开发成本	300					300
一运营成本		40	50	60	70	220
总成本	300	340	390	450	520	
折现值	300	336.4	377.9	422.9	470.5	
一运营收益		160	180	200	220	760
总收益		160	340	540	760	
折现值		145.6	295	445	594.6	

【问题1】（12分）

软件系统可行性分析包括哪几个方面？用200字以内的文字说明其含义。

【问题2】（7分）

成本和收益是经济可行性评价的核心要素。成本一般分为开发成本和运营成本；收益包括有形收益和无形收益。请对照下列7项内容，将其序号分别填入成本和收益对应的类别。

（a）系统分析师工资。

（b）采购数据库服务器。

（c）系统管理员工资。

（d）客户满意度增加。

（e）销售额同比提高。

（f）软件许可证费用。

（g）应用服务器数量减少。

开发成本：＿＿（1）＿＿；运营成本：＿＿（2）＿＿。

有形收益：＿＿（3）＿＿；无形收益：＿＿（4）＿＿。

【问题3】（6分）

根据表12-1-6所示现金流量表，分别给出该解决方案的静态投资回收期、动态投资回收期和投资收益率（考虑资金时间价值）的算术表达式或数值（结果保留2位小数）。

试题分析

【问题1】

信息系统项目可行性分析的目的就是用最小的代价在尽可能短的时间内确定以下问题：项目有无必要？能否完成？是否值得去做？

系统分析可行性研究一般应包括以下内容。

（1）技术可行性。主要是从项目实施的技术角度合理设计技术方案，并进行比较、选择和评价。技术可行性分析往往决定项目方向。技术可行性分析考虑的因素包括项目开发风险、人力资源的有效性、技术能力的可能性、物资（产品）的可用性等。

（2）经济可行性。从投资和收益的角度进行分析，包括建设成本、运行成本和经济效益分析等。

（3）社会可行性。分析组织内部可行性（包括品牌效益、技术创新力、竞争力、人员提升与管理提升等可行性）与对社会发展可行性（包括法律、文化、环境、政策、社会责任感等方面的可行性）。

（4）用户执行可行性。从用户的管理体制、管理方法与制度、人员素质、培训要求等方面进行可行性分析。

【问题2】

（1）投入属于成本。其中，系统分析师工资、采购数据库服务器属于开发成本；系统管理员工资、软件许可证费用属于运营成本。

（2）产出属于收益。其中，销售额同比提高、应用服务器数量减少属于有形收益；客户满意度增加属于无形收益。

【问题3】

（1）静态投资回收期=累计净现金流量开始出现正值的年份数–1+|上年累计净现金流量|/

当年净现金流量=(3–1)+(390–340)/(540–340–60)=2.36 年。

（2）动态投资回收期=累计折现值开始出现正值的年份数–1+｜上年累计折现值｜/当年折现值=(3–1)+(377.9–295)/((540–340–60)×0.75)=2.79 年。

（3）投资收益率=投资收益/投资成本×100%=594.6/470.5=126.38%。

参考答案

【问题1】

系统分析可行性研究一般应包括以下内容。

（1）技术可行性。主要是从项目实施的技术角度合理设计技术方案，并进行比较、选择和评价。技术可行性分析往往决定项目方向。技术可行性分析考虑的因素包括项目开发风险、人力资源的有效性、技术能力的可能性、物资（产品）的可用性等。

（2）经济可行性。从投资和收益的角度进行分析，包括建设成本、运行成本和经济效益分析等。

（3）社会可行性。分析组织内部可行性（包括品牌效益、技术创新力、竞争力、人员提升与管理提升等方面的可行性）与对社会发展可行性（包括法律、文化、环境、政策、社会责任感等方面的可行性）。

（4）用户执行可行性。从用户的管理体制、管理方法与制度、人员素质、培训要求等方面进行可行性分析。

【问题2】

（1）开发成本：（a）、（b）　　　　（2）运营成本：（c）、（f）
（3）有形收益：（e）、（g）　　　　（4）无形收益：（d）

【问题3】

（1）静态投资回收期：2.36 年　　　　（2）动态投资回收期：2.79 年
（3）投资收益率：126.38%

试题 6

阅读以下关于系统开发的叙述，在答题纸上回答【问题1】至【问题4】。

【说明】

某集团下属煤矿企业委托软件公司开发一套煤炭运销管理系统,该系统属于整个集团企业信息化架构中的业务层，系统针对煤矿企业开发，包括合同管理、磅房管理、质检化验及运费结算等功能。部分业务详细描述如下。

（1）合同管理：合同签订、合同查询和合同跟踪等。

（2）磅房管理：系统可以从所有类型的电子磅自动读数；可以自动从电子磅上读取车辆皮重、毛重，计算出净重；可根据合同内容自动减少相应提货单剩余数量，如果实际发货量超过合同额则拒绝发货。

（3）质检化验：根据过磅单、车号，生成化验分析委托单，而后生成化验分析报告。

（4）运费结算：依据过磅单上的净重、化验单、合同规定，自动计算出原料结算单和运费结算单。

煤矿企业根据集团的工作计划制订本企业的业务计划,煤矿企业根据集团划拨指标和提供的原料生产煤炭，所生产的煤炭交由集团统一管理并销售给客户。软件公司采用 Zachman 框架对企业业务架构和业务过程进行分析，结果见表 12-1-7。

表 12-1-7 煤炭运销管理系统 Zachman 框架分析

	（a）	（b）	（c）	（d）	时间	（e）
目标范围	A11	A12	A13	计划部、财务部、运销部	A15	A16
企业模型	A21	A22	A23	A24	A25	企业业务计划
系统模型	A31	A32	A33	合同界面、过磅界面、质检界面…	企业计划处理结构	A36
技术模型	A41	系统层、数据层、功能层、决策层	系统架构、软硬件配置	A44	A45	A46
详细展现	数据定义 Car、User…	A52	A53	A54	A55	程序逻辑规格说明
功能系统	A61	A62	A63	A64	A65	A66

【问题 1】（5 分）

Zachman 框架是什么？请在表 12-1-7 中（a）～（e）位置补充企业业务架构中的信息类别。

【问题 2】（8 分）

项目组在该煤炭企业业务架构分析中完成了 4 项主要工作，分别是：数据流图、实体-联系图、网络拓扑结构和计划时间表。这 4 项工作在表 12-1-7 中处于什么位置？请用表 12-1-7 中的位置编号表示。

【问题 3】（4 分）

根据题目所述业务，请分别给出表 12-1-7 中 A11 和 A23 位置应该填入的内容。（物流关系用"→"表示）。

【问题 4】（2 分）

简述流程图和数据流程图的含义和区别。

试题分析

【问题 1】和【问题 2】

Zachman 框架是一种企业架构框架，它适用于管理和组织复杂的信息系统。Zachman 框架是一种逻辑结构、一种分类方式，它的核心理念是同一个事物可以用不同的方式、基于不同的目的、从不同维度进行描述。Zachman 框架模型见表 12-1-8。

表 12-1-8 Zachman 框架模型

	数据（What）	功能（How）	网络、位置（Where）	角色（Who）	时间（When）	动机（Why）
目标范围	列出重要的元素	业务执行流程列表	列出地点	组织列表	事件或周期	目标、战略

续表

	数据（What）	功能（How）	网络、位置（Where）	角色（Who）	时间（When）	动机（Why）
企业模型	语义实体模型	业务流程模型（物理数据流程图）	物流网络（节点和链接）	基于角色的组织层次图	计划时间表	业务计划
系统模型	数据模型（实体-联系图）	关键数据流图、应用架构	分布系统架构	人机界面架构	流程结构	业务标准模型
技术模型	数据架构、遗产数据图	系统设计：结构图、伪代码	系统架构（硬件、软件类型）	用户界面、安全设计	"控制流"图（控制结构）	业务标准设计
详细展现	数据设计、物理存储器设计	详细程序设计	网络架构（拓扑结构）	安全架构	时间、周期定义	程序逻辑的角色说明
功能系统	转化后的数据	可执行程序	通信设备	培训组织	企业业务	标准

Zachman 框架模型分为两个维度。

（1）横向维度，分别为数据（What），功能（How），网络、位置（Where），角色（Who），时间（When）和动机（Why）。

（2）纵向维度，分别为目标范围、企业模型、系统模型、技术模型、详细展现和功能系统。

【问题3】

A11 是业务中重要的元素或事件，因此题干描述的事件"合同管理、磅房管理、质检化验及运费结算"均应属于 A11 的内容。

A23 是物流网络的节点，分析可知煤矿企业和集团之间存在双向物流，煤炭从集团流向客户。

【问题4】

本题可以从并行性、展示内容不同、计时标准和全局性不同、适用阶段不同等方面，阐述流程图和数据流程图的区别。

参考答案

【问题1】

（1）Zachman 框架是一种企业架构框架，它适用于管理和组织复杂的信息系统。Zachman 框架是一种逻辑结构和一种分类方式，它的核心理念是同一个事物可以用不同的方式、基于不同的目的、从不同维度进行描述。

（2）(a) What/数据　　　　　(b) How/功能/行为　　　　(c) Where/位置/网络
　　　(d) Who/人员/组织　　　(e) Why/动机

【问题2】

（1）数据流图：A32　　　　（2）实体-联系图：A31

（3）网络拓扑结构：A53　　（4）计划时间表：A25

【问题3】

（1）A11：合同管理、磅房管理、质检化验及运费结算。

（2）A23 业务物流网络：煤矿企业⟵⟶集团⟶客户。

【问题4】
流程图是使用特定图形符号加上文字说明来表示具体流程和算法思路的一种框图。数据流程图是一种用于表示系统中数据流动和处理的图形化工具。它直观地展示了系统内数据的输入、处理、存储和输出方式。

流程图和数据流程图的区别如下。

1）并行性。数据流程图中的处理过程可以是并行的，即多个处理过程可以同时进行。流程图在某个时间点通常只能处于一个处理过程，是串行的。

2）展示内容不同。数据流程图主要展现系统中的数据流，即数据如何在系统中流动、处理和存储。流程图则主要展现系统的控制流，即程序执行的次序和逻辑过程。

3）计时标准和全局性不同。数据流程图展现全局的处理过程，过程之间可能遵循不同的计时标准。流程图中处理过程通常遵循一致的计时标准，并且更侧重于描述某个具体的处理流程。

4）适用阶段不同。数据流程图适用于系统分析中的逻辑建模阶段，帮助理解系统的数据流向和处理逻辑。流程图则适用于系统设计中的物理模型阶段，用于描述系统中具体的处理流程和步骤。

试题7

阅读以下关于银行中间业务系统开发的叙述，在答题纸上回答【问题1】至【问题3】。

【说明】

随着信息化的发展，某银行的中心账务系统，从城市中心、省中心模式已经升级到全国中心模式。但是处理各种代收代付业务的银行中间业务系统，目前仍然采用省中心模式，由各省自行负责，使得全国中间业务管理非常困难。因此，总行计划将银行中间业务系统全部升级到全国中心模式，对各省中间业务进行统一管理。

各省行采用的银行中间业务系统，均为各省自建，或者自行开发，或者自行采购，系统的硬件平台、软件系统、数据模式等均有非常大的差异。同时，对一些全国性的代收代付业务的处理方式，各省行也存在很大的差异。为统一管理，总行决定重新开发一套全国中心模式的银行中间业务系统，用来替代各省自建的中间业务系统，但要求能够支持目前各省的所有中间业务。

【问题1】（6分）

各省已建的银行中间业务系统属于遗留系统，在如何对待遗留系统上，设计组存在两种不同的策略：淘汰策略和继承策略。请简要解释这两种策略，并说明新开发的银行中间业务系统适合采用哪种策略及其原因。

【问题2】（8分）

遗留系统和新系统之间的转换策略常见的有直接转换、并行转换和分段转换。请简要说明这三种转换策略的含义，并请结合银行中间业务的特点，说明该银行新开发的中间业务系统上线时适合采用哪种策略。为什么？

【问题3】（4分）

银行中间业务系统中，最为核心的是业务数据。因此，在新旧系统切换时存在一项重要的工作：数据迁移。考虑到各省中间业务系统的巨大差异，因此需要做好数据迁移前的准备工作。请简要说明数据迁移准备工作的内容。

试题分析

【问题1】

遗留系统是指任何基本上不能进行修改和演化以满足新业务需求变化的信息系统。

根据技术水平和业务价值的高低，对遗留系统采用四类不同的策略。

（1）淘汰策略：针对技术含量低、业务价值低，需重新开发彻底替换的旧系统。这种情况往往是企业的业务发生根本变化；旧系统没有维护人员、维护文档丢失；构建新系统远比改造划算。

（2）继承策略：针对技术含量低，但还有较高业务价值的旧系统。由于企业尚需依赖旧系统，因此开发新系统替代旧系统时，需完全兼容旧系统功能模型和数据模型。

（3）集成策略：针对技术含量高，业务价值低的旧系统。旧系统不适合整个企业需求，但对于部门业务来说仍然很重要，属于企业的信息孤岛，因此可以采用集成方式集成到新系统。

（4）改造策略：针对技术含量高，业务价值高，基本满足企业业务运行和决策支持需要的旧系统。可以通过系统功能的增强和数据模型的改造等手段，对旧系统进行改造。

【问题2】

新系统开发完毕投入运行，就要取代旧系统，进行系统转换。遗留系统和新系统之间的转换策略常见的有直接转换、并行转换和分段转换。

（1）直接转换。旧系统停止运行的某一时刻，新系统立即投入运行，中间没有过渡阶段。这种转换方式高效快速、费用较低但风险较高。

（2）并行转换。新系统和旧系统并行工作一段时间，经过一段时间试运行后，再用新系统正式替换现有系统。这种转换方式允许新旧系统同时运行，风险较小，转换稳定，但费用较高。

（3）分段转换。分段转换策略也称为逐步转换策略，是直接转换方式和并行转换方式的结合。即将新系统分成若干部分（一般以子系统为单位），每成熟一个子系统就切换一个子系统，直到最后完全取代原系统。

【问题3】

新旧系统转换的主要工作之一是进行数据转换和迁移。为了方便数据迁移，降低转换难度，新系统应该尽可能地保留旧系统中合理的数据结构。数据转换和迁移基本要求是不丢失数据。数据转换和迁移的过程有：数据迁移前的准备、数据迁移和转换、迁移后数据校验。其中，大部分工作应该在准备阶段完成。

参考答案

【问题1】

（1）淘汰策略。针对技术含量低、业务价值低，需重新开发彻底替换的旧系统。这种情况往往是企业的业务发生根本变化；旧系统没有维护人员、维护文档丢失；构建新系统远比改造划算。

（2）继承策略。针对技术含量低，但还有较高业务价值的旧系统。由于企业尚需依赖旧系统，因此开发新系统替代旧系统时，需完全兼容旧系统功能模型和数据模型。

新开发的银行中间业务系统适合采用继承策略。

因为旧系统不能满足全国中心系统的业务需求，但满足各部门（省中心）的需求。因此既新开发业务，又兼容各省的功能模型和数据模型的继承模式比较合适，不适合采用淘汰策略。

【问题2】

（1）直接转换。旧系统停止运行的某一时刻，新系统立即投入运行，中间没有过渡阶段。这种转换方式高效快速、费用较低但风险较高。

（2）并行转换。新系统和旧系统并行工作一段时间，经过一段时间试运行后，再用新系统正式替换现有系统。这种转换方式允许新旧系统同时运行，风险较小，转换稳定，但费用较高。

（3）分段转换。分段转换策略也称为逐步转换策略，是直接转换方式和并行转换方式的结合。即将新系统分成若干部分（一般以子系统为单位)，每成熟一个子系统就切换一个子系统，直到最后完全取代原系统。

显然，银行系统子系统多，业务繁忙而复杂，新旧系统转换风险很大，且切换费用适中，非常适合分段转换策略。

【问题3】

数据迁移要做好以下几个方面的工作。

（1）待迁移数据源的详细说明（包括数据存放方式、数据量和数据的时间跨度）。

（2）建立新旧系统数据库的数据字典，对历史数据进行质量分析，以及新旧系统数据结构的差异分析。

（3）新旧系统代码的差异分析。

（4）建立新旧系统数据库表的映射关系，无法映射字段的处理方法。

（5）开发或购买、部署 ETL 工具。

（6）编写数据转换的测试计划和校验程序。

（7）制定数据转换的应急措施。

试题8

阅读以下关于需求获取技术的叙述，在答题纸上回答【问题1】至【问题3】。

【说明】

需求获取指通过与用户的交流、对现有系统的观察及对任务进行分析，从而开发、捕获和修订用户的需求。需求获取是软件设计的最初阶段，也是软件开发中最困难、最关键、最易出错及最需要交流的方面。它是问题及其最终解决方案之间架设桥梁的第一步，为后续的软件开发提供了明确的方向和依据。在需求获取的过程中，将会产生大量的信息，系统分析师要将这些信息有条理地记录下来，形成用户原始需求说明书文档。

【问题1】（5分）

请列举至少5种需求获取技术。

【问题2】（6分）

简述需求分析阶段系统分析师的工作。

【问题3】（3分）

列举3种常见的需求分析方法。

试题分析

【问题1】

常见的需求获取技术如下：

（1）用户访谈。有效的用户访谈可以分为准备访谈、主持访谈和准备访谈的后续工作3步。用户访谈形式包括结构化和非结构化两种。结构化是指事先准备好一系列问题，有针对地进行；非结构化则是只列出一个粗略的想法，根据访谈的具体情况发挥。

（2）问卷调查。系统分析师通过精心设计调查表，从大量的项目干系人处收集信息和数据。

（3）采样。采样是指从现有系统的文档中系统地选出有代表性的样本集的过程，通过认真研究所选出的样本集，可以从整体上得到现有系统的有用信息。

（4）情节串联板。系统在建立起来之前，由于用户缺乏直观认知，则对将要建立的系统容易产生盲区。系统分析师可借助情节串联板帮助用户消除盲区，达成共识。情节串联板技术就是使用工具向用户说明、演示系统如何满足用户需求，并表明系统将如何运转。情节串联板通常就是一系列图片，系统分析师通过这些图片来讲故事。

（5）联合需求计划。联合需求计划是一个通过高度组织的群体会议来分析企业内的问题并获取需求的过程。联合需求计划通过联合各个关键用户代表、系统分析师、开发团队代表，通过有组织的会议来讨论需求。

【问题2】

经过需求获取，系统分析师得到了用户对新系统的期望和要求。但这些需求可能是杂乱、重复、矛盾的，这类需求显然不能成为软件设计的基础。需求分析阶段，系统分析师借助需求分析方法和工具，把杂乱无章的用户要求和期望转化为好的需求，用于指导软件设计和开发。好的需求应具备无二义性、完整性、一致性、可测试性、确定性、可跟踪性、正确性、必要性等特性。

【问题3】

常见的需求分析的方法有结构化分析方法、面向对象的分析方法、面向问题域的分析方法等。

参考答案

【问题1】

用户访谈、问卷调查、采样、情节串联板、联合需求计划

【问题2】

需求分析阶段，系统分析师借助需求分析方法和工具，把杂乱无章的用户要求和期望转化为好的需求，用于指导软件设计和开发。好的需求应具备无二义性、完整性、一致性、可测试性、确定性、可跟踪性、正确性、必要性等特性。

【问题3】

结构化分析方法、面向对象的分析方法、面向问题域的分析方法。

12.2 面向对象方法

试题 1

阅读以下关于系统分析与设计的叙述，在答题纸上回答【问题1】至【问题4】。

【说明】

某高校拟开发一套图书馆管理系统，在系统分析阶段，系统分析师整理的核心业务流程与需求如下：

系统为每个读者建立一个账户，并给读者发放读者证（包含读者证号、读者姓名），账户中存

储读者的个人信息、借阅信息以及预订信息等,持有读者证可以借阅图书、返还图书、查询图书信息、预订图书及取消预订等。

在借阅图书时,需要输入读者所借阅的图书名、ISBN 号,然后输入读者的读者证号,完成后提交系统,以进行读者验证。如果读者有效,借阅请求被接受,系统查询读者所借阅的图书是否存在,若存在,则读者可借出图书,系统记录借阅记录;如果读者所借阅的图书已被借出,读者还可预订该图书。读者如期还书后,系统清除借阅记录,否则需缴纳罚金,读者还可以选择续借图书。

同时,以上部分操作还需要系统管理员和图书管理员参与。

【问题1】(6分)

采用面向对象方法进行软件系统分析与设计时,一项重要的工作是进行类的分析与设计。请用 200 字以内的文字说明分析类图与设计类图的差异。

【问题2】(11分)

设计类图的首要工作是进行类的识别与分类,该工作可分为两个阶段:首先,采用识别与筛选法,对需求分析文档进行分析,保留系统的重要概念与属性,删除不正确的或冗余的内容;其次,将识别出来的类按照边界类、实体类和控制类等 3 种类型进行分类。请用 200 字以内的文字对边界类、实体类和控制类的作用进行简要解释,并对下面给出的候选项进行识别与筛选,将合适的候选项编号填入表 12-2-1 中的(1)~(3)空白处,完成类的识别与分类工作。

表 12-2-1 图书管理系统识别与分类表格

类型	实例
边界类	(1)
实体类	(2)
控制类	(3)

候选项:

(a)系统管理员　　(b)图书管理员　　(c)读者　　(d)读者证
(e)账户　　　　　(f)图书　　　　　(g)借阅　　(h)归还
(i)预订　　　　　(j)罚金　　　　　(k)续借　　(l)借阅记录

【问题3】(8分)

根据类之间的相关性特点,可以将类之间的关系分为组合(composition)、继承(inheritance)、关联(association)、聚合(aggregation)和依赖(dependency)等 5 种,请用 300 字以内的文字分别对这 5 种关系的内涵进行叙述,并从封装性、动态组合和创建对象的方便性 3 个方面对组合和继承关系的优缺点进行比较。

【问题4】(4分)

简述构建用例模型的 4 个阶段。

试题分析

【问题1】

分析类图产生于需求分析阶段,从业务领域获取信息;设计类图产生于设计阶段,从编程实现角度设计类图。图12-2-1给出了名片系统的分析类图和设计类图。

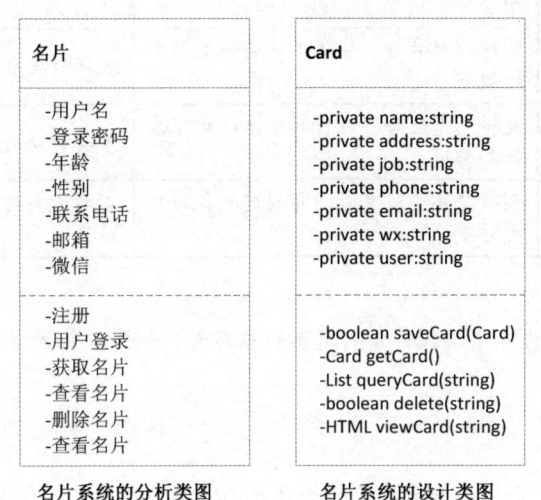

```
名片                          Card

-用户名                       -private name:string
-登录密码                     -private address:string
-年龄                         -private job:string
-性别                         -private phone:string
-联系电话                     -private email:string
-邮箱                         -private wx:string
-微信                         -private user:string

-注册                         -boolean saveCard(Card)
-用户登录                     -Card getCard()
-获取名片                     -List queryCard(string)
-查看名片                     -boolean delete(string)
-删除名片                     -HTML viewCard(string)
-查看名片

名片系统的分析类图            名片系统的设计类图
```

图12-2-1　名片系统的分析类图和设计类图

【问题2】
（1）实体类：该类的对象表示现实世界中的真实存在的实体，如人、物等。实体类需要存储在永久存储体（如数据库）中的信息。实体类用于存储和管理系统内部的信息。实体类可以有行为，但行为必须与代表的实体对象密切相关。"（a）系统管理员、（b）图书管理员、（c）读者、（f）图书"存储系统内部信息，属于实体类。

（2）边界类：用于描述外部参与者与系统之间的交互。"（j）罚金、（l）借阅记录"属于系统和用户交互的情况，因此属于边界类。

（3）控制类：该类的对象视为协调者，描述用例所有事件流控制行为，控制用例事件顺序。"（g）借阅、（h）归还、（i）预订、（k）续借"属于事件控制行为，是控制类。

【问题3】
类之间的关系分为组合、聚合、继承、关联和依赖5种。

（1）组合：整体与部分的关系，部分不能离开整体。

（2）聚合：整体与部分的关系，部分可以离开整体。

（3）继承：一般与特殊的关系。继承是从已有的类中派生出新的类，新的类能吸收已有类的数据属性和行为，并扩展新的能力。

（4）关联：两个类之间存在可以相互作用的联系，即一个类知道另外一个类的属性和方法，含有"知道""了解"的含义。

（5）依赖：一种使用的关系，两个类A和B，如果B的变化可能会引起A的变化，则称类A依赖于类B。

组合和继承关系的比较见表12-2-2。

表 12-2-2 组合和继承关系的比较

关系	组合	继承
封装性	不破坏封装性。整体类和局部类属于松耦合	破坏封装性。子类与父类属于紧耦合
动态组合	支持动态组合，运行时整体对象可选择局部对象	不支持动态继承。子类不能选择父类
创建对象的方便性	创建整体类对象时，需创建所有局部类对象	创建子类对象时，无须单独创建父类对象

【问题4】

构建用例模型可以分为4个阶段，分别是识别参与者、合并需求获得用例、细化用例描述和调整用例模型。

参考答案

【问题1】

（1）应用阶段不同：分析类图产生于软件开发的需求分析阶段，设计类图产生于软件开发的设计阶段。

（2）作用不同：分析类图用于表述领域（问题域）的概念；设计类图用于描述类与类之间的接口。

（3）详细程度和侧重点不同：分析类图更抽象，用于发现需求，从业务领域获取信息，但不关注类的属性和方法的细节；设计类图基于分析类图，但侧重于编程实现，包含了类的名称、属性名称、类属性的可见性、类属性的数据类型、类方法的返回值、方法的英文名称和方法的传入参数等信息。

【问题2】

边界类：通常描述参与者（用户、外部系统）与系统之间的交互。

实体类：表示现实世界中的真实存在的实体，用于存储和管理系统内部的信息。

控制类：用于描述外部参与者与系统之间的交互，用于控制一个用例中的事件顺序，协调和控制其他类工作。

（1）(j)、(l)

（2）(a)、(b)、(c)、(f)

注：(c) 可替换为 (d) 或 (e)，不得多选

（3）(g)、(h)、(i)、(k)

【问题3】

（1）组合："部分"无法独立于"整体"而存在，是一种强的"拥有"关系。

（2）聚合：整体与部分的关系，部分可以离开整体，整体和部分的关系相对松散。

（3）继承：一般与特殊的关系。继承是从已有的类中派生出新的类，新的类能吸收已有类的数据属性和行为，并扩展新的能力。

（4）关联：两个类之间存在可以相互作用的联系，即一个类知道另外一个类的属性和方法，含有"知道""了解"的含义。

（5）依赖：一种使用的关系，两个类 A 和 B，如果 B 的变化可能会引起 A 的变化，则称类 A 依赖于类 B。

组合和继承关系的优缺点比较。

（1）封装性：组合关系不破坏封装性，整体类和局部类属于松耦合；继承关系破坏封装性，子类与父类属于紧耦合。

（2）动态组合：组合关系支持动态组合，运行时整体对象可选择局部对象；继承关系不支持动态继承。子类不能选择父类。

（3）创建对象的方便性：组合关系创建整体类对象时，需创建所有局部类对象；继承关系创建子类对象时，无须单独创建父类对象。

【问题 4】

识别参与者、合并需求获得用例、细化用例描述、调整用例模型。

试题 2

阅读下列说明，回答【问题 1】至【问题 3】，将解答填入答题纸的对应栏内。

【说明】

某软件企业拟采用面向对象方法开发一套体育用品在线销售系统，在系统分析阶段，"提交订单"用例详细描述见表 12-2-3。

表 12-2-3　提交订单用例表

用例名称	提交订单
用例编号	SGS-RS01
优先级	高
主要参与者	注册会员
其他参与者	商家、仓库、支付系统、快递公司
前置条件	会员已成功登录系统
触发器	会员选择商品加入购物车
执行步骤	（1）会员选择商品并加入购物车。 （2）系统显示购物车已选购商品列表。 （3）会员确认购物车商品类型及商品数量，并提交结算。 （4）系统显示订单配送信息、订单商品列表及价格、订单总价。 （5）用户提交订单。 （6）系统显示支付信息。 （7）用户选择支付方式。 （8）用户输入支付密码。 （9）用户提交支付申请。 （10）系统显示成功支付页面。
可选步骤	（5）A. 用户取消订单，用例结束。 （9）A. 用户放弃支付，转步骤（3）。 （10）A. 系统显示未成功支付，转步骤（6）。
后置条件	商家通知仓库打包订单商品，并按照配送地址交付快递公司发货

【问题1】(9分)

面向对象系统开发中，实体对象、控制对象和接口对象的含义是什么？

【问题2】(10分)

面向对象系统分析与建模中，从潜在候选对象中筛选系统业务对象的原则有哪些？

【问题3】(6分)

根据题目所示"提交订单"用例详细描述，可以识别出哪些业务对象？

试题分析

【问题1】

对象，简单地说，就是要研究的自然界的任何事物，如一本书、一条流水生产线等。对象可以是有形的实体、抽象的规则、计划或事件等。

类就是对象的模板。类可以分为实体类、接口类（边界类）和控制类，根据职责的不同，对象类型可以分为实体对象、接口对象和控制对象。

（1）实体对象：业务域的实时数据并需要持久化存储的对象。

（2）接口对象：外部参与者与系统之间的交互的对象。

（3）控制对象：业务系统的业务逻辑、规则的对象。

【问题2】

潜在候选对象中筛选系统业务名词（对象）的原则有：

（1）排除同义对象。

（2）排除系统范围外的对象。

（3）排除含义不清的对象。

（4）排除没有独立行为的对象。

（5）筛去重复表示另一个对象的行动或属性的对象。

【问题3】

面向对象分析的识别对象阶段分为以下两步。

（1）标识潜在对象的方法：找出需求中的名词，并合并同义词。

（2）潜在候选对象中筛选对象：依据筛选原则去重，确保对象在开发范围内，确保对象不存在解释不清的情况等。

结合题目，用粗体标记"订单用例表"中的名词，尽量不标记同义词，具体见表12-2-4。

表12-2-4 标粗名词后的订单用例表

用例名称	提交订单
用例编号	SGS-RS01
优先级	高
主要参与者	注册**会员**
其他参与者	**商家**、**仓库**、**支付系统**、**快递公司**
前置条件	会员已成功登录**系统**

续表

触发器	会员选择商品加入**购物车**	
执行步骤	（1）会员选择**商品**并加入购物车。 （2）系统显示购物车已选购**商品列表**。 （3）会员确认购物车商品类型及商品数量，并提交结算。 （4）系统显示订单**配送信息**、订单商品列表及**价格**、订单总价。 （5）用户提交订单。	（6）系统显示**支付信息**。 （7）用户选择支付方式。 （8）用户输入支付**密码**。 （9）用户提交支付申请。 （10）系统显示成功支付页面。
可选步骤	（5）A. 用户取消订单，用例结束。 （9）A. 用户放弃支付，转步骤（3）。 （10）A. 系统显示未成功支付，转步骤（6）。	
后置条件	商家通知仓库打包订单商品，并按照**配送地址**交付快递公司发货	

题目"提交订单用例表"包含的相关名词（数据项）有：订单、会员、商家、仓库、支付系统、快递公司、系统、购物车、商品、商品列表、配送信息、价格、支付信息、密码、配送地址等。

1）排除系统范围外的对象，可以筛去商家、仓库、支付系统、快递公司等外部对象。

2）排除同义对象。商品列表与商品是重复的，因此，可删除商品列表。

3）筛去重复表示另一个对象的行动或属性的对象。价格、密码、配送地址属于其他对象属性或行为，可以删除。

名词还剩下订单、会员、系统、购物车、商品、配送信息、支付信息，即为所求。

参考答案

【问题1】

（1）排除同义对象。

（2）排除系统范围外的对象。

（3）排除含义不清的对象。

（4）排除没有独立行为的对象。

（5）筛去重复表示另一个对象的行动或属性的对象。

【问题2】

（1）排除同义对象。

（2）排除系统范围外的对象。

（3）筛去重复表示另一个对象的行动或属性的对象。

（4）排除含义不清的对象。

（5）排除没有独立行为的对象。

【问题3】

订单、会员、系统、购物车、商品、配送信息、支付信息

试题3

阅读以下关于系统分析设计的叙述，在答题纸上回答【问题1】至【问题3】。

【说明】

某软件公司为共享单车租赁公司开发一套单车租赁服务系统，公司项目组对此待开发项目进行了分析，具体描述如下：

（1）用户（非注册用户）通过手机向租赁服务系统进行注册，成为可租赁共享单车的合法用户，注册时需提供身份、手机号等信息，并支付约定押金。

（2）将采购的共享单车注册到租赁服务系统后方可投入使用。即将单车的标识信息（车辆编号、二维码等）录入到系统。

（3）用户（注册用户或非注册用户）通过手机查询可获得单车的地理位置信息以便就近取用。

（4）用户（注册用户）通过手机登录到租赁服务系统中，通过扫描二维码或输入车辆编号以进行系统确认，系统后台对指定车辆状态（可用或不可用），以及用户资格进行确认，通过确认后对车辆下达解锁指令。

（5）用户在用完车辆后关闭车锁，车辆自身将闭锁状态上报到租赁服务系统中，完成车辆状态的更新和用户租赁费用结算。

（6）系统应具备一定的扩容能力，以满足未来市场规模扩张的需要。

项目组李工认为该系统功能相对独立，系统可分解为不同的独立功能模块，适合采用结构化分析与设计方法对系统进行分析与设计。但王工认为，系统可管理的对象明确，而且项目团队具有较强的面向对象系统开发经验，建议采用面向对象分析与设计方法。经项目组讨论，决定采用王工的建议，采用面向对象分析与设计方法开发系统。

【问题1】（8分）

在系统分析阶段，结构化分析和面向对象分析方法主要分析过程和分析模型均有所区别，请将（a）～（g）各项内容填入表12-2-5（1）～（4）处对应位置。

表12-2-5 系统分析方法比较

系统分析方法	主要分析内容	分析结果呈现形式
结构化分析方法	（1）	（2）
面向对象分析方法	（3）	（4）

（a）确定目标系统概念类。　　（b）实体-联系图（ERD）。
（c）用例图。　　　　　　　　（d）通过功能分解方式把系统功能分解到各个模块中。
（e）交互图。　　　　　　　　（f）数据流图（DFD）。
（g）建立类间交互关系。

【问题2】（12分）

请分析下面 A～R 所列出的共享单车租赁服务系统中的概念类及其方法，在图12-2-2所示用例图（1）～（12）处补充所缺失信息。

A．用户　　　　　　　B．共享单车　　　　　　C．用户管理

D．注册　　　　　　E．注销　　　　　　F．用户查询
G．单车管理　　　　H．租赁　　　　　　I．归还
J．单车查询　　　　K．费用管理　　　　L．保证金管理
M．租赁费管理　　　N．数据存储管理　　O．用户数据存储管理
P．单车数据存储管理　Q．费用结算　　　　R．身份认证

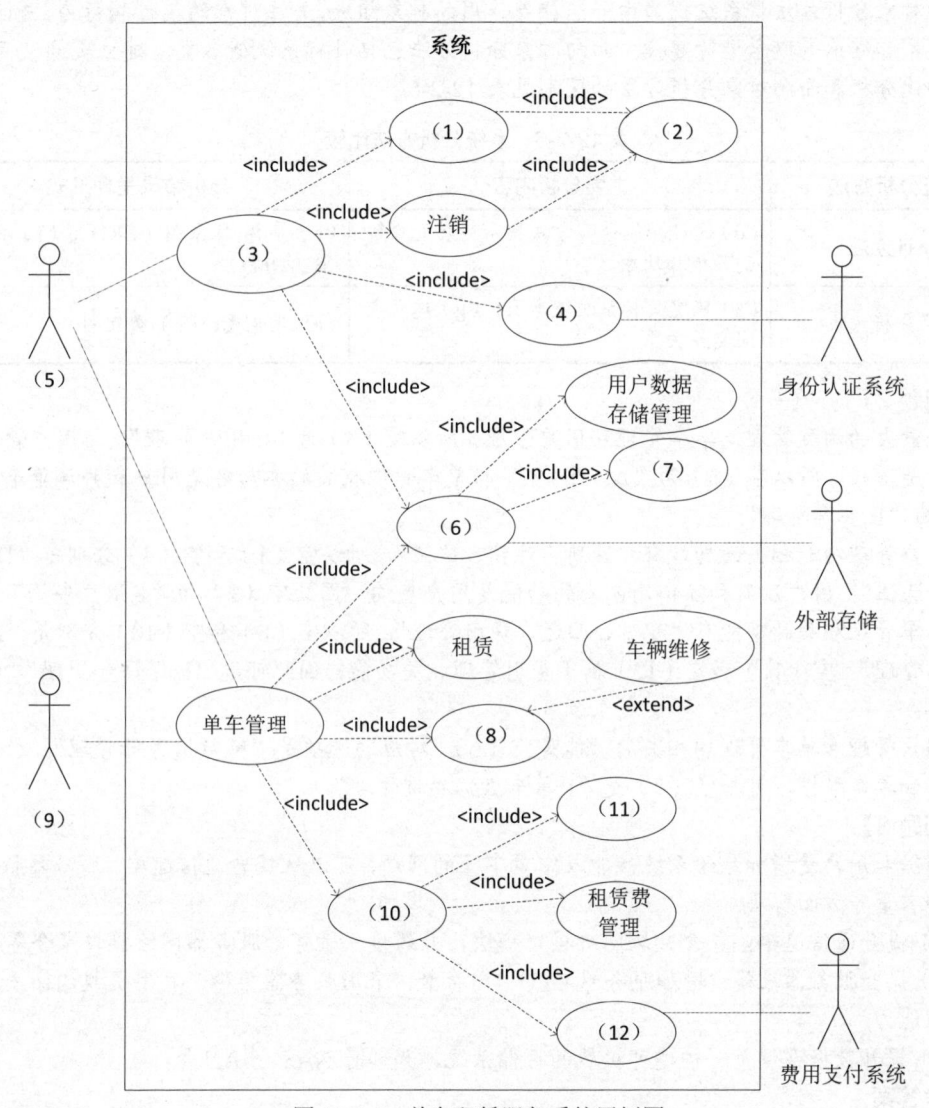

图 12-2-2　单车租赁服务系统用例图

【问题 3】(6 分)
随着共享单车投放量以及用户量的增加会存在系统性能或容量下降问题,请用 200 字以内的文字说明,在系统设计之初,如何考虑此类问题。

试题分析

【问题1】

结构化开发方法是一种面向数据流的开发方法，通过功能分解方式把系统功能分解到各个模块中。结构化开发方法使用数据流图（DFD）描述数据流的输入到输出的变换；使用实体-联系图（ERD）描述数据模型；使用状态转换图表示行为模型。

面向对象分析方法将系统视为由一组相互作用的对象组成，关注对象的属性和行为，并通过类、对象、关系和继承等概念进行建模。面向对象分析方法包括目标系统概念类；建立类间交互关系。

结构化分析和面向对象分析方法的区别见表12-2-6。

表12-2-6　系统分析方法比较

系统分析方法	主要分析内容	分析结果呈现形式
结构化分析方法	（d）通过功能分解方式把系统功能分解到各个模块中	（b）实体-联系图（ERD）；（f）数据流图（DFD）
面向对象分析方法	（a）确定目标系统概念类；（g）建立类间交互关系	（c）用例图；（e）交互图

【问题2】

系统最大的两类管理是单车管理和用户管理，所以空（3）为"C.用户管理"；与用户管理相关的参与者是用户，所以空（5）为"A.用户"。与单车管理相关的参与者是用户和共享单车，所以空（9）为"B.共享单车"。

与用户管理功能相关的功能有"注册、注销、认证"，所以空（1）和空（4）分别是"D.注册""R.身份认证"。用户注册和注销均包含的功能是用户查询，因此空（2）为"F.用户查询"。

与单车管理相关的功能有"租赁、归还、费用管理"，所以空（8）和空（10）分别是"I.归还""K.费用管理"。空（11）和空（12）属于费用管理相关功能，因此可选"L.保证金管理""Q.费用结算"。

与用户管理和单车管理均相关的功能是空（6），对应的选项是"N.数据存储管理"；数据包含用户数据和单车数据，可知空（7）是"P.单车数据存储管理"。

【问题3】

因数据和用户量增加导致系统性能或容量下降的问题，可以从提升通信速率、服务器性能、存储性能和容量等方面解决。

（1）提升通信速率：包含升级网络接口模块，升级接入带宽、服务器网络接口聚合等措施。

（2）提升服务器性能：增加服务器CPU、内存数；采用服务器集群，利用负载均衡手段增加并发处理能力。

（3）提升数据存储量。构建可扩展的存储系统，如部署 NAS、SAN 等。

参考答案

【问题1】

(1)（d）　　(2)（b）、（f）　　(3)（a）、（g）　　(4)（c）、（e）

【问题2】

(1) D　　(2) F　　(3) C　　(4) R　　(5) A　　(6) N

（7）P　　　　（8）I　　　　（9）B　　　　（10）K　　　　（11）L　　　　（12）Q

【问题3】
（1）提升通信速率：包含升级网络接口模块，升级接入带宽、服务器网络接口聚合等措施。
（2）提升服务器性能：增加服务器 CPU、内存数；采用服务器集群，利用负载均衡手段增加并发处理能力。
（3）提升数据存储量。构建可扩展的存储系统，如部署 NAS、SAN 等。

试题 4

阅读以下关于系统设计的叙述，在答题纸上回答【问题1】至【问题3】。

【说明】
某软件公司为电子商务企业开发一套网上交易订单管理系统，以提升服务的质量和效率。在项目之初，项目组决定采用面向对象的开发方法进行系统开发，并对系统的核心业务功能进行了分析，具体描述如下。

注册用户通过商品信息页面在线浏览商品，将需要购买的商品添加进购物车内，单击"结算"按钮后开始录入订单信息。

用户在订单信息录入页面上选择支付方式，填写并确认收货人、收货地址和联系方式等信息。单击"提交订单"按钮后产生订单，并开始进行订单结算。

订单需要在 30 分钟内进行支付，否则会自动取消，用户也可以手工取消订单。

用户支付完成，经确认后，系统开始备货，扣除该商品可接单数量，并移除用户购物车中的所有商品资料。

生成订单表单，出货完毕，订单生效。为用户快递商品，等待用户接收。

用户签收商品，交易完成。

【问题1】（12分）
识别设计类是面向对象设计过程中的重要工作，设计类表达了类的职责，即该类所担任的任务。请用 300 字以内的文字说明设计类通常分为哪 3 种类型，每种类型的主要职责是什么，并针对题干描述案例涉及的具体类为每种类型的设计类举出 2 个实例。

【问题2】（3分）
在面向对象的设计过程中，活动图（Activity Diagram）阐明了业务用例实现的工作流程。请用 300 字以内的文字给出活动图与流程图（Flow Chart）的 3 个主要区别。

【问题3】（10分）
在面向对象的设计过程中，状态图（State Diagram）描述了一个实体基于事件反应的动态行为。请根据题干描述，填写图 12-2-3 中的（a）～（e）空白，完成订单处理的状态图。

试题分析

【问题1】
类可以分为以下 3 种。
（1）实体类：该类的对象表示现实世界中的真实存在的实体。题目中的商品、订单、注册用户、收货地址、购物车等都是实体类。

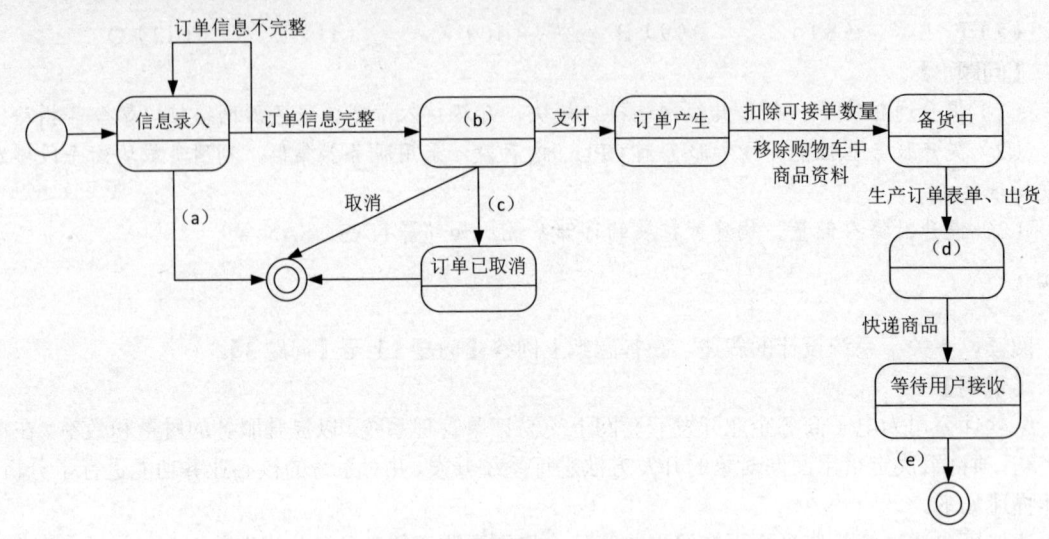

图 12-2-3 订单处理状态图

（2）接口类（边界类）：用于描述外部参与者与系统之间的交互，用于封装在用例内、外流动的信息或数据流。系统接口功能是发送数据给其他系统或从其他系统接收数据。题目中的商品信息页面、订单信息录入页面和订单表单都是边界类。

（3）控制类：该类的对象视为协调者，描述用例所有事件流控制行为，控制用例事件顺序。找题目中的"动词+名词"或"名词+动词"关键词，可以找出控制类。题目中的订单结算、备货、出货等都属于控制类。

【问题2】

（1）抽象层次：流程图重点描述处理过程（顺序与时间关系），主要的控制结构为顺序、分支和循环；活动图描述对象活动的顺序关系，重点描述系统行为，而非处理系统的处理过程。

（2）并发：流程图只能描述顺序执行过程，活动图可通过分支和泳道描述并发过程。

（3）结束状态：流程图只有一个结束状态，活动图有多个结束状态。

（4）图形符号：流程图使用标准的流程控制符号（如矩形表示操作，菱形表示决策），活动图则采用 UML 规范，圆表示起始和结束、泳道表示角色等。

（5）流程图常用于结构化设计方法中，而活动图用于面向对象设计方法中。

【问题3】

结合订单处理状态图，其他到结束状态的事件，均为取消，所以（a）为取消。

订单信息填完且完整之后，进入（b），即订单结算。

依据"订单需要在 30 分钟内进行支付，否则会自动取消，用户也可以手工取消订单。"可知，（c）为"大于 30 分钟"。

依据"生成订单表单，出货完毕，订单生效。为用户快递商品，等待用户接收。"说明（d）状态为"订单生效"。

依据"用户签收商品，交易完成。"可知（e）为"用户签收"。

完成的订单处理状态图，如图 12-2-4 所示。

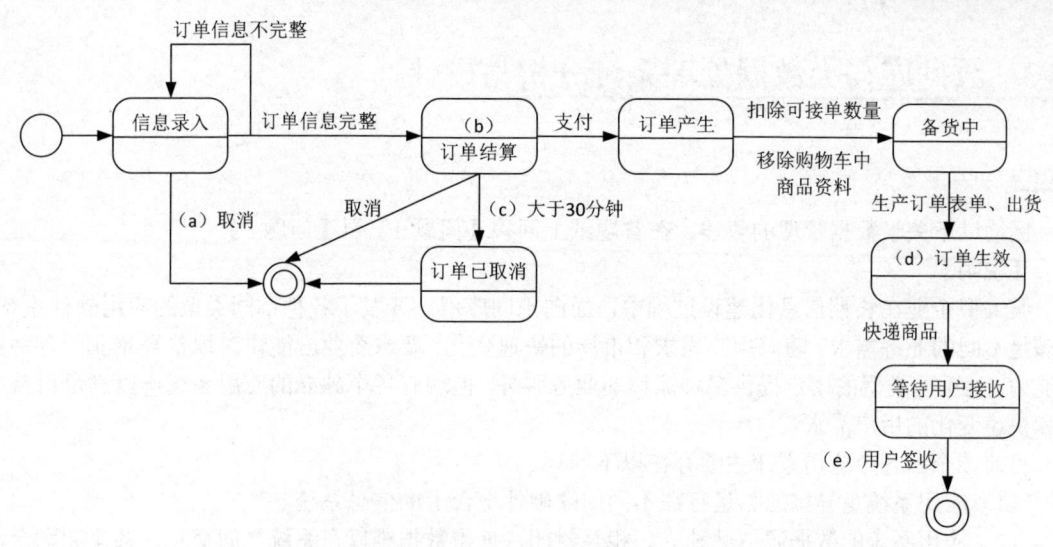

图 12-2-4 完成的订单处理状态图

提醒：题目给出的是订单处理状态图，因此图中的状态尽量填写订单相关的信息。

参考答案
【问题 1】
类可以分为以下 3 种。
（1）实体类：该类的对象表示现实世界中的真实存在的实体。题目中的商品、订单、注册用户、收货地址、购物车等都是实体类。
（2）接口类（边界类）：用于描述外部参与者与系统之间的交互，用于封装在用例内、外流动的信息或数据流。题目中的商品信息页面、订单信息录入页面和订单表单都是边界类。
（3）控制类：该类的对象视为协调者，描述用例所有事件流控制行为，控制用例事件顺序。找题目中的"动词+名词"或"名词+动词"关键词，可以找出控制类。题目中的订单结算、备货、出货等都属于控制类。

【问题 2】
（1）抽象层次：流程图重点描述处理过程（顺序与时间关系），主要的控制结构为顺序、分支和循环；活动图描述对象活动的顺序关系，重点描述系统行为，而非处理系统的处理过程。
（2）并发：流程图只能描述顺序执行过程，活动图可通过分支和泳道描述并发过程。
（3）结束状态：流程图只有一个结束状态，活动图有多个结束状态。
（4）图形符号：流程图使用标准的流程控制符号（如矩形表示操作，菱形表示决策），活动图则采用 UML 规范，圆表示起始和结束、泳道表示角色等。
（5）流程图常用于结构化设计方法中，而活动图用于面向对象设计方法中。
（写 3 点即可）

【问题 3】
（a）取消　　　　　　（b）订单结算　　　　　（c）大于 30 分钟
（d）订单生效　　　　（e）用户签收

12.3　数据库与大数据处理系统分析与设计

试题1

阅读以下关于数据管理的叙述，在答题纸上回答【问题1】至【问题3】。

【说明】

某大型企业在长期信息化建设过程中，面向不同应用，开发了各种不同类型的应用软件系统，以满足不同的业务需求。随着用户需求和市场的快速变化，要求企业应能快速地整合企业的各种业务能力，为不同类型的用户提供多种流程的业务服务。但现有各个独立的应用系统难以满足日益增长和快速变化的用户需求。

目前该企业各个应用系统主要存在以下问题。

（1）应用系统是异构的、运行在不同的软硬件平台上的信息系统。

（2）应用系统的数据源彼此独立、相互封闭，使得数据难以在系统之间交互、共享和融合，即存在"信息孤岛"。

（3）系统是面向应用的，各个应用系统中的数据模型差异大，即使同一数据实体，其数据类型、长度、值均存在不一致甚至相互矛盾的问题。

为此，该企业专门成立了研发团队，希望能够尽快解决上述问题。

【问题1】（10分）

李工建议采用数据集成的方式来实现数据的整合，同时构建新系统来满足新的需求。针对题干中的问题（3），李工提出首先应面向企业核心的业务主题，做好企业战略数据规划，建立企业的主题数据库，然后再进行集成系统的开发。

请用200字以内的文字简要说明主题数据库的设计要求和基本特征。

【问题2】（9分）

张工认为数据集成的方式难以充分利用已有应用系统的业务功能，实现不同业务功能的组合，建议采用基于SOA的应用集成方式，将原有系统的功能包装为多个服务，并给出了基本的集成架构，如图12-3-1所示。

请补充完善图12-3-1中（1）～（3）空白处的内容。

【问题3】（6分）

研发团队在对张工的方案进行分析后，发现该方案没有发挥SOA的核心理念，即松耦

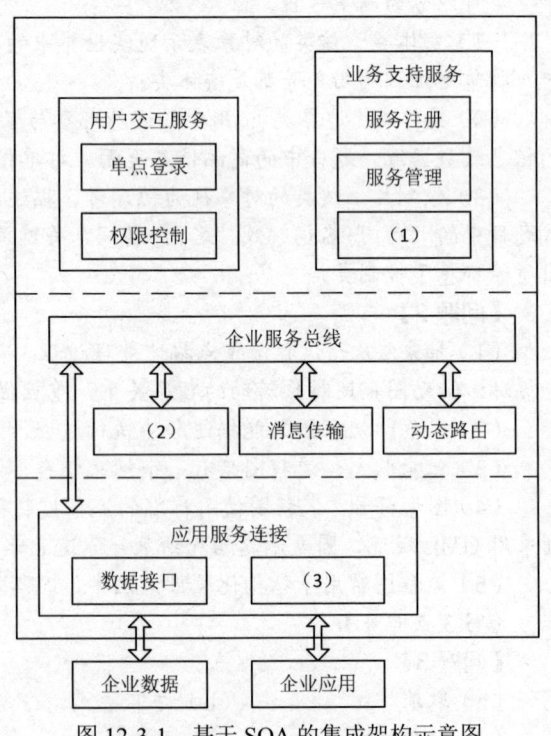

图12-3-1　基于SOA的集成架构示意图

合的服务带来业务的复用，通过服务的编排助力业务的快速响应和创新，未实现"快速整合企业业务能力，为不同类型的用户提供各种不同功能、不同流程的业务服务"的核心目标，目前的方案仅仅是通过 SOA 实现了系统的集成。

请用 200 字以内的文字分析该方案未满足本项目核心目标的原因。

试题分析

【问题 1】

应用数据库：面向业务操作，是支持企业级应用程序的关系型数据库管理系统。主要目的是为应用程序提供数据存储和数据操作的支持，确保业务流程的高效完成。

主题数据库：面向特定主题进行数据的集成、存储和管理。主要目的是为决策支持、业务分析提供数据来源，特别适用于数据量较大、结构复杂、数据来源多样的业务环境。主题数据库具有异质性和专有性。

主题数据库设计目的是保持逻辑上的稳定性，独立于现有的软件、硬件实现；具备一定灵活性和扩展性，能应对业务变化与数据增长，能持续地为企业提供服务；具有高度的数据集成能力，能够从多个数据源抽取、转换和加载数据，从而加速应用系统开发。

主题数据库的基本特征有以下 4 点。

（1）面向业务主题。主题数据库是面向业务主题进行数据存储，如客户、订单等。

（2）信息共享。主题数据库否定应用系统方式的"自建自用"数据库，强调"共建共享"。

（3）一次、一处输入系统。主题数据库要求同一数据必须一次、一处进入系统，但可以多次、多处使用。保证数据的准确性、完整性、及时性，并具有较高的利用率。

（4）由基本表组成。主题数据库由多个具有原子性、满足 3NF 的数据基本表构成。

【问题 2】

面向服务的架构（Service Oriented Architecture，SOA）是一种粗粒度、松耦合的服务架构，服务之间通过简单、精确定义的接口进行通信，不涉及底层编程接口和通信模型。SOA 不是一种新技术，而是一种架构设计和集成的思想，它旨在将应用程序的不同功能单元（称为服务）通过定义良好的接口和契约联系起来，以实现松耦合和可重用的服务。

SOA 业务支持服务包括服务注册、服务管理和服务编排。

（1）服务注册：注册和查找服务的接口。

（2）服务管理：管理和协调各个服务。

（3）服务编排：选择和组合服务，用于完成设定的任务。因此空（1）为"服务编排"。

注意：题干的问题 3 部分已经给出了该空的提示。

服务编排中，需要进行动态路由、消息传输及必要的数据转换，用于适配不同的服务。因此空（2）为"数据转换"。

应用服务连接需要提供应用接口和数据接口，才能完成服务编排。因此空（3）为"应用接口"。

【问题 3】

未实现核心目标的原因在于：

（1）服务粒度过粗。虽然 SOA 设计原则是控制服务数量，进行粗粒度设计，但服务是对原有系统功能进行包装，服务粒度过粗了，做不到服务间的松耦合关系。

（2）服务编排不灵活。由于服务粒度过粗，导致服务编排难以灵活，无法实现"快速整合企业业务能力，为不同类型的用户提供各种不同功能、不同流程的业务服务"的核心目标。

参考答案

【问题 1】

主题数据库设计目的是保持逻辑上的稳定性，独立于现有的软件、硬件实现；具备一定灵活性和扩展性，能应对业务变化与数据增长，能持续地为企业提供服务；具有高度的数据集成能力，能够从多个数据源抽取、转换和加载数据，从而加速应用系统开发。

主题数据库的基本特征有以下 4 点。

（1）面向业务主题。主题数据库是面向业务主题进行数据存储，如客户、订单等。

（2）信息共享。主题数据库否定应用系统方式的"自建自用"数据库，强调"共建共享"。

（3）一次、一处输入系统。主题数据库要求同一数据必须一次、一处进入系统，但可以多次、多处使用。保证数据的准确性、完整性、及时性，并具有较高的利用率。

（4）由基本表组成。主题数据库由多个具有原子性、满足 3NF 的数据基本表构成。

【问题 2】

（1）服务编排　　　　（2）数据转换　　　　（3）应用程序接口/应用接口

【问题 3】

（1）服务粒度过粗。

（2）服务编排不灵活。由于服务粒度过粗，导致服务编排难以灵活，无法实现核心目标。

试题 2

阅读以下关于数据管理的叙述，在答题纸上回答【问题 1】至【问题 3】。

【说明】

某全国连锁药店企业在疫情期间，紧急推出在线口罩预约业务系统。该业务系统为普通用户提供口罩商品查询、购买、订单查询等业务，为后台管理人员提供订单查询、订单地点分布汇总、物流调度等功能。该系统核心的关系模式为预约订单信息表。

推出业务系统后，几天内业务迅速增长到每日 10 万多笔预约订单，系统数据库服务器压力剧增，导致该业务交易响应速度迅速降低，甚至出现部分用户页面无法刷新、预约订单服务无响应的情况。为此，该企业紧急成立技术团队，由张工负责，以期尽快解决该问题。

【问题 1】（9 分）

经过分析，张工认为当前预约订单信息表存储了所有订单信息，记录已达到了百万级别。系统主要的核心功能均涉及对订单信息表的操作，应首先优化预约订单信息表的读写性能，建议针对系统中的 SQL 语句，建立相应索引，并进行适当的索引优化。

针对张工的方案，其他设计人员提出了一些异议，认为索引过多有很多副作用。请用 100 字以内的文字简要说明索引过多的副作用。

【问题 2】（10 分）

作为团队成员之一，李工认为增加索引并进行优化并不能解决当前问题，建议采用物理分区策略，可以根据预约订单信息表中"所在城市"属性进行表分区，并将每个分区分布到独立的物理磁盘上，以提高读写性能。常见的物理分区模式见表 12-3-1。李工建议选择物理分区中的列表分区模式。

表 12-3-1 物理分区模式比较表

分区模式	分区依据	适合数据	数据管理能力	数据分布
范围分区	属性取值范围	（b）	能力强	不均匀
哈希分区	属性的哈希值	静态数据	能力弱	（d）
列表分区	（a）	单属性、离散值	（c）	不均匀
组合分区	属性组合分区	周期、离散等	能力强	

请填写表 12-3-1 中的（a）～（d）空白处，并用 100 字以内的文字解释说明李工选择该方案的原因。

【问题 3】（6 分）

在系统运行过程中，李工发现后台管理人员执行的订单地址信息汇总等操作，经常与普通用户的预约订单操作形成读写冲突，影响系统的性能。因此李工建议采用读写分离模式，采用两台数据库服务器，并采用主从复制的方式进行数据同步。请用 100 字以内的文字简要说明主从复制的基本步骤。

试题分析

【问题 1】

数据库索引是数据库管理系统中用于提高数据检索效率的一种数据结构。索引可以帮助数据库系统快速定位到存储在硬盘上的数据，而不需要扫描整个数据库。索引之于数据库，其作用类似于书籍的目录，可以快速查找到所需信息，而无须阅读整本书。

索引过多的副作用主要包括：

（1）增、删、改数据库时，需要更新对应索引，导致更新的开销大，系统变慢。

（2）导致数据库查询优化器评估索引和索引组合变得复杂和耗时。查询优化器对索引、算法进行最优组合、找出查询成本最低的方案，再执行查询。

（3）过多的索引，会占用大量存储空间。

（4）会导致索引包含的统计信息过多。索引包含索引行数、索引层级、索引叶子节点数量等统计信息。

（5）聚集索引的变化会导致非聚集索引的同步变化。聚集索引（聚簇索引、簇类索引）是一种对磁盘上实际数据重新组织以按指定的一个或多个列的值排序。每张表只能建一个聚簇索引，并且建聚簇索引需要至少相当该表 120%的附加空间，以存放该表的副本和索引中间页。非聚集索引不改变表中数据的物理存储顺序，非聚集索引与数据分开存储，通过索引中的指针或键来访问数据。

【问题 2】

数据库物理分区（表分区）是将数据库中的数据按照某种规则分割成多个部分，并分别存储在不同的物理设备上（如不同的磁盘、磁盘阵列或服务器）。这种分割方式使得每个分区都可以独立地进行管理和优化，从而提高整个数据库系统的性能。

数据库物理分区的实现方式依赖于具体的数据库管理系统（DBMS）。例如，Oracle 数据库支持范围分区、列表分区、哈希分区和组合分区等多种分区方式。

【问题 3】

数据库的主从复制技术将主数据库上的数据变更实时或近乎实时地同步到一个或多个从数据

库（Slave）上，以实现数据热备、读写分离、负载均衡和水平扩展等目的。

主从复制的核心是"主库写入，从库读取"。

（1）主库负责处理所有的写操作，并写入 Binlog（Binary Log）日志。这些日志记录了所有修改数据库数据的 SQL 语句以及相关的事务信息。

（2）从库则通过连接主库，并请求主库发送 Binlog 中的变更内容到中继日志文件中。

（3）从库在本地，按中继日志执行这些变更操作，以达到与主库数据同步的目的。

参考答案

【问题 1】

索引过多的副作用主要包括：

（1）增、删、改数据库时，需要更新对应索引，导致更新的开销大。

（2）导致数据库查询优化器评估索引和索引组合变得复杂。

（3）过多的索引，会占用大量存储空间。

（4）会导致索引包含的统计信息过多。

（5）聚集索引的变化会导致非聚集索引的同步变化。

【问题 2】

（a）属性的离散值　　（b）周期性数据/周期数据　　（c）能力强　　（d）均匀

李工根据预约订单信息表中"所在城市"属性进行表分区。而"所在城市"属性属于单属性、离散数据，因此选择列表分区模式比较合适。

【问题 3】

主从复制工作步骤：

（1）主库负责处理所有的写操作，并写入 Binlog 日志。这些日志记录了所有修改数据库数据的 SQL 语句以及相关的事务信息。

（2）从库则通过连接主库，并请求主库发送 Binlog 中的变更内容到中继日志文件中。

（3）从库在本地按中继日志执行这些变更操作，以达到与主库数据同步的目的。

试题 3

阅读以下关于数据管理的叙述，在答题纸上回答【问题 1】至【问题 3】。

【说明】

某软件企业开发了一套新闻社交类软件，提供常见的新闻发布、用户关注、用户推荐、新闻点评、新闻推荐、热点新闻等功能，项目采用 MySQL 数据库来存储业务数据。系统上线后，随着用户数量的增加，数据库服务器的压力不断加大。为此，该企业设立了专门的工作组来解决此问题。

张工提出对 MySQL 数据库进行扩展，采用读写分离，主从复制的策略，好处是程序改动比较小，可以较快完成，后续也可以扩展到 MySQL 集群，其方案如图 12-3-2 所示。李工认为，该系统的诸多功能并不需要采用关系数据库，甚至关系数据库限制了功能的实现，因此应该采用 NoSQL 数据库来替代 MySQL，重新构造系统的数据层。而刘工认为张工的方案过于保守，对该系统的某些功能，如关注列表、推荐列表、热搜榜单等实现困难，且性能提升不大；而李工的方案又太激进，工作量太大，短期无法完成，应尽量综合二者的优点，采用 Key-Value 数据库+MySQL 数据库的混合方案。

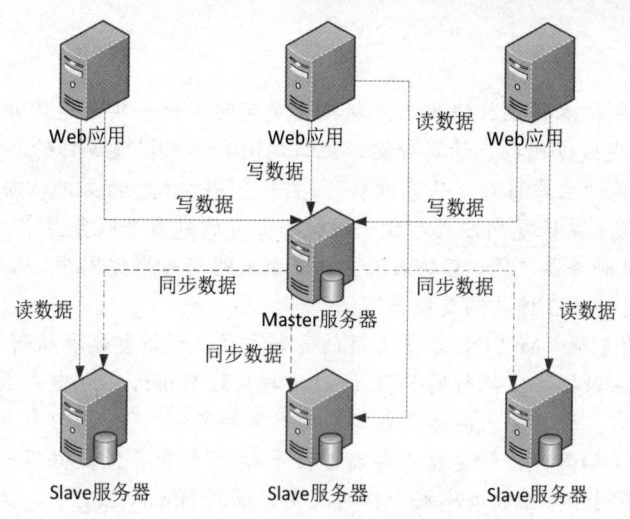

图 12-3-2　张工方案示意图

经过组内多次讨论，该企业最终决定采用刘工提出的方案。

【问题 1】（8 分）

张工方案中采用了"读写分离，主从复制"策略。其中，读写分离设置物理上不同的主/从服务器，让主服务器负责数据的___(a)___操作，从服务器负责数据的___(b)___操作，从而有效减少数据并发操作的___(c)___，但却带来了___(d)___。因此，需要采用主从复制策略保持数据的___(e)___。

MySQL 数据库中，主从复制是通过 Binary Log 来实现主从服务器的数据同步，MySQL 数据库支持的 3 种复制类型分别是___(f)___、___(g)___、___(h)___。

请将答案填入（a）～（h）的空白处，完成上述描述。

【问题 2】（3 分）

李工方案中给出了关系数据库与 NoSQL 数据库的比较，见表 12-3-2，以此来说明该新闻社交类软件更适合采用 NoSQL 数据库。请填写表 12-3-2 中的（a）～（d）处空白。

表 12-3-2　关系数据库与 NoSQL 数据库特征比较

特征	关系数据库	NoSQL 数据库
数据一致性	实时一致性	(a)
数据类型	结构化数据	(b)
事务	高事务性	(c)
水平扩展	弱	强
数据容量	有限数据	(d)

【问题 3】（3 分）

刘工提出的方案采用了 Key-Value 数据库+MySQL 数据库的混合方案，是根据数据的读写特点将数据分别部署到不同的数据库中。但是，由于部分数据可能同时存在于两个数据库中，因此存在数据同步问题。请用 200 字以内的文字简要说明解决该数据同步问题的 3 种方法。

试题分析

【问题1】

数据库的主从复制技术将主数据库上的数据变更实时或近乎实时地同步到一个或多个从数据库（Slave）上，以实现数据热备、读写分离、负载均衡和水平扩展等目的。

主从复制的核心是"主库写入，从库读取"。主从复制方式可有效减少数据并发操作的读写冲突带来的锁争用的问题。主从复制方式导致一份数据会存放到多个服务器中，因此不可避免地出现数据冗余的问题。主从服务器之间，需要采用主从复制策略进行数据同步，从而保证数据的一致性。

MySQL数据库支持的3种复制类型如下。

（1）基于语句的复制：MySQL最早支持的复制方式，通过复制和执行SQL语句来实现数据的复制和同步。即在主数据库上执行的SQL语句，写入到Binary Log中完成复制，之后在从数据库上也执行同样的语句。这种方式简单高效，因为只需要复制SQL语句本身，而不是数据本身。但在一些特殊情况下（如函数、触发器、存储过程等），可能会导致数据不一致。

（2）基于行的复制：将主数据库每一行的改变记录到Binary Log中，然后在从数据库中重放改变实现数据的复制和同步。这种方式，不需要把命令在从数据库上执行一遍。这种方式可以更精确地复制数据的改变，特别是在处理非确定性函数或更新大量数据时。但会增加网络传输和存储成本，因为需要记录每一行的变化。

（3）混合类型复制：是基于语句的复制和基于行的复制的结合，MySQL会根据不同的SQL语句和场景，自动选择基于语句的复制或基于行的复制方式，以平衡复制效率和数据一致性。

【问题2】

NoSQL，全称Not Only SQL，意即"不仅仅是SQL"，泛指非关系型的数据库。NoSQL数据库不保证关系数据的ACID（原子性、一致性、隔离性、持久性）特性，其数据存储不需要固定的表格模式，而是采用键值存储、列存储、文档存储、图形数据库等多种方式，非常适合于存储非结构化数据。NoSQL数据库具有易扩展、大数据量、高性能、高可用等特性。

关系数据库使用事务管理数据的修改操作，事务具有ACID特性，对数据一致性是实时一致性。NoSQL数据库采用最终一致性模型，即在数据更新后，不保证立即在所有节点上达到一致状态，而是在一定的时间窗口内（通常是毫秒级到秒级）通过数据复制和同步机制来达到一致状态。这种模型允许系统在保证高可用性和可扩展性的同时，牺牲一定的强一致性。

NoSQL数据库主要存储非结构化或半结构化数据。NoSQL数据库要求数据只需支持软状态/柔性事务，允许多个副本中可以出现暂时不一致的"中间状态"。NoSQL数据库只要求系统基本可用，允许部分节点出现故障。NoSQL数据库的最终一致性、状态/柔性事务、基本可用特性统称为BASE原则。

NoSQL水平扩展性强，支持海量数据存储与管理。

【问题3】

Key-Value与MySQL数据库数据同步的方法有：

（1）MySQL数据库中设置触发器，每当相关表的数据发生变化时，自动触发执行一段编写好的程序将数据变更同步到Key-Value数据库中。

（2）采用消息中间件实现数据同步。

（3）采用同步工具（比如canal）实现数据同步。

（4）实时同步，数据查询时先查询缓存，再查询MySQL数据库，并将查询结果保存到缓存；

数据更新时，先更新数控，再更新缓存数据或者缓存数据设置为失效。

参考答案

【问题 1】
（a）写　　　　　　　　（b）读　　　　　　　　（c）锁争用
（d）数据冗余　　　　　（e）一致性　　　　　　（f）基于语句的复制
（g）基于行的复制　　　（h）混合类型复制
注：（f）、（g）、（h）不分次序。

【问题 2】
（a）最终一致性　　（b）非结构化数据　　（c）软状态/柔性事务　　（d）海量数据

【问题 3】
（1）MySQL 数据库中设置触发器，每当相关表的数据发生变化时，自动触发执行一段编写好的程序将数据变更同步到 Key-Value 数据库中。
（2）采用消息中间件实现数据同步。
（3）采用同步工具（比如 canal）实现数据同步。
（4）实时同步，数据查询时先查询缓存，再查询 MySQL 数据库，并将查询结果保存到缓存；数据更新时，先更新数控，再更新缓存数据或者缓存数据设置为失效。

试题 4

阅读以下关于数据库设计的叙述，在答题纸上回答【问题 1】至【问题 4】。

【说明】

某软件企业开发一套类似于淘宝网上商城业务的电子商务网站。该系统涉及多种用户角色，包括购物用户、商铺管理员和系统管理员等。

在数据库设计中，该系统数据库的核心关系包括：

产品（产品编码，产品名称，产品价格，库存数量，商铺编码）
商铺（商铺编码，商铺名称，商铺地址，商铺邮箱，服务电话）
用户（用户编码，用户名称，用户地址，联系电话）
订单（订单编码，订单日期，用户编码，商铺编码，产品编码，产品数量，订单总价）

不同用户角色也有不同的数据需求，为此该软件企业在基本数据库关系模式的基础上，定制了许多视图。其中，有很多视图涉及多表关联和聚集函数运算。

【问题 1】（8 分）

商铺用户需要实时统计本商铺的货物数量和销售情况，以便及时补货或者为商铺调整销售策略。为此专门设计了可实时查看当天商铺中货物销售情况和存货情况的视图，商铺产品销售情况日报表（商铺编码，产品编码，日销售产品数量，库存数量，日期）。

数据库运行测试过程中，发现针对该视图查询性能比较差，不满足用户需求。

请说明数据库视图的基本概念及其优点，并说明本视图设计导致查询性能较差的原因。

【问题 2】（8 分）

为解决该视图查询性能比较差的问题，张工建议为该数据建立单独的商品当天货物销售、存货情况的关系表。但李工认为张工的方案造成了数据不一致的问题，必须采用一定的手段来解决。

（1）说明张工方案是否能够对该视图查询性能有所提升，并解释原因。

（2）解释说明李工指出的数据不一致问题产生的原因。

【问题 3】（6 分）

针对李工提出的问题，常见的解决手段有应用程序实现、触发器实现和物化视图实现等，请用 300 字以内的文字解释说明这 3 种方案。

【问题 4】（3 分）

列举 3 种常见的触发器类型。

试题分析

【问题 1】

数据库中的视图（View）是一张虚拟表，其内容由查询定义。视图并不包含数据本身，而是存储了查询数据的 SQL 语句，当用户对视图进行操作（如查询、更新等）时，数据库会执行这些 SQL 语句，并返回结果，就好像用户直接操作了一张真表。

从数据库系统内部来看，视图由一张或多张表中的数据组成；从数据库系统外部来看，视图就如同一张表一样。视图优缺点见表 12-3-3。

表 12-3-3　视图优缺点

	特性	说明
优点	简单性	可以简化用户对数据的理解，可简化用户操作。
	安全性	视图用户只能查询和修改他们所能见到的数据，用户可以限定在数据的不同子集上
	逻辑数据独立性	可帮助用户屏蔽真实表结构变化带来的影响
缺点	性能降低	视图是动态生成的，因此查询视图开销较大。复杂的视图涉及多表查询，则开销更大

视图查询所涉及关联的表越多，查询开销越大。商铺产品销售情况日报表涉及产品、商铺、订单 3 张表，多表的关联操作，开销较大。

【问题 2】

单独建立物理表，可以减少表关联的时间，并可以通过索引技术提升查询效率。

单独建表,造成日销售产品数量和库存数量的数据出现在多张表中,存在数据冗余存放的问题，违反了数据库规范化理论，会导致数据冗余、不一致、更新异常等问题。如果继续采用张工方案，则需要做好数据同步，解决数据冗余的问题。

【问题 3】

应用程序实现是利用应用程序同时更新多个表，从而保持数据一致。

触发器（TRIGGER）是数据库中的一种特殊类型的存储程序，它会在特定的数据库事件（如 INSERT、UPDATE、DELETE）发生时自动执行。触发器实现是目前推荐的解决反规范化操作方法，用于保持数据一致性。

物化视图实现是将视图数据进行物理存储(即将视图对应的查询结果以物理表的形式存储在数据库中)。视图数据与原表数据，由数据库系统确保数据一致性。

【问题 4】

MySQL 触发器是一种存储在数据库中的程序，它可以在特定的数据库事件（如插入、更新或删除表中的行）发生时自动执行。MySQL 支持以下几种类型的触发器。

1）按触发时机分类，触发器可以分为 BEFORE、AFTER。
- BEFORE 触发器：在触发事件发生前执行。
- AFTER 触发器：在触发事件完成后执行。

2）按触发事件分类，触发器可以分为 INSERT、UPDATE、DELETE。
- INSERT 触发器：当向表中插入新行时触发。
- UPDATE 触发器：当更新表中的行时触发。
- DELETE 触发器：当从表中删除行时触发。

参考答案

【问题 1】

数据库中的视图是一张虚拟表，其内容由查询定义。视图并不包含数据本身，而是存储了查询数据的 SQL 语句。

视图优点有：

（1）简单性：可以简化用户对数据的理解，可简化用户操作。

（2）安全性：视图可以对用户的访问权限进行更细粒度的控制，用户只能查询和修改视图所呈现的数据子集，从而将用户的操作限定在特定的数据范围内，增强了数据的安全性。

（3）逻辑数据独立性：可帮助用户屏蔽真实表结构变化带来的影响。

视图查询所涉及关联的表越多，查询开销越大。商铺产品销售情况日报表涉及产品、商铺、订单三张表，多表的关联操作，开销较大。

【问题 2】

（1）张工的方案可以提升视图查询性能。

原因：单独建立物理表，可以减少表关联的时间，并可以通过索引技术提升查询效率。

（2）张工的方案会造成日销售产品数量和库存数量的数据出现在多张表中，存在数据冗余存放的问题。这违反了规范化理论，导致出现数据冗余、更新异常、不一致等问题。

【问题 3】

程序实现：对订单数据进行增、删、改时，由应用程序保证订单数据一致。

触发器实现：订单发生变化时，由触发器保证订单数据一致性。

物化视图实现：建立"当天货物销售、存货情况"视图并将视图数据进行物理存储，并由数据库系统确保视图数据和原表数据的一致性。

【问题 4】

常见的触发器有 BEFORE、AFTER、INSERT、UPDATE 和 DELETE。（列举 3 种即可）

试题 5

阅读以下关于系统数据分析与建模的叙述，在答题纸上回答【问题 1】至【问题 3】。

【说明】

某软件公司受快递公司委托，拟开发一套快递业务综合管理系统，实现快递单和物流信息的综合管理。项目组在系统逻辑数据模型设计中，需要描述的快递单样式如图 12-3-3 所示，图 12-3-4 是项目组针对该快递单所设计的候选实体及其属性。

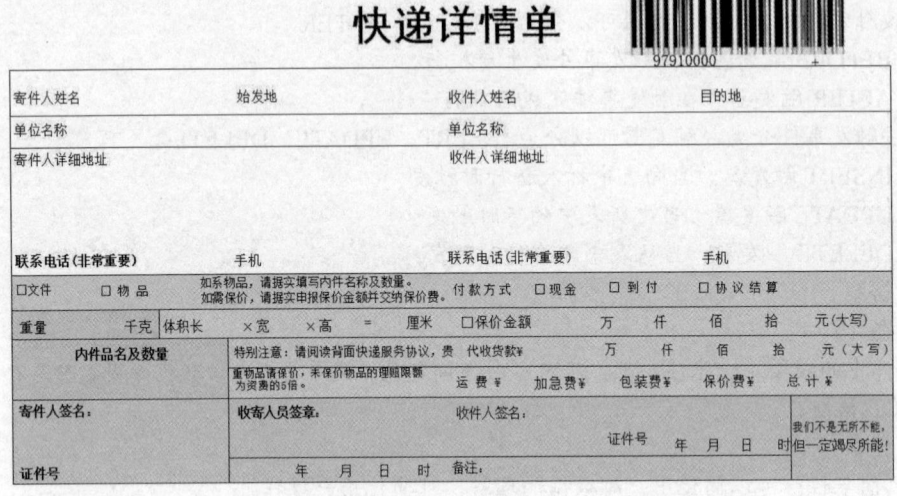

快递详情单

图 12-3-3　快递单样式

寄件人	
姓名	Variable characters（20）
始发地	Variable characters（20）
单位名称	Text
详细地址	Text
联系电话	Characters（12）
证件号	Characters（20）
主属性：	PK1

收件人	
姓名	Variable characters（20）
始发地	Variable characters（20）
单位名称	Text
详细地址	Text
联系电话	Characters（12）
证件号	Characters（20）
主属性：	PK3

快递单	
编号	Characters（10）
类型	Short integer
重量	Decimal（4,2）
体积	Decimal（4,2）
名称	Variable characters（20）
数量	Integer
收寄员	Characters（20）
日期	Date & Time
付款方式	Short integer
保价金额	Money
代收货款	Money
运费	Money
加急费	Money
包装费	Money
保价费	Money
总计	Money
备注	Variable characters（40）
主属性：	PK2

图 12-3-4　候选实体及属性

【问题 1】（6 分）

数据库设计主要包括概念设计、逻辑设计和物理设计 3 个阶段，请用 200 字以内文字说明这 3 个阶段的主要任务。

【问题 2】（11 分）

根据快递单样式图，请说明：

（1）图 12-3-4 中 3 个候选实体对应的主属性 PK1、PK2 和 PK3 分别是什么？

（2）图 12-3-4 中应设计哪些实体之间的联系，并说明联系的类型。

【问题 3】（8 分）

在图 12-3-4 中添加实体之间的联系后，该实体-联系图是否满足第一范式、第二范式和第三范式中的要求（对于每种范式判定时，假定已满足低级别范式要求）。如果不满足，请用 200 字以内文字分别说明其原因。

试题分析

【问题 1】

（1）概念设计（概念结构设计）：主要任务是理解用户需求，在需求说明书的基础上，将需求抽象化为一个不依赖于 DBMS 的数据模型，即概念模型。实体-联系法是概念模型中最常使用的表示方法，该方法使用实体-联系图（E-R 图）来描述概念模型。

（2）逻辑设计（逻辑结构设计）：将概念模型转换为 DBMS 的逻辑结构。逻辑设计的工作包含定义数据表、视图、索引及关系，考虑数据完整性约束，适配特定 DBMS，但不涉及硬件和操作系统细节。

（3）物理设计（物理结构设计）：优化逻辑设计以适应存储环境，确定合适的物理结构（主要是存储结构和存储方法）。物理设计的工作包含确定存储结构、索引策略、文件组织及存取路径，以提高查询效率，减少存储空间，考虑硬件特性和操作系统特性。

【问题 2】

候选码是唯一标识元组，而且不含有多余属性的属性集。包含在任何一个候选码中的属性就是主属性。

（1）寄件人和收件人：联系电话或证件号可以唯一标识元组，因此是主属性。

（2）快递单：只有编号可以唯一标识元组，因此是主属性。

对于快递单实体而言，需要针对寄件人和快递单，收件人和快递单之间设计联系，联系类型为一对多（1:N）。

【问题 3】

（1）符合第一范式（1NF）的条件是：关系作为一张二维表，最基本的要求是属性是不可分的。本题实体"快递单"的体积属性，可以拆分为"长、宽、高"3 个属性，是可以分的，所以不符合第一范式（1NF）的条件。

（2）符合第二范式（2NF）的条件是：在满足 1NF 的条件下，每一个非主属性完全函数依赖于码。也就是说，每个非主属性是由整个码函数决定的，而不能由码的一部分来决定。

题目规定"对于每种范式判定时，假定已满足低级别范式要求"，因此不再需要考虑实体是否满足低级范式。本题实体"快递单"的非主属性，全部依赖于主属性"编号"，所以符合第二范式（2NF）的条件。

（3）符合第三范式（3NF）的条件是：在满足2NF的条件下，所有非主属性都不传递依赖于码。

实体"快递单"中，属性"总计"依赖于5个属性"代收货款、运费、加急费、包装费、保价费"，而这5个属性依赖于主属性，因此存在传递依赖，所以不符合第三范式（3NF）的条件。

参考答案

【问题1】

（1）概念设计：主要任务是理解用户需求，在需求说明书的基础上，将需求抽象化为一个不依赖于DBMS的数据模型，即概念模型。

（2）逻辑设计：将概念模型转换为DBMS的逻辑结构。

（3）物理设计：优化逻辑设计以适应存储环境，确定合适的物理结构（主要是存储结构和存储方法）。

【问题2】

（1）候选实体的主属性如下。

1）PK1：联系电话或证件号。

2）PK2：编号。

3）PK3：联系电话或证件号。

（2）需要构建的联系有：

1）寄件人与快递单的联系，类型一对多（或1:N）。

2）收件人与快递单的联系，类型一对多（或1:N）。

【问题3】

（1）不符合第一范式（1NF）：因为实体"快递单"的体积属性，可以拆分为"长、宽、高"3个属性，是可以分的。

（2）符合第二范式（2NF）：因为在不考虑满足1NF的前提下，实体"快递单"的非主属性，全部依赖于主属性。

（3）不符合第三范式（3NF）的条件：实体"快递单"中，属性"总计"依赖于5个属性"代收货款、运费、加急费、包装费、保价费"，而这5个属性依赖于主属性，因此存在传递依赖。

试题6

阅读以下关于数据库分析与建模的叙述，在答题纸上回答【问题1】至【问题3】。

【说明】

某电子商务企业随着业务的不断发展，销售订单不断增加，每月订单超过了50万笔，急需开发一套新的互联网电子订单系统。同时该电商希望建立相应的数据中心，能够对订单数据进行分析挖掘，以便更好地服务用户。

王工负责订单系统的数据库设计与开发，初步设计的核心订单关系模式为：

orders（order_no, customer_no, order_date, product_no, price, …）。

考虑订单数据过多，单一表的设计会对系统性能产生较大影响，仅仅采用索引不足以解决性能问题，因此需要将订单表拆分，按月存储。

王工采用反规范化设计方法来解决，给出了相应的解决方案;李工负责数据中心的设计与开发。李工认为王工的解决方案存在问题，建议采用物理数据分区技术。在解决性能问题的同时，也为后续的数据迁移、数据挖掘和分析等工作提供支持。

【问题1】（8分）

常见的反规范化设计包括增加冗余列、增加派生列、重新组表和表分割。为解决题干所述需求，王工采用的是哪种方法？请用300字以内的文字解释说明该方法，并指出其优缺点。

【问题2】（8分）

物理数据分区技术一般分为水平分区和垂直分区，数据库中常见的是水平分区。水平分区分为范围分区、哈希分区和列表分区等。请阅读表12-3-4，在（1）～（8）中填写不同分区方法在数据值、数据管理能力、实施难度与可维护性、数据分布等方面的特点。

表12-3-4 物理数据分区技术

	范围分区	哈希分区	列表分区
数据值	（1）	连续离散均可	（2）
数据管理能力	强	（3）	（4）
实施难度	（5）	好	（6）
数据分布	（7）	（8）	不均匀

【问题3】（9分）

根据需求，李工宜选择物理水平分区中的哪种分区方法？请用300字以内的文字分别解释说明该方法的优缺点。

试题分析

【问题1】

数据库设计中，规范化（Normalization）是一个关键过程，旨在减少数据冗余和提高数据完整性。然而，在某些情况下，为了提高查询性能、减少复杂查询的需求或优化特定操作，设计者可能会选择采用反规范化（Denormalization）设计。常见的反规范化设计包括增加冗余列、增加派生列、重新组表和表分割。

（1）增加冗余列：在多个表中存储相同的数据，以便能够更快地访问数据而无须执行复杂的连接操作。例如，以规范化设计的理念，学生成绩表中不需要字段"姓名"，因为"姓名"字段可以通过学号查询到，但在反规范化设计中，会将"姓名"字段加入表中。这样查询一个学生的成绩时，不需要与学生表进行连接操作，便可得到对应的"姓名"。

（2）增加派生列：增加的列可以通过表中其他数据计算生成。它的作用是在查询时减少计算量，从而加快查询速度。例如，可以在订单表中增加总金额列，该列的属性值是由单价和数量计算得出的。需要注意的是，在更新原始数据时（如单价或数量），也需要同时更新派生列的值，这增加了数据维护的复杂性。

（3）重新组表：将多个表中的相关数据合并到一个表中，以减少表之间的关联。这种方法可以简化查询操作，提高查询性能，特别是当需要频繁地查询多个表中的相关数据时。然而，这种方法会导致表的数据量增加，增加数据冗余，降低数据的一致性。

（4）表分割：将一个大表分成多个更小的、结构上相似的表的过程。这可以通过将数据根据某种规则（如日期范围、地区等）分散到不同的表中来实现。表分割可以提高查询性能，因为它减少了单个表中的数据量,使得索引和查询操作更加高效,有助于数据备份和迁移;然而,缺点是增加了数据库设计的复杂性,因为应用程序需要知道如何正确地查询多个表中的数据;逻辑上破坏了关系概念的完整性,由一个关系变为多个关系。

显然,王工采用的是表分割方法。表分割方法可以细分为水平分割和垂直分割。王工应采用水平分割,根据订单的时间属性,将不同时间段的订单存放到不同的逻辑表中。

【问题2】

该问题与本节试题2中的问题相似。物理数据分区模式比较见表12-3-5。

表12-3-5 物理数据分区模式比较

	范围分区	哈希分区	列表分区
数据值	连续	连续离散均可	离散
数据管理能力	强	弱	强
实施难度	不好	好	不好
数据分布	不均匀	均匀	不均匀

【问题3】

李工将订单表拆分,按月存储。显然,属于范围分区。

参考答案

【问题1】

王工采用的是表分割方法,表分割方法可以细分为水平分割和垂直分割。王工应采用水平分割,根据订单的时间属性,将不同时间段的订单存放到不同的逻辑表中。

优点:表分割可以提高查询性能,因为它减少了单个表中的数据量,使得索引和查询操作更加高效;有助于数据备份、迁移。

缺点:增加了数据库设计的复杂性,因为应用程序需要知道如何正确地查询多个表中的数据;逻辑上破坏了关系概念的完整性,由一个关系变为多个关系。

【问题2】

(1)连续　　(2)离散　　(3)弱　　(4)强

(5)不好　　(6)不好　　(7)不均匀　　(8)均匀

【问题3】

李工宜选择范围分区方式。

范围分区的优点如下。

(1)分区表可以将表存储到多个表空间内,可分区查询,查询速度快。

(2)可提供良好的数据迁移、备份和管理能力。

范围分区的缺点:数据分布不均匀,可实施性差。

试题7

阅读以下关于数据库设计的叙述,在答题纸上回答【问题1】至【问题3】。

【说明】

某航空公司要开发一个订票信息处理系统,以方便各个代理商销售机票。开发小组经过设计,给出该系统的部分关系模式如下。

航班（**航班编号**，航空公司，起飞地，起飞时间，目的地，到达时间，剩余票数，票价）
代理商（**代理商编号**，代理商名称，客服电话，地址，负责人）
机票代理（**代理商编号**，**航班编号**，票价）
旅客（**身份证号**，姓名，性别，出生日期，电话）
购票（**购票单号**，**身份证号**，**航班编号**，搭乘日期，购票金额）

在提供给用户的界面上，其核心功能是当用户查询某航班时，将该航班所有的代理商信息及其优惠票价信息，返回给用户，方便用户购买价格优惠的机票。在实现过程中发现，要实现此功能，需要在代理商和机票代理两个关系模式上进行连接操作，性能很差。为此开发小组将机票代理关系模式进行了扩充，结果为：

机票代理（**代理商编号**，**航班编号**，代理商名称，客服电话，票价）

这样，用户在查找信息时只需对机票代理关系模式进行查询即可，提高了查询效率。

【问题1】（6分）

机票代理关系模式的修改，满足了用户对代理商机票价格查询的需求，提高了查询效率。但这种修改导致机票代理关系模式不满足 3NF，会带来存储异常的问题。

（1）请具体说明其问题，并举例说明。
（2）这种存储异常会造成数据不一致，请给出解决该存储异常的方案。

【问题2】（9分）

在机票销售信息处理系统中，两个代理商的售票并发执行，可能产生的操作序列见表12-3-6。

表12-3-6 两个代理商可能的操作序列

时间点	代理商1	代理商2
T1	查询剩余票数	
T2		查询剩余票数
T3	剩余票数减1	
T4		剩余票数减1
T5	提交	
T6		提交

假设两个代理商执行之前，该航班仅剩1张机票。

（1）请说明上述两个代理商操作的结果。
（2）并发操作会带来数据不一致的问题，请具体说明3种问题。

【问题3】（10分）

为了避免【问题2】中的问题，开发组使用库的读写锁机制。请用150字以内的文字说明读写锁机制的缺点。

试题分析

【问题1】

数据库关系范式规范化后，往往涉及多表关联操作，这种操作是最耗时的，导致查询效率不高。

反规范化的方法可以提高查询效率，但是存在数据冗余和更新异常等问题。

修改后的机票代理关系模式，机票代理（**代理商编号**，**航班编号**，代理商名称，客服电话，票价）可以看出，"代理商名称，客服电话"存在于机票代理和代理商两个模式中，这就出现了数据冗余的问题，更新数据也可能不一致。

要解决上述问题，保持多表数据一致，可用的方法有程序实现和触发器实现等。

【问题2】

两个代理商操作时，当剩余票数是1，代理商1可以正常售票，而代理商2操作会出错。

数据库的并发操作会带来的问题有丢失修改、读脏数据和不可重复读等。

【问题3】

本题的读写锁，就是数据库原理中的共享锁和排他锁。数据A加写锁后，只允许事务T读取、修改数据A；只有等该锁解除之后，其他事务才能够对数据A加任何类型锁。

数据A加读锁后，只允许事务T读取数据A但不能够修改；可允许其他事务对其加读锁，但不允许加写锁。

参考答案

【问题1】

（1）不满足3NF会产生函数的传递依赖，造成数据冗余和修改异常等问题。

机票代理（**代理商编号**，**航班编号**，代理商名称，客服电话，票价）可以看出，"代理商名称，客服电话"存在于机票代理和代理商两个模式中。这就出现了数据冗余的问题。

修改代理商名称或客服电话时，就要修改所有表中的代理商名称或客服电话，否则会出现不一致的情况。

（2）保持多表数据一致有如下两种。

1）通过程序实现。当修改代理商关系模式数据时，程序同步修改机票代理关系模式。

2）通过触发器实现。在代理商关系模式上加修改触发器，当修改代理商关系模式数据时，程序同步修改机票代理关系模式。

【问题2】

两个代理商操作时，当剩余票数是1，代理商1可以正常售票，而代理商2操作会出错。

数据库的并发操作会带来的问题有丢失修改、读脏数据和不可重复读等。

【问题3】

采用封锁的方法虽然可以有效防止数据的不一致性，但也会产生死锁问题。死锁是指多个用户申请不同封锁，由于申请者均拥有一部分封锁权，而又需等待另外用户拥有的部分封锁而引起的永无休止的等待。

12.4 Web应用系统分析与设计

试题1

阅读以下关于Web系统架构设计的叙述，在答题纸上回答【问题1】至【问题4】。

【说明】

某公司拟开发一个基于 Web 的远程康复系统。该系统的主要功能需求如下。

（1）康复设备可将患者的康复训练数据实时传入云数据库。

（2）医生可随时随地通过浏览器获取患者康复训练的数据，并进行康复训练的结果评估和康复处方的更新。

（3）患者可通过此系统查看自己的康复训练记录和医生下达的康复训练处方，并可随时与医生进行在线沟通交流。

（4）平台管理员可借助此系统实现用户的管理和康复设备的监控和管理，及时获悉设备的数据信息，便于设备的维护和更新。

该公司针对上述需求组建了项目组，并召开了项目开发讨论会。会上，张工建议云数据库采用关系型数据库来实现数据存储；李工提出采用三层架构实现该远程康复系统。

【问题 1】（6 分）

请用 200 字以内的文字简要说明云数据库的概念及特点。

【问题 2】（9 分）

根据该系统的功能需求，请列举出该系统中存在的实体，以辅助张工进行关系数据库设计。

【问题 3】（10 分）

根据李工的建议，该系统将采用三层架构。请用 300 字以内的文字分析层次型架构的优势，并从下面给出的（a）～（i）候选项中进行选择，补充完善图 12-4-1 中（1）～（6）空白处的内容，完成该系统的架构设计方案。

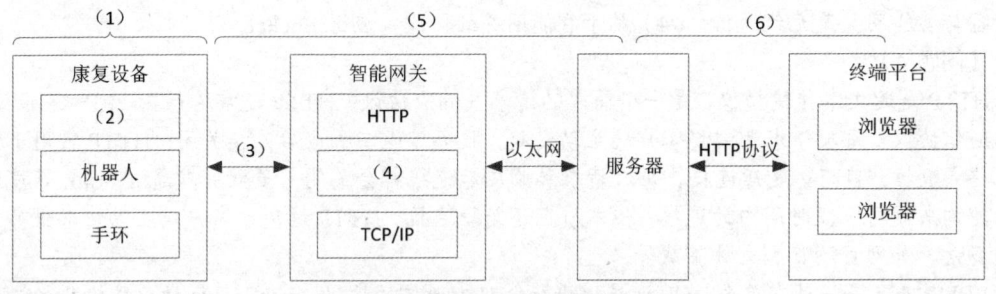

图 12-4-1 基于 Web 的远程康复系统

候选项：
（a）治疗仪　　　（b）接入层　　　（c）Socket　　　（d）Spring　　　（e）应用层
（f）MySQL　　　（g）MVC　　　　（h）无线通信　　（i）网络层

【问题 4】（4 分）

简述 HTTP 和 WebSocket 的区别。

试题分析

【问题 1】

云数据库是指被优化或部署到一个虚拟计算环境中的数据库，可以实现按需付费、按需扩展、高可用性以及存储整合等。云数据库的特点如下。

（1）实例创建快速：根据需求配置参数，创建数据库实例。

（2）支持只读实例：针对具有大量读请求而非写请求的场景，创建标准实例的多个自读实例，从而扩展标准实例，增加系统吞吐量。

（3）故障自动切换：主库发生故障可自动切换到从库。

（4）数据备份：支持手动、自动备份实例，可从快照恢复数据实例。

（5）Binlog 备份：自动备份 Binlog 日志。

（6）访问白名单：可通过设置 IP 白名单的方式来控制访问权限。

（7）监控与消息通知：通过控制台了解数据库状态，可设置监控策略，支持短信、邮件等方式的告警。

【问题 2】

实体是客观存在并可相互区别的事物。实体可以是具体的人、事、物，还可以是抽象的概念或事物间的联系。本题题干中，涉及人的实体有：医生、患者、平台管理员、用户等；涉及物的实体有设备、设备数据、训练数据、康复处方、康复训练记录等。

【问题 3】

层次型架构，每一层调用下层服务，并为上层服务。其优势如下。

（1）分工明确，开发更加专注。

（2）层与层之间保持低耦合，层内保持高内聚。

（3）通过接口方式提供服务，灵活性强。

（4）可复用。

（1）、（5）、（6）分别选接入层、网络层、应用层；（2）选治疗仪；（3）选无线通信，因为康复设备与智能网关是无线通信；（4）属于智能网关的协议，应选 Socket。

【问题 4】

HTTP 是超文本传输协议，是一个简单的请求—响应协议。HTTP 通常运行在 TCP 之上，是单向的通信协议，每次请求都需要客户端主动发起，服务器返回响应后连接关闭。HTTP 常用于传输文本格式数据。HTTP 是短连接，每次请求和响应后连接都会关闭。虽然可以通过 Ajax 等技术实现长轮询来保持一段时间内的连接，但本质上还是短连接。HTTP 适用于客户端主动请求服务器数据的场景，如网页浏览、文件下载等。

WebSocket 是一种在单个 TCP 连接上进行全双工通信的协议。WebSocket 协议传输原始二进制格式数据。WebSocket 适用于需要双向实时通信的场景，如实时聊天、实时数据更新、在线游戏等。

参考答案

【问题 1】

云数据库是指被优化或部署到一个虚拟计算环境中的数据库，具有按需付费、按需扩展、高可用性以及存储整合等能力。

云数据库的特点有：实例创建快速、支持只读实例、读写分离、故障自动切换、数据备份、Binlog 备份、SQL 审计、访问白名单、监控与消息通知等。

【问题 2】

该系统存在的实体有：医生、患者、平台管理员、用户、设备、设备数据、训练数据、康复处方、康复训练记录等。

【问题 3】

层次型架构的优势如下。

（1）分工明确，开发更加专注。

（2）层与层之间保持低耦合，层内保持高内聚。

（3）通过接口方式提供服务，灵活性强。

（4）可复用。

(1)（b）　　(2)（a）　　(3)（h）　　(4)（c）　　(5)（i）　　(6)（e）

【问题 4】

（1）数据传输格式不同：HTTP 传输文本格式数据；WebSocket 协议传输原始二进制格式数据。

（2）通信方式不同：HTTP 是单向的通信协议，每次请求都需要客户端主动发起，服务器返回响应后连接关闭。WebSocket 通过单个持久连接在客户端和服务器之间进行双向实时通信，无须每次请求都重新建立连接。

（3）连接方式不同：HTTP 连接是由浏览器发起向服务器的连接，服务器预先并不知道这个连接。WebSocket 连接需要浏览器和服务器进行握手来建立。

（4）连接长度不同：HTTP 是短连接；WebSocket 是持久连接。

（5）适用场景不同：HTTP 适用于客户端主动请求服务器数据的场景，如网页浏览和文件下载等。WebSocket 适用于需要双向实时通信的场景，如实时聊天、实时数据更新、在线游戏等。

试题 2

阅读以下关于 Web 应用系统的叙述，在答题纸上回答【问题 1】至【问题 3】。

【说明】

某公司拟开发一个基于 O2O（Online To Offline）外卖配送模式的外卖平台。该外卖平台采用自行建立的配送体系承接餐饮商家配送订单、收取费用和提供配送服务。餐饮商家在该 O2O 外卖平台发布配送订单后，根据餐饮商家、订餐用户、外卖配送员位置等信息，以骑手抢单和平台派单等多种方式为订单找到匹配的外卖配送员，完成配送环节，形成线上、线下的 O2O 闭环。

基于项目需求，该公司多次召开项目研发讨论会。会上，张工分析了 O2O 外卖平台配送服务的业务流程，提出应采用事件系统架构风格实现订单配送，并建议采用基于消息队列的点对点模式的事件派遣机制。

【问题 1】（10 分）

基于对 O2O 外卖平台配送服务的业务流程分析，在图 12-4-2 的空（1）～（5）处完善 O2O 外卖平台配送的服务流程。

【问题 2】（9 分）

根据张工的建议，该系统采用事件系统架构风格实现订单配送服务。请基于对事件系统架构风格的了解，补充图 12-4-3 的空（1）～（3）处，完成事件系统的工作原理图。

【问题 3】（6 分）

请用 200 字以内的文字说明基于消息队列的点对点模式的定义,并简要分析张工建议该系统采用基于消息队列的点对点模式的事件派遣机制的原因。

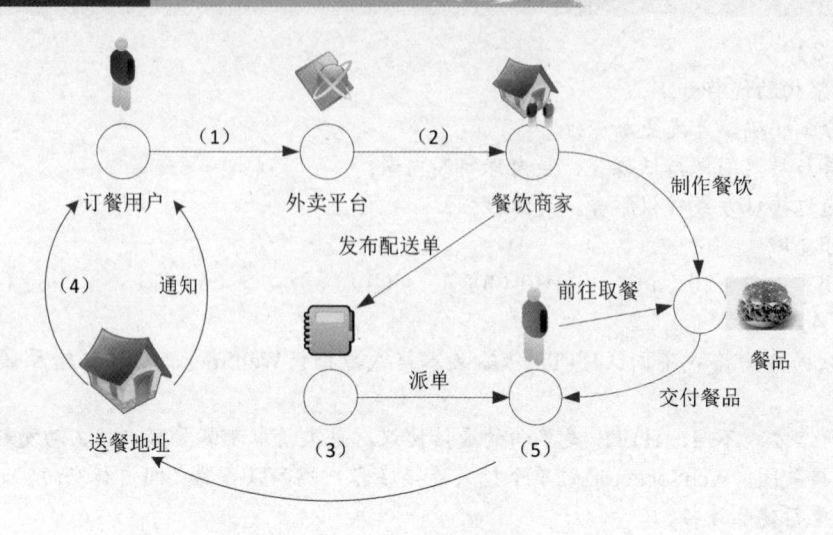

图 12-4-2　O2O 外卖平台配送的服务流程

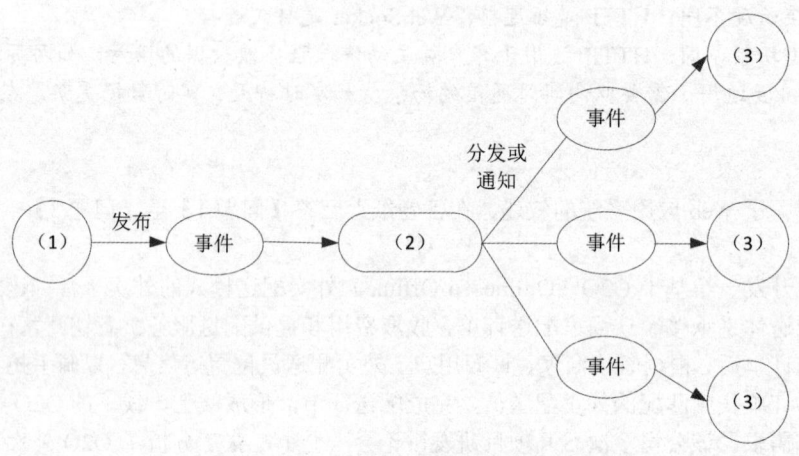

图 12-4-3　事件系统的工作原理图

试题分析
【问题1】
可以根据生活常识完善好 O2O 外卖平台配送的服务流程，结果如图 12-4-4 所示。
【问题2】
事件系统架构风格，通过捕获、存储、分析和处理各种事件（如用户行为、系统状态变化和外部消息等）来提供实时数据流、事件分析和预警等功能。事件是指能够激活对象功能的动作，如用户操作、系统状态变化或外部消息等。
事件系统通常由以下几个部分组成。
（1）事件源：生成事件，并将其发送到事件管理器。事件源可以是用户操作、系统状态变化或外部消息等。显然空（1）为事件源。

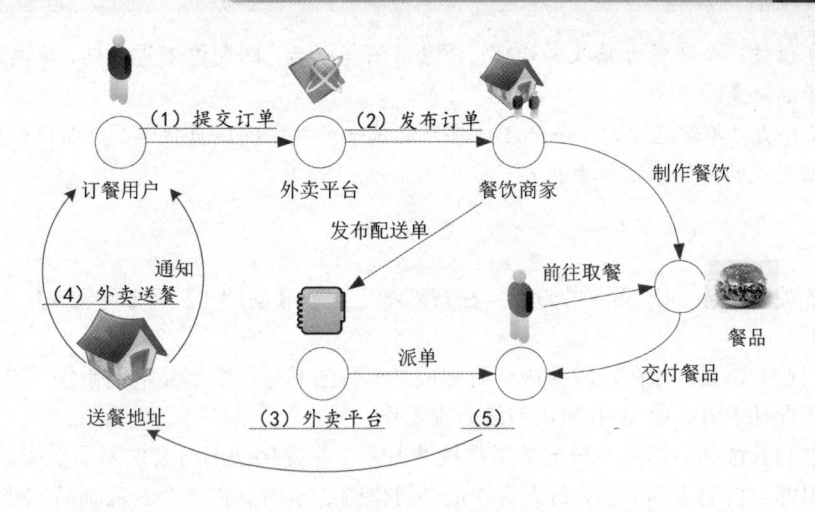

图 12-4-4　完善后的 O2O 外卖平台配送的服务流程

（2）事件管理器（事件监听器）：监听特定事件的发生，并将其传递给事件处理器。管理器通过注册到事件源或事件总线上，以接收和处理事件。显然空（2）为事件管理器。

（3）事件处理器：对事件进行处理（分析、转换、存储），并根据处理结果执行相应的操作。处理器可能涉及数据的分析、转换、存储等过程。显然空（3）为事件处理器。

（4）监控工具：用于监控系统的运行状态和性能（例如负载情况和事件处理速度等），确保系统的稳定性和可靠性。

【问题 3】

消息传递机制包括点对点、广播、组播、通知、发布—订阅等模式。

基于消息队列的点对点模式是一种消息传递机制，其中消息生产者将消息发送到特定队列，而队列中的消息仅被一个消费者接收并处理。消息被消费以后，队列中不再存储，消息消费者不可能消费已被消费的消息。这种模式确保了消息的独立性和有序性，实现了生产者与消费者之间的解耦，提高了系统的可扩展性和可靠性，适用于需要严格消息控制和事务处理的场景。点对点模式结构如图 12-4-5 所示。

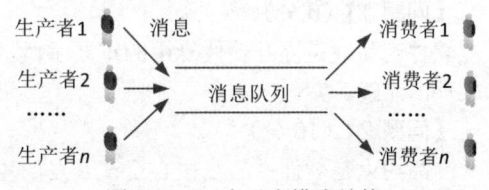

图 12-4-5　点对点模式结构

参考答案

【问题 1】

（1）提交订单　　　（2）发布订单　　　（3）外卖平台
（4）外卖送餐　　　（5）外卖配送员

【问题 2】

（1）事件源　　　　（2）事件管理器　　（3）事件处理器

【问题 3】

基于消息队列的点对点模式是一种消息传递机制，其中消息生产者将消息发送到特定队列，而队列中的消息仅被一个消费者接收并处理。消息被消费以后，队列中不再存储，消息消费者不可能消费已被消费的消息。

理由：在外卖订单配送中，一个配送订单只能被一个外卖配送员接单，所以适合使用基于消息队列的点对点模式的事件派遣机制。

试题 3

阅读以下关于 Web 应用系统的叙述，在答题纸上回答【问题1】至【问题3】。

【说明】

某公司因业务需要，拟在短时间内同时完成"小型图书与音像制品借阅系统"和"大学图书馆管理系统"两项基于 B/S 的 Web 应用系统研发工作。

小型图书与音像制品借阅系统向某所学校的所有学生提供图书与音像制品借阅服务。所有学生无须任何费用即可自动成为会员，每人每次最多可借阅 5 本图书和 3 个音像制品，图书需在 1 个月之内归还，音像制品需在 1 周之内归还。如未能如期归还，则取消其借阅其他图书和音像制品的权限，但无须罚款。学生可通过网络查询图书和音像制品的状态，但不支持预定。

大学图书馆管理系统向某所大学的师生提供图书借阅服务。有多个图书存储地点，即多个分馆。搜索功能应能查询所有分馆的信息，但所有的分馆都处于同一个校园内，不支持馆际借阅。本科生和研究生一次可借阅 16 本书，每本书需在 1 个月内归还，教师一次可借阅任意数量的书，每本书需在 2 个月内归还，且支持教师预订图书。如预订图书处于被借出状态，系统自动向借阅者发送邮件提醒。借阅期限到达前 3 天，向借阅者发送邮件提醒；超出借阅期限 1 周，借阅者需缴纳罚款 2 元/天；存在过期未还或罚款待缴纳的借阅者无法再借阅其他图书。图书馆仅向教师和研究生提供杂志借阅服务。

基于上述需求，该公司召开项目研发讨论会。在会议上，李工建议开发借阅系统产品线，基于产品线完成这两个 Web 应用系统的研发工作。张工同意李工观点，并提出采用 MVP（Model View Presenter）代替 MVC（Model View Controller）的设计模式研发该产品线。

【问题1】（6分）

软件产品线是提升软件复用的重要手段，请用 300 字以内的文字分别简要描述什么是软件复用和软件产品线。

【问题2】（16分）

产品约束是软件产品线核心资产开发的重要输入，请从以下已给出的（a）~（k）各项内容中，分别选出产品的相似点和不同点填入表 12-4-1 中（1）~（8）的空白处，完成该软件产品线的产品约束分析。

(a) 项目当前状态　　　　　　　(b) 项目操作
(c) 预定策略　　　　　　　　　(d) 会员分类
(e) 借阅项目数量　　　　　　　(f) 项目的类型和属性
(g) 检索功能　　　　　　　　　(h) 与支付相关的用户信息
(i) 图书编号　　　　　　　　　(j) 教师
(k) 学生

案例分析典型题 第 12 章

表 12-4-1 产品约束分析

相似点	用户通用数据,如姓名、电话、住址等	
	____(1)____	
	项目通用数据:项目存储位置、____(2)____	
	____(3)____:预定、借阅、归还	
	____(4)____	
不同点	____(5)____	
	借阅策略	允许哪些顾客可以借阅
		____(6)____
		在什么情况下借阅权限可以被修改
	逾期罚款	当借阅的没有如期归还时,该采取何种措施
	提醒策略	顾客发出预定请求时,如果项目处于被借阅状态,如何处理
		是否需要向顾客发出一个通知,以提醒其归还项目
	____(7)____	哪些顾客可以预定
		预定请求何时过期
	收费方式	成为顾客是否需要付费
		发出预定请求时是否需要付费
		当延期归还时,是否需要付费
	____(8)____	
	馆际互借	

【问题 3】(6 分)

MVP 模式是由 MVC 模式派生出的一种设计模式。请说明张工建议借阅系统产品线采用 MVP 模式代替 MVC 模式的原因。

试题分析

【问题 1】

软件复用(Software Reuse)是指在软件开发过程中,通过重复利用已有的代码、需求、体系结构、软件构件、设计模式、文档以及测试案例等软件开发资源,以提高软件开发效率和质量的一种软件工程方法。其核心思想在于避免重复开发相同或相似的软件部分,通过复用已有的成果来减少开发成本和时间,同时也有助于提高软件的可靠性和可维护性。

软件产品线(Software Product Line)是一组具有通用特征的、可管理的软件资源集合。产品线的 3 个基本活动分别是核心资产开发、核心资产管理和产品开发。基于这 3 个基本活动,软件产品线通过以下方式来实现软件复用。软件产品线是一种系统化的软件复用方法,它侧重于开发一系列在功能、架构等方面具有共同特性,但在具体业务需求、用户界面等方面具有可变性的软件系统。通过定义一个公共的软件架构和一组可复用的软件构件,软件产品线能够快速响应市场需求,生成满足特定需求的软件产品。这种方法提高了软件开发的灵活性和生产效率,使得软件组织能够更好地适应市场变化和客户定制需求。

【问题2】

产品约束是软件产品线核心资产开发的重要输入。产品约束分析各个产品有哪些相同和不同点、应遵循的标准、应满足的质量特性以及具备的系统接口。

依据题意，(a) ~ (k) 中相似点和不同点各有 4 项。

（1）相似点。"项目通用数据：项目存储位置"可知"(a) 项目当前状态"是相似点，所以空（2）选（a）；"预定、借阅、归还"属于"(b) 项目操作"也是相似点，所以空（3）选（b）；"(g) 检索功能，(h) 与支付相关的用户信息"也是相似点。

（2）不同点。显然空（7）属于预定策略，所以选（c）；"借阅策略"相关的只有"(e) 借阅项目数量"，所以空（6）选（e）；"(d) 会员分类，(f) 项目的类型和属性"也是不同点。

【问题3】

MVP 和 MVC 是两种常用的软件设计模式，它们主要用于分离应用程序的不同部分，以提高代码的可维护性、可扩展性和可测试性。

（1）MVC。MVC 将应用程序分为模型（Model）、视图（View）和控制器（Controller）3 个部分，MVC 结构如图 12-4-6 所示。

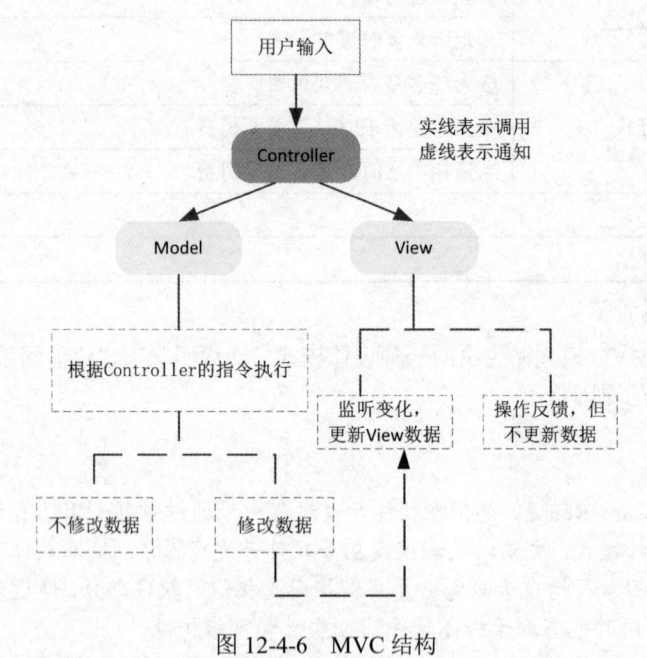

图 12-4-6　MVC 结构

1）模型（Model）：应用程序业务逻辑和数据。

2）视图（View）：用户界面的表示，负责展示数据给用户。View 的数据是通过监听 Model 数据变化自动更新的，与 Controller 无关。

3）控制器（Controller）：模型和视图之间的桥梁，负责调用模型对象。它使视图与模型分离开。

MVC 模式的核心思想是减少视图和模型之间的直接交互,通过控制器来管理它们之间的通信。这有助于保持模型的独立性和可重用性,同时也使得视图层更加灵活,可以更容易地修改用户界面而不影响应用程序的其余部分。

MVC 通信是单向的,MVC 大部分逻辑和代码集中在控制器(Controller),因此 Controller 压力很大,而已经有独立处理事件能力的视图(View)却没有很好地利用起来。

(2)MVP。MVP 是 MVC 的一个改进,MVP 将应用程序分为模型(Model)、视图(View)和表示者(Presenter)3 个部分。MVP 结构如图 12-4-7 所示。

1)模型(Model):与 MVC 中的模型相同,负责数据和业务逻辑。

2)视图(View):与 MVC 中的视图类似,负责展示数据给用户。但与 MVC 不同的是,View 和 Model 完全不干涉,View 层更加自由,可以抽出做组件。

3)表示者(Presenter):表示者充当了视图和模型之间的中介,可完成视图和模型的通信,还可以进行主要的逻辑处理。

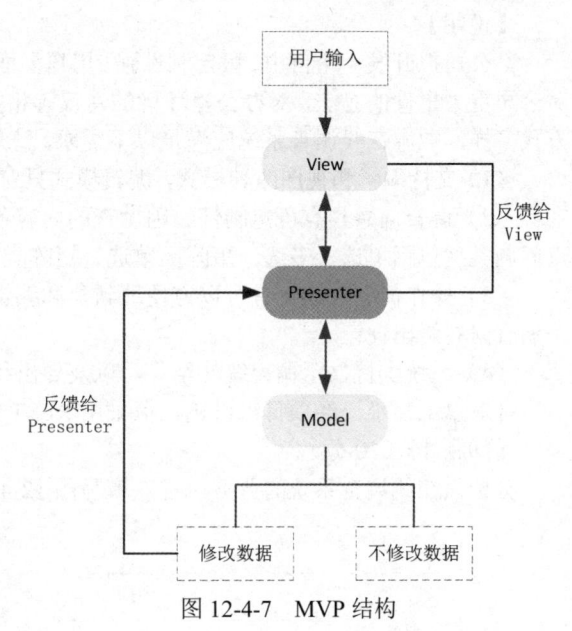

图 12-4-7 MVP 结构

MVP 各部分通信是双向的,更彻底地分离 View 和 Model,View 更加灵活和易于修改,View 可以抽离出来做成组件。

参考答案

【问题 1】

软件复用(Software Reuse)是指在软件开发过程中,通过重复利用已有的代码、需求、体系结构、软件构件、设计模式、文档、测试案例等软件开发资源,以提高软件开发效率和质量的一种软件工程方法。

软件产品线(Software Product Line)是一组具有通用特征的、可管理的软件资源集合。产品线的 3 个基本活动分别是核心资产开发、核心资产管理和产品开发。软件产品线是一种系统化的软件复用方法。

【问题 2】

(1)、(4)(h)、(g)(顺序可颠倒)　　(2)(a)　　(3)(b)
(5)、(8)(f)、(d)(顺序可颠倒)　　(6)(e)　　(7)(c)

【问题 3】

MVP 将 Model 与 View 彻底分离,通过 Presenter 来进行通信,主要逻辑在 Presenter 中体现。这种方式使 View 更加灵活和易于修改,有利于软件构件及架构的复用。

试题 4

阅读以下关于 Web 应用设计开发的描述,在答题纸上回答【问题1】至【问题3】。

【说明】

某公司拟开发一个自由、可定制性强、用户界面友好的在线调查系统,以获取员工在课程学习,对公司重大事件的看法,对办公室环境的建议等相关反馈。因需要调查的内容各异,可选择的调查方式多样,故本在线调查系统应满足以下需求。

(1)支持编辑和视图两种模式,编辑模式只对调查发起者可见,视图模式对接受调查者可见。

(2)调查问卷具有可定制性。因调查的内容各异,需要多样化的信息采集方式,可设置的调查问题类型包括单选、多选、矩阵类单选、矩阵类多选和开放性问题。

(3)操作简单,调查者可以方便地新建和编辑各种问题类型,接受调查者可对每个问题和每个调查问卷给出评论。

(4)系统支持显示调查统计结果,以及导出统计结果。

针对以上需求,经项目组讨论,拟采用 REST 架构风格设计实现该在线调查系统。

【问题1】(10分)

分析该在线调查系统的业务流程,填写图 12-4-8 中(1)~(5)的内容。

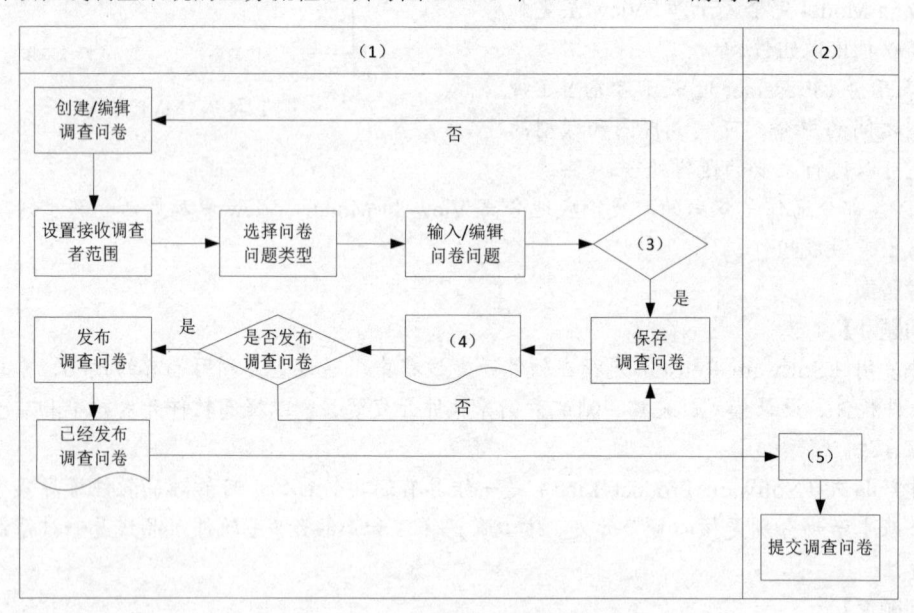

图 12-4-8 在线调查系统业务流程分析

【问题2】(10分)

REST 架构风格的核心是资源抽象。在系统设计中,项目组拟将系统中的每一个实体抽象成一种资源。请列举出该系统中的 5 种资源。

【问题3】(5分)

基于 REST 架构风格对系统进行设计,请简要叙述 REST 风格的 5 条关键原则。

试题分析

【问题 1】

在线调查系统"支持编辑和视图两种模式,编辑模式只对调查发起者可见,视图模式对接受调查者可见。"显然空(1)是调查发起者或者编辑模式;空(2)是接受调查者或者视图模式;空(3)是判断语句,结合"保存调查问卷"提示,可知空(3)是"是否保存调查问卷";由于空(4)图形和"已经发布调查问卷"相似,内容也相似,都属于"调查问卷"的一种状态,所以空(4)应为"待发布调查问卷";显然,空(5)为"填写调查问卷"。

【问题 2】

表述性状态转移(Representational State Transfer,REST)是一种基于客户端和服务器的架构风格,用于构建可伸缩、可维护的 Web 服务。REST 基于 HTTP、URI 等协议和标准。通俗来讲,REST 就是资源在网络中以某种表现形式进行状态转移。Resource(资源),就是可以操作的数据,比如文档、图片等;Representational 是表现形式,比如 HTML、XML 形式;State Transfer 是状态变化,通过 HTTP 协议的 GET、POST、PUT、DELETE 等实现。

本题中出现的所有名词都是资源,包括调查发起者、接受调查者、调查问卷、问卷问题、问卷问题的选项、调查结果、问卷问题评论、调查问卷评论等。

REST 是一种 Web 应用的设计风格并非标准,只要一个架构符合 REST 的约束和原则,就称它为 RESTful 架构。

常见的 Web 服务实现方案还包括简单对象访问协议(Simple Object Access Protocol,SOAP)和基于 XML 的远程过程调用(XML Remote Procedure Call,XML RPC)等。

SOAP 是一种基于 XML 的标准化通信规范,主要用于 Web 服务中。XML RPC 是一种基于请求/响应模式的协议,在发展过程中逐渐演变为 SOAP,目前较少被直接使用。

【问题 3】

REST 风格的 5 条关键原则如下:

(1)为所有资源定义 ID。网络中的所有资源(事物)标识了唯一的 ID,即 URL。

(2)链接所有资源。被标记的资源可以通过链接定位到。

(3)使用标准方法。调用资源需通过 HTTP 协议的 GET、POST、PUT、DELETE 等方法实现。

(4)资源多种表述。为资源提供多种表述,方便浏览器访问,比如为资源提供 HTML 和 XML 两种表述。

(5)无状态通信。客户的每一个请求必须包含服务器处理该请求所需的所有信息,服务器不能利用任何已经存储的"上下文"来处理新到来的请求,会话状态只能由客户端来保存,并且在请求时一并提供。

注意:

(1)服务器不能存储"上下文"不代表连数据库都不能有,"上下文"指那些在服务器内存中的、非持久化的数据。

(2)无状态仅仅指服务器无状态。服务器不记录、维护会话,但是会话状态可以由客户端在每次请求的时候提供。

参考答案

【问题 1】

（1）调查发起者或者编辑模式　　（2）接受调查者或者视图模式

（3）是否保存调查问卷　　（4）待发布调查问卷

（5）填写调查问卷

【问题 2】

调查发起者、接受调查者、调查问卷、问卷问题、问卷问题的选项、调查结果、问卷问题评论、调查问卷评论等。（写 5 个即可）

【问题 3】

（1）为所有资源定义 ID　　（2）链接所有资源　　（3）使用标准方法

（4）资源多重表述　　（5）无状态通信

试题 5

阅读以下关于 Web 系统架构设计的叙述，在答题纸上回答【问题 1】至【问题 3】。

【说明】

某公司开发的 B2C 商务平台因业务扩展，导致系统访问量不断增大，现有系统访问速度缓慢，有时甚至出现系统故障瘫痪等现象。面对这一情况，公司召开项目组讨论会议，寻求该商务平台的改进方案。讨论会上，王工提出可以利用镜像站点、CDN 内容分发等方式解决并发访问量带来的问题。而李工认为，仅仅依靠上述外网加速技术不能完全解决系统现有问题，如果访问量持续增加，系统仍存在崩溃的可能。李工提出应同时结合 Web 内网加速技术优化系统改进方案，如综合应用负载均衡、缓存服务器、Web 应用服务器、分布式文件系统、分布式数据库等。经过讨论，公司最终决定采用李工的思路，完成改进系统的设计方案。

【问题 1】（10 分）

针对李工提出的改进方案，从（a）～（j）中分别选出各技术的相关描述和对应常见支持软件填入表 12-4-2 中的（1）～（10）空白处。

表 12-4-2　技术描述与常见支持软件

技术	相关描述	常见支持软件
负载均衡	（1）	（2）、LVS
缓存服务器	（3）	（4）、Memcached
分布式文件系统	（5）	（6）、（7）、MooseFS
Web 应用服务器	加速对请求进行处理	（8）、（9）、Jetty
分布式数据库	缓存、分割数据、加速数据查找	（10）、MySQL

（a）保存静态文件，减少网络交换量，加速响应请求。

（b）可采用软件级和硬件级负载均衡实现分流和后台减压。

（c）文件存储系统，快速查找文件。

（d）FastDFS。

（e）HAProxy。
（f）JBoss。
（g）Hadoop Distributed File System（HDFS）。
（h）Apache Tomcat。
（i）Squid。
（j）MongoDB。

【问题2】（9分）

请用100字以内的文字解释分布式数据库的概念，并给出提高分布式数据库系统性能的3种常见实现技术。

【问题3】（6分）

针对B2C商务购物平台的数据浏览操作远远高于数据更新操作的特点，指出该系统应采用的分布式数据库实现方式，并分析原因。

试题分析

【问题1】

负载均衡（Load Balancing）技术是一种将工作负载（如网络流量、数据请求、计算任务等）分配到多个计算资源（如服务器、虚拟机、容器等）上的方法，旨在优化系统性能、提高可靠性和增加可扩展性。常见的负载均衡软件有 LVS、Nginx、HAProxy 等，常见的负载均衡硬件有 F5、Citrix、Cisco ACE、Array Networks 等。

缓存服务器是一种专门用于存储和提供数据的服务器，它存储了经常请求的资源的副本，以便快速响应用户的后续请求。缓存服务器能够显著提高内容的响应速度，减少网络交换，节省带宽，并减轻原始服务器的负载。缓存服务器常用于 Web 缓存、数据库缓存、CDN（内容分发网络）等领域，常见的支持技术有 Redis、Varnish、Nginx、Squid 等。

分布式文件系统（Distributed File System, DFS）是指文件系统管理的物理存储资源不一定直接连接在本地节点上，而是通过计算机网络与多个节点相连，而形成的完整且有层次的文件系统。常见的分布式文件系统有 HDFS、FastDFS、MooseFS 等。

Web 应用服务器是处理 HTTP 请求的服务器，它解析代码、执行命令并返回响应。常见的 Web 应用服务器技术有 Apache Tomcat、JBoss、Jetty 等。

分布式数据库是指将数据库系统的数据分布到多个独立的计算节点上进行存储和处理的技术。常见的分布式数据库技术有 MongoDB、Redis、HBase 等。

【问题2】

分布式数据库是指将数据库系统的数据分布到多个独立的计算节点上进行存储和处理的技术。常见的提高分布式数据库系统性能的技术有：

（1）数据分片（数据分区）：将数据库中的数据分割成多个片段（分区），每个片段存储在不同的节点上。数据分片技术可以分为水平分片、垂直分片等技术。

（2）数据索引：索引是对数据库表中一列或多列的值进行排序的一种结构，使用索引可快速访问数据库表中的特定信息。

（3）数据缓存：通过将频繁访问的数据存储在内存中，减少对磁盘的访问次数，从而提高数据库系统的性能。

（4）负载均衡：通过数据划分和分布式调度算法来实现，使得不同节点上的负载均衡，并可以根据节点的负载情况动态调整数据分布。

（5）读写分离：分离数据库的读写操作，可提高系统的查询性能。

【问题 3】

"B2C 商务购物平台的数据浏览操作远远高于数据更新操作"，因此系统可采用"主从分布、读写分离"的实现方式。

参考答案

【问题 1】

（1）b　　　（2）e　　　（3）a　　　（4）i　　　（5）c
（6）d　　　（7）g　　　（8）f　　　（9）h　　　（10）j

（6）和（7）、（8）和（9）答案可以互换。

【问题 2】

分布式数据库是指将数据库系统的数据分布到多个独立的计算节点上进行存储和处理的技术。常见的提高分布式数据库系统性能的技术有：

（1）数据分片（数据分区）：将数据库中的数据分割成多个片段（分区），每个片段存储在不同的节点上。

（2）数据索引：索引是对数据库表中一列或多列的值进行排序的一种结构，使用索引可快速访问数据库表中的特定信息。

（3）数据缓存：通过将频繁访问的数据存储在内存中，减少对磁盘的访问次数，从而提高数据库系统的性能。

（4）负载均衡：通过数据划分和分布式调度算法来实现，使得不同节点上的负载均衡，并可以根据节点的负载情况动态调整数据分布。

（5）读写分离：分离数据库的读写操作，可提高系统的查询性能。

【问题 3】

系统可采用"主从分布、读写分离"的实现方式。

理由："主从分布、读写分离"方式，可以大大地提高系统的查询性能，非常适合浏览操作远远高于数据更新操作的情形。

试题 6

阅读以下关于 Web 应用的叙述，在答题纸上回答【问题 1】至【问题 3】。

【说明】

某软件企业拟开发一套基于 Web 的云平台配置管理与监控系统，该系统按租户视图、系统管理视图以及业务视图划分为多个相应的 Web 应用，系统需求中还包含邮件服务、大文件上传下载、安全攻击防护等典型 Web 系统基础服务需求。

【问题 1】（5 分）

在选择系统所采用的 Web 开发框架时，项目组对 Alibaba 开发的 WebX 框架与轻量级 Spring MVC 框架进行了对比分析，最终决定采用 WebX 框架进行开发。请用 300 字以内的文字从多应用支持、基础服务支持以及可扩展性这 3 个方面对 WebX 与 Spring MVC 框架进行对比。

【问题 2】（12 分）

在确定系统采用的持久层技术方案时，项目组梳理了系统的典型持久化需求，对照需求对比分析了 Hibernate 和 MyBatis 两种持久化方案，请分析两种持久化方案对表 12-4-3 中所列项目需求的支持情况，将候选答案序号 A 或 B 填入表 12-4-3 中相应位置。

表 12-4-3　两种持久化方案对项目需求的支持情况

持久化需求	Hibernate	MyBatis
支持基本对象关系映射，能够生成简单基本的 DAO 层方法	A	（1）
系统业务中可能涉及单次业务超过百万条规模的大批量数据读取需求，因此应方便支持复杂查询操作的 SQL 人工调优	（2）	A
支持复杂的多表关联操作，且应考虑系统部分数据源来自被监控云平台的持久化数据，这部分数据源结构不可更改且可能存在实体设计不合理的情况	（3）	（4）
提供良好的数据库移植性支持，支持不同厂商的关系型数据库	（5）	（6）

候选答案：A．支持　　　　　　　　B．不支持或支持差

【问题 3】（8 分）

系统实现相应的配置管理与监控功能时，需要集成云平台侧提供的大量服务，以实现配置数据的读取、写入与不同视图监测数据的获取。项目组在确定服务集成方案时，对比了 REST 风格 RPC 与 SOAP RPC 两种方案，经过分析讨论，最终决定采用 REST 风格 RPC 实现服务集成，请判断表 12-4-4 中给出的选择 REST 方案的理由是否合理。

表 12-4-4　选择 REST 方案的理由及判断

理由	合理：√ 不合理：×
系统后台服务主要提供配置管理数据的读取、写入与监测数据的获取，可以较容易映射为典型 CRUD 操作	（1）
REST 风格 RPC 通过 WS-Security 机制支持良好的安全性	（2）
在 REST 风格 RPC 方案中，客户端发出的 HTTP 请求之间支持相互的状态依赖，便于实现多个请求的相互协作处理	（3）
基于 REST 风格 RPC 实现服务集成，客户端请求的处理可以在任何服务器上执行，很容易在服务器端实现基于 HTTP 的负载均衡，从而使服务端具备良好的横向可扩展性	（4）

试题分析

【问题 1】

WebX 和 Spring MVC 都是基于 Java 的 Web 开发框架。

WebX 是建立在 Java Servlet API 基础上的通用 Web 框架，由阿里巴巴集团内部广泛使用。WebX 框架在 Spring 框架的基础上进行了扩展，特别是其 SpringExt 子框架，提供了对 Spring 组件的扩展能力。这种扩展性不仅简化了 Spring 的配置，还允许开发者定制甚至重写 WebX 框架的逻辑，以实现新的框架特性或功能。

WebX 框架属于重量级 Web 开发框架，提供了创建一个 Web 应用所需的大量基础功能。这些

功能包括但不限于前端模板、持久化服务、邮件服务、URL 路径映射、后端表单验证、安全攻击防护机制、资源加载、文件上传等。这些集成的服务使得开发者能够更快速地构建功能丰富的 Web 应用，减少了从零开始搭建基础服务的工作量。

WebX 通过其多应用路径生成机制，能够自动避免一个工程中多个应用 URL 路径的冲突。这种机制使得在开发包含多个应用的复杂系统时，开发者无须手动处理 URL 冲突，提高了开发效率和系统的可维护性。

Spring MVC 是 Spring 框架中的一个模块，它是基于 Servlet API 构建的原始 Web 框架。Spring MVC 框架本身也具有良好的可扩展性。其组件如控制器、视图解析器、拦截器等都可以被替换或扩展，以适应不同的项目需求。然而，与 WebX 相比，Spring MVC 在扩展 Spring 框架方面可能没有那么直接和深入。

虽然 Spring MVC 也提供了强大的 Web 开发支持，但它不能像 WebX 一样提供大量的基础功能。

在 Spring MVC 中，处理多个应用之间的 URL 冲突需要开发者自行设计和实现。这通常涉及 URL 映射的配置和路由逻辑的设计，增加了开发的复杂性和工作量。

【问题 2】

Hibernate 是一个开源的对象关系映射（ORM）框架，通过对 JDBC 的轻量级封装，将普通 Java 对象（Plain Old Java Objects，POJO）与数据库表建立映射关系，从而简化了数据库操作，使得开发者能够以面向对象的方式来操作数据库。Hibernate 适用于大型项目和对缓存支持有要求的项目。

MyBatis 通过映射配置文件将 SQL 语句和 Java 对象关联起来，使得开发者可以更加灵活地编写 SQL 语句，并直接操作数据库。MyBatis 适用于中小型项目，以及对性能要求较高的项目。

两种持久化方案对项目需求的支持情况见表 12-4-5。

表 12-4-5　两种持久化方案对项目需求的支持情况

持久化需求	Hibernate	MyBatis
支持基本对象关系映射，能够生成简单基本的 DAO 层方法	全自动的 ORM 框架，通过简单的配置或注解来生成基本的 DAO 层	灵活和可控性生成 ORM 框架，通过简单的配置或注解来生成基本的 DAO 层
系统业务中可能涉及单次业务超过百万条规模的大批量数据读取需求，因此应方便支持复杂查询操作的 SQL 人工调优	自动生成 SQL 语句	开发者完全编写 SQL 语句
支持复杂的多表关联操作，且应考虑系统部分数据源来自被监控云平台的持久化数据，这部分数据源结构不可更改且可能存在实体设计不合理的情况	MyBatis 开发者直接编写 SQL 语句，控制力强；可针对性进行性能优化；可以通过调整 SQL 语句来适应不可更改的数据结构	
提供良好的数据库移植性支持，支持不同厂商的关系型数据库	MyBatis 虽然也支持多种数据库，但由于开发者直接编写 SQL 语句，增加了迁移的复杂性和工作量	

【问题 3】

SOAP RPC 是一种基于 XML 的 RPC 方式，它将 Web 服务封装为经典程序设计模型中的对象

RPC 模式。REST 风格 RPC 是将 Web 服务映射为标准的 HTTP 操作，属于更轻量级的 Web 服务调用。SOAP 通过 WS-Security 机制支持良好的安全性；REST 方案中缺少对服务安全性的直接支持。

参考答案

【问题 1】

（1）基础服务支持：WebX 基于 Web 框架，集成了前端模板、持久化与常用的后端服务（邮件服务、URL 路径映射、后端表单验证、安全攻击防护机制、资源加载、文件上传）等 Spring MVC 所不具备的基础功能。

（2）多应用支持：WebX 通过多应用路径生成机制，可以自动避免一个工程中多个应用 URL 路径出现冲突。Spring MVC 需要开发人员自行处理这些冲突。

（3）可扩展性：WebX 对 Spring 做了扩展，加强了扩展性；同时 WebX 允许开发者定制 Web 框架。

【问题 2】

（1）A　（2）B　（3）B　（4）A　（5）A　（6）B

【问题 3】

（1）√　（2）×　（3）×　（4）√

试题 7

阅读以下说明，在答题纸上回答【问题 1】至【问题 3】。

【说明】

某汽车配件销售厂商拟开发一套网上销售与交易系统，以扩大产品销量，提升交易效率。项目组经过讨论与分析，初步确定该系统具有首页、商品列表、商品促销、商品库存、商品价格、订单中心、订单结算、支付、用户管理、频道（用于区分不同类别的商品）、搜索、购物车等主要功能。

【问题 1】（6 分）

根据业务逻辑切分系统功能是进行系统功能分解的一项重要原则，项目组目前已经将该系统分解为网站、交易和业务服务 3 个子系统。请将题干中已经确定的系统功能归入这 3 个子系统中，填写表表 12-4-6 中的空白，将解答写在答题纸的对应栏内。

表 12-4-6　系统功能分解

子系统名称	对应功能
网站子系统	
交易子系统	
业务服务子系统	

【问题 2】（12 分）

商品实时价格查询是该系统一个重要的业务场景，其完整的业务流程如图 12-4-9 所示。其中，商品实时价格由采购人员在后台设置，包括基础价格与促销信息（例如直降、打折等）；用户在前台商品详情页面请求实时价格；商品实时价格则由商品的基础价格与促销信息计算得出。

基于上述流程，系统设计人员进一步将业务流程细分为商品价格写逻辑流程、商品价格读逻辑流程和回源写逻辑流程 3 个部分。根据图 12-4-9 所示的业务流程和题干描述，从备选答案中选择正确的选项填写表 12-4-7 中的空（a）～（h），将解答写入答题纸的对应栏内。

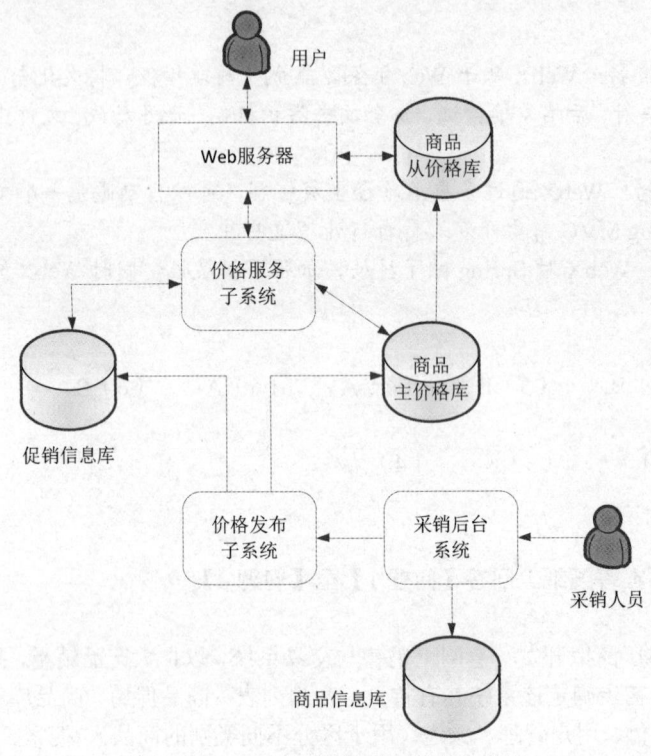

图 12-4-9　商品实时价格查询业务流程

表 12-4-7　业务流详细描述

业务流程	流程描述	备选答案
商品价格写逻辑流程	采销后台系统更新价格，写商品信息库，并通过__(a)__任务通知__(b)__更新促销信息库；更新促销信息库，更新商品主价格库的__(c)__。	商品价格数据 商品价格数据时间戳 同步 异步 商品价格写逻辑流程 商品价格读逻辑流程 回源写逻辑流程 商品信息库 商品主价格库 商品从价格库 促销信息库 价格服务子系统 价格发布子系统 采销后台系统
商品价格读逻辑流程	Web 服务器读取__(d)__中的价格数据，无过期则直接返回用户；过期或没有命中则执行__(e)__，取最新数据返回用户	
回源写逻辑流程	价格服务子系统读取__(f)__和__(g)__，计算价格返回用户，同时异步写商品主价格库。 商品主价格库同步数据到__(h)__。	

试题分析

【问题1】

根据常识和关键词可知,"首页、商品列表、频道、搜索"属于网站子系统;"订单中心、订单结算、支付、购物车"属于交易子系统;"商品促销、商品库存、商品价格、用户管理"属于业务服务子系统。

【问题2】

商品价格写逻辑的作用是更新某商品价格,核心是采销后台系统更新价格写商品信息库,**异步**通知**价格发布子系统**更新促销信息库。然后更新商品主价格库的**商品价格数据时间戳**。异步写策略可以提高系统性能,采用时间戳可以判断商品价格是否最新。

商品价格读逻辑的作用是 Web 服务器读取**商品从价格库**中的价格数据,无过期则直接返回用户;过期或没有命中则执行**回源写逻辑流程**,取最新数据返回用户。回源写逻辑流程的作用是保证多数据源的数据一致性。

回源写逻辑流程具体过程是价格服务子系统读取**促销信息库**和**商品信息库**,计算价格返回用户,同时异步写商品主价格库。商品主价格库同步数据到**商品从价格库**。

参考答案

【问题1】

(1)网站子系统:首页、商品列表、频道、搜索

(2)交易子系统:订单中心、订单结算、支付、购物车

(3)业务服务子系统:商品促销、商品库存、商品价格、用户管理

【问题2】

(a)异步　　　　　(b)价格发布子系统　　　(c)商品价格数据时间戳

(d)商品从价格库　(e)回源写逻辑流程　　　(f)促销信息库

(g)商品信息库　　(h)商品从价格库

试题 8

阅读以下关于 Web 应用系统分析与设计的叙述,在答题纸上回答【问题1】至【问题4】。

【说明】

框架是一组件的综合,通过组件的相互协作,为一类相关应用提供了可重用的框架结构,支持细节设计和代码重用。

薛工在某地方新闻系统建设中,考虑使用通用功能已经实现的 Web 应用框架进行具体的 Web 应用程序开发。薛工认为这可以集中精力研究和开发商业逻辑,降低系统开发难度,提高 Web 应用开发的效率,提高系统的可扩展性、可维护性和灵活性,基于这些优势薛工拟采用 SSH 框架。

【问题1】(6分)

简述 SSH 组成和 SSH 各组成部分的特点。

【问题2】(4分)

简述 WebPage 3.0 的特点和重要技术组成。

【问题3】(8分)

Web 应用测试与传统软件测试一样,主要目的是发现错误和缺陷。简述在 Web 应用的设计、

开发、运行、维护阶段，Web 应用测试的主要工作内容。

【问题 4】（4 分）

Web 应用测试主要包括功能测试、内容测试、性能测试、Web 页面测试、客户端兼容性测试及安全性测试等内容。简述 Web 功能测试的主要工作内容。

试题分析

【问题 1】

SSH 框架是 Struts、Spring 和 Hibernate 的组合，用于 Java 企业级开发，它提供了一种集成解决方案，支持模块化、分层架构，能够显著提高开发效率和应用的可扩展性。

（1）Struts 在 MVC 框架下，处理 Web 请求。它主要负责表示层的工作，通过 JSP 页面实现交互界面，负责传送请求和接收响应。Struts 具有组件的模块化、灵活性和重用性的优点，同时简化了基于 MVC 的 Web 应用程序的开发。

（2）Spring 提供 IoC 和 AOP 功能，降低耦合。它贯穿了整个中间层，将 Web 层、Service 层、DAO 层等无缝整合。Spring 的 IoC 容器负责实例化、配置和管理应用中的对象，通过配置文件或注解来管理对象的依赖关系，从而降低代码间的耦合度。Spring 是一个轻量级的开源框架，它提供了丰富的功能，如事务管理、安全性等。

（3）Hibernate 负责 ORM 实现数据库交互。它简化了 Java 应用程序与数据库之间的交互，通过持久化数据对象，进行对象关系的映射，并以对象的角度来访问数据库。Hibernate 提供了丰富的持久化功能，包括对象的 CRUD 操作、事务管理、缓存机制等。Hibernate 可以自动生成 SQL 语句并自动执行，使得 Java 程序员可以随心所欲地使用对象编程思维来操纵数据库。

【问题 2】

WebPage 3.0 是基于组件的、可视化的、轻量级的 Web 开发框架，基于标准技术，有极好的稳定性和可扩展性。WebPage 3.0 基于 MVC 模式，重点关注 View 部分，达到可视化开发和最大限度的重用，主要使用 Java、JSP、Servlet、HTML、JavaScript 和 XML 等技术。

【问题 3】

（1）设计阶段测试的主要任务：估算服务器端容量的规划是否合理，系统的安全设计是否合理，数据库设计是否合理，检查客户端设计的功能是否正确合理，检查系统的网络拓扑结构、容量设计是否合理。

（2）开发阶段测试的主要任务：代码测试及组件测试，检查设计的代码能否满足规格需求。

（3）运行阶段测试的主要任务：功能测试、性能测试、安全性测试、配置测试、兼容性测试及易用性测试。

（4）维护阶段测试的主要任务：根据维护的内容实施开发及运行阶段中的各个相关方面的测试。

【问题 4】

Web 功能测试是结合 Web 应用规格说明的要求，保证 Web 应用在功能上能够达到预期的目标。根据测试内容的不同，功能测试主要可以分为链接测试、表单测试、数据校验、Cookie 测试和数据库测试。

参考答案

【问题 1】

SSH 框架由 Struts、Spring 和 Hibernate 组合而成。

（1）Struts 在 MVC 框架下，处理 Web 请求。它主要负责表示层的工作，通过 JSP 页面实现交互界面，负责传送请求和接收响应。Struts 具有组件的模块化、灵活性和重用性的优点，同时简化了基于 MVC 的 Web 应用程序的开发。

（2）Spring 提供 IoC 和 AOP 功能，降低耦合。它贯穿了整个中间层，将 Web 层、Service 层、DAO 层等无缝整合。Spring 是一个轻量级的开源框架，它提供了丰富的功能，如事务管理、安全性等。

（3）Hibernate 简化了 Java 应用程序与数据库之间的交互，通过持久化数据对象，进行对象关系的映射，并以对象的角度来访问数据库。Hibernate 可以自动生成 SQL 语句并自动执行，使得 Java 程序员可以随心所欲地使用对象编程思维来操纵数据库。

【问题 2】
WebPage 3.0 是基于组件的、可视化的、轻量级的 Web 开发框架，基于标准技术，有极好的稳定性和可扩展性。WebPage 3.0 主要使用 Java、JSP、Servlet、HTML、JavaScript 和 XML 等技术。

【问题 3】
（1）设计阶段测试的主要任务：估算服务器端容量的规划是否合理，系统的安全设计是否合理，数据库设计是否合理，检查客户端设计的功能是否正确合理，检查系统的网络拓扑结构、容量设计是否合理。

（2）开发阶段测试的主要任务：代码测试及组件测试，检查设计的代码能否满足规格需求。

（3）运行阶段测试的主要任务：功能测试、性能测试、安全性测试、配置测试、兼容性测试及易用性测试。

（4）维护阶段测试的主要任务：根据维护的内容实施开发及运行阶段中的各个相关方面的测试。

【问题 4】
Web 功能测试的主要工作内容包含链接测试、表单测试、数据校验、Cookie 测试和数据库测试。

试题 9

阅读以下系统架构技术的描述，回答【问题 1】至【问题 3】。

【说明】
应用架构是指按照某种规范和约束将业务能力进行拆分，并由不同应用（系统）承接的结构载体，从而能够实现将拆分后的应用以一种规律有序的方式进行连接并创造业务活动。应用架构分为企业级的应用架构和系统级的应用架构两个层次。企业级的应用架构起到了统一规划、承上启下的作用，向上承接了企业战略发展方向和业务模式，向下规划和指导企业各个 IT 系统的定位和功能。而系统级的应用架构则是在企业级应用架构的指导下，对单个系统进行设计和实现。

移动应用的架构发展历史可以分为单体应用、MVC、MVP、MVVM、微服务等阶段。

【问题 1】（8 分）
微信移动应用采用了 MVC 架构，将各个功能模块分为模型层、视图层和控制器层。MVC 架构实现了代码解耦和代码复用。请根据 MVC 架构特点，补充完善图 12-4-10 中（1）～（4）空白处的内容。

（a）用户请求　　（b）视图选择　　（c）状态查询　　（d）通知改变

【问题2】（6分）

请根据MVP架构特点，补充完善图12-4-11中（5）～（7）空白处的内容。

（a）View　　（b）Presenter　　（c）Model　　（d）Controller　　（e）View Model

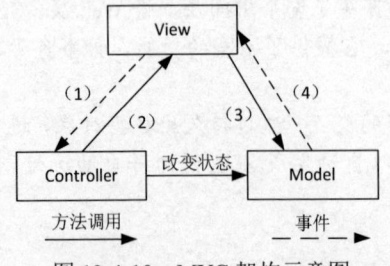

图12-4-10　MVC架构示意图

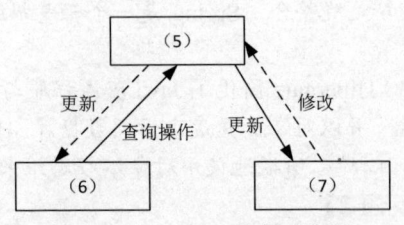

图12-4-11　MVP架构示意图

【问题3】（6分）

请根据MVVM架构特点，补充完善图12-4-12中（8）～（10）空白处的内容。

（a）View　　（b）Presenter　　（c）Model　　（d）Controller　　（e）View Model

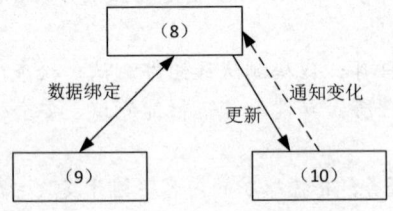

图12-4-12　MVVM架构示意图

试题分析

【问题1】

MVC架构分为模型层、视图层和控制器层，MVC实现了代码解耦和复用，提高了应用的可扩展性和可维护性。但该架构的控制器层可能因此变得庞大而难以管理。完整的MVC架构示意图如图12-4-13所示。

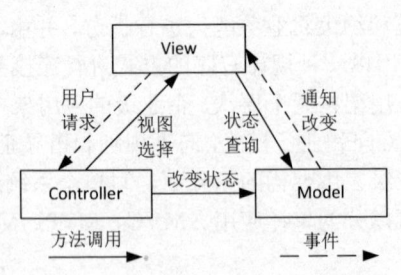

图12-4-13　MVC架构示意图

【问题2】

MVP将应用程序分为Model、View和Presenter 3个层次。MVP架构降低了View和Model间的耦合，提高了代码的可测试性和可维护性。Model处理数据和业务逻辑，View负责显示用户界面，Presenter 协调 Model 和 View 间的交互。完整的 MVP 架构示意图如图 12-4-14 所示。

【问题 3】

MVVM 架构通过引入 ViewModel 层，进一步解耦了 View 和 Model，使每个组件的职责更加清晰、明确。完整的 MVVM 架构示意图如图 12-4-15 所示。

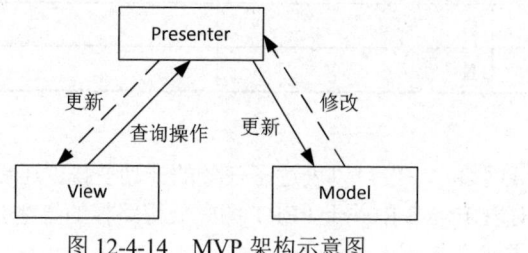

图 12-4-14 MVP 架构示意图

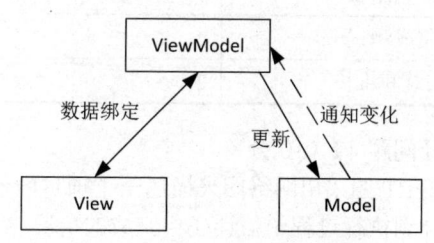

图 12-4-15 MVVM 架构示意图

参考答案

【问题 1】

(1)(a)　　(2)(b)　　(3)(c)　　(4)(d)

【问题 2】

(5)(b)　　(6)(a)　　(7)(c)

【问题 3】

(8)(e)　　(9)(a)　　(10)(c)

12.5　项目管理

试题 1

阅读以下关于软件系统分析的叙述，在答题纸上回答【问题 1】至【问题 3】。

【说明】

某软件企业为电信公司开发一套网上营业厅系统，以提升服务的质量和效率。项目组经过分析，列出了项目开发过程中的主要任务、持续时间和所依赖的前置任务，见表 12-5-1。在此基础上，绘制了项目 PERT 图。

表 12-5-1　网上营业厅系统项目任务信息表

任务名称	持续时间/周	前置任务	松弛时间
A．问题分析	2	—	—
B．数据建模	3	A	—
C．业务过程建模	6	B	(a)
D．数据库设计	2	B	(b)
E．接口设计	3	B、C	(c)

续表

任务名称	持续时间/周	前置任务	松弛时间
F. 程序设计	4	B、D	（d）
G. 单元测试	7	D、E、F	（e）
H. 集成测试	2	G	—
I. 安装和维护	2	H	—

【问题1】（10分）

PERT图采用网络图来描述一个项目的任务网络，不仅可以表达子任务的计划安排，还可以在任务计划执行过程中估计任务完成的情况。针对表12-5-2中关于PERT图中关键路径的描述（1）～（5），判断对PERT图的特点描述是否正确，并说明原因。

表12-5-2　PERT图特点描述

编号	PERT图特点
（1）	关键路径是PERT图中工期最长的路径
（2）	一个PERT图仅包含唯一的一条关键路径
（3）	关键路径在项目执行过程中不会变化
（4）	PERT图中关键路径越多说明项目越复杂
（5）	关键路径上的任务不能拖延

【问题2】（5分）

根据表12-5-1所示任务及其各项任务之间的依赖关系，计算对应PERT图中的关键路径及项目所需工期。

【问题3】（10分）

根据表12-5-1所示任务及其各项任务之间的依赖关系，分别计算对应PERT图中任务C～G的松弛时间（Slack Time），将答案填入（a）～（e）的空白处。

试题分析

【问题1】

PERT图是指用网络图来描述项目任务的技术，它不仅可以描述项目中的各个任务的安排，还可以在项目的执行过程中估算各任务的完成情况。

关键路径是项目完成所有任务最短时间，是PERT图中最长的路径。关键路径可以有一条，也可能存在多条。项目执行中，任何任务延迟或者提前完成，都可能影响关键路径的变化。关键路径越多说明项目中并发且不能延迟的任务越多，反映了项目的任务关系更加复杂。关键路径上的任务不能拖延，否则会导致项目工期延长。

【问题2】

根据题目的PERT图得到任务A～I的前后依赖关系，具体如图12-5-1所示。然后，求各节点的最早（最晚）开始时间、最早（最晚）完成时间，具体如图12-5-2所示。

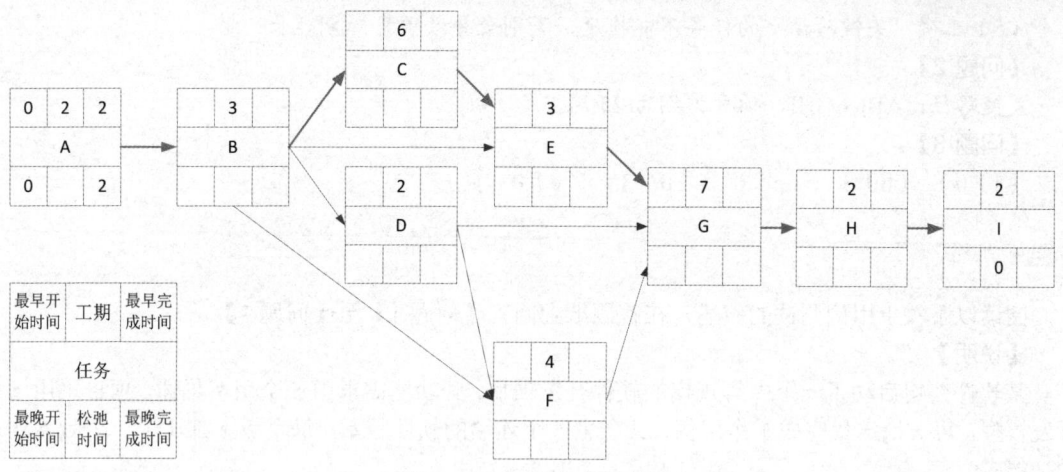

图 12-5-1 项目任务依赖图

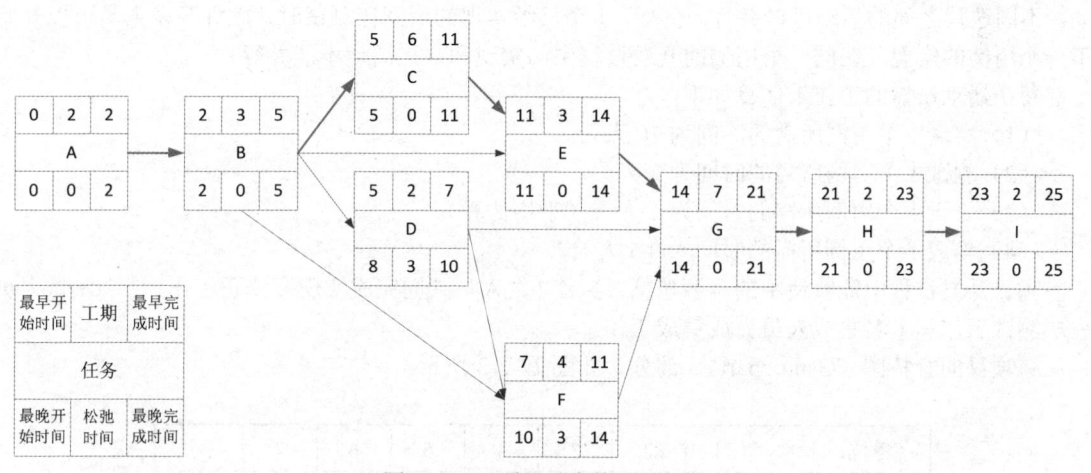

图 12-5-2 项目对应的 PERT 图

可以得到,最长路径是 ABCEGHI,路径长度(项目工期)为 25 周。

【问题 3】

每个活动的松弛时间=最晚开始时间−最早开始时间或最晚结束时间−最早结束时间,关键路径上的松弛时间为 0。依据图 12-5-2,可得活动 A~I 的松弛时间。

参考答案
【问题 1】
(1)正确。关键路径是项目完成所有任务最短时间,是 PERT 图中最长的路径。
(2)错误。关键路径可以有一条,也可能存在多条。
(3)错误。项目执行中,任何任务延迟或者提前完成,都可能引起关键路径的变化。
(4)正确。关键路径越多说明项目中并发且不能延迟的任务越多,反映了项目的任务关系更加复杂。

（5）正确。关键路径上的任务不能拖延，否则会导致项目工期延长。

【问题2】

关键路径：ABCEGHI，项目工期为 25 周。

【问题3】

（a）0　　（b）3　　（c）0　　（d）3　　（e）0

试题 2

阅读以下关于用例测试的叙述，在答题纸上回答【问题1】至【问题3】。

【说明】

某软件公司启动了一个中等规模的软件开发项目，其功能需求由 5 个用例描述。项目采用增量开发模型，每一次迭代完成 1 个用例，共产生 5 个连续的软件版本，每个版本都比上一个版本实现的功能多。

每轮迭代都包含实现、测试、修正与集成 4 个活动，且前一个活动完成之后才能开始下一个活动。不同迭代之间的活动可以并行。例如，1 个已经实现的用例在测试时，软件开发人员可以开始下一个用例的实现。在同一个用例的开发过程中，实现和修正活动不能并行。

每个活动所需的工作量估算如下：

（1）实现 1 个用例所需的时间为 10 人天。

（2）测试 1 个用例所需的时间为 2 人天。

（3）修正 1 个用例所需的时间为 1 人天（平均估算）。

（4）集成 1 个用例所需的时间为 0.5 人天。

项目开发过程中能够使用的资源包括：5 名开发人员共同完成实现和修正工作、2 名测试人员完成测试工作和 1 名集成人员完成集成工作。

该项目的甘特图（Gantt chart）（部分）如图 12-5-3 所示。

（单位：天）	1	2	3	4	5	6	7	……
实现 1	■	■						
测试 1			■					
修正 1				■				
集成 1					■			
实现 2			■	■				
测试 2					■			
修正 2						■		
集成 2							■	
……								

图 12-5-3　某软件公司软件开发项目甘特图（部分）

【问题 1】

根据题目描述中给出的工作量计算方法，依据题目的甘特图，计算 1 个用例的实现、测试、修正和集成 4 个活动分别所需的日历时间（单位：天）。

【问题 2】

（1）根据图 12-5-3 给出的项目甘特图，估算出项目开发时间。

（2）计算测试人员和集成人员在该项目中的平均工作时间（占项目总开发时间的百分比）。

【问题 3】

在项目实施过程中，需不断将实际进度与计划进度进行比较分析，进行项目进度计划的修正与调整，以保证项目工期。用 300 字以内的文字从活动和资源的角度，说明项目进度计划调整所涉及的内容。

试题分析

【问题 1】

（1）依据题意"实现 1 个用例所需的时间为 10 人天""5 名开发人员共同完成实现和修正工作"，则实现一个用例时间为 2 天。

（2）依据题意"测试 1 个用例所需的时间为 2 人天""2 名测试人员完成测试工作"，则测试一个用例时间为 1 天。

（3）从甘特图可以看出修正一个用例的时间是 0.5 天。

（4）依据题意"集成 1 个用例所需的时间为 0.5 人天""1 名集成人员完成集成工作"，则集成一个用例的时间是 0.5 天。

【问题 2】

依据题意"5 名开发人员共同完成实现和修正工作"，可知实现和修正工作没法并行。同时，一个用例需要依次完成实现、测试、修正和集成 4 个步骤。完整的甘特图如图 12-5-4 所示。

项目开发时间为 14 天。

测试活动，每个用例需要 1 天时间，5 个用例的总时间为 5 天，因此测试人员的平均工作时间为：$5×1/14=0.357(35.7\%)$。

集成活动，每个用例需要 0.5 天时间，5 个用例的总时间为 2.5 天，因此集成人员的平均工作时间为：$5×0.5/14=0.179(17.9\%)$。

【问题 3】

项目进度计划调整通常包含关键活动的调整、非关键活动的调整、增减工作项以及资源调整等内容。

参考答案

【问题 1】

（1）实现 1 个用例需要的时间：2 天。

（2）测试 1 个用例需要的时间：1 天。

（3）修正 1 个用例需要的时间：0.5 天。

（4）集成 1 个用例需要的时间：0.5 天。

【问题 2】

（1）项目开发时间为 14 天。

（2）测试人员的平均工作时间为：5×1/14=0.357(35.7%)。
集成人员的平均工作时间为：5×0.5/14=0.179(17.9%)。

（单位：天）	1	2	3	4	5	6	7	8	9	10	11	12	13	14
实现 1														
测试 1														
修正 1														
集成 1														
实现 2														
测试 2														
修正 2														
集成 2														
实现 3														
测试 3														
修正 3														
集成 3														
实现 4														
测试 4														
修正 4														
集成 4														
实现 5														
测试 5														
修正 5														
集成 5														

图 12-5-4 某软件公司软件开发项目甘特图（完整）

【问题 3】
项目进度计划调整通常包含以下几种情况。
（1）关键活动的调整：对于关键路径，由于其中任一活动持续时间的缩短或延长都会对整个项目工期产生影响。
（2）非关键活动的调整：为了更充分地利用资源，降低成本，必要时可对非关键活动的时差做适当调整，但不得超出总时差。
（3）增减工作项：增加工作项，通常是由于项目需求变更、原计划遗漏或逻辑关系不完整等原因，需对项目工作内容进行补充；减少工作项，一般针对原计划中不应设置的工作项，或者因项目范围缩小、需求取消等原因不再需要执行的工作项予以消除。
（4）资源调整：当资源供应发生异常时，应进行资源调整。

12.6 安全性设计

试题

阅读以下关于安全关键系统安全性设计技术的描述，回答【问题1】至【问题3】。

【说明】

某公司长期从事计算机产品的研制工作，公司领导为了响应国家军民融合的发展战略，决定要积极参与我国军用设备领域的研制工作，将本公司的计算机及软件产品通过提升和改造，应用到军用装备的安全关键系统中。为了承担军用产品的研发任务，公司领导将论证工作交给王工负责。王工经过调研分析后，提交了一份完整论证报告。

【问题1】（12分）

论证报告指出：我们公司长期从事民用市场的计算机研制工作，在研制流程、管理方法以及环境试验等方面都不能达到军用设备相关技术的要求。要承担武器装备生产研制工作，就必须建立公司的武器装备生产研制质量体系，需要拿到军方或政府部门颁发的资格认证。从技术上讲，军用设备产品大部分都属于安全关键系统，其计算机及软件的缺陷会导致武器装备失效。因此，公司技术人员应及早掌握相关安全性基本概念和相关设计知识。

（1）企业要承担武器装备产品生产任务，需获得一些资格认证，请列举两种资格认证名称。

（2）请说明安全关键系统的定义，并列举出两个安全关键系统的实例设备。

（3）请简要说明安全性（safety）的具体含义，并说明产品设计时，安全性分析通常采用哪两种方法。

【问题2】（6分）

IEC 61508（《电气/电子/可编程电子安全系统的功能安全》是国际上对安全关键系统规定的一种较完整的安全性等级划分标准。本标准是由国际电工委员会（International Electrotechnical Commission）于2000年正式发布的电气和电子部件行业标准（GB/T 20438 等同于此标准）。本标准对设备或系统的安全完整性等级（SIL）划分为4个等级（SIL1、SIL2、SIL3、SIL4），SIL4是最高要求。

表 12-6-1 给出了本标准对安全功能等级和失效容忍概率的对应关系。请根据自己所掌握的安全功能等级相关知识，补充完善表 12-6-1 给出的（1）～（6）空白处，并将答案写在答题纸上。

表 12-6-1 安全功能等级（SIL）和失效容忍概率对照表

安全功能等级	每项需求失效的平均容忍概率	每小时失效的平均容忍概率
SIL4	（1）	（2）
SIL3	（3）	$\geq 10^{-8}$ to $<10^{-7}$
SIL2	（4）	（5）
SIL1	$\geq 10^{-2}$ to $<10^{-1}$	（6）

【问题3】（7分）

实时调度是安全关键系统的关键技术，实时调度一般分为动态和静态两种。其中，静态调度是指在离线情况下计算出的任务的可调度性,静态调度必须保证所有任务的时限、资源、优先级和同步的需求。图 12-6-1 给出了一组分布式任务执行的优先级关系,请根据图 12-6-1 给出的任务间的优先级关系实例,按静态调度算法的基本原理,补充完善图 12-6-2 给出的任务静态调度搜索树的(1)~(10)空白处,并给出最佳调度路径。

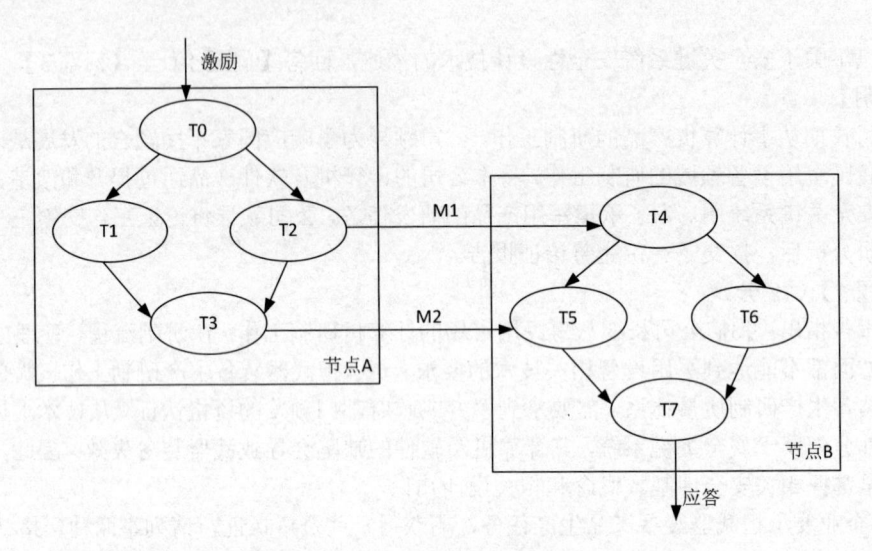

图 12-6-1 分布式任务的优先权关系图

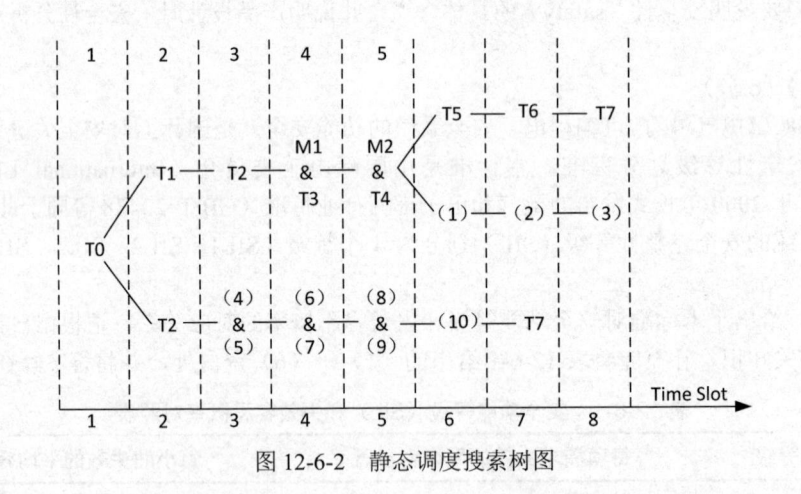

图 12-6-2 静态调度搜索树图

试题分析
【问题 1】
(1)企业要承担武器装备产品生产任务,需获得一些资格认证。互联网常见证书表述中,有"军工三证""军工五证"。但军用品生产所需的资质证书数量并非固定为三证或五证,而是根据具体的生产和招标要求来确定。通常所说的"军工五证"如下。

1)国军标质量管理体系认证:简称国军标认证,是依据中华人民共和国国家军用标准(国军标），如 GJB 9001C—2017 等，对武器装备及其相关组件的质量管理体系进行的认证。这一认证体系旨在提高武器装备的安全性、可靠性和保密性，确保武器装备能够满足军事需求。

2）武器装备科研生产许可证：简称许可证认证，是依据《武器装备科研生产许可管理条例》和《武器装备科研生产许可实施办法》对从事武器装备科研生产活动而申请取得的资格证书。

3）装备承制单位资格名录认证：简称名录认证，是军队装备部门对申请武器承制单位进行审查、审核后，确定的符合生产许可要求的单位名录。

4）武器装备科研生产单位保密资格认定：简称保密认定，是依据《中华人民共和国保守国家秘密法》及相关保密规定，对承担或拟承担武器装备科研生产任务的企事业单位进行的一项系统性、独立性和客观性的审查认证过程。

5）军用软件研制能力成熟度模型资格认证，简称软件认证，这是指在军用软件研制领域内，对软件研制单位进行的一种能力成熟度评估与认证。该认证基于军用软件研制能力成熟度模型（如 GJB 5000 系列标准）。

（2）安全关键系统（Safety Critical System，SCS）是指一类由于系统故障或系统失效可能产生非常严重后果（例如危害人员生命，对环境和经济造成重大损失等）的系统。常见的安全关键系统有飞机的飞行控制和导航系统、核电站的控制系统、胰岛素泵、心脏起搏器等。

（3）安全关键系统的安全性是指系统能够在运行过程中保持稳定、可靠，并避免由于系统故障或失效而对人员、环境或经济造成严重后果的能力。安全分析方法包含故障树分析法、失效模式和影响域分析法、危险与可操作性分析、初步危险分析等。

【问题2】

IEC 61508《电气/电子/可编程电子安全系统的功能安全》对设备或系统的安全完整性等级（SIL）划分为 4 个等级（SIL1、SIL2、SIL3、SIL4），SIL4 是最高要求，标准对安全功能等级和失效容忍概率的对应关系见表 12-6-2。

表 12-6-2　安全功能等级（SIL）和失效容忍概率对照表

安全功能等级	每项需求失效的平均容忍概率	每小时失效的平均容忍概率
SIL4	$\geqslant 10^{-5}$ to $<10^{-4}$	$\geqslant 10^{-9}$ to $<10^{-8}$
SIL3	$\geqslant 10^{-4}$ to $<10^{-3}$	$\geqslant 10^{-8}$ to $<10^{-7}$
SIL2	$\geqslant 10^{-3}$ to $<10^{-2}$	$\geqslant 10^{-7}$ to $<10^{-6}$
SIL1	$\geqslant 10^{-2}$ to $<10^{-1}$	$\geqslant 10^{-6}$ to $<10^{-5}$

【问题3】

依据分布式任务的优先权关系图可知，节点 A 运行任务 T0~T3；节点 B 运行任务 T4~T7；T4 得到 T2 发送的消息 M1 开始启动；T5 得到 T3 发送的消息 M2 开始启动。

依据静态调度搜索树图可知，T3、T4 和 M1、M2 发生后，可以按 T5—T6—T7 路径运行，也可以按 T6—T5—T7 路径运行。因此（1）~（3）分别为 T6、T5、T7。

T0 和 T2 启动后，只能发送消息 M1 和启动 T1，因此（4）、（5）为 M1 和 T1（顺序可以互换）；之后才可以启动 T4 和 T3，因此（6）、（7）为 T3 和 T4（顺序可以互换）；再然后，才可以发送消息 M2 和启动 T6，因此（8）、（9）为 M2 和 T6（顺序可以互换）；然后再启动 T5，最后启动 T7。

完整的静态调度搜索树图如图 12-6-3 所示。

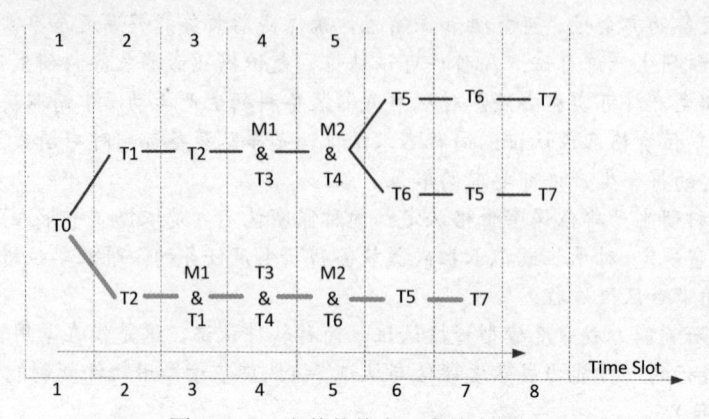

图 12-6-3 完整的静态调度搜索树图

显然，路径 T0—T2—M1&T1—T3&T4—M2&T6—T5—T7 是最佳调度路径，因为相对于其他调度路径可以节省 1 个 Slot 时间。

参考答案

【问题 1】

（1）企业要承担武器装备产品生产任务，需获得的一些资格认证如下。

1）国军标质量管理体系认证，简称国军标认证。

2）武器装备科研生产许可证，简称许可证认证。

3）装备承制单位资格名录认证，简称名录认证。

4）武器装备科研生产单位保密资格认定，简称保密认定。

5）军用软件研制能力成熟度模型资格认证，简称软件认证。

答对两条即可。

（2）安全关键系统（Safety Critical System，SCS）是指一类由于系统故障或系统失效可能产生非常严重后果（例如危害人员生命，对环境和经济造成重大损失等）的系统。安全关键系统的实例设备有：飞机的飞行控制和导航系统、核电站的控制系统、胰岛素泵、心脏起搏器。（回答其中两个即可）

（3）安全分析方法包含故障树分析法、失效模式和影响域分析法、危险与可操作性分析、初步危险分析。（回答其中两个即可）

【问题 2】

（1）$\geq 10^{-5}$ to $< 10^{-4}$　　　（2）$\geq 10^{-9}$ to $< 10^{-8}$　　　（3）$\geq 10^{-4}$ to $< 10^{-3}$

（4）$\geq 10^{-3}$ to $< 10^{-2}$　　　（5）$\geq 10^{-7}$ to $< 10^{-6}$　　　（6）$\geq 10^{-6}$ to $< 10^{-5}$

【问题 3】

（1）T6　　（2）T5　　（3）T7　　（4）M1　　（5）T1

（6）T3　　（7）T4　　（8）M2　　（9）T6　　（10）T5

注意：（4）和（5）、（6）和（7）、（8）和（9）位置可以互换。

最佳调度路径：T0—T2—M1&T1—T3&T4—M2&T6—T5—T7

12.7 移动应用系统分析与设计

试题

阅读以下关于基于微服务的系统开发的叙述,在答题纸上回答【问题1】至【问题3】。

【说明】

某公司拟开发一个网络约车调度服务平台,实现基于互联网的出租车预约与管理。公司的系统分析师王工首先进行了需求分析,得到的系统需求列举如下。

(1)系统的参与者包括乘客、出租车司机和平台管理员三类。

(2)系统能够实现对乘客和出租车司机的信息注册与身份认证等功能,并对乘客的信用信息进行管理,对出租车司机的违章情况进行审核。

(3)系统需要与后端的银行支付系统对接,完成支付信息审核、支付信息更新与在线支付等功能。

(4)针对乘客发起的每一笔订单,系统需实现订单发起、提交、跟踪、撤销、支付、完成等业务过程的处理。

(5)系统需要以短信、微信和电子邮件多种方式分别为系统中的用户进行事件提醒。

在系统分析与设计阶段,公司经过内部讨论,一致认为该系统的需求定义明确,建议尝试采用新的微服务架构进行开发,并任命王工为项目技术负责人,负责项目开发过程中的技术指导工作。

【问题1】(12分)

请用100字以内的文字说明一个微服务中应该包含的内容,并用300字以内的文字解释基于微服务的系统与传统的单体式系统相比所具有的2个优势和带来的2个挑战。

【问题2】(8分)

识别并设计微服务是系统开发过程中的一个重要步骤,请对题干需求进行分析,对微服务的种类和包含的业务功能进行归类,完成表12-7-1中的(1)~(4)空白处。

表 12-7-1 微服务名称及所包含的业务功能

微服务名称	包含的业务功能(至少填写3个功能)
乘客管理	(1)
出租车司机管理	(2)
(3)	支付信息审核、支付信息更新、在线支付
订单管理	(4)
通知中心	短信通知、微信通知、邮件通知

【问题3】(5分)

为了提高系统开发效率,公司的系统分析师王工设计了一个基于微服务的软件交付流程,其核心思想是将业务功能定义为任务,将完成某个业务功能时涉及的步骤和过程定义为子任务,只有当所有的子任务都测试通过后该业务功能才能上线交付。请基于王工设计的在线支付微服务交付流程，从选项（a）~（f）中分别选出合适的内容填入图 12-7-1 中的（1）~（5）空白处。

选项：（a）提交测试　　　　　（b）全量上线　　　　　（c）对接借记卡
　　　（d）获取个人优惠券　　（e）试部署　　　　　　（f）对账

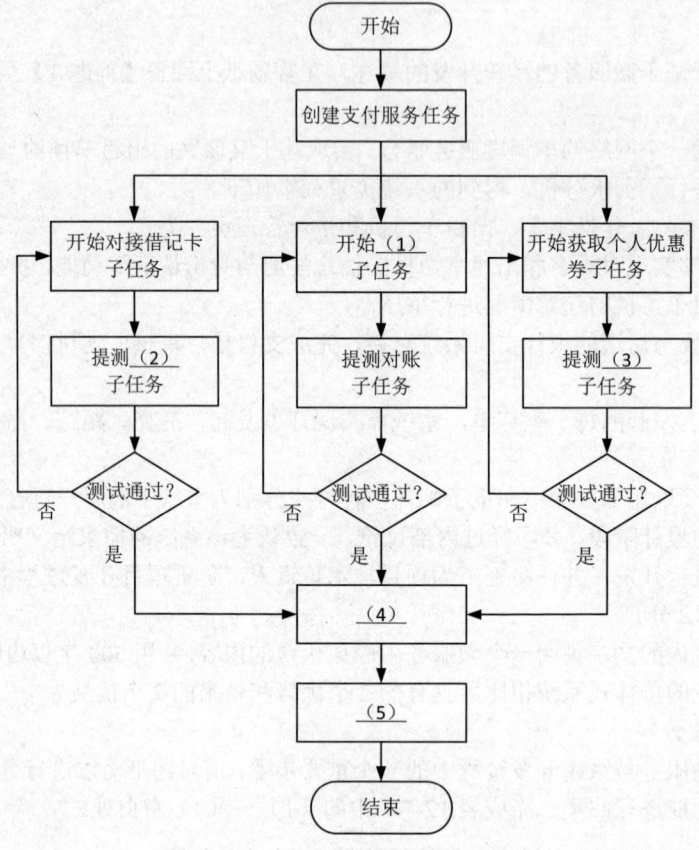

图 12-7-1　在线支付微服务交付流程

试题分析

【问题 1】

微服务（微服务架构）是一种将复杂的应用程序拆分成一组小的、松散耦合且可单独部署的服务单元的软件架构风格。每个服务单元都运行在自己的进程中，通常拥有自己的技术栈，包括数据库和数据管理模型；并通过轻量级的通信机制（如 HTTP、RESTful API、消息队列）进行交互。

（1）一个微服务应当包含明确的业务功能、服务接口、数据存储、独立部署能力、自动化测试、监控和日志记录、版本控制以及文档和 API 规范等内容。

1）业务功能：微服务聚焦于实现一组具有清晰边界，并且不依赖其他服务的业务功能。

2）服务接口：微服务定义了明确的接口（如 RESTful API）与其他服务通信，接口定义了提供的操作与数据格式。

3）数据存储：微服务通常拥有私有数据库。

4）独立部署：微服务有自己的部署流程、配置和环境，可以独立部署。

5）自动化测试：微服务包含自动化测试，以确保代码的质量和稳定性。

6）监控和日志：微服务应当具备监控和日志记录的能力，有助于快速定位问题、优化性能并进行故障排查。

7）版本控制：微服务的代码和配置应当使用版本控制系统进行管理。

8）文档和 API 规范：微服务应当提供清晰的文档和 API 规范，以便开发者了解如何使用。这些文档和规范应该包括服务的接口定义、请求和响应的格式、错误处理机制等信息。

（2）与传统的单体式系统相比，基于微服务的系统优势如下。

1）模块化：微服务每个模块只需专注于某一个特定的业务，所需代码量小，易维护；模块化结构可扩展性强。

2）独立部署：微服务有自己的部署流程、配置和环境，可以独立部署。

3）技术灵活性：不同服务可选择最适合的编程语言、开发框架等开发。

（3）基于微服务的挑战如下。

1）分布式编程难度大，远程调用慢且存在调用失败风险。

2）开发者需要保证通信、数据等方面的一致性。

3）分布式部署运维难度大，要求更高的监控、日志管理和故障排查能力。

【问题 2】

依据题意"系统能够实现对乘客和出租车司机的信息注册与身份认证等功能，并对乘客的信用信息进行管理，对出租车司机的违章情况进行审核；"可知，乘客管理包含的业务功能有信息注册、身份认证、信用管理；司机管理包含的业务功能有信息注册、身份认证、违章审核。

依据题意"针对乘客发起的每一笔订单，系统需要实现订单发起、提交、跟踪、撤销、支付、完成等业务过程的处理；"可知，订单管理包含的业务功能有订单发起、订单提交、订单跟踪、订单撤销、订单支付、订单完成。

显然"支付信息审核、支付信息更新、在线支付"对应的微服务名为支付管理。

【问题 3】

选择相近的关键词，可得空（1）~（3）为"（f）对账""（c）对接借记卡""（d）获取个人优惠券"。

系统子任务都通过测试、试部署后才能上线，而系统的流程已经列出子任务的测试，所以空（4）为"（e）试部署"，空（5）为"（b）全量上线"。

参考答案

【问题 1】

一个微服务聚焦于实现一组具有清晰边界，并且不依赖其他服务的业务功能；应定义明确的接口与其他服务通信；通常拥有私有数据库等。

（1）与传统的单体式系统相比，基于微服务的系统优势如下。

1）模块化：微服务每个模块只需专注于某一个特定的业务，所需代码量小，易维护；模块化结构可扩展性强。

2）独立部署：微服务有自己的部署流程、配置和环境，可以独立部署。

3）技术灵活性：不同服务可选择最适合的编程语言、开发框架等开发。

（2）基于微服务的挑战如下。
1）分布式编程难度大，远程调用慢且存在调用失败风险。
2）开发者需要保证通信、数据等方面的一致性。
3）分布式部署运维难度大，要求更高的监控、日志管理和故障排查能力。

【问题2】
（1）信息注册、身份认证、信用管理。
（2）信息注册、身份认证、违章审核。
（3）支付管理。
（4）订单发起、订单提交、订单跟踪、订单撤销、订单支付、订单完成。

【问题3】
（1）(f)　　　（2）(c)　　　（3）(d)　　　（4）(e)　　　（5）(b)

第13章 论文写作

系统分析师考试的论文题对于广大考生来说，是比较头痛的一件事情。有不少考生往往是每次考试前两科都通过了，只因为论文没过而没有拿到系统分析师的证书。首先从根源上讲，很多工程师对文档的重视度不够，因此许多人没有机会（也可能是时间不允许等原因）在考前锻炼写作能力；再则由于缺少相应的文档编写实战训练，很难培养出清晰、多角度思考的习惯，所以，在2个小时内写出一篇合格的论文很不容易。因此，考前准备是绝对必要的。

首先要多看。即看范文，看他人的软件开发经验、成熟软件开发，技术介绍材料，看现成的可行性分析、需求分析、用户说明书等文档。自己没有经验就多看他人的；自己有软件开发项目经验、软件设计经验、系统部署与系统集成经验，也要看他人的范文来整理自己的写作思路。

其次要多写。"讲千万句不如动手写一千字"，一定要在考前动手写几篇论文，根据编者历年辅导学生的情况来看，至少要写6篇，当然也不要贪多。简单的方法就是找6篇历年论文题目（最好是每年的第一题）逐一练习。还要练习打字速度，2小时要敲将近3000字，不练习速度的话考试时写的文章极可能字数不饱满。机考可选的输入法有中文（简体）-微软拼音输入法、中文（简体）-极点五笔输入法和中文（简体）-搜狗拼音输入法，考生可以平时熟悉这些输入法，提高输入速度。

最后要请老师批阅。写好后最好请一位老师来批阅，需要注意的是，这里的论文毕竟不是学术论文，而是信息系统分析与设计的经验论文，更偏向于一篇工作汇报，因此最好请辅导老师来批阅。批阅后再反复修订，直到每一篇都合格为止。

13.1 论文考情分析

根据最新考试大纲的规定，系统分析师的论文考试考查的主要内容如下。

（1）信息系统开发及应用。包括系统计划和分析、需求工程、系统测试、系统维护、项目管理、质量保证、面向对象技术、计算机辅助软件工程、软件过程改进实践、实时系统的开发、应用系统分析与设计、软件产品线分析与设计等知识。

（2）数据库建模及应用。包括数据管理、数据库分析、数据库建模、数据库管理、数据库应用、数据仓库、数据挖掘等知识。

（3）网络规划及应用。包括网络规划、网络优化、网络配置、网络部署、网络实施等知识。
（4）系统安全性分析。包括网络安全、数据安全、系统安全等知识。
（5）应用系统集成。包括数据集成与共享、应用集成、服务集成等知识。
（6）企业信息系统。包括电子商务和电子政务、事务处理系统、决策支持系统等知识。
（7）企业信息化的组织及实施。
（8）开源软件及应用。
（9）新技术及其应用。

13.2　建议的论文写作步骤

自 2023 年 11 月开始，软考实施计算机化考试。从 2024 年开始，系统分析师考试实施一年两考。

根据考试最新要求，摘要部分的字数建议为 330 字左右。只需写中文摘要，不用写英文摘要，不需要写关键词，不允许有图表。正文部分的字数建议写到 2500 字左右，文中可以分条描述，但不能全篇分条描述。正文不允许有图表。

对写作步骤没有具体的规定，如胸有成竹就可以直接书写。不过，大多数情况下建议按以下步骤展开。

（1）从给出的论文题目中选择试题（5 分钟），选最有把握的题目，记得勾选题号。
（2）论文构思，写出纲要（10 分钟）。
（3）写摘要（15 分钟）。
（4）正文撰写（80 分钟）。
（5）检查修正（10 分钟）。

13.3　阅卷办法

这里我们以"需求分析方法及应用"为例，说明试题评分要点及得分情况。

题目：需求分析方法及应用

需求分析是提炼、分析和仔细审查已经获取到的需求的过程。需求分析的目的是确保所有的项目干系人（利益相关者）都理解需求的含义并找出其中的错误、遗漏或其他不足的地方。需求分析的关键在于对问题域的研究与理解。为了便于理解问题域，现代软件工程所推荐的需求分析方法是对问题域进行抽象，将其分解为若干个基本元素，然后对元素之间的关系进行建模。常见的需求分析方法包括面向对象的分析方法、面向问题域的分析方法、结构化分析方法等。而无论采用何种方法，需求分析的主要工作内容都基本相同。

请围绕"需求分析方法及应用"论题，依次从以下 3 个方面进行论述。

1．简要叙述你参与管理和开发的软件系统开发项目以及你在其中所承担的主要工作。
2．概要论述需求分析工作过程所包含的主要工作内容。
3．结合你具体参与管理和开发的实际项目，说明采用了何种需求分析方法，并举例详细描述具体的需求分析过程。

13.3.1 评分要点

本题得分要点见表13-3-1。

表13-3-1 论文得分要点

得分项	具体要点	得分范围
摘要 （共10分）	摘要总结性强、逻辑性强	0～10分。摘要不足300字时，扣5～10分，摘要不足120字，论文直接判定不及格
正面回应题目要求 （共40分）	项目背景部分描述：介绍软件系统开发项目基本信息、软件系统开发项目构成、软件系统开发项目团队组成	0～5分
	技术阐述：概要论述当前常见的需求分析技术，如功能分析法、数据流分析法、信息建模分析法、面向对象分析法、PDOA法等	至少阐述2～3种技术，共3分。只阐述一种技术得1分
		每种技术具体阐述得6分，共12分
	过程阐述：结合实际开发项目，至少详细阐述两种具体应用需求分析方法的过程，并且分析具体效果，给出具体的经验之谈	至少阐述2～3种过程，共3分。只阐述一种技术得1分
		每个过程具体阐述得6分，共12分。注意，题目要求是详细阐述，因此这部分内容是阐述的重点
	结尾部分描述： （1）实施效果评价。 （2）存在问题及相关改进措施	共5分
表达能力 （共10分）	文章完整且合理、语句流畅、字迹清晰	0～10分
综合能力与分析能力 （共15分）	评测方案完整、真实有特色、效果明显	0～15分

注意：项目涉及国家重大信息系统工程且作者本人参加并发挥重要作用，并且能正确按照试题要求论述的论文，可以适当加分。

13.3.2 不及格卷判定标准

不及格论文特点如下。
（1）走题。
（2）虚构情节、文章不真实。
（3）没有体现实际经验，通篇纯理论表述。
（4）文章涉及的内容与方法过于陈旧，或者项目水准十分低下。

（5）正文字数少于 1200 字，摘要字数少于 120 字。
（6）文理很不通顺、错别字很多、条理与思路不清晰等情况相对严重。
（7）项目太小，本科生实习项目。
零分论文特点如下。
（1）试卷总的字数不足 15 字。
（2）完全走题。
（3）出现反动内容、违反法律规定、背离社会伦理与价值观等内容，辱骂监考老师、有作弊的痕迹等。

13.4 框架写作法

框架写作法的核心就是提供一个论文框架，让学生"照葫芦画瓢"。而且框架写作法的核心实际上从阅读者的心理总结出来，假设（实际也是如此）阅读者在阅读论文的时候，时间有限的情况下会关注哪些点。我们试图用框架的办法降低写作难度，通过框架告诉考生摘要、背景介绍、论点论据、收尾分别该怎么写。下面我们列出了一个写作框架供参考。

论面向对象设计方法及其应用

系统设计是根据系统分析的结果，运用系统科学的思想和方法，设计出能满足用户所要求的目标（或目的）系统的过程。面向对象设计方法是一种接近现实世界的系统设计方法。在该方法中，数据结构和在数据结构上定义的操作算法封装在一个对象之中。

请围绕"面向对象设计方法及其应用"论题，依次从以下 3 个方面进行论述。
1. 概要叙述你参与管理和开发的软件项目以及你在其中所承担的主要工作。
2. 面向对象设计方法包含多种设计原则，请简要描述其中的 3 种设计原则。
3. 具体阐述你参与管理和开发的项目是如何遵循这 3 种设计原则进行信息系统设计的。

针对上述题目，我们给出参考的写作框架如下。
（1）摘要（330 字左右）。

___年___月（**注意写近 3 年的项目**），我参加了_____软件系统开发项目的规划、设计及开发，并担任_____（自己的工作角色），主要完成_____、_____等工作。该项目背景是____，该项目目标是____，该项目特点是____、____、____。 （约 100 字）
面向对象设计方法包含多种设计原则，本文概述了_____、_____、_____3 种原则的特点。在实际的项目分析和开发中，我重点运用和落实了_____、_____、_____3 种原则，具体的实施方法和过程大致是_____、_____、_____等，分别取得了_____、_____、_____等效果。 …… （约 150 字）
项目完成得十分顺利，基本达到预期的（成本、周期、质量管理等）目标，并得到客户、我方领导的正面肯定。但我们仍然认为项目有一定的改进空间。由于_____、_____等原因，

项目的_____、_____等问题没有得到很好的解决。在项目（后期/运维/二期）中，可以考虑通过_____手段来解决。另外，我认为现有的_____做法有待改进，在未来的项目实施中，我们打算进行_____改进。

（约80字）

（2）正文（2500字左右为宜）。

1）背景介绍（正文部分，500字左右）。

1. 软件系统开发项目基本信息（大环境、项目内容、金额、干系人、工期等）。
2. 软件系统开发项目构成（简述相关软件系统项目各子项目特点、特性、功能）。
3. 软件系统开发项目团队组成（人员组成、个人角色）。

注：该部分应该比摘要的第一段更详细；**注意写近3年的项目。**

2）论点论据（正文部分，1700字左右）。

选择以下3类面向对象设计原则进行简要阐述。

1．开放封闭原则

该原则是判断面向对象设计是否正确的最基本的原则之一。软件实体（类、方法等）应当在不修改原有代码的基础上，能扩展其功能，即符合下面两个特点。

（1）扩展开放：模块的功能是可以扩展的。扩展开放特性保证了软件的可扩展性。

（2）修改封闭：模块被其他模块调用，则该模块的源代码不允许修改。修改封闭特性保证了软件的稳定性、持续性。

2．里氏替换原则

里氏替换原则是使代码符合开闭原则的一个重要保证。继承必须确保父类所拥有的性质在子类中仍然成立。该原则中，子类可以扩展父类的功能，但不能改变父类原有的功能；子类可以实现父类的抽象方法，但不能覆盖父类的非抽象方法。

面向对象设计满足以下两个条件，可以被认为是满足了里氏替换原则。

（1）代码中不应该出现if/else之类对子类进行判断的条件。

（2）把代码中使用父类的地方用它的子类所代替，代码还能正常工作。

里氏替换原则约束继承泛滥，是开闭原则的一种体现；并加强了程序的健壮性、维护性、扩展性，降低了需求变更时引入的风险。

3．迪米特原则（最少知识原则）

一个对象应该对其他对象有最少的了解。狭义的理解，如果两个类不必直接通信，那类就不应当直接相互作用。如果其中一个类需要调用另一类的某个方法，可通过第三者转发该调用。

该原则强调了类之间的松耦合，简单地说就是"不要跟陌生人说话，只和直接朋友通信"。

迪米特原则的初衷在于降低类之间的耦合，提高系统功能模块的独立性，但给系统增加了大量传递类之间相互调用的中介类，增加了系统的复杂性。

4．单一职责原则

一个类如果拥有过多功能，那么耦合度就会大大增加，导致设计更加脆弱。如果此时，改变该类的某一功能，很可能影响其他功能正常使用。软件设计中，就是要发现类的更多职责，并分离这些职责。该原则的核心含义是：只能让一个类/接口/方法有且仅有一个职责。

该原则不只是面向对象编程思想所特有的，只要是模块化的程序设计，都需要遵循这一重要原则。

5. 接口分离原则

客户不应该依赖于它不需要的接口，即依赖于抽象，不要依赖于具体，同时在抽象级别不应该有对于细节的依赖。简单地说就是，不强迫用户去依赖那些他们不使用的接口。即使用多个专门的接口比使用单一的总接口要好。该原则可以细分为以下两点。

（1）接口设计原则：应该遵循最小接口原则，不把用户不使用的方法塞进同一个接口里。如果一个接口的方法没有被使用到，则应该将其分割成多个功能专一的接口。

（2）接口的依赖（继承）原则：如果接口 a 继承接口 b，则接口 a 继承了接口 b 的方法，a 应该保证"不包含用户不使用的方法"。反之，则说明接口 a 被 b 给污染了，应该重新设计它们。

适度运用该原则，接口设计得过大或过小都不好。虽然接口细化设计可提高程序设计灵活性，但是如果设计过细，则可能造成接口数量过多，使设计复杂化。

6. 依赖倒置原则

高层模块不应该依赖于低层模块，二者都应该依赖于抽象；要针对接口编程，不要针对实现编程，类与类之间都通过抽象接口层来建立关系。抽象就是声明做什么（What），而不是告知怎么做（How）。

面向对象程序设计相对于面向过程（结构化）程序设计而言，依赖关系被倒置了。因为传统的结构化程序设计中，高层模块总是依赖于低层模块。

7. 组合/聚合复用原则

在进行软件设计时，应尽量使用组合/聚合，而不要使用类继承达到复用的目的。组合/聚合复用原则可以使系统更加灵活，类与类之间的耦合度降低，一个类的变化对其他类造成的影响相对较少。

在_____软件系统开发项目中本人重点考虑并落实了_____、_____、_____等面向对象设计的原则。

（1）基于_____的原则，具体实施方法和过程为_____、_____、_____，实际应用效果有_____、_____。

（2）基于_____的原则，具体实施方法和过程为_____、_____、_____，实际应用效果有_____、_____。

（3）基于_____的原则，具体实施方法和过程为_____、_____、_____，实际应用效果有_____、_____。

3）收尾（正文部分，300 字左右）。

通过全面细致的设计，整个软件系统开发项目取得了_____正面的效果，把握并满足了用户的_____、_____、_____等方面的核心要求，得到了用户_____、_____部门的好评。

但是，我们仍然不满足于现状，发现了很多的不足，具体如下：
1. 阐述不足。
2. 未来新项目中计划解决的思路。

13.5 范文

本章节针对常考、常见的论文题，给出两篇范文用于参考。需要注意的是，范文只适用于帮助考生打开写作思路，并不能作为素材直接用于平时练习或考试中。考试中直接使用范文的素材，会有被认定为雷同卷的风险。

13.5.1 论系统测试技术及应用

摘要：

2023 年 7 月，我作为项目负责人，参加了某银行的统计数据发布系统建设项目。该项目合同金额 230 万元，合同工期为半年。统计数据发布系统的主要目标是为该行建设一个企业级的数据统计、分析、发布平台，实现定制化的数据应用、分析、展示功能；实现灵活的综合查询分析、明细数据查询、固定报表展示、移动设备数据展示、风险分析、自助取数等功能，达到"统一数据来源、统一数据口径、统一数据出口"的数据管理目标。

本文结合本人在该项目中的实践，分别讨论了单元测试、功能测试、集成测试和性能测试各阶段测试的特点，详细阐述了各阶段所采用的具体测试措施和策略。其中，重点讨论了性能测试的类型和如何在项目中实践各种性能测试。项目最终成功实施完成并顺利验收，得到了客户的高层领导的高度认可。

正文：

某银行在各项经营活动中积累了大量的数据资源,这些数据除了支撑银行生产业务流程的正常运转之外，也越来越多地被用于支持监管报送、精准营销、战略决策、风险控制、绩效考核等运营管理和决策过程的数据分析工作。为了满足业务部门和管理人员不断增长的报表数据需求，为决策分析提供依据，反映全行业务发展情况，识别和监测风险状况，某银行管理层迫切需要规划和建立科学、规范、易于扩展、灵活性强的统计数据发布平台。这样就可以进一步完善全行报表体系，降低该行报表开发成本和难度，缩短报表开发周期，规范报表使用流程，降低管理与维护复杂度，实现统计数据集中及统计报表统一、规范管理。

2023 年 7 月，我作为项目负责人，参与并主导了该银行的统计数据发布平台项目，该项目合同金额 230 万元，实施周期为半年。本项目产品架构基于 JAVA 的 BS 架构，数据库平台是 Oracle11g，中间件为 Weblogic，报表展现工具采用国内知名的 Smartbi 产品，调度工具为国内产品 TASKCTL，数据采集工具采用开源的 Kettle。

我们在 IBM 完全生命周期测试模型的基础上，根据本项目的具体特点和要求，结合成本效率因素进行了裁剪，形成本项目的测试策略、总体测试计划和详细测试计划，并得到了银行方技术部门的认可。测试整体上划分为单元测试、功能测试、集成测试、性能测试和验收测试等阶段。验收测试主要由行方的业务人员进行。本文重点讨论前面 4 个阶段的测试。

一、单元测试阶段

该阶段测试工作有应用系统测试和 ETL 开发单元测试。

应用系统测试由于是用 JAVA 开发，所以采用了 JUNIT 进行单元测试，由于本项目是基于标准产品的二次开发,类的数量不多，因此我们要求开发人员对每个新开发的类都要写对应的测试类，测试通过后需要写单元测试报告，并要求组内人员交叉检查执行。

ETL 开发是采用 perl 脚本+存储过程的方式进行开发，单元测试阶段主要采用公司自主研发的 ETL 开发自动化测试工具。测试人员进行合理的配置，可自动化运行 ETL 脚本，可进行空值检查、主键重复检查等。

二、功能测试阶段

由于本系统既要在 PC 端展示，同时也需要在移动端展示，因此要求应用系统的功能测试主要通过编写一份测试案例，能在多个终端执行。我们使用公司自主研发的基于 STAF 自动化测试框架的测试工具进行功能测试，确保页面功能在跨平台，如 PC 端、安卓端、苹果端都能运行正常，并确保在各个终端的链接跳转都是符合预期的。

三、集成测试阶段

集成阶段，需要将每个 ETL 作业配置在调度工具上，因此集成测试阶段主要测试调度作业是否按照各种串行、并行机制分别运行，确保依赖作业的先后顺序执行。

对于银行信息系统，数据指标的正确性是重中之重。以往项目中，由于对数据准确性测试不充分，导致试运行阶段不断返工，不仅增加了开发人力成本投入，还导致了验收期的延长。

本阶段的测试重点是测试数据加工的准确性。我们主要采用以下措施：

（1）每个字段的值域范围测试，譬如某个指标的历史波动范围在 100 万～300 万之间，那么加工后的指标就不应该超过这个范围。

（2）借助于业务经验，采用总分比对的方式。银行一般有分户账和汇总账两本账，分户账通过按照机构、科目分类从明细汇总后，应当和现有的汇总账一致。以上测试均可使用公司自主研发的 ETL 测试工具，配置校验规则后执行测试。另外，测试数据的完整性是确保数据准确性的关键所在，因此我们在测试案例编写过程中便同步进行测试数据的申请。

四、性能测试阶段

性能测试的目的是验证软件系统是否能够达到用户提出的性能指标，同时发现软件系统中存在的性能瓶颈，并优化软件，最后起到优化系统的目的。具体来说，包括以下 4 个方面：

（1）发现缺陷：软件缺陷往往与软件性能密切相关，因此缺陷测试需要结合性能测试一起进行。

（2）性能调优：性能调优并不一定发现性能缺陷，还可以更好地发挥系统潜能。

（3）评估系统的能力：测试能够满足性能需求的条件极限。

（4）验证稳定性和可靠性：在一定负载下运行一段时间，评估系统的稳定性和可靠性是否满足要求。

性能测试类型包括基准测试、负载测试、压力测试、稳定性测试、并发测试等。在项目实际中，我们采用 RoadRunner 作为性能测试工具。

基准测试方面，我们主要测试系统在用户登录数处于非月初正常水平下，系统的各项运行指标，并将各项指标进行记录作为参考。

由于每月初系统用户数都会有一个激增的过程，主要是因为月初为各业务部门进行数据统计报送的高并发期。因此需要基于这个用户数量再加上未来 5 年内该行业务部门统计人员增加的预估情况进行负载测试和压力测试。

我们要求系统的负载测试能至少持续 10 个工作日，压力测试要求系统运行的各项指标不能低于基准测试指标的 80%。这些基准指标中，我们重点关注数据查询响应效率指标，要求 1000 万级记录数以下的表查询响应时间为 1s 以内；1000 万级～3000 万级记录数的查询响应时间为 3s 以内；3000 万～6000 万级记录数的查询响应时间为 6s 以内。同时，在测试过程中，还要及时发现 ELT 作业运行时间超过基准指标的作业并进行整改，避免了这些作业在上生产后由于运行缓慢导致整体时间窗口延长。

2023 年 12 月，本项目历时半年后，在双方项目领导的大力支持下，在双方项目组成员的共同持续奋战下，最终成功实施完成并顺利验收。由于客户的高层领导在手机移动端看到了准确数据组织的业务指标，而且界面美观、功能流畅，因此高度认可该项目。客户的科技部门也给我们公司发来了表扬信，并与公司快速签约项目的二期建设。本项目的成功很大程度上得益于采用了科学测试技术和测试方法，测试取得的不错效果，有力保障了项目的质量。

项目仍然存在不足的地方，具体有以下几个方面：开发人员测试观念不够强，虽然要求进行单元测试，但是开发人员没有很好地执行，导致在集成测试阶段发现较多问题；公司自主研发的测试工具在配置上不够灵活，无法快速配置大量测试案例；一些测试案例的数据准备不够完备。

我们从实践中领会到测试确实可以在保证软件质量方面起到很大的作用，但同时我们也认识到测试中还有很多领域和知识点需要继续研究和实践。新技术的发展对测试也提出了新的要求和挑战，需要我们继续研究探索。

13.5.2　论信息系统的安全与保密设计

摘要：

我所在的工作单位承担了我市"城乡智慧建设工程综合管理平台"项目的开发工作。我有幸参与了本项目，并担任架构师一职，全面负责需求分析和系统设计等工作。本项目主要包括公众访问平台、数据服务中心、企业排名评价等功能模块。本文主要讨论系统安全和保密技术在项目中的实施效果，包括通过数据持久化技术，实现表示层和真实数据的隔离，保障数据的访问安全；通过动态验证技术防止网络爬虫攻击，同时对验证码进行后台自动更新，保障系统可用性；通过生物识别技术对用户进行实人认证，保障系统的访问安全。最后，文章指出了我本人在项目软件设计中的不足之处，采取了何种补救措施，以及我对项目总体设计工作的心得体会。

正文：

2023年11月，城乡智慧建设工程综合管理平台项目开发工作正式启动。项目的建设目标主要有3个方面：一是实现建设工程从招标投标、合同备案、施工许可，到建设施工、竣工备案全生命周期的监管，健全完善评价制度、奖励制度、惩罚制度，不断提高工程建设质量安全管理水平。二是实现了全市施工企业通常行为、在建工程现场行为和从业人员的动态评价，建立了建筑施工企业诚信综合评价体系。每日动态更新评价结果，并将评价结果运用于招投标活动，促进了建筑市场的健康发展。三是建立我市建筑行业数据共享平台，向相关业务部门提供包括企业基本信息库、工程基本信息库、从业人员基本信息库、诚信评价信息库在内的数据共享服务。实现面向全市的建筑业"四库"信息的统一应用与发布；同时实现定时向住建部推送我市建筑业的相关数据。

接到项目研发任务后，我所在公司高度重视，第一时间调派人手，组织精干力量进行系统研发。本人有幸在该项目中担任系统架构师，全程参与了该系统的需求分析、架构设计、系统开发等项目建设工作。

在项目的设计过程中，我意识到本项目较为复杂，业务子系统和功能模块很多，面临严峻的系统安全性和保密性要求的压力，需在系统建设的同时保证系统具有良好的安全性和保密性。

我对项目进行了整体的分析与评价，结合项目业主的经验，分析整理出本项目所面临的三项系统安全性风险。

（1）对外展示的公众平台存在安全隐患。有不法分子为了获得平台数据，运用网络爬虫技术进行暴力抓取致服务器瘫痪，影响系统的可用性。

（2）本项目功能庞大，参与开发的人员众多，水平参差不齐，在编码过程中很难杜绝如 SQL 注入漏洞的发生，影响数据安全。

（3）建造师注册管理等 App，仍采用传统的账号密码的方式进行登录，很难保证系统的访问安全。

为了解决这些问题,我分别采用了动态验证码技术,数据持久层技术和生物识别实名认证技术。下面我将详细叙述我的具体实现方法和实施效果。

一、应用动态验证码技术保证系统可用性

项目面向公众的访问平台，主要面向公众展示企业基本信息、项目基本信息、从业人员基本信息和诚信评价信息 4 个大类，每个大类下面又划分了若干子类。每类信息均以列表的形式进行展示，用户单击列表行再展示信息详细内容。

由于建筑行业信息的特殊性，时常有不法分子通过网络爬虫技术收集企业资质、施工许可、项目经理等数据，严重时甚至造成服务器不堪重负而无法访问。为了保障信息安全，我采用了数字验证码、文字验证码、图形验证码进行数据访问验证。具体设计方式是先建立 iValidCode 接口类，不同验证码类均需明确实现 iValidCode 定义的验证码调用方法、验证码的验证方法。调用时将具体的验证码对象作为参数传递给平台调用程序，实现验证码的展示和验证。通过这种设计方法，能够很好地实现算法的灵活替换。我们通过每月定时对验证码长度、文字、图形进行简单替换，杜绝了网站爬虫攻击的再次发生。

二、应用数据持久层技术保障数据访问安全

我对项目的数据类型进行了详细的调研和分析,将数据类型分为企业基本信息、项目基本信息、从业人员基本信息和诚信评价信息 4 个大类，每个大类下面又划分了若干子类。我结合项目实际应用提供了两种数据访问方式。针对单个数据的增、删、改、查操作，通过 Hibernate 技术构建实体关系模型，将数据表映射为实体关系操作对象。针对复杂数据的查询，我们首先在数据库中创建数据库视图，再将视图映射为实体关系查询对象，与普通的实体对象查询方式一致。为此，我们组建了经验丰富的数据管理小组，专门负责针对实体类的更新与维护，且复杂的 SQL 查询语句只能由这个小组进行编写和维护。数据管理小组还负责面向全项目组的数据访问编码培训工作，指导开发人员高效地使用实体类查询方法获得想要的结果,大大地提高了开发的效率。通过数据持久化设计，很好地实现了用户请求和真实数据的隔离，保障了数据访问的安全。同时，通过优化 SQL 语句和数据缓存技术，提升了数据查询的速度。

三、应用生物识别技术保障 App 系统访问安全

当前软件行业成熟的生物识别技术总体上成熟的有两大类：一类是指纹识别；另一类是人脸识别。由于指纹识别模块在当今智能手机的设计中有被逐步淘汰的情况，苹果等厂家推出的新手机不再支持指纹识别功能，所以指纹识别不在考虑范围之内。

针对人脸识别，有两种实现方式：一种是人脸照片与公安部人脸数据库对比，这种方式成本较高，一次识别的费用接近 1 元钱；另一种方式是人脸照片与另一张照片进行对比，这种方式成本低，而且不需要用到第三方验证平台支持。最终经过权衡，我采用了人脸照片与人员数据库原先保存的登记照片进行对比的设计方式。后来经过多次优化，人脸识别准确率达到了 90% 以上。为了保证用户登录更加可靠，我还采用了手机三要素的认证方式进行身份认证。具体方法是通过第三方服务验证接口，验证姓名、身份证号码、手机号码三要素是否是同一人，认证成功后该用户就可以通过

短信验证码的方式登录系统。通过这种设计，很好地杜绝了冒名顶替办理二级建造师相关业务的情况，保证了系统的访问安全。

2024年10月，项目正式上线并最终通过了用户的验收，在这之后系统运行稳定，良好地支撑了我市建筑业行业管理的日常业务工作，获得了业主各业务部门的一致好评。但在系统运行过程中，随着业务数据的不断增长，出现了部分功能查询效率降低的问题。针对这一问题，我在不对系统数据结构进行大的修改的前提下，对这部分业务数据表进行水平切割，将数据按照年度进行分表存储，同时优化视图减少每次查询的数据范围，提升了查询速度。虽然这一问题得到了圆满的解决，但是也暴露出我在需求分析过程中的不足，对我在将来的工作中起到良好的借鉴作用。

通过这个项目，本人在项目的需求分析、系统架构、安全性设计等方面都积累了很多的宝贵经验。也让我从一名软件架构设计师"新手"，逐步成长为一名合格的软件架构设计师。我带领的项目组也被评选为优秀开发团队，我本人也获得了优秀架构师的称号。在以后的项目架构工作中，我会通过不断深入而全面的学习，提高自身的知识和理论水平，努力为我的家乡、国家信息化建设贡献自己的一份力量。

第 14 章
模拟测试

按照《2023年下半年计算机技术与软件专业技术资格（水平）考试有关工作调整的通告》，自2023年下半年起，计算机技术与软件专业技术资格（水平）考试方式均由纸笔考试调整为计算机化考试。

考试采取科目连考、分批次考试的方式，连考的第一个科目作答结束交卷完成后自动进入第二个科目，第一个科目结余的时长可为第二个科目使用。

高级资格：综合知识和案例分析2个科目连考，作答总时长240分钟，综合知识科目最长作答时长150分钟，最短作答时长120分钟，综合知识科目交卷成功后，选择不参加案例分析科目考试的可以离开考场，选择继续作答案例分析科目的，考试结束前60分钟可以交卷离场。论文科目考试时长120分钟，不得提前交卷离场。

初、中级资格：基础知识和应用技术2个科目连考，作答总时长240分钟，基础知识科目考试最长作答时长120分钟，最短作答时长90分钟，选择不参加应用技术科目考试的考生开考2小时后可以交卷离场，选择继续作答应用技术科目的，考试结束前60分钟可以交卷离场。

14.1 综合知识试卷

● 采用微内核结构的操作系统设计的基本思想是内核只完成操作系统最基本的功能，并在核心态下运行，其他功能运行在用户态，其结构图如图14-1-1所示。图中空（a）、(b)、(c) 和 (d) 应分别选择如下所示①～④中的哪一项？ ____(1)____ 。
①文件和存储器服务器　　②进程调度及进程间通信　　③核心态　　④用户态

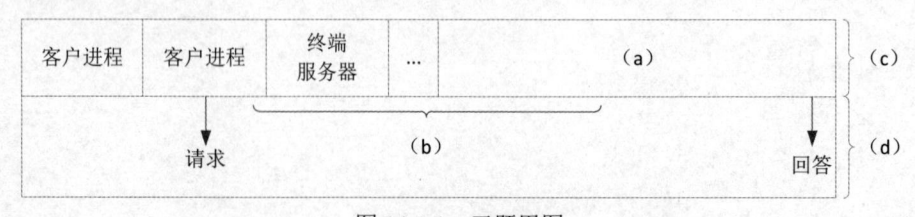

图 14-1-1　习题用图

(1) A. ①、②、④和③ B. ④、③、②和①
    C. ③、④、②和① D. ③、①、④和②

- 某系统中有 6 个并发进程竞争资源 R。假设每个进程都需要 3 个 R，那么最少需要有 (2) 个 R，才能保证系统不会发生死锁。

  (2) A. 10 B. 11 C. 12 D. 13

- 假如有 5 块 80G 和 2 块 60G 的硬盘，采用 RAID5 的容量是 (3) 。

  (3) A. 240G B. 300G C. 360G D. 480G

- 由于处理器芯片在不同领域应用时，需要考虑对环境的适应性。通常，我们把芯片分为民用级、工业级、车载级和军工级。 (4) 是工业级芯片的标准工作温度范围。

  (4) A. −55℃～+150℃ B. −40℃～+125℃
      C. −40℃～+85℃   D. 0℃～+70℃

- 给定关系模式 R(U,F)，U={A1,A2,A3,A4}，F={A1A2→A3, A3→A4}，那么在关系 R 中， (5) 。以下说法错误的是 (6) 。

  (5) A. 有 1 个候选关键字 A1A2 B. 有 1 个候选关键字 A2A3
      C. 有 2 个候选关键字 A1 和 A2 D. 有 2 个候选关键字 A1 和 A2A3

  (6) A. 已知 F 中 "A1A2→A3"，可以得出 "A1→A2A3"
      B. 已知 F 中 "A1A2→A3"，可以得出 "A1A3→A3"
      C. 已知 F 中 "A3→A4"，可以得出 "A2A3→A2A4"
      D. 已知 F 中 "A1A2→A3, A3→A4"，可以得出 "A1A2→A3A4"

- 以下关于 RISC 和 CISC 计算机的叙述中，正确的是 (7) 。

  (7) A. RISC 不采用流水线技术，CISC 采用流水线技术
      B. RISC 使用复杂的指令，CISC 使用简单的指令
      C. RISC 采用很少的通用寄存器，CISC 采用很多的通用寄存器
      D. RISC 采用组合逻辑控制器，CISC 普遍采用微程序控制器

- 计算机指令系统采用多种寻址方式。立即寻址是指操作数包含在指令中；寄存器寻址是指操作数在寄存器中；直接寻址是指操作数的地址在指令中。这 3 种寻址方式获取操作数的速度 (8) 。

  (8) A. 立即寻址最快，寄存器寻址次之，直接寻址最慢
      B. 寄存器寻址最快，立即寻址次之，直接寻址最慢
      C. 直接寻址最快，寄存器寻址次之，立即寻址最慢
      D. 寄存器寻址最快，直接寻址次之，立即寻址最慢

- 某四级指令流水线分别完成取指、取数、运算和保存结果 4 步操作。若完成上述操作的时间依次为 8ns、9ns、4ns、8ns，则该流水线的操作周期应至少为 (9) ns。

  (9) A. 4 B. 8 C. 9 D. 33

- 将一条指令的执行过程分解为取指、分析和执行 3 步，按照流水线方式执行，若取指时间 $t_{取指}=4\Delta t$、分析时间 $t_{分析}=2\Delta t$、执行时间 $t_{执行}=3\Delta t$，则执行完 100 条指令，需要的时间为 (10) Δt。

  (10) A. 200 B. 300 C. 400 D. 405

- 在存储体系中，位于主存与CPU之间的高速缓存（Cache）用于存放主存中部分信息的副本，主存地址与Cache地址之间的转换工作___（11）___。

  （11）A．由系统软件实现　　　　　　　　B．由硬件自动完成
  　　　C．由应用软件实现　　　　　　　　D．由用户发出指令完成

- 内存按字节编址，若用存储容量为32K×8bit的存储器芯片构成地址从A0000H到DFFFFH的内存，则至少需要___（12）___片芯片。

  （12）A．4　　　　B．8　　　　C．16　　　　D．32

- 主存与Cache的地址映射方式中，___（13）___方式可以实现主存任意一块装入Cache中任意位置，只有装满才需要替换。

  （13）A．全相联　　　B．直接映射　　　C．组相联　　　D．串并联

- 某系统的可靠性结构框图如图14-1-2所示，假设部件1、2、3的可靠度分别为0.90、0.80、0.80（部件2、3为冗余系统），若要求该系统的可靠度不小于0.85，则进行系统设计时，部件4的可靠度至少应为___（14）___。

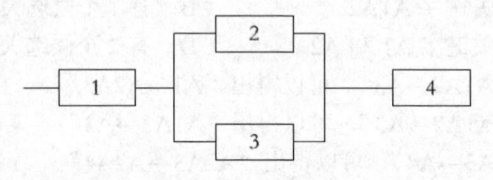

  图14-1-2　习题用图

  （14）A. $\dfrac{0.85}{0.9\times[1-(1-0.8)^2]}$　　　　B. $\dfrac{0.85}{0.9\times(1-0.8)^2}$

  　　　C. $\dfrac{0.85}{0.9\times(0.8+0.8)}$　　　　D. $\dfrac{0.85}{0.9\times 2\times(1-0.8)}$

- PV操作是操作系统提供的具有特定功能的原语。利用PV操作可以___（15）___。

  （15）A．保证系统不发生死锁　　　　　　B．实现资源的互斥使用
  　　　C．提高资源利用率　　　　　　　　D．推迟进程使用共享资源的时间

- 在如图14-1-3所示的进程资源图中，___（16）___。

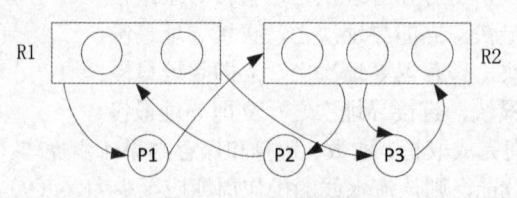

  图14-1-3　习题用图

  （16）A．P1、P2、P3都是非阻塞节点，该图可以化简，所以是非死锁的
  　　　B．P1、P2、P3都是阻塞节点，该图不可以化简，所以是死锁的
  　　　C．P1、P2是非阻塞节点，P3是阻塞节点，该图不可以化简，所以是死锁的
  　　　D．P2是阻塞节点，P1、P3是非阻塞节点，该图可以化简，所以是非死锁的

- 某操作系统采用分页存储管理方式，图14-1-4给出了进程A和进程B的页表结构。如果物理页的大小为1K字节，那么进程A中逻辑地址为1024（十进制）用变量存放在____(17)____号物理内存页中。假设进程A的逻辑页4与进程B的逻辑页5要共享物理页4，那么应该在进程A页表的逻辑页4和进程B页表的逻辑页5对应的物理页处分别填____(18)____。

进程A页表

逻辑页	物理页
0	8
1	3
2	5
3	2
4	
5	

进程B页表

逻辑页	物理页
0	1
1	6
2	9
3	7
4	0
5	

物理页

0
1
2
3
4
5
6
7
8
9

图14-1-4 习题用图

（17）A. 8   B. 3   C. 5   D. 2
（18）A. 4、4   B. 4、5   C. 5、4   D. 5、5

- 某进程有4个页面，页号为0~3，页面变换表及状态位、访问位和修改位的含义见表14-1-1。若系统给该进程分配了3个存储块，当访问前页面1不在内存时，淘汰表中页号为___(19)___的页面代价最小。

表14-1-1 习题用表

页号	页帧号	状态位	访问位	修改位
0	6	1	1	1
1	—	0	0	0
2	3	1	1	1
3	2	1	1	0

状态位含义：0表示不在内存、1表示在内存；访问位含义：0表示未访问过、1表示访问过；修改位含义：0表示未修改过、1表示修改过。

（19）A. 0   B. 1   C. 2   D. 3

- 假设段页式存储管理系统中的地址结构如图14-1-5所示，则系统___(20)___。

31 24	23 13	12 0
段 号	页 号	页内地址

图14-1-5 习题用图

（20）A. 最多可有256个段，每个段的大小均为2048个页，页的大小为4K
    B. 最多可有256个段，每个段最大允许有2048个页，页的大小为8K

C．最多可有 512 个段，每个段的大小均为 1024 个页，页的大小为 4K

D．最多可有 512 个段，每个段最大允许有 1024 个页，页的大小为 4K

- I/O 设备管理软件一般分为 4 个层次，如图 14-1-6 所示。图中①②③分别对应___（21）___。

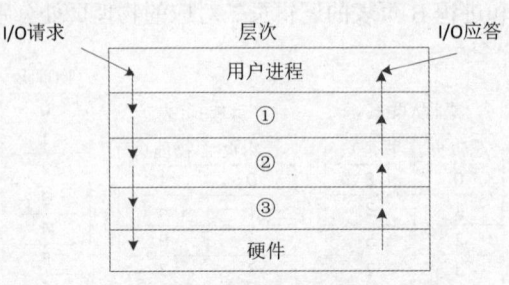

图 14-1-6　习题用图

（21）A．设备驱动程序、虚设备管理、与设备无关的系统软件

　　　B．设备驱动程序、与设备无关的系统软件、虚设备管理

　　　C．与设备无关的系统软件、中断处理程序、设备驱动程序

　　　D．与设备无关的系统软件、设备驱动程序、中断处理程序

- 数据库系统通常采用三级模式结构：外模式、模式和内模式。这三级模式分别对应数据库的___（22）___。

（22）A．基本表、存储文件和视图　　　　B．视图、基本表和存储文件

　　　C．基本表、视图和存储文件　　　　D．视图、存储文件和基本表

- 部门、员工和项目的关系模式及它们之间的 E-R 图如图 14-1-7 所示，其中，关系模式中带实下划线的属性表示主键属性。图中：

部门（部门代码，部门名称，电话）

员工（员工代码，姓名，部门代码，联系方式，薪资）

项目（项目编号，项目名称，承担任务）

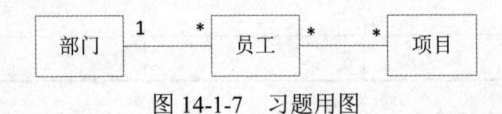

图 14-1-7　习题用图

若部门和员工关系进行自然连接运算，其结果集为___（23）___元关系。由于员工和项目之间的联系类型为___（24）___，所以员工和项目之间的联系需要转换成一个独立的关系模式，该关系模式的主键是___（25）___。

（23）A．5　　　　　　B．6　　　　　　C．7　　　　　　D．8

（24）A．1 对 1　　　 B．1 对多　　　　C．多对 1　　　　D．多对多

（25）A．（项目名称，员工代码）　　　　B．（项目编号，员工代码）

　　　C．（项目名称，部门代码）　　　　D．（项目名称，承担任务）

- 若事务 T1 对数据 D1 加了共享锁，事务 T2、T3 分别对数据 D2 和数据 D3 加了排他锁，则事务___（26）___。

(26) A. T1 对数据 D2、D3 加排他锁都成功,事务 T2、T3 对数据 D1 加共享锁成功
    B. T1 对数据 D2、D3 加排他锁都失败,事务 T2、T3 对数据 D1 加排他锁成功
    C. T1 对数据 D2、D3 加共享锁都成功,事务 T2、T3 对数据 D1 加共享锁成功
    D. T1 对数据 D2、D3 加排他锁都失败,事务 T2、T3 对数据 D1 加共享锁成功

● 某集团公司下属有多个超市,每个超市的所有销售数据最终要存入公司的数据仓库中。假设该公司高管需要从时间、地区和商品种类三个维度来分析某家电商品的销售数据,那么最适合采用___(27)___来完成。

(27) A. Data Extraction   B. OLAP
    C. OLTP   D. ETL

● 在分布式数据库中,___(28)___是指用户或应用程序不需要知道逻辑上访问的表具体如何分块存储。

(28) A. 逻辑透明   B. 位置透明   C. 分片透明   D. 复制透明

● 在网络系统设计时,不可能使所有设计目标都达到最优,下列措施中较为合理的是___(29)___。

(29) A. 尽量让最低建设成本目标达到最优
    B. 尽量让故障时间最短
    C. 尽量让最大的安全性目标达到最优
    D. 尽量让优先级较高的目标达到最优

● 在 Linux 操作系统中,要更改一个文件的权限设置可使用___(30)___命令。

(30) A. attrib   B. modify   C. chmod   D. change

● 下列关于 Linux 目录的描述中,正确的是___(31)___。

(31) A. Linux 只有一个根目录,用"/root"表示
    B. Linux 中有多个根目录,用"/"加相应目录名称表示
    C. Linux 中只有一个根目录,用"/"表示
    D. Linux 中有多个根目录,用相应目录名称表示

● 以下路由策略中,依据网络信息经常更新路由的是___(32)___。

(32) A. 静态路由   B. 洪泛路由   C. 随机路由   D. 自适应路由

● 在 FM 方式的数字音乐合成器中,改变数字载波频率可以改变乐音的___(33)___,改变它的信号幅度可以改变乐音的___(34)___。

(33) A. 音调   B. 音色   C. 音高   D. 音质
(34) A. 音调   B. 音域   C. 音高   D. 带宽

● 使用 150DPI 的扫描分辨率扫描一幅 3×4 英寸的彩色照片,得到原始的 24 位真彩色图像的数据量是___(35)___Byte。

(35) A. 1800   B. 90000   C. 270000   D. 810000

● 以下关于文档的叙述中,不正确的是___(36)___。

(36) A. 文档也是软件产品的一部分,没有文档的软件就不能称之为软件
    B. 文档只对软件维护活动有用,对开发活动意义不大
    C. 软件文档的编制在软件开发活动中占有突出的地位和相当大的工作量
    D. 高质量文档对于发挥软件产品的效益有着重要的意义

- 信息系统的文档是开发人员与用户交流的工具。在系统规划和系统分析阶段，用户与系统分析人员交流所使用的文档不包括___(37)___。

    (37) A. 可行性研究报告　　　　　　　　B. 总体规划报告
    　　　C. 项目开发计划　　　　　　　　　D. 用户使用手册

- 以下关于系统原型的叙述中，不正确的是___(38)___。

    (38) A. 可以帮助导出系统需求，并验证需求的有效性
    　　　B. 可以用来探索特殊的软件解决方案
    　　　C. 可以用来指导代码优化
    　　　D. 可以用来支持用户界面设计

- 某开发小组欲为一公司开发一个产品控制软件，监控产品的生产和销售过程，从购买各种材料开始，到产品的加工和销售进行全程跟踪。购买材料的流程、产品的加工过程以及销售过程可能会发生变化。该软件的开发最不适宜采用___(39)___模型，主要是因为这种模型___(40)___。

    (39) A. 瀑布　　　　B. 原型　　　　C. 增量　　　　D. 喷泉
    (40) A. 不能解决风险　　　　　　　　B. 不能快速提交软件
    　　　C. 难以适应变化的需求　　　　　D. 不能理解用户的需求

- 在敏捷过程的开发方法中，___(41)___使用了迭代的方法，其中，把每段时间（30天）一次的迭代称为一个"冲刺"，并按需求的优先级别来实现产品，多个自组织和自治的小组并行地递增实现产品。

    (41) A. 极限编程　　　B. 水晶法　　　C. 并列争球法　　　D. 自适应软件开发

- 在采用结构化开发方法进行软件开发时，设计阶段接口设计主要依据需求分析阶段的___(42)___。接口设计的任务主要是___(43)___。

    (42) A. 数据流图　　　B. E-R图　　　C. 状态-迁移图　　　D. 加工规格说明
    (43) A. 定义软件的主要结构元素及其之间的关系
    　　　B. 确定软件涉及的文件系统的结构及数据库的表结构
    　　　C. 描述软件与外部环境之间的交互关系，软件内模块之间的调用关系
    　　　D. 确定软件各个模块内部的算法和数据结构

- 图14-1-8所示某工程单代号网络图中，活动B的总浮动时间为___(44)___天。

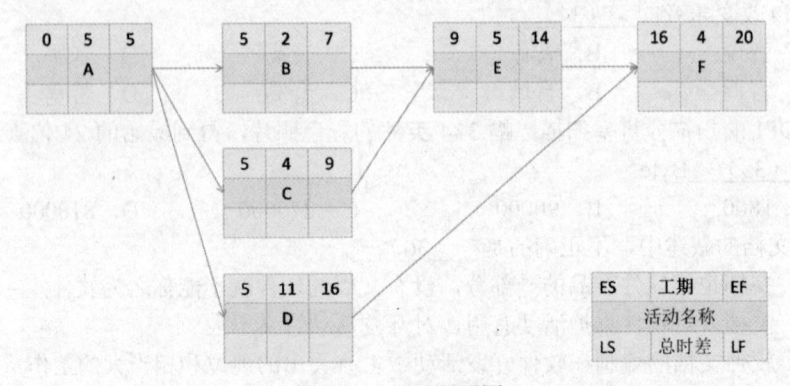

0	5	5
	A	

5	2	7
	B	

9	5	14
	E	

16	4	20
	F	

5	4	9
	C	

5	11	16
	D	

ES	工期	EF
	活动名称	
LS	总时差	LF

图14-1-8　习题用图

（44）A．1　　　　　B．2　　　　　C．3　　　　　D．4
● 图 14-1-9 中，若节点 0 和 6 分别表示起点和终点，则关键路径为___（45）___。

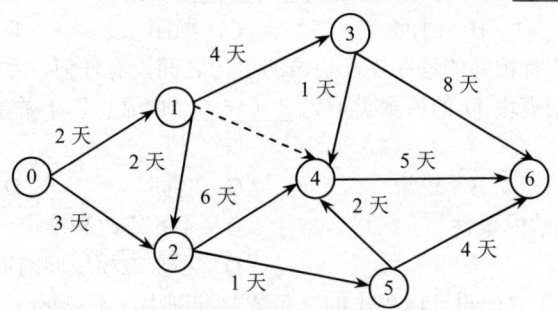

图 14-1-9　工程进度网络图

（45）A．0→1→3→6　　　　　　　B．0→1→4→6
　　　C．0→1→2→4→6　　　　　　D．0→2→5→6
● 工作量估算模型 COCOMO II 的层次结构中，估算选择不包括___（46）___。
　　（46）A．对象点　　　B．功能点　　　C．用例数　　　D．代码行
● 以下叙述中，___（47）___不是一个风险。
　　（47）A．由另一个小组开发的子系统可能推迟交付，导致系统不能按时交付客户
　　　　　B．客户不清楚想要开发什么样的软件，因此开发小组采用原型开发模型帮助其确定需求
　　　　　C．开发团队可能没有正确理解客户的需求
　　　　　D．开发团队核心成员可能在系统开发过程中离职
● 10 个成员组成的开发小组，若任意两人之间都有沟通路径，则共有___（48）___条沟通路径。
　　（48）A．100　　　　　B．90　　　　　C．50　　　　　D．45
● 正式技术评审的目标是___（49）___。
　　（49）A．允许高级技术人员修改错误　　　　B．评价程序员的工作效率
　　　　　C．发现软件中的错误　　　　　　　　D．记录程序员的错误情况并与绩效挂钩
● 某企业财务系统的需求中，属于功能需求的是___（50）___。
　　（50）A．每个月特定的时间发放员工工资
　　　　　B．系统的响应时间不超过 3s
　　　　　C．系统的计算精度符合财务规则的要求
　　　　　D．系统可以允许 100 个用户同时查询自己的工资
● 某航空公司拟开发一个机票预订系统，旅客预订机票时使用信用卡付款。付款通过信用卡公司的信用卡管理系统提供的接口实现。若采用数据流图建立需求模型，则信用卡管理系统是___（51）___。
　　（51）A．外部实体　　　B．加工　　　　C．数据流　　　D．数据存储
● 数据流图建模应遵循___（52）___的原则。
　　（52）A．自顶向下、从具体到抽象　　　　B．自顶向下、从抽象到具体
　　　　　C．自底向上、从具体到抽象　　　　D．自底向上、从抽象到具体

- 某模块中各个处理元素都密切相关于同一功能且必须顺序执行,前一处理元素的输出就是下一处理元素的输入,则该模块的内聚类型为___(53)___内聚。
  (53) A. 过程　　　　　B. 时间　　　　　C. 顺序　　　　　D. 逻辑
- 模块 A、B 和模块 C 有相同的程序块,块内的语句之间没有任何联系,现把该程序块取出来,形成新的模块 D,则模块 D 的内聚类型为___(54)___内聚。以下关于该内聚类型的叙述中,不正确的是___(55)___。
  (54) A. 偶然　　　　　B. 逻辑　　　　　C. 时间　　　　　D. 过程
  (55) A. 具有最低的内聚性　　　　　B. 不易修改和维护
  　　　C. 不易理解　　　　　　　　　D. 不影响模块间的耦合关系
- Theo Mandel 在其关于界面设计所提出的三条黄金准则中,不包括___(56)___。
  (56) A. 用户操纵控制　　　　　　　B. 界面美观整洁
  　　　C. 减轻用户的记忆负担　　　　D. 保持界面一致
- 3DES 是一种___(57)___算法。
  (57) A. 对称加密　　　B. 公开密钥　　　C. 报文摘要　　　D. 访问控制
- 报文摘要算法 MD5 的输出是___(58)___位,SHA-1 的输出是___(59)___位。
  (58) A. 56　　　　　　B. 128　　　　　　C. 160　　　　　　D. 168
  (59) A. 56　　　　　　B. 128　　　　　　C. 160　　　　　　D. 168
- SSL 协议使用的默认端口是___(60)___。
  (60) A. 80　　　　　　B. 445　　　　　　C. 8080　　　　　D. 443
- 甲公司购买了一工具软件,并使用该工具软件开发了新的名为"奇正"的软件。甲公司在销售新软件的同时,向客户提供工具软件的复制品,则该行为___(61)___,甲公司未对"奇正"软件注册商标就开始推向市场,并获得用户的好评。3 个月后,乙公司也推出名为"奇正"的类似软件,并对之进行了商标注册,则其行为___(62)___。
  (61) A. 侵犯了著作权　　　　　　　B. 不构成侵权行为
  　　　C. 侵犯了专利权　　　　　　　D. 属于不正当竞争
  (62) A. 侵犯了著作权　　　　　　　B. 不构成侵权行为
  　　　C. 侵犯了商标权　　　　　　　D. 属于不正当竞争
- 工作流管理系统的基本功能体现在对工作流进行建模、___(63)___和业务过程的管理和分析。WFMS 最基本的组成部分是工作流参考模型,其包含 6 个基本模块。___(64)___是 WFMS 的核心模块,它的功能包括创建和管理流程定义,创建、管理和执行流程实例。___(65)___是为流程实例提供运行环境,并解释执行流程实例的软件模块,即负责流程处理的软件模块。
  (63) A. 业务过程的实现　　　　　　B. 业务过程的设计和实现
  　　　C. 工作流执行　　　　　　　　D. 业务过程的监控
  (64) A. 流程定义工具　　　　　　　B. 工作流执行服务
  　　　C. 工作流引擎　　　　　　　　D. 管理监控工具
  (65) A. 流程定义工具　　　　　　　B. 工作流执行服务
  　　　C. 工作流引擎　　　　　　　　D. 管理监控工具

● 装饰器模式用于___（66）___；外观模式用于___（67）___。
①将一个对象加以包装以给客户提供其希望的另外一个接口
②将一个对象加以包装以提供一些额外的行为
③将一个对象加以包装以控制对这个对象的访问
④将一系列对象加以包装以简化其接口
（66）A. ①　　　　　B. ②　　　　　C. ③　　　　　D. ④
（67）A. ①　　　　　B. ②　　　　　C. ③　　　　　D. ④

● 某炼油厂每季度需供应合同单位汽油 15 吨、煤油 12 吨、重油 12 吨。该厂从甲、乙两处运回原油提炼，已知两处原油成分见表 14-1-2。从甲处采购原油价格（含运费）为 2000 元/吨、乙处为 2900 元/吨。为了使成本最低，炼油厂每季度应从甲处采购___（68）___吨，从乙处采购___（69）___吨。

表 14-1-2　习题用表

原油成分	甲	乙
汽油	0.15	0.50
煤油	0.20	0.30
重油	0.50	0.15
其他	0.15	0.05

（68）A. 15　　　　　B. 20　　　　　C. 25　　　　　D. 30
（69）A. 20　　　　　B. 25　　　　　C. 30　　　　　D. 35

● 某公司投资一个使用寿命为 5 年的项目，第一年年初投入 1000 万元，从第 1 年到第 5 年每年末都有净现金流量 300 万元。则项目的静态投资回收期为___（70）___年。
（70）A. 2　　　　　B. 2.5　　　　　C. 3　　　　　D. 3.3

● All objects within a class share ___（71）___ attributes and methods, so a class is like a(an) ___（72）___ for all the objects within the class. Objects within a class can be grouped into subclasses, which are more specific categories within a class. For example, TRUCK objects ___（73）___ a subclass within the VEHICLE class, along with other subclasses called CAR, MINIVAN, and SCHOOL BUS. Note that all four subclasses share common traits of the VEHICLE class, such as make, model, year, weight, and color. Each subclass also can possess traits that are uncommon, such as a load limit for the TRUCK or a(an) ___（74）___ for the SCHOOL BUS.

　　A class can belong to a more ___（75）___ category called a superclass. For example, a NOVEL class belongs to a superclass called BOOK, because all novels are books in this example. The NOVEL class can have subclasses called HARDCOVER, PAPER-BACK, and DIGITAL.

（71）A. common　　　　　　　　B. special
　　　C. unusual　　　　　　　　D. incomplete
（72）A. implementation　　　　　B. blueprint
　　　C. instance　　　　　　　　D. entity

（73）A．show　　　　　　　　　　B．include
　　　 C．represent　　　　　　　　D．exclude
（74）A．horn　　　　　　　　　　B．steering wheel
　　　 C．guide　　　　　　　　　 D．emergency exit
（75）A．especial　　B．general　　C．native　　D．particular

14.2　案例分析试卷

试题一

阅读以下关于基于微服务的系统开发的叙述，在答题纸上回答【问题1】至【问题3】。

【说明】

某大型外卖平台已经发展了5年，即时物流探索经历了3年多的时间，业务从零孵化到初具规模，在整个过程中积累了一些分布式高并发系统的建设经验。最主要的收获包括两点：

（1）即时物流业务对故障和高延迟的容忍度极低，在业务复杂度提升的同时也要求系统具备分布式、可扩展、可容灾的能力。即时物流系统阶段性的逐步实施分布式系统的架构升级，最终解决了系统宕机的风险。

（2）围绕成本、效率、体验核心三要素，即时物流体系大量结合AI技术，从定价、ETA、调度、运力规划、运力干预、补贴、核算、语音交互、LBS挖掘、业务运维、指标监控等方面，业务突破结合架构升级，达到促规模、保体验、降成本的效果。

该平台初期按照业务领域划分成多个垂直服务架构；随着业务的发展，从可用性的角度考虑做了分层服务架构。后来，业务发展越发复杂，从运维、质量等多个维度综合评估后，逐步演进到微服务架构。这里主要遵循了两个原则：___（1）___；___（2）___。

以该系统最简单的单人订餐预约与管理功能来说，得到的部分系统需求列举如下：

1. 系统的参与者包括顾客、餐饮店和平台管理员三类。
2. 系统能够实现对顾客和餐饮店的信息注册与身份认证等功能，并对顾客的信用信息进行管理，对餐饮店的食品经营许可进行审核。
3. 系统能够实现基于微信和支付宝的订单支付。

【问题1】（8分）

在（1）、（2）处填入合适的内容。

【问题2】（8分）

请用100字以内的文字说明微服务中应该包含的内容，并用200字以内的文字解释基于微服务的系统优势（至少两点）。

【问题3】（9分）

识别并设计微服务是系统开发过程中的一个重要步骤，请对题干的"单人订餐预约与管理"部分需求进行分析，对微服务的种类和包含的业务功能进行归类，完成表14-2-1中的（1）～（3）空白处。

表 14-2-1　微服务名称及所包含的业务功能

微服务名称	包含的业务功能
顾客管理	___(1)___
餐饮店管理	___(2)___
___(3)___	支付审核、微信支付、支付宝支付

注：试题二到试题四可以任选两题回答。

试题二

阅读以下关于数据库分析与建模的叙述，在答题纸上回答【问题1】至【问题3】。

【说明】

某大型零担物流平台公司随着不断的扩张，平台入驻物流企业已经达到100多家，每天订单量3000余单。公司现拟开发一套新的 SaaS 系统，以支持未来不高于5万家零担物流公司业务开展以及每天不高于300万单的订单规模。同时该系统支持同一地区（地市）的物流公司间订单的转让。该系统能够对订单数据进行分析挖掘，以便更好地服务用户。

施总负责系统数据库的设计与开发，考虑订单数据过多，单一表的设计会对系统性能产生较大影响，仅仅采用索引不足以解决性能问题。因此，需要将订单表拆分。

施总拟采取反规范化设计方法来解决，并给出了相应的解决方案。

【问题1】填空（10分）

实现反规范化的主要手段有：

1. 增加派生性冗余列，增加的列由表中的一些数据项经过计算生成。该手段的作用是___(1)___。
2. 增加冗余列，在多个表中增加具有相同语义的列。该手段的作用是___(2)___。
3. 分割表中，___(3)___分割的定义是，根据行的使用特点进行分割，分割之后所有表的结构都相同，存储的数据不同。垂直分割的特点是___(4)___，垂直分割的缺点是___(5)___。

【问题2】（8分）

数据库中的分区是通过数据划分、管理和查询优化等多种技术实现的，物理数据分区技术一般分为水平分区和垂直分区，常用的是水平分区。水平分区分为范围分区、哈希分区、列表分区等。

> 范围分区，按照数据表中某个值的范围进行分区。
> 哈希分区，按照某个字段的值的哈希函数来进行分区。
> 列表分区，按照某个字段的值来对数据进行分区。

阅读表 14-2-2，在（1）～（8）中填写不同分区方法在数据值、数据管理能力、实施难度与可维护性、数据分布等方面的特点。

表 14-2-2　习题用表

	范围分区	哈希分区	列表分区
数据值	___(1)___	连续离散均可	___(2)___
数据管理能力	强	___(3)___	___(4)___

续表

	范围分区	哈希分区	列表分区
可维护性	(5)	好	(6)
数据分布	(7)	(8)	不均匀

【问题3】（9分）

根据需求，施总在设计订单表时，为了实现 SaaS 多租户应用，需要考虑哪些核心因素？为了实现订单的转让，需要设计哪些字段？采用哪种分区方式（范围分区、哈希分区、列表分区）？并给出理由。

试题三

阅读以下关于用例测试的叙述，在答题纸上回答【问题1】至【问题2】。

【说明】

某电子商务公司建设基于 Web 的 B2C 系统，在系统的需求分析与架构设计阶段，用户提出的需求、质量属性描述和架构特性如下。

（a）系统用户分为系统管理员和数据维护员两类。

（b）系统应该具备完善的安全防护措施，能够对网络 DDoS 的攻击行为进行入侵检测并启动报警机制。

（c）正常负载情况下，系统必须在 0.3s 内对用户的查询请求进行响应。

（d）对查询请求处理时间的要求将影响系统的数据传输协议和处理过程的设计。

（e）系统的用户名可以为中文，长度不少于 8 个字符。

（f）更改系统加密的级别将对安全性和性能产生影响。

（g）网络失效后，系统需要在 6s 内发现错误并启用备用系统。

（h）查询过程中涉及的商品页面商品介绍视频传输必须保证 20 帧/s 的速率，且画面具有 1024×768 的分辨率。

（i）在系统升级时，必须保证在 4 人月内可添加一个新的消息处理中间件。

（j）系统主站点断电后，需要在 3s 内将请求重定向到备用站点。

（k）请求 5000 次/s 以下，处理单个请求的时间为 10ms，则系统应保证在 2s 内完成用户的查询请求。

（l）数据库的所有操作都必须进行完整记录。

（m）更改系统的 Web 界面接口必须在 4 人周内完成。

（n）目前对"活动优惠"业务逻辑的描述尚未达成共识，这可能导致部分业务功能模块的重复，影响系统的可修改性。

（o）系统必须提供远程调试接口，并支持系统的远程调试。

系统架构设计师给出了两个候选的架构设计方案，目前公司正在组织系统开发的相关人员对系统架构进行评估。

【问题 1】（12 分）

在架构评估过程中，质量属性效用树（utility tree）是对系统质量属性进行识别和优先级排序的重要工具。请给出合适的质量属性，填入表 14-2-3 中（1）、（2）空白处，并选择题干描述的（a）~（o），填入（3）~（6）空白处，完成该系统的效用树。

表 14-2-3 习题用表

效用	性能	（c）
		（3）
	（1）	（b）
		（4）
	可用性	（g）
		（5）
	（2）	（i）
		（6）

【问题 2】（13 分）

在架构评估过程中，需要正确识别系统的架构风险、敏感点和权衡点，并进行合理的架构决策。请用 300 字以内的文字给出系统架构风险、敏感点和权衡点的定义，并从题干（a）~（o）中分别选出 1 个对系统架构风险、敏感点和权衡点最为恰当的描述。

试题四

阅读以下关于用例测试的叙述，在答题纸上回答【问题 1】至【问题 3】。

【说明】

某公司是一家以酒类销售为主营业务的企业，为了扩展销售渠道，解决原销售系统存在的许多问题，公司委托某软件企业开发一套在线销售系统。目前，分析旧系统的问题和对新系统的期望得到各项内容如下所述。

（a）旧系统，用户需要键盘输入复杂且存在重复的商品信息。
（b）旧系统，商品订单处理速度太慢。
（c）旧系统，数据服务器 CPU 性能较低，内存仅 8G。
（d）旧系统，商品订单需要远程访问库存数据并打印提货单。
（e）新系统，订单信息页面自动获取商品信息并填充。
（f）新系统，订单处理的时间减少 30%以上。
（g）新系统，自动生成电子提货单并发送给仓库系统。
（h）新系统，采用最新的 8 核 CPU+32G 内存，16T 高速固态硬盘改善硬件性能 50%以上。
（i）新系统，采用 Web 应用服务直接访问本地数据库方式改善访问性能 50%以上。
（j）使用新系统后，系统运维人员数量不能增加。
（k）新系统的商品编码应与旧系统商品编码保持一致。

【问题1】（6分）

请说明系统分析阶段的主要任务和工作内容。

【问题2】（11分）

因果分析是系统分析阶段一项重要技术，通过因果分析得出对系统问题的真正理解，并且有助于得到更具有创造性和价值的方案。请将题目中所列（a）～（k）内容填入表14-2-4中（1）～（4）对应的位置。

表14-2-4　问题、机会、目标和约束条件

因果分析		系统改进目标	
问题或机会	原因和结果	系统目标	系统约束条件
（1）	（2）	（3）	（4）

【问题3】（8分）

系统约束条件可以分为4类，请将类别名称填入表14-2-5中（1）～（4）对应的位置。

表14-2-5　约束条件分类

约束条件	类型
新系统必须在7月底上线运行	（1）
新系统开发费用不超过40万元	（2）
新系统必须能够实现在线处理业务	（3）
新系统必须满足GB/T 31524—2015《电子商务平台运营与技术规范》	（4）

14.3　论文试卷

试题一　论系统敏捷的开发方法

敏捷方法目前已经逐渐被广泛运用，用以应对快速变化的需求。敏捷宣言强调个体和交互胜过过程和工具、可以工作的软件胜过面面俱到的文档、客户合作胜过合同谈判、响应变化胜过遵循计划。强调让客户满意和软件尽早增量发布，小而高度自主的项目团队；非正式的方法；最小化软件工程工作产品以及整体精简开发。敏捷方法是一系列方法的统称，包括很多种不同的方法。

请围绕"论系统敏捷的开发方法"论题，依次从以下3个方面进行论述。

1. 概要叙述你参与管理和开发的软件项目以及你在其中所承担的主要工作。
2. 详细论述常见的系统敏捷开发方法。（列出常见3种详细论述即可）
3. 结合你具体参与管理和开发的实际软件项目，说明你在项目中用到了哪些方法，并阐述具体实施过程以及应用效果。

试题二　论软件设计方法及其应用

软件设计（Software Design，SD）根据软件需求规格说明书设计软件系统的整体结构、划分功

能模块、确定每个模块的实现算法以及程序流程等，形成软件的具体设计方案。软件设计把许多事物和问题按不同的层次和角度进行抽象，将问题或事物进行模块化分解，以便更容易解决问题。分解得越细，模块数量也就越多，设计者需要考虑模块之间的耦合度。

请围绕"论软件设计方法及其应用"论题，依次从以下 3 个方面进行论述。
1．概要叙述你所参与管理或开发的软件项目，以及你在其中所承担的主要工作。
2．详细阐述有哪些不同的软件设计方法，并说明每种方法的适用场景。
3．详细说明你所参与的软件开发项目中，使用了哪种软件设计方法，具体实施效果如何。

14.4　综合知识试卷解析

试题（1）分析
微内核结构（客户/服务器结构）的操作系统设计的基本思想是内核只完成操作系统最基本的功能并在核心态下运行，其他功能运行在用户态，其结构图如图 14-4-1 所示。

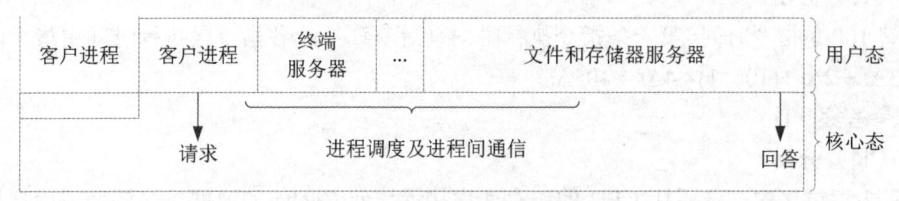

图 14-4-1　微内核结构图

■ **参考答案**　A
试题（2）分析
至少需要资源数=并发进程数×(每个进程所需资源数–1)+1=6×(3–1)+1=13。
■ **参考答案**　D
试题（3）分析
RAID5 的容量=(n–1)×最小的磁盘容量=(7–1)×60G=360G。
■ **参考答案**　C
试题（4）分析
芯片可以使用的环境温度划分如下：军工级（–55～+150℃），车载级（–40～+125℃），工业级（–40～+85℃），民用级（0～+70℃）。
■ **参考答案**　C
试题（5）～（6）分析
由于 A1A2→A3，A3→A4，根据传递性，A1A2→A4。而 A1 或者 A2 都不能推出 A3 或者 A4。所以关系 R 有 1 个候选关键字 A1A2。
由"A1A2→A3"，得不到"A1→A2A3"。
■ **参考答案**　（5）A　（6）A
试题（7）分析
RISC 采用流水线技术，而 CISC 不采用；RISC 使用简单的指令，而 CISC 使用复杂的指令；

RISC 采用较多通用寄存器，而 CISC 采用很少的通用寄存器。

■ 参考答案　D

试题（8）分析

寻址方式（编址方式）即指令按照哪种方式寻找或访问到所需的操作数。寻址方式对指令的地址字段进行解释，获得操作数的方法或者获得程序的转移地址。

立即寻址是指令中直接给出操作数。这种方式获取操作码（操作数）最快捷。

寄存器寻址是操作数存储在某一寄存器中，指令给出存储操作数的寄存器名。相较于直接寻址，在寄存器寻址方式中，指令在执行阶段不用访问主存，执行速度较快。

■ 参考答案　A

试题（9）分析

流水线的周期为指令执行时间最长的一段，本题中最长的一段操作时间为 9ns。

■ 参考答案　C

试题（10）分析

执行完 100 条指令时间=第一条指令执行时间+(指令数–1)×各指令段执行时间中最大的执行时间=$4\Delta t + 3\Delta t + 2\Delta t +(100–1)\times 4\Delta t = 405\Delta t$。

■ 参考答案　D

试题（11）分析

Cache-主存层次中，既要让 CPU 的访存速度接近访问 Cache 的速度，又要使得用户程序的运行空间为主存容量大小。这种结构中，Cache 对用户程序是透明的，即用户程序不需要知道 Cache 的存在。

CPU 每次访存时，得到的是一个主存地址。Cache-主存结构中，CPU 首先访问 Cache，并不是主存。因此需要将 CPU 的访主存地址转换成 Cache 地址，这要求处理转换速度非常快，因此需要完全由硬件完成。

■ 参考答案　B

试题（12）分析

内存地址范围 A0000H～DFFFFH 的容量为：

DFFFFH–A0000H+1=40000H=$4\times 16^4=4\times 2^{16}=4\times 2^6\times 2^{10}$=256K；因为系统是字节编址，所以总容量为 256K×8bit。

如果使用规格为 32K×8bit 的存储器芯片，构成该内存空间则需要：(256K×8)/(32K×8)= 8 片。

■ 参考答案　B

试题（13）分析

直接映射方式中，主存的块只能存放在 Cache 的相同块中。

全相联映射方式中，主存任何一块数据可以调入 Cache 的任一块中。

组相联的映射：各区中的某一块只能存入缓存的同组号的空间内，但组内各块地址之间则可以任意存放。

■ 参考答案　A

试题（14）分析

设部件 4 的可靠度为 x，则根据串并联系统可靠性公式及题意，可得：

$$0.90 \times (1-(1-0.80)^2) \times x \geq 0.85$$

解得：$x \geq \dfrac{0.85}{0.9 \times [1-(1-0.8)^2]}$

■ **参考答案** A

试题（15）分析

PV 操作是一种协调进程同步与互斥的机制。PV 操作属于低级通信原语，使用不当会产生死锁，并且 PV 操作对应的进程每次只能发送一个消息，通信效率比较低。

■ **参考答案** B

试题（16）分析

本题中，R2 资源有 3 个，已分配 2 个。R2 还可以满足 P3 的 1 个 R2 资源的申请。P3 是成为非阻塞节点，同理 P1 也是非阻塞节点。P3 运行完毕释放资源后，可以满足 R1 和 R2 的所有资源申请并运行完毕。所以，该图是可以简化的。

■ **参考答案** D

试题（17）～（18）分析

页的大小为 1K，所以逻辑地址 0～1023 为第 0 页，1024～2047 为第 1 页，其物理页号为 3。
进程 A 的逻辑页 4 与进程 B 的逻辑页 5 共享物理页 4，则它们对应的物理页号都是 4。

■ **参考答案** （17）B （18）A

试题（19）分析

系统为该进程分配了 3 个存储块，从状态位可知，页面 0、2 和 3 在内存中，并占据了 3 个存储块；访问前页面 1 不在内存时，需要调入页面 1 进入内存，这就要淘汰内存中的某个页面。
淘汰页面的次序为，未访问的页面先淘汰，然后，未修改的页面先淘汰。
从访问位来看，页面 0、2 和 3 都被访问过，无法判断哪个页面应该被淘汰；从修改位来看，页面 3 未被修改过，所以淘汰页面 3，代价最小。

■ **参考答案** D

试题（20）分析

由题给出的地址结构可知：
1) 段号地址为 31–24+1=8 位，则有 2^8=256 段。
2) 页号地址为 23–13+1=11 位，则每段有 2^{11}=2048 页。
3) 页内地址长度为 12–0+1=13 位，页大小为 2^{13}=8K。

■ **参考答案** B

试题（21）分析

I/O 软件的所有层次及每一层的主要功能如图 14-4-2 所示。

■ **参考答案** D

试题（22）分析

外模式、模式和内模式分别对应数据库的视图、基本表和存储文件。

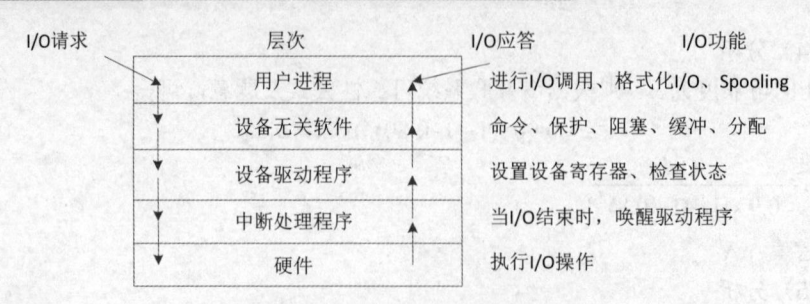

层次		
I/O请求 →	用户进程 ← I/O应答	I/O功能: 进行I/O调用、格式化I/O、Spooling
↓↑	设备无关软件 ↑	命令、保护、阻塞、缓冲、分配
↓↑	设备驱动程序 ↑	设置设备寄存器、检查状态
↓↑	中断处理程序 ↑	当I/O结束时，唤醒驱动程序
↓↑	硬件	执行I/O操作

图 14-4-2 I/O 设备管理层次

■ **参考答案** B

试题（23）～（25）分析

部门和员工两个关系进行自然连接，需要去掉重复属性"部门代码"，结果的属性列为（部门代码，部门名称，电话，员工代码，姓名，联系方式，薪资），共 7 列。

题目指出员工与项目关系为"*:*"，即"多对多"的关系。*:*（多对多）的关系必须要转换为一个独立的关系模式，该关系模式的主键是两端实体的主键。由于员工关系的主键是员工代码，项目关系的主键是项目编号，所以员工和项目之间的联系转换的关系模式主键是（项目编号，员工代码）。

■ **参考答案**　（23）C　（24）D　（25）B

试题（26）分析

排他锁（X 锁）：数据加了 X 锁后，则不允许其他事务加任何锁。

共享锁（S 锁）：数据加了 S 锁后，可允许其他事务对其加 S 锁，但不允许加 X 锁。

■ **参考答案** D

试题（27）分析

数据仓库是决策支持系统和联机分析应用数据源的结构化数据环境。

OLAP 工具可以进行复杂的分析，可以对决策层和高层提供决策支持。它可以通过多维的方式对数据进行分析。例如，从时间、地区和商品种类 3 个维度来分析某商品的销售数据。

■ **参考答案** B

试题（28）分析

1）逻辑透明性（局部映射透明性）：用户不必关心局部 DBMS 支持哪种数据模型、使用哪种数据操纵语言，数据模型和操纵语言的转换是由系统完成的。

2）位置透明性：用户不必知道所操作的数据放在何处。

3）分片透明性：用户不必关心数据是如何分片存储的。

4）复制透明性：用户无须知道数据复制到哪些节点，如何复制的。

■ **参考答案** C

试题（29）分析

有限资源应优先保障高优先级的目标。

■ **参考答案** D

试题（30）分析

在 Linux 操作系统中，chmod 命令可以精确地控制文档的权限。

- ■ 参考答案　C

试题（31）分析

Linux 操作系统的根目录只有一个，用"/"表示。

- ■ 参考答案　C

试题（32）分析

静态路由是指由网络管理员手动配置的路由信息。

洪泛路由属于简单路由算法，将收到的路由报文，往所有连接的路由器上发送。随机路由属于洪泛路由的简化。

自适应路由是路由器依据网络信息自动地建立自己的路由表，并根据实际情况的变化适时地进行调整。

可知，依据网络信息经常更新路由的是自适应路由。

- ■ 参考答案　D

试题（33）～（34）分析

音符的基本要素有音调（高低）、音强（强弱）、音色（特质）、时间长短。改变数字载波频率可以改变乐音的音调，改变它的信号幅度可以改变乐音的音高。

- ■ 参考答案　（33）A　（34）C

试题（35）分析

150DPI 像素数=(150×3)×(150×4)=450×600。

24 位真彩色图像的数据量=像素数×颜色位数/8=450×600×24/8=810000。

- ■ 参考答案　D

试题（36）分析

软件文档是软件产品重要组成部分，软件开发的各个阶段都要产生各式的软件文档。

- ■ 参考答案　B

试题（37）分析

概要设计阶段产生的文档有用户使用手册、概要设计说明书、数据库设计说明书、修订测试计划。所以系统规划和系统分析阶段所使用的文档不包含用户使用手册。

- ■ 参考答案　D

试题（38）分析

原型法适用于用户需求不清，逐步摸清系统需求并验证的方法。该方法并不能用来指导代码优化。

- ■ 参考答案　C

试题（39）～（40）分析

瀑布模型不适用需求多变或早期需求不确定的开发过程。

- ■ 参考答案　（39）A　（40）C

试题（41）分析

并列争球法（Scrum）框架中的开发过程由若干个短的迭代周期（Sprint）组成，每个 Sprint 的建议长度是 2～4 周。

■ 参考答案　C

试题（42）～（43）分析

设计阶段接口设计主要依据需求分析阶段的数据流图。接口设计的任务主要是描述软件与外部环境之间的交互关系，软件内模块之间的调用关系。

定义软件的主要结构元素及其之间的关系是架构阶段的任务；确定软件涉及的文件系统的结构及数据库的表结构是数据存储设计阶段的任务；确定软件各个模块内部的算法和数据结构是详细设计阶段的任务。

■ 参考答案　（42）A　（43）C

试题（44）分析

本题采用观察法，最长路径为 ADF，工期 20 天。

求 B 的总时差，B 所在的路径 ABEF，周期 16 天，所以，B 可以延后 4 天不影响工期。

延伸知识点："总浮动时间"计算方法为：本活动的最迟完成时间减去本活动的最早完成时间，或本活动的最迟开始时间减去本活动的最早开始时间。正常情况下，关键活动的总浮动时间为零。

■ 参考答案　D

试题（45）分析

本题考核"根据网络图求关键路径"，考生可在网络图基础之上逐步推导。

另外，此图可以采用"穷举法"，根据关键路径判断的原则之一——路径最长的为关键路径，可将 ABCD 中全部活动进行累加，得到：

A 选项为 2+4+8 = 14 天，B 选项为 2+0+5 = 7 天，C 选项为 2+2+6+5 = 15 天，D 选项为 3+1+4 = 8 天。C 选项的路径最长，所以选择 C。

■ 参考答案　C

试题（46）分析

COCOMO II 模型规模估算点有对象点、功能点和代码行。

■ 参考答案　C

试题（47）分析

风险是负面的，不希望发生的。而使用原型开发模型帮助用户确定其需求，是使用者希望发生的。

■ 参考答案　B

试题（48）分析

沟通渠道条数=[n×(n−1)]/2，n 表示项目中的成员数量。10 个成员沟通渠道条数=10×9/2=45。

■ 参考答案　D

试题（49）分析

正式技术评审是一种软件质量保障活动。其目标有发现错误，证实软件的确满足需求，符合标准等。

■ 参考答案　C

试题（50）分析

功能需求规定开发人员必须在产品中实现的软件功能。所以 A 选项属于功能需求。

■ 参考答案　A

试题（51）分析

数据流图的成分包括：数据存储、数据流、加工、外部实体。外部实体指的是软件系统之外的人员、组织、软件。所以，信用卡管理系统相对于机票预订系统是外部实体。

■ **参考答案**　A

试题（52）分析

数据流图的建模原则是自顶向下、从抽象到具体。

■ **参考答案**　B

试题（53）分析

顺序内聚指模块的各个成分和同一个功能密切相关，而且一个成分的输出作为另一个成分的输入。

■ **参考答案**　C

试题（54）～（55）分析

偶然内聚是指模块的各成分之间毫无关系。模块设计目标是高内聚，低耦合。偶然内聚属于最低内聚，不易修改、不易维护、不易理解，同时影响模块间的耦合关系。

■ **参考答案**　（54）A　（55）D

试题（56）分析

Theo Mandel 给出了界面设计的 3 条黄金准则：方便用户操纵控制、减轻用户的记忆负担、保持界面一致。

■ **参考答案**　B

试题（57）分析

常见的对称加密算法有 DES、3DES、RC5、IDEA。

■ **参考答案**　A

试题（58）～（59）分析

MD5：消息摘要算法 5（MD5）把信息分为 512 比特的分组，并且创建一个 128 比特的摘要。
SHA-1：安全哈希算法（SHA-1）也是基于 MD5 的，使用一个标准把信息分为 512 比特的分组，并且创建一个 160 比特的摘要。

■ **参考答案**　（58）B　（59）C

试题（60）分析

Web 服务默认端口 80；局域网中的共享文件夹和打印机默认端口分别为 445 和 139；局域网内部 Web 服务默认端口 8080；SSL 协议（安全套接层）默认端口 443。

■ **参考答案**　D

试题（61）～（62）分析

甲公司向客户提供工具软件的复制品，侵犯了工具软件的软著权；甲公司没有注册商标，所以乙公司没有侵犯商标权；而著作权是自作品完成之时就开始保护，所以乙公司的行为侵犯了甲公司的著作权。

■ **参考答案**　（61）A　（62）A

试题（63）～（65）分析

工作流管理系统的基本功能体现在对工作流进行建模、工作流执行和业务过程的管理和分析。

工作流参考模型包含6个基本模块，分别是工作流执行服务、工作流引擎、流程定义工具、客户端应用、调用应用和管理监控工具。

工作流执行服务是工作流管理系统的核心模块，它的功能包括创建和管理流程定义，创建、管理和执行流程实例。

工作流引擎是为流程实例提供运行环境，并解释执行流程实例的软件模块，即负责流程处理的软件模块。

■ **参考答案** （63）C （64）B （65）C

试题（66）～（67）分析

装饰模式适用于不影响其他对象的情况下动态增加、撤销对象功能。所以可用于将一个对象加以包装以提供一些额外的行为。

外观模式为子系统中的一组接口提供一个一致的界面、定义了一个高层接口。所以可以用于将一系列对象加以包装以简化其接口。

■ **参考答案** （66）B （67）D

试题（68）～（69）分析

假设从甲采购 x 吨，从乙采购 y 吨，则所花费成本 $z=2000x+2900y$（元），可得如下不等式：$0.15x+0.5y \geq 15$，$0.2x+0.3y \geq 12$，$0.5x+0.15y \geq 12$，其中 x、y 均大于等于 0。

根据上述不等式画图，具体如图 14-4-3 所示。

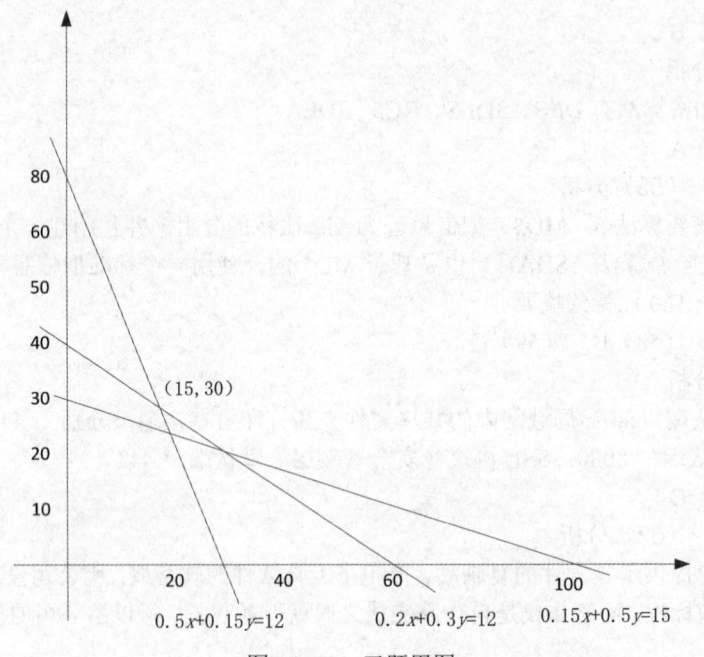

图 14-4-3 习题用图

求图中直线的交点，并计算成本 z，然后可得在（15，30）交点处可以得到最小值。

■ **参考答案** （68）A （69）C

试题（70）分析

静态投资回收期=累计净现金流量开始出现正值的年份数–1+|上年累计净现金流量|/当年净现金流量=(4–1)+(–1000+300+300+300)/300≈3.3。

■ **参考答案** D

试题（71）～（75）分析

类中的所有对象都共享公共属性和方法，因此类就像类中所有对象的蓝图。类中的对象可以分组到子类中，子类是类中更具体的类别。例如，TRUCK 对象表示 VEHICLE 类中的一个子类，以及其他称为 CAR、MINIVAN 和 SCHOOL BUS 的子类。请注意，四个子类都具有 VEHICLE 类的共同特征，如品牌、型号、年份、重量和颜色。每个子类也可以具有不常见的特征，例如卡车的负载限制或校车的紧急出口。

一个类可以属于一个更通用的类别，称为超类。例如，NOVEL 类属于一个名为 BOOK 的超类，因为在本例中，所有小说都是书。NOVEL 类可以有称为 HARDCOVER、PAPER-BACK 和 DIGITAL 的子类。

（71）A．公共的　　　　　　　　　B．特别的
　　　C．不常用的　　　　　　　　D．未完成的
（72）A．实现　　　　　　　　　　B．蓝图
　　　C．实例　　　　　　　　　　D．实体
（73）A．呈现　　　　　　　　　　B．包括
　　　C．表示　　　　　　　　　　D．排除
（74）A．喇叭　　　　　　　　　　B．方向盘
　　　C．向导　　　　　　　　　　D．紧急出口
（75）A．独特的　　　　　　　　　B．通用的
　　　C．本地的　　　　　　　　　D．专属的

■ **参考答案**　（71）A　（72）B　（73）C　（74）D　（75）B

14.5　案例分析试卷解析

试题一

试题分析

【问题1】

对于案例题，答案要在题干中找，无非就是把题干所描述的语言组织为理论化的语言。可以看出"初期按照……"然后"随着业务的发展……""后来，业务发展越发复杂……逐步演进到微服务架构"。这段话表明了微服务架构不是一蹴而就的，而是演化的选择。题目中想表达这样一个意思：微服务不适合一开始就进行设计。微服务是随着业务发展演进出来的选择，不适合在业务初期就提前设计。

【问题2】

微服务（或微服务架构）是一种云原生架构方法，其中单个应用程序由许多松散耦合且可独立部署的较小组件或服务组成。这些服务通常特征如下：

（1）有自己的堆栈，包括数据库和数据模型。这表明微服务有自己的资源。

（2）通过 REST API、事件流和消息代理的组合相互通信；这表明微服务通过 API 实现，有通信机制。

（3）它们是按业务能力组织的，分隔服务的线通常称为有界上下文。

如果背不出微服务的定义，可以将微服务和程序的进程概念进行类比，进程需要资源（数据）、独立完成一项任务，相应的优势也极其类似。"微"的核心就是"分解"，化整为零，降低复杂度，具备独立性。微服务的独立性自然很好理解，开发独立、部署独立、扩展独立，展开描述即可。

【问题3】

答案可以在题干中找到，"系统能够实现对顾客和餐饮店的信息注册与身份认证等功能，并对顾客的信用信息进行管理，对餐饮店的食品经营许可进行审核；"可以看到对于顾客，系统需要实现"（顾客）信息注册""（顾客）身份认证""（顾客）信用信息管理"；对于餐饮店，系统需要实现"（餐饮店）信息注册""（餐饮店）身份认证"和"（餐饮店）食品经营许可审核"。从而得到（1）、（2）的答案。

观察各个微服务名称，可以看到前面两个均带有"管理"字眼，"系统能够实现基于微信和支付宝的订单支付；"说明此处需要完成支付管理的功能，因此填写"支付管理"或"订单支付管理"皆可，建议填写"支付管理"，言简意赅。

参考答案

【问题1】

（1）不宜过早进行微服务架构设计。

（2）微服务架构是演进出来的，不是提前设计出来的。

注：（1）（2）次序可以互换。

【问题2】

微服务中应该包含的内容有：资源（数据）、对资源（数据）的操作的一组 API（小应用）集合。

微服务系统有以下优势。

（1）化整为零：通过自上而下的分解复杂的单体式应用为多个服务方法解决了功能（应用）复杂性问题。

（2）独立开发：每个微服务能够独立开发，无须协调其他服务开发，能够实现快速开发。

（3）独立部署：每个微服务能够独立部署，无须协调其他服务部署，能够实现快速部署。

（4）独立扩展：可根据控制每个微服务的规模来部署满足需求的规模。

注：写出两点即可。

【问题3】

（1）顾客信息注册、顾客身份认证、顾客信用信息管理

（2）餐饮店信息注册、餐饮店身份认证、餐饮店食品经营许可审核

（3）支付管理

试题二

试题分析
【问题 1】

（1）题干中"派生性冗余列"说明增加的列由表中的一些数据项经过计算生成。"冗余"说明一些查询可以减少连接操作。"经过计算生成"说明应避免在查询时进行函数计算，可提升查询性能。

（2）题干中的"冗余列"，说明在一些查询场合可以减少连接操作，提升查询性能。

（3）对比后文中的"垂直"一词，可以直接写出"水平"。

（4）对比"水平分割"的定义，"垂直分割"的特点是对列（属性）进行分割，但是因为分割出去的记录"成分碎片"需要有唯一性标识，用以表明共同的完整记录来源，一般用主码来确定分割出去的记录"碎片"唯一性，此处主码在各个分表中并不是冗余项，这一点要牢记。

（5）不同表间通过主码关联查询，没有其他冗余，因此必须使用连接操作，这会降低查询性能。

【问题 2】

可以依照定义推测和特点对比来进行填空。

（1）、（2）：范围分区是按照数据表中某个值的范围进行分区，因此数据值是连续的。而列表分区依据的是某个字段的值，因此数据是离散的。

（3）、（4）：哈希分区由于采用哈希函数，分区自身没有具体的意义，数据管理能力弱。相反，列表分区依据的是某个字段的值，根据数值就可以操作数据记录，故数据管理能力强。

（5）、（6）：哈希分区方式，用户无须考虑和指定列值或列值的集合应该存在哪个分区上，因此实施难度小，可维护性好。其他两种方式则差。

（7）、（8）：数据的范围取值一般具有集中性，因此数据分布通常情况下是不均匀的。由于在哈希分区中数据都需要通过统一的哈希函数来确定存储的位置，所以当创建分区列上的数据重复率很低时，哈希分区能很好地将各个数据均匀分布在各个物理存储上。

【问题 3】

多租户系统采用共享数据库（表）时，需要考虑将数据操作隔离，分清楚是谁在操作，是谁的数据。确定租户的最直接的标识是租户 ID 字段。

订单如果需要溯源，只需添加订单的出处。为了方便查询，需要添加原订单 ID 和原租户 ID 字段表明原来的订单号和原订单所在的物流公司。

通过租户 ID 字段的值来对数据分区，很容易实现一户一表（区），并起到数据隔离作用。另外，数据操作时集中在同一表（区）进行，性能比跨表（区）操作高效。

参考答案
【问题 1】

（1）查询时减少连接操作，避免使用聚合函数。

（2）在查询时避免连接操作，提高查询性能。

（3）水平。

（4）分割后所得的表均包含主码。但除了主码列，各个表的列均不相同。

可补充一点：通常将常用列与不常用列分别放在不同表中，以减少查询 I/O 次数。

（5）使用连接操作，查询性能降低。

【问题 2】

（1）连续　　（2）离散　　（3）弱　　（4）强

（5）差　　（6）差　　（7）不均匀　　（8）均匀

【问题 3】

（1）需要考虑的核心因素：通过租户 ID 字段来隔离数据，所有的业务数据表均需要有该字段。

（2）需添加字段：原订单 ID 字段和原租户 ID 字段。

（3）宜选择列表分区方式。这是因为通过租户 ID 字段的值来对数据分区，可起到非常好的数据隔离效果，同一租户的操作在同一分区内进行，隔离性和数据操作性能都比较好。

试题三

试题分析

【问题 1】

6 个最常见的系统质量属性分别是：

（1）可用性：可用性是指系统正常工作的时间所占的比例。可用性会遇到系统错误、恶意攻击、高负载等问题的影响。

（2）可修改性：主要包含两方面，第一是修改什么（什么可以修改），第二是何时以及由谁进行修改。

（3）性能：性能与时间有关。事件发生时，系统必须对其作出响应。时间到达响应有很多特性，但性能基本上与事件发生时，将要消耗系统多长时间做出响应有关系。

（4）安全性：安全性是衡量系统在向合法用户提供服务的同时，阻止非法授权使用的能力。

（5）可测试性：通过测试揭示软件缺陷的容易程度。

（6）易用性：易用性关注的是对用户来说完成某个期望任务的容易程度和系统所提供的用户支持的种类。

就本题给出的各条特性而言，其具体归属如下。

（a）系统功能需求。

（b）描述了安全性质量属性。

（c）描述性能质量属性。

（d）一个质量属性会对多个设计决策造成影响，是敏感点。

（e）系统功能需求。

（f）一个质量属性会影响多个质量属性，是权衡点。

（g）描述可用性质量属性。

（h）描述性能质量属性。

（i）描述可修改性质量属性。

（j）描述可用性质量属性。

（k）描述性能质量属性。
（l）描述安全质量属性。
（m）描述可修改性质量属性。
（n）潜在的架构风险。
（o）描述可测试性质量属性。

本题实际上只给出 4 个质量属性。记不住的情况下，可以观察第 3 列，可以看到（b）描述的主要是系统的安全性要求，那么直接在（1）处填写"安全性"即可。

同理（i）描述的是可以增加消息中间件，因此对应的是"可修改性"，填入（2）。

然后根据第 2 列和第 3 列，性能方面，"传输必须保证 20 帧/s 的速率"这是典型的传输性能要求，因此（3）处填入（h）；"所有操作都必须进行完整记录"说明是日志需求，涉及安全性，因此（4）处填入（l）；（j）说明系统主站点断电后，系统还能通过从站（备份站）来访问，是系统的"可用性"需求，填入（5）；（m）处提到了"更改系统的 Web 界面接口"，是"可修改性"，填入（6）。

【问题 2】

定义应当记牢。考试时若记不住原定义，可以通过类比和逻辑定义来"逼近"定义。

"系统架构风险"=系统架构+风险，风险定义为：潜在的、发生损失的可能性。故而可以定义为：系统架构设计过程中，潜在的、可能发生问题（损失）的隐患和可能性。离书面定义也不远。一般还是可以得分的。

此处的敏感点、权衡点中的"点"即属性，这是定义的外延。敏感的内涵即关联、反应快速，权衡即影响大、需要斟酌。故而可以定义：敏感点是与实现某种特定质量属性，与之关联性极强的特性。权衡点自然更容易定义：影响和决定多个质量属性的特性。

从风险的定义角度上来看，（n）中"可能导致部分业务功能模块的重复，影响系统的可修改性。"说明可能发生影响可修改性的事件，存在修改性隐患，是个风险因素。

（d）中"请求处理时间的要求将影响系统的数据传输协议和处理过程的设计。"即"数据传输协议和处理过程的设计"对"请求处理时间"属性极为敏感。

（f）是权衡点，"更改系统加密的级别将对安全性和性能产生影响。"提及了"更改系统加密的级别"对"安全性"和"性能"产生影响。（安全性和性能包含多个质量属性）。

参考答案

【问题 1】

（1）安全性　　　　（2）可修改性　　　　（3）(h)
（4）(l)　　　　　　（5）(j)　　　　　　　（6）(m)

【问题 2】

系统架构风险是指架构设计中潜在的、存在问题的架构决策所带来的隐患。敏感点是为了实现某种特定质量属性，一个或多个构件所具有的特性。权衡点是影响多个质量属性，并对多个质量属性来说都是敏感点的系统属性。

（n）描述的是系统架构风险；（d）描述的是敏感点；（f）描述的是权衡点。

试题四

试题分析

【问题1】

系统分析的主要任务是回答"系统应用做什么"的问题，具体工作包含详细调查收集和分析用户需求；确定新系统初步的逻辑模型；编制系统说明书。

【问题2】

问题或机会，说明是旧系统存在的问题（产生改良机会），此处："(b) 旧系统，商品订单处理速度太慢。"即当前存在的问题。

原因和结果，则是旧系统问题存在的原因和结果。包含："(a) 旧系统，用户需要键盘输入复杂且存在重复的商品信息。(c) 旧系统，数据服务器CPU性能较低，内存仅8G。(d) 旧系统，商品订单需要远程访问库存数据并打印提货单。"

系统改进目标的系统目标（必然是新系统内）包括：

（e）新系统，订单信息页面自动获取商品信息并填充。
（f）新系统，订单处理的时间减少30%以上。
（g）新系统，自动生成电子提货单并发送给仓库系统。
（h）新系统，采用最新的8核CPU+32G内存，16T高速固态硬盘改善硬件性能50%以上。
（i）新系统，采用Web应用服务直接访问本地数据库方式改善访问性能50%以上。

系统改进目标的系统约束条件包括：

（j）使用新系统后，系统运维人员数量不能增加。
（k）新系统的商品编码应与原系统商品编码保持一致。

【问题3】

（1）关键词"7月底"涉及工期，属于进度约束。
（2）关键词"开发费用"，说明是成本约束。
（3）关键词"在线"和"处理业务"，涉及功能约束。
（4）关键词"满足技术规范"，对应质量约束。

参考答案

【问题1】

系统分析的主要任务是回答"系统应用做什么"的问题，具体可归纳为以下3个方面。

（1）详细调查收集和分析用户需求。用户需求是指用户要求新系统应具有的全部功能和特性，包括功能需求、性能要求、可靠性要求、安全保密要求、开发费用、时间及资源方向的限制等。

（2）确定新系统初步的逻辑模型。即通过数据流图等工具，说明新系统应用做什么，而不具体涉及"如何做"等物理实现问题。

（3）编制系统说明书。对采用图表描述的逻辑模型进行适当的文字说明，就组成了系统分析说明书，这是系统分析阶段的主要成果。

【问题2】

(1) (b)　　　　　　　　　　　(2) (a)、(c)、(d)
(3) (e)、(f)、(g)、(h)、(i)　　(4) (j)、(k)

【问题 3】
（1）进度约束　　（2）成本约束　　（3）功能约束　　（4）质量约束

14.6 论文试卷解析

试题一

【要点解析】
一、概述你所参与管理和开发的软件项目，简述个人在项目中的角色及承担的主要工作。
二、详细描述 3 种常见的系统敏捷开发方法，例如结对编程、自适应开发、水晶法、特性驱动开发、极限编程（XP）、并列争球法（Scrum）等。
三、结合自身参与管理和开发的实际软件项目，详细说明在实际项目中使用的具体方法，并指出实施过程与效果。

试题二

【要点解析】
一、概述你所参与管理和开发的软件项目，简述个人在项目中的角色及承担的主要工作。
二、详细分析系统设计的主要方法（例如，净室方法、结构化设计、面向对象设计、原型法等），并详细阐述每种设计方法。
三、结合项目实践，针对实际参与的软件设计过程，说明所采用的设计方法，并描述其具体实施过程和效果。

参 考 文 献

[1] 张尧学，宋虹，张高. 计算机操作系统教程[M]. 4 版. 北京：清华大学出版社，2013.
[2] 工业和信息化部教育与考试中心. 历次软件设计师考试试题.
[3] 严蔚敏，吴伟民. 数据结构（C 语言版）[M]. 北京：清华大学出版社，2007.
[4] 褚华，霍秋艳. 软件设计师教程[M]. 5 版. 北京：清华大学出版社，2018.
[5] 白中英，戴志涛. 计算机组成原理[M]. 6 版. 北京：科学出版社，2019.
[6] 王珊，萨师煊. 数据库系统概论[M]. 5 版. 北京：高等教育出版社，2014.
[7] 谢希仁. 计算机网络[M]. 7 版. 北京：电子工业出版社，2017.
[8] Erich Gamma, Richard Helm, Ralph Johnson, et al.. 设计模式：可复用面向对象软件的基础[M]. 李英军，马晓星，蔡敏，等译. 北京：机械工业出版社，2004.
[9] 王生原，董渊，张素琴，等. 编译原理[M]. 3 版. 北京：清华大学出版社，2015.
[10] 施游，张华，邹月平. 软件设计师 5 天修炼[M]. 北京：中国水利水电出版社，2021.
[11] 工业和信息化部教育与考试中心. 系统分析师 2014 至 2019 年试题分析与解答[M]. 北京：清华大学出版社，2020.
[12] 宋胜利. 系统分析师教程[M]. 2 版. 北京：清华大学出版社，2024.